文明三部曲 1

技术与文明

我们的时代和未来

张笑宇 著

GUANGXI NORMAL UNIVERSITY PRESS
广西师范大学出版社
·桂林·

图书在版编目(CIP)数据

技术与文明：我们的时代和未来 / 张笑宇著. —
桂林：广西师范大学出版社, 2021.3（2024.12 重印）
（文明三部曲；1）
　　ISBN 978-7-5598-3287-0

Ⅰ. ①技… Ⅱ. ①张… Ⅲ. ①科学技术 – 普及读物
Ⅳ. ①N49

中国版本图书馆CIP数据核字(2020)第194060号

JISHU YU WENMING
技术与文明：我们的时代和未来

作　　者：张笑宇
责任编辑：王辰旭
书籍设计：韩湛宁 + asiatondesign
内文制作：燕　红

广西师范大学出版社出版发行

广西桂林市五里店路 9 号　邮政编码：541004
网址：www.bbtpress.com

出 版 人：黄轩庄
全国新华书店经销
发行热线：010-64284815
北京华联印刷有限公司印刷
开本：635mm×965mm　1/16
印张：30　　字数：376千
2021年3月第1版　2024年12月第5次印刷
定价：88.00元

献给我的妻子李清扬

目 录

序　　言　重新连接世界，重新连接自己 1

第 一 章　弩与大一统 11

大一统 / 12　弩、墨家和守城战术 / 13　动员术 / 20
秦献公与河西地 / 24　秦国变法与"弩机猜想" / 26
墨子的政治理想 / 30

第 二 章　两千年前的蒸汽机 39

亚历山大港的希罗与《气动力学》/ 40　古希腊学术 / 43
机械降神 / 50　奴隶制大生产 / 52　古典世界的终结 / 56

第 三 章　信仰与工厂 65

神秘的隐修会 / 66　本笃修士的生活 / 70　哥特教堂与动力革命 / 74
0.13% 的分流 / 83

第 四 章　流通的力量 91

13 世纪的全球化 / 91　虚拟货币 / 97　资本的力量 / 104
从技术的角度理解制度 / 109　制度的没落 / 114

第 五 章　知识分子与生意人 121

两种印刷术 / 121　没赚到钱的古登堡 / 126　赎罪券生意 / 131
自媒体大 V：马丁·路德 / 136　思想与技术产业 / 145

第 六 章　枪炮与国家 153

战斗力低下的火枪 / 153　科尔瓦多的西班牙方阵 / 159
莫里斯的军训 / 162　古斯塔夫二世的线列步兵 / 168
军费来源的变革 / 173　从海上马车夫到日不落帝国 / 178

第 七 章　蒸汽机的胜利 187

商人社会中的纺织机 / 189　从纽卡门到瓦特 / 195
烧煤的伦敦人 / 201　技术革命的曲线 / 203

第 八 章　铁轨上的霸权 209

铁路与官僚 / 210　"工业党"李斯特 / 214　老毛奇的胜利 / 218
军国主义的极限 / 224

第 九 章　枪下亡魂 231

慈禧的失误 / 233　文明的屠刀 / 236　工业军国主义：
"普鲁士化" / 241　文明的绞肉机 / 246　大兵变 / 251

第 十 章　钢丝上的人类 259

原子能科学界 / 261　曼哈顿工程 / 267　无法抵御的武器 / 273
钢丝上的大国 / 280

第十一章　粮食与人口 289

无法持续的农业 / 289　人工制氮 / 292　绿色革命 / 296
白鼠社会 / 305　过载的世界 / 308　消费主义 / 312

第十二章　人与机器的边界 321

自动机械装置与计算机 / 321　控制论与人工智能 / 335
人与机器的边界 / 341　人依附于机器 / 348

第十三章　中国与世界 359

新中国的建立与产业大扩散 / 359　制造业与公平 / 368
全产业链无限细分覆盖能力 / 373　8 字双循环 / 377
自动化危机 / 386　疫情之后的"中国制造" / 391

第十四章　瘟疫与文明 405

被人类塑造的世界 / 405　西班牙大流感 / 411　医学与政治学 / 420
"落后"的自由主义 / 427　专家影子政府 / 434

结　　语　从"铁笼状态"到"汇流模型" 445

韦伯的"铁笼状态" / 445　5% 的人 / 449　打破铁笼 / 451
技术型社会的"汇流模型" / 454　低河床在哪里? / 458
汇流模型中的个人 / 461

参考文献 467

序言　重新连接世界，重新连接自己

一

人类理解自身最大的障碍，就是人类本身。

自文字发明以来，人类理解自身的最重要方式之一，就是记录和学习历史。但迄今为止，大部分人类历史记载的内容属于政治精英，少部分属于思想和文化精英。

我们阅读萨尔贡、拉美西斯、亚历山大、恺撒和嬴政的故事，思考佛陀、大雄、苏格拉底、柏拉图、孔子和孟子提出的问题，欣赏荷马、维吉尔、李白、杜甫和莎士比亚的作品。

我们很容易为这些人类的优秀个体所臻至的成就感到痴迷，因为他们在我们的社会评价体系中处于最高层次。他们执掌权力、塑造道德、把控舆论、进行统治，他们一句话就可以改变他人的命运。而与之相对的，我们很容易对另一类人——猎人、农夫、商贩和工匠的重要性视而不见。我们认为这些人渺小、卑微，在人类历史的大部分时期里只能随波逐流，无法掌握自己的命运。

然而，这两类群体代表的力量，究竟谁更重要？

如果跳出人类的身份，站在人类之外，只把我们这个族群当作一个普通的生物物种，也许会得出更有趣的结论：

以现代人为标准，人类成年个体的臂长约为60—70厘米，腿长约为80—90厘米，这也是人类自身的最大攻击范围。而当人类发明投枪之后，有效攻击范围即可上升至10米以上，可以在相对安全的攻击距离上猎杀猛兽。这意味着人类族群安全活动半径的大幅扩展。

人类成年个体的合理负重能力约为20公斤上下，而马的负重能力约为70—100公斤，是人的4—5倍。马能发挥出的拉力相比人而言大致也是这样的水平。这意味着，当人类成功地驯服马之后，负重能力和拉力就可以提升4—5倍。

马的拉力曾经被工程师用于衡量机械的功率。一马力就是一匹能够拉动33000磅并以每分钟1英尺速度前进的马所作的功率。当人类发明水磨和风车之后，这些机械的功率可以达到3—60马力不等。而在瓦特改良蒸汽机后，一台蒸汽机锅炉的动力即可达到70马力上下。建造10台锅炉，就能拥有能够持续输出700马力的能量源。这意味着人类获得了更大的效率来创造物质财富。

恺撒和拿破仑，综合评判其知识水平、意志力、洞察力和判断力，从个人角度讲，究竟谁的能力更强？这个问题很难有明确答案。但我们确实知道的是，为他们劳作的农夫和工匠们所能利用的生产力是有质的不同的。拿破仑时代，人类这种物种可以凭借蒸汽动力大量制造恺撒时代的奢侈品，也可以凭借枪械和火炮的力量大量杀伤自己的同类。这并不意味着拿破仑的能力相比恺撒得到了质的提升，而是意味着拿破仑必须按照新时代的游戏规则来实施他的统治行为。他必须秉持大革命时期创设下来的平等理念，激发第三等级的爱国热情，才能够调动他的士兵采取新式作战方法杀敌；他也必须颁布法典，保障全民的财产权利，便利工商发展，才能获得有产者的支持；他也必须开设学校，在贵族之外不拘一格选拔人才，才能获得优秀的指挥官群体。

　　有人也许会说，这样讲，是不是轻视了自启蒙运动以来为人类文明进步做出贡献的伟大思想家们，是不是亵渎了法国大革命中为理想主义抛头颅洒热血的英杰们。难道他们的一切奋斗，都只是为了功利性的目的吗？他们所期盼的一切文明成果都只是为了增强生产能力和杀伤能力吗？难道卢梭、西耶斯和拉法耶特侯爵这样的人物不是以真诚的思考和行动在支持着人类的进步力量吗？难道罗兰、布里索和孔多塞这样的人物不是为革命奉献出了自己的生命吗？

　　对此，我从不质疑，并且高度尊重他们作为个体对伟大事业的真诚、虔敬和牺牲与奉献精神。但是，就一个族群的整体历史命运而言，如何定位虔敬和牺牲精神在其中扮演的角色，我们需要采取更为理性和审慎的视角。

　　例如，动物界中也不乏牺牲和奉献精神的族群，譬如我们都熟悉的蚂蚁。在蚁群中，为了保障族群繁衍的核心——蚁后，工蚁们经常需要做好准备牺牲自己的生命。在法属圭亚那，有一种白蚁的工蚁会在体内积累毒素，一旦遇到天敌，工蚁就会自行爆炸，抵御侵入者。在巴西，另外一种蚂蚁的工蚁会在黄昏时封堵巢穴的入口，防止气温下降和冷风对蚁穴造成伤害。而这种工蚁的伟大之处，就在于即便封门时它在巢穴的外面，会把自己回家的路堵死，它也照封不误。

　　站在蚂蚁的视角上，这些牺牲者应该在它们的历史上留下姓名，为蚁群所尊敬吧。但是，想象一下这样的场景：某个蚁穴繁衍数千代之久，却在某个清晨被一辆人类的推土机连根掘起，全部摧毁，所有工蚁的牺牲都没有了意义，而此后能让蚁群生存下来的唯一确定可靠的知识，就是远离人类这个物种的活动。

　　人类族群内部那些伟大的精英人物，他们的牺牲和奉献，究竟是否让我们获得了物种延续所必须依赖的、确定可靠的知识？

二

也许又有人会说，你的观点我一点都不陌生，我们从小到大都在学习唯物史观，生产力决定生产关系，经济基础决定上层建筑，你的观点不过是换了种说法的"技术决定论"而已。

生产力决定生产关系，这是一项原理。知道这项原理的存在，并不代表我们就能够将之运用于改善世界的努力之中。

1917年2月，列宁从德国回到俄国，准备接管布尔什维克的革命活动。七月危机之后，他前往芬兰避难，并在那里花了两个月时间写作了《国家与革命》。这是他运用马克思主义经典理论对俄国革命形势和使命思考的集大成之作。在这部书中，他相信国家是阶级矛盾不可调和的产物，它将在无产阶级革命胜利之后消亡。届时，无产阶级政党将以社会性的直接民主代替资本主义国家机器的虚伪民主。公共利益和社会发展利益将直接在社会生产与自治的层面得到解决，而无需再经过国家这样一个统治阶级的中介性工具。

然而，在率领布尔什维克党夺取政权之后，列宁在实践过程中发觉自己的想法是不可行的。无产阶级政党取消国家还不现实，反过来，它还只能依靠强大的国家机器实现自身的各种计划与蓝图。后来的历史我们都知道了，苏维埃社会主义联盟建设的国家机器，是当时世界上最为强大的国家机器之一。

从根本上来说，列宁试图消灭国家机器的设想不合理，恰恰是因为第二次工业革命的技术组织形态决定了，除了大规模集中与高度科层化之外，没有其他在可行性和效率上可以与之相媲美的组织形态。第二次工业革命是大规模工厂、铁路与电气化技术的时代，这些技术要求大规模投资，要求具备高度理性化和动员能力的组织形态，要求工人们服从集中式的管理，严格按照自己岗位的操作规则进行生产活动，这一切都是与高度集权的国家政权相匹配的。即便在英美这样的自由主义国家，我们也可以看到，那是英国文官队伍不断专业化的年代，是福特汽车流水线诞生的年代，是弗兰克·古德诺创设行政法和公共行政学科的年代。在这样一个年代，列宁即便在政府层面消灭了强大、集权的中央王国，他将面对的也是一个个以现代工厂和企业为组织单位聚合而成的小王国。他所面临的局面只会离他的理想主义更远，而不是更近。

或许，列宁的设想，也就是工人阶级通过直接民主的形式管理企业和社区，有可能在信息技术高度发达的今天看到曙光，就像今天的民众在网络平台上对政府机构和垄断企业提出舆论监督一样。但是，在上一次工业革命的年代，他别无选择。

在这个世界上，有多少人对马克思主义史学的理解比列宁更加深刻？但即便对一项道理的理解深刻若此，在现实中，列宁也必须对技术塑造人类社会组织形态的力量低头。还有谁敢说，在历史那些魔鬼般的细节中去把握技术对人类这一物种根本性的塑造能力，这种努力是老生常谈、不值一晒的呢？

三

人类首先是一种动物，这种动物有它生理层面的局限性，而技术就是其超越自身局限性的工具。惟此，我们才能正确地审视人类文明的脆弱性与对技术的依赖性。

但是，我同样不认为，人类必须匍匐在技术的力量面前，完全成为其附庸。

人类这种动物与其他动物有一点巨大的不同，那就是我们的想象力足够发达，以至于把我们想象出的虚构事物当作真实世界的结构和规则。我们可以想象出各式各样的神，想象出道德和习俗的信条，想象出法律，想象出货币……当我们进一步发明出实际存在的组织来维持和运营这些想象出来的东西之时，它们就全部成了社会赖以运转的真实存在。谁敢不承认银行账户上的数字就代表真实的财富？谁敢不承认写在纸上的《刑法》有真实的威慑作用？谁敢不承认某些虚无缥缈的宗教派别之争可以引发席卷数十百万人的战争？

既是如此，人类同样也可以运用技术的力量，为想象出来的事物服务，比如道德、正义、真理和信念。

在活字印刷术诞生之初，纸张成本还十分昂贵，这项技术最具优势的生产领域，其实是赎罪券。教会印发的赎罪券往往只有一页纸的篇幅，售价远高于纸的成本，同时又可以低成本大规模复制。这是活字印刷术最适合发挥其长处的一门生意。从这个角度讲，教会生产赎罪券这种经济模型，是最符合技术进步趋势的。如果人类本身就应该匍匐在技术进步的脚下，依附于技术进步的力量，那么当时人最理性的做法，就是支持教会的一切活动。

但有一个人改变了这一切，他就是马丁·路德。

马丁·路德成功地领导了新教革命，他之所以能够取得如此大的成就，其中一个关键原因就在于他非常了解活字印刷企业的经营模型。他的《九十五条论纲》也只有一页，而且为了配合印刷企业的经营模式，他很少写大部头著作，多数都是小册子，还使用当地人民喜闻乐见的德语，而非佶屈聱牙的拉丁语。其结果是，他的著作在一百多年的历史里都保持着欧洲市场的销量冠军纪录，这才使得新教得以迅速传播并深入人心。

技术可以在很大程度上左右人类这一物种的生物属性，但反过来人类也可以赋予技术以灵魂。这种特定关键点上的技术突破，对于有着足够信念、勇气和技术洞见力的人来说，就像是一个能够撬起地球的支点。在1517年这个历史关节点上，马丁·路德撬起了地球。如果不是他，而是教会利用活字印刷术不断生产没有灵魂的赎罪券和宣传手册，新教革命也许根本就不会发生，而遑论随后的历史变革。

马丁·路德这样的人才是真正值得我们痴迷的人。他了解并且能够调动我们这个物种的局限性与脆弱性，以技术的力量为之灌注灵魂。在人类历史记录中留下姓名、广为人知的伟大人物里，这样的人不是太多，而是太少。

四

2020年，我们都感受到自己身处某个重大变化的关键时间坐标上。中美在这一年于科技领域展开的冲突和博弈，一定程度上定义了当下这个节点作为历史坐标的敏感性，也注定于未来的史书中留下记录。

身处旋涡之中的我们，又是否足够了解这个对手在技术博弈层面曾经展现出来的疯狂想象力与执行力呢？

1919年，后来成为著名经济学家的约翰·凯恩斯（John Maynard Keynes）参与了"一战"结束后的巴黎和会，并对谈判结果表示不满而宣布退出会谈。他在次年出版的《和约的经济后果》（*Economic consequences of the peace*）中解释说，欧洲文明的危机，源于人口爆炸。德国、奥匈帝国和俄国的总人口在1914年达到2.68亿，这样密集增长的庞大人口会造就大量展开激烈竞争的无产阶级，一旦他们忍耐不住，就要从资本家手中夺取更多产品，其结果就是比第一次世界大战更激烈的战乱和动荡。因此，巴黎和会主张单方面惩罚德国根本无益于问题的解决。要想解决人口问题，唯一的道路是繁荣和工业化，而其中的枢纽就是德国。因此，欧洲和平的关键在于德国的再工业化，而不是德国的去工业化。

尽管凯恩斯的观点未能最终影响巴黎和会的结局，但他的理论却在美国知识界得到了回应。20世纪20—40年代，以沃伦·汤普森（Warren S. Thompson）等一干人口统计学家为代表，提出了所谓"人口—国家安全理论"，认为人口过剩会引发资源枯竭和饥荒，从而导致政治动荡和叛乱；而在这种政治动荡中，主张土地改革、均分财富的左翼政党会赢得支持，如果它们上台，将会对美国利益造成重大威胁。因此，美国为了自身的利益，应当把问题消灭在萌芽状态，向发展中国家输出农业生产技术。

汤普森是洛克菲勒基金会人口统计学会的首席专家，他的理论影响了小洛克菲勒，而后者又影响到了当时美国的决策层。1941年，由美国副总统牵头，洛克菲勒基金会对墨西哥发起农业援助，派出五个农业育种学家前往墨西哥考察并建立研究基地，传播小麦育种、灌溉工程修建和现代农业种植技术。从1940年到1965年，墨西哥的人口从1976万增长到4534万，预期寿命从39岁提高到60岁。

当然，农业技术的传播并没有从根本上改变墨西哥的命运。徒有技术，并无社会与政治制度的革新与配合，旧的利益集团依附于长期执政的革命制度党内，导致新技术迟迟不能发展应用，整个墨西哥不断被锁死在农产品和资源外向型经济的老路上，人口增长带来的红利也消耗殆尽。

但是，对美国来说，这笔生意足够一本万利了，百万美元上下，五个科学家，让墨西哥一代人吃上粮食，这已经足够让墨西哥人民抛弃对左翼政党的支持了。1946年起，墨西哥左翼政党始终无法招募足够多的会员（合法资格需要3万名注册会员以上），到60年代，其会员人数也只能维系在5万人左右，约占工作年龄人口的0.28%，这使得其被迫一直采取和平选举的路线，直至1981年合并消亡。

"二战"结束后，美国总统杜鲁门将墨西哥的成功经验归纳为"第四点计划"，宣称美国将对广大发展中国家实施技术援助，以对抗苏联阵营的崛起。以农业生产领域为例，自40年代墨西哥的农业技术推广，到战后长达半个世纪的时间里，美国在印度、菲律宾、巴西、伊朗乃至英国都进行了持续的技术推广努力，后来被称为"绿色革命"。这场革命涉及的国家有几十个，涉及的人口达到二十亿人。农业技术革命的普及使得大量当地左翼政党的革命希望变得渺不可及，使得大量发展中国家的粮食生产更加依赖跨国公司的技术供给，也使得全球人口的再生产高度依赖于世界资本与技术循环，对全球政治版图产生了深远影响。

当然，美国政府之所以高度重视"绿色革命"，其最大动机在于冷战。粮食就是人口再生产，为了在冷战中获胜，美国以粮食和子宫为武器，直接在人类物种规模的层面上调节全球政治系统的动态平衡，使其高度倾斜于己方。美国在这一计划中表现出的宏大想象力和强大执行力令我感到震撼。

当然，育种、灌溉和化肥是第二次工业革命时代的产物，"人口—国家安全理论"也是二战之前的设想，甚至沃伦·汤普森这个名字连美国人自己都已经快要遗忘了。但是，美国有资格骄傲和健忘，而我们却没有。在面对这样一个强大对手时，你必须要比他更了解他自己，才有获得胜利的希望。

五

这本书试图站在另外一个角度俯视上述所有人物和历史事件。

这当然不是说，我自认为比列宁、马丁·路德、约翰·凯恩斯和沃伦·汤普森的高度还要高。恰恰相反，我为自己提出这样的任务，仅仅是因为我认为，要更为准确地理解人类文明自身，就必须重置我们的观察视角。

　　过去人类惯常的观察视角，要么是以具体的个人在具体时空的活动为出发点，要么是试图从历史发展脉络中提炼某个主义或历史规律。我以为，更有意义的视角不是提炼历史规律，而是提炼物种规律。人类作为一个物种的规律远超于历史学家们熟悉的帝王将相史、文明史或思想史。在政治精英和文化精英之外，农夫、工匠和商贩们代表的庞大却易遭忽视的底层物质力量，必须得到反馈。

　　同时，人类这一物种在想象力和社会凝聚性的高度上又远超其他物种。所以，我们也不能按照生物学或人类学的办法，将人类想象出的道德、正义和社会规范视为无物。毕竟，这本书不是为火星人，而是为地球人写的。对地球人来说，既然想象出来的原则和规范如此重要，我们就必须给它足够的重视，观察它与技术和物质性力量之间的互动规律。

　　所以，这本书不能按照传统的技术史方式进行写作。我选择的是那些个人认为最关键的历史时刻，期望以小见大，讲述每个时间节点背后的魔鬼细节是如何具体而微地影响了宏大历史的走向的。从这个角度讲，这本书大概相当于茨威格的《人类群星闪耀时》，只不过它是以技术作为主角的。

　　今天这个时代，就如同 20 世纪初期，世界正在发生缓慢而坚定的转变，看似坚固的大厦正在坍塌，未来的路却有可能从谁都未曾想过的方向上浮现。这本书没有办法告诉人们答案是什么，但却可以展现历史上那些牢固的大厦是如何坍塌，而新的道路又是如何浮现的。

　　我在开始写作这本书时，是有些惶惑的，我突然发现，自己曾习以为常的专业视角，其实并不全然是这个世界的真相，也不全然符合这个世界的运行规律。随着写作的不断进展，我渐渐镇定了下来，更渐渐感到了快乐，开始重新连接世界，重新连接自己。

　　最后，祝你读得开心。

第一章　弩与大一统

本书的第一个故事开始于一个人们熟悉已久，但可能很多人从未想过会与技术密切相关的主题，那就是中国的"大一统"。

很多学者都认为，中华文明的最大特征，是文明的同一性与延续性，而这与中国政治的"大一统"密切相关。汤因比称，中国人完整地守护了一个超级文明，并长时间生活在一个文明帝国的稳定秩序中；L.S.斯塔夫里阿诺斯称，中国的政治大一统是令人惊奇的，而且与文化大一统同等重要，更形塑中国为一个稳定、统一的文明。

几乎所有的中国研究都不会否认，中国政治的统一与延续性，是理解中华文明最关键的切入点。但传统历史的记述者大多是从政治与文化的角度讲述一段历史，很少涉及真正推动社会生产力发展的技术变迁及其对历史的影响。原因不外有二：史家大多是文科出身，容易只关注自己知识与视野范围内的事；传统社会生产力低下，对历史背后推动时代前进的科学与技术力量难以有正确的认知。所以，传统史学虽然材料丰富，但视野未必宽广。不独中国如此，西方亦然。

大一统

有很多历史学者、政治学者、社会学者，甚至哲学家，都曾对中国的"大一统"做过深入研究。

有人说，中国文明所栖息的东亚地区被沙漠、戈壁、高原、雪山、海洋和丛林隔绝，从而形成一个相对封闭的环境，但又因与外界有一定的交通路线，因此可以形成一个相对独立且统一的政治体而长期存在。

也有人说，中国历史上长期奉行的儒家意识形态是保守的、崇尚权威的，偏爱稳定与秩序，这是构成中国大一统延续性的思想基础。

还有人说，中国春秋战国时期多发的战争，刺激了国家的统一进程。因为，战争意味着强力政府的出现，而强力政府必然会下大力气发展公共事业，促进人口增殖，以及缔造更有利于统一的制度。[1]

但是，纵览史书，却几乎没有人从技术角度讨论过这个主题。当然，也不能说完全没有。比如，德国历史学家魏特夫（Karl August Wittfogel）就认为，中国经济以农耕为主，而发展农业必然需要兴修堤坝和灌溉渠等水利工程，因此需要动员和集中大量人力去完成，这类农业工程从而为形成一个集权政府奠定了基础。而水利工程完成后，政府又可以借水利工程控制农民，形成垄断性的专制帝国统治。

魏特夫的这种解释是基于苏美尔、巴比伦和古埃及这些中东文明古国的农业史得出的，但如果结合中国的具体实情来谈，我们不得不遗憾地宣布，他的解释是错误的。

早期中国文明的政治中心，即以黄土高原为中心的黄河流域，山河相错，沟壑纵横，地理环境极其复杂。这与尼罗河三角洲和两河流域那种大面积的平原有很大区别。早期中国需要的不是集全国之力兴修的大型水利工程，而是一村一社动员集体力量修建的小水坝和小沟渠。我们或许可以说，中国人注重家庭观念可能与这种农耕条件有关，但是，它不一定非得需要一个大一统帝国的政府。相反，这种水利设施需要的组织形态，是以村社和血缘家族为单位的小共同体。从历史经验看，小的家族共同体，以及建立在家族纽带基础上的分封主义倾向，恰恰是大帝国的瓦解者与挑战者；正如七国之乱之于西汉，八王之乱之于西晋，藩镇割据之于中晚唐。

就黄土高原具体的地理环境而言，魏特夫的"水利帝国"理论恰恰是支持"封建"这种社会形态的。换句话说，他的理论更能解释中国春秋战国时期的诸侯混战，却无法解释在这之后出现的嬴政一统。

就我目前所知，在所有解释中国"大一统"的主流理论中，魏特夫的"水利帝国"是与技术关系最大的一种学说。

而我在这个故事里，要讲的是一个与之完全不同的观点。我认为，很可能是某个特定的技术进步，在战国时代触发了某个"扳机"，并由这个"扳机"引发了后来的一系列变革，其中，最主要的是围绕这个技术进步而促发的组织制度变革，它为中国历史注入一种全新的力量，支撑秦国最终完成统一，进而形塑了此后两千多年的中华文明。

这个特定的技术发明，就是"弩"。

弩、墨家和守城战术

弩是一种远程投射武器，又叫"十字弓"，一般由弓、弩臂、弩机、枢四部分组成。中国人常把弓弩并称，但是弩与弓有一个本质区别：弓依靠的是人的力量，而弩依靠的是机械装置的动力。

弩能够利用弩机将拉开的弓弦保持在紧绷状态，从而弩手可以将张弦装箭和纵弦发射分解为两个步骤，相较弓手节省了更多的力气。此外，有的弩还可以凭借机械的力量上弦，获得更强大的弹力。

战国时代，中国人在战场上已经大规模地使用弩。"三家分晋"后，韩、赵、魏三大诸侯国，无论是领土、人口，还是地理位置，可以说皆处于劣势，其中尤以韩国为甚。韩国位于今天河南北部一带，北接赵、魏，东临齐国，西有秦，南有楚，处在包围圈的正中心，安全环境极其恶劣。

当时的韩国以强弩闻名，《战国策》有记载，"天下之强弓劲弩，皆自韩出。溪子、少府、时力、距来，皆射六百步之外"，为各国所惧。当时中国人的制弩技术亦是世界领先。战国时代，中国人就已经发明了一种叫"望山"的装置。它是弩机上的瞄准装置，带有刻度，就如同现代武器上的表尺。弩手可以借助这种表尺测量自己与目标之间的距离，然后选择相应的刻度，构成瞄准线并发射。"望山"的发明，极大地提升了弩的射击精度。这也从侧面证明，弩在当时是受到高度重视的，不然，时人不会有对其进行技术升级的动力。

不过，弩与中国的"大一统"到底有何关联呢？让我们先来尽速了解战国时代一批特殊的"擅长使用弩的人"。

有趣的是，这批人并不是纯粹意义上的战士，而是某一个学派的学员。这个学派，就是战国时代影响最盛也最为神秘的学派之一——墨家。

墨家创始于墨子。说它影响最盛，是因为战国后期的韩非子有记载，"孔、墨之后，儒分为八，墨离为三"，足见其影响之隆。说它最神秘，是因为这个学派竟然在秦汉交替之际倏忽消亡，直到清末民初，才有学人从故纸堆中重现墨家的精密学说。至今我们仍不能确实地考证，墨子真实姓名为何，籍贯何处。

墨子同情底层人民，一生简朴，过着苦行僧般的生活，思想以节用尚俭、兼爱非攻为主。他还与他的弟子建立了古代中国第一

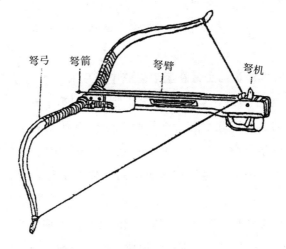

弩弓　弩箭　　　　弩臂　　　　　　弩机

秦弩全形示意图，弩机是弩的核心部件，其最关键机件
包括悬刀（扳机）和牙（挂钩）

黄铜弩机，兵马俑一号坑出土，通长16厘米

个逻辑学体系，有学者认为，这是与古印度、古希腊并称的世界三大经典逻辑体系。此外，他还是中国历史上少有的杰出科学家，在几何学、力学、代数学和光学等方面皆有重大贡献，为时人所望尘莫及。

尤其值得注意的是，在墨学研究中长期流传着这样一个说法：《墨子》各卷中，最不好理解的就是第十四和第十五卷。这两卷看似与墨子的哲学、政治和社会思想几乎没有什么关系，也与他的逻辑学和科学贡献没什么关联。总之，这部分内容十分突兀，以至有不少后人猜测，这或许是墨子的学生在整理老师著述时加上去的。

这两卷几乎就是兵书，类似《戚继光兵法》那样的作战指挥手册。要想理解它在墨子思想中的地位，我们必须找到一把关键的钥匙，而这把钥匙，就是我们讨论的"弩"。

《墨子》第十四卷，篇名分别叫"备城门""备高临""备梯""备水""备突""备穴""备蛾傅"；第十五卷，篇名分别叫"迎敌祠""旗帜""号令""杂守"。顾名思义，这两卷的内容，主要是关于守卫城池的战法和组织方法。

在当时，墨家对攻城、守城战术的精湛掌握，闻名天下。《墨子》中讲了这样一个故事，说公输盘（传说中的鲁班）要为楚国修造云梯以攻打宋国，墨子闻讯后，就去见公输盘，希望能阻止这场战争。两人争执不下，只好分别用腰带和牒（床板）当军械和城墙，在楚王面前展开攻防战的兵棋推演。结果，公输盘九次进攻，皆被墨子抵拒，且公输盘几乎用尽所有器械，而墨子尚有余力。但公输盘却对墨子说："我知道如何战胜你，但我不说。"墨子答："我知道你如何战胜我，但我也不说。"楚王遂询问其中缘故，墨子回答说："公输盘的意图不过是想杀了我，以为杀了我，宋国就没有人能守了。但我的弟子禽滑厘已带领三百人在宋国城墙上守着了，所以即便杀了我，也不能断绝我的守城之术。"最终，楚王放弃了攻打宋国的念头。

这段记载或许只是一个故事，不过，墨家的守城能力并非空谈，而是有实际的战例记载。其中最著名的，就是发生在楚国的"阳城之战"。

公元前 381 年，楚悼王去世。他曾经任用魏国叛逃来的名将吴起厉行改革，结果触动了楚国贵族的利益。楚悼王一死，楚国贵族趁机发动兵变，号令士卒射杀吴起。吴起临死前，把自己中的箭拔下来插在楚悼王的尸体上，大喊："群臣叛乱，谋害我王！"

按楚国礼法，损伤王的尸体，是夷三族的重罪。楚肃王继位后，命令尹把射杀吴起并同时射中楚悼王尸体的人全部处死。据说，受此事牵连被灭族的有七十余家。

其中有一名贵族，已不知姓名，只知他的封地在阳城，故称"阳城君"。阳城君受此事牵连，抛弃封地，潜逃不知所踪。楚王派人前往阳城，打算收回封地。此时，阳城君有一好友恰在城内，逃离之时，他曾委托这位好友替自己守卫阳城。而这位好友就是当时墨家的巨子——墨家最高领袖，孟胜。阳城君在逃跑前，掰断自己的玉璜，作为信物留给孟胜，并嘱托说，如果来人拿着另一半玉璜，才能听从他的指令。当楚王的使者来到阳城时，孟胜要求对方出示符契，对方自然办不到。于是，双方开始交战。

开战前夕，孟胜与弟子徐弱有一段极富英雄气概的对话。孟胜认为，敌众我寡，如今唯有为阳城君战死一途。而徐弱则认为，若墨家为阳城君战死，死而有益于阳城君，未尝不可，然如今情势，阳城君不知所踪，墨家为之而死，"无益也"，而且还会"绝墨者于世"。孟胜则回答说："吾于阳城君，非师则友也，非友则臣也。不死，自今以来，求严师必不于墨者矣，求贤友必不于墨者矣，求良臣必不于墨者矣。死之所以行墨者之义，而继其业者也。"

随后，孟胜下令将墨家巨子之位传给田襄子，带领诸弟子从容赴死。徐弱为老师的大义感动，战死在老师之前。而派去给田襄子传递讯息的二人完成使命后，也返回楚国赴死。

史载，"孟胜死，弟子死之者百八十三人"。又云，"墨子服役者百八十人，皆可使赴火蹈刃，死不旋踵"。

由此可见墨家子弟之坚决与强悍。这种为大义赴汤蹈火、死不足惜的信念精神，使墨家成为战国历史上少有的"实干兴邦"的学派，也侧面说明墨家之善于作战并非空谈，而是确有其能。这是有《墨子》原文佐证的。在《墨子》中，禽滑厘向墨子请教抵御攻城的十二法，也就是临、钩、冲、梯、堙、水、穴、突、空洞、蛾傅、轒辒、轩车十二种战术。"临"是攻城方在城外搭建临时的土堆，居高临下攻击城内；"钩"是用钩子挂住城墙方便士兵上城的钩梯；"冲"是撞击城门的冲车；"梯"是攀附城墙的云梯；"堙"是积土为坡填塞壕池；"水"是灌水淹城；"穴"原文阙失，疑为"火"字之误；"突"是城门门内的防御设施；"空洞"是地道；"蛾傅"是士兵密集攀爬城墙的接刃战；"轒辒"是有皮甲防御的战车，用于掩护工程兵种进行作业；"轩车"指的是楼车，车上士兵可以居高临下向城中射箭或攀附城墙。《墨子》中详细描述了这些战术中所涉及的装备和应对办法。

更重要的是，正如前文所述，墨家是战国时代最"擅长用弩的人"，在《墨子》第十四卷中，就有关于"弩"的详细记载：

令耳属城，为再重楼，下凿城外堞，内深丈五，广丈二。楼若令耳，皆令有力者主敌，**善射者主发**，佐皆广矢。

治裾。诸延堞高六尺，部广四尺，皆为**兵弩**简格。

转射机，机长六尺，貍一尺。两材合而为之辒，辒长二尺，中凿夫之为道臂，臂长至桓。二十步一，令善射之者，佐一人，皆勿离。

······

城上九尺一弩、一戟、一椎、一斧、一艾，皆积参石、蒺藜。

······

二步一木弩，必射五十步以上。及多为矢，节毋以竹箭，楛、赵、柘、榆，可。盖求齐铁夫，播以射术及椴枇。（《备城门》）

备临以**连弩之车**，材大方一方一尺，长称城之薄厚。两轴三轮，轮居筐中，重下上筐。左右旁二植，左右有衡植，衡植左右皆圜内，内径四寸。左右缚弩皆于植，以弦钩弦，至于大弦。弩臂前后与筐齐，筐高八尺，弩轴去下筐三尺五寸。连弩机郭同铜，一石三十钧。引弦鹿长奴。筐大三围半，左右有钩距，方三寸，轮厚尺二寸，钩距臂博尺四寸，厚七寸，长六尺。横臂齐筐外，蚤尺五寸，有距，博六寸，厚三寸，长如筐有仪，有诅胜，可上下，为武重一石，以材大围五寸。矢长十尺，以绳系箭矢端，如如弋射，以磨鹿卷收。矢高弩臂三尺，用弩无数，出人六十枚，用小矢无留。十人主此车。

遝具寇，为高楼以射道，城上以荅罗矢。（《备高临》）

上述引文中，"弩"出现的次数之频繁，地位之重要，在先秦时代的兵法中，无出其右者。那么，"弩"到底有怎样的魔力，竟得到墨家如此重视？

这里不妨参考一下西洋史家的观点。都柏林三一学院斯图亚特·格尔曼（Stuart Gorman）在其博士论文《晚期中世纪弓与弩的技术发展》（"The Technological Development of the Bow and the Crossbow in the Later Middle Ages"）中，详细总结了西洋史家对弓弩短长的比较：大体言之，史家们多同意，弓在开阔地带的作战中强于弩，而弩在攻城与守城战中强于弓。

弓手射箭，装箭和发射是连贯动作，所以射速更快，平均可以达到弩的三倍。在开阔地带，火力发射速度越快，自然越有优势。但是，在攻城战中，防守一方因不必过分担心敌人快速接近，又可以躲在垛墙和射击孔之后伺机瞄准，精确地杀伤敌人，所以弩的优势比较明显。而墨家最擅长的作战场景就是守城战，墨家对弩高度重视也是很自然的事情。[2]

不过在我看来，墨家对弩的重视，除了这种武器的军事特征之外，还有一个更重要的原因，那就是它能够在技术层面支持墨家对民众进行前所未有的动员。

动员术

弩相对于弓，最大区别就在于利用了机械的力量，将张弦和发射分为两个步骤。如果只是从杀伤力和性能上来看，这个改进既有优点，也有缺点：优点是可以利用机械能的力量增加射程，缺点则是大大降低了整体射速。但是，弩作为一种以机械力量驱动的武器，却有一个明显超过弓的优点：训练难度远低于弓。

弓是一种对力量要求极高的武器。我们今天对弓手的印象，多来自影视作品与电子游戏。《魔戒》中英俊潇洒的精灵弓手莱格拉斯，《暗黑破坏神》中使用弓箭作战的亚马逊少女，类似这些脍炙人口的形象往往会使大众对弓手有所误解，以为相比于穿着笨重铠甲冲锋在前的战士，弓手们更加敏捷，也更加优雅。这实在是一种十分错误的印象。

在现实中，常人往往能持近战兵刃挥舞两下，却很难承受拉弓作战所需的力量。拉弓的难度不只在于拉弦，更在于拉弦之后还需要保持不动，以等待合适的时机瞄准发射，或散射压制。所以弓箭对人的力量要求很高，普通人若不经历长年累月的训练，是万不能及的。历史上，真实的弓手也往往是五大三粗，拥有惊人的力量。熟悉弓射难度的古人就对此十分了解，比如《三国志》中讲董卓的武勇，说他是"双带两鞬，左右驰射"；讲吕布的武勇，说他"便弓马，膂力过人"，而不是说他"便方天画戟，膂力过人"。在中世纪英国，为了保持弓手的战斗力，甚至曾经规定弓猎是休息日唯一的合法消遣。[3] 以上均说明，合格的弓手需要长期训练，而射术好的弓手，其武勇亦令人崇拜。

　　而古代军队就不会对弩手提出这样的要求，弩手在军中也不会有此类地位——在西方，甚至曾经出现"弩"是一种卑劣武器的社会观念：因为弩的机械力量使弩手的训练强度远弱于弓，一些讲究骑士精神的人便认为，这种武器可以使一个没有上过战场的人也能杀死久经考验的骑士，这是不公正的。

　　不过，对战争统帅来说，这却意味着在军队管理和战场指挥之外，出现了一个影响战争胜负更重要的因素：原本不善作战的平民，只要经过短暂训练能够使用弩后，便可与正规军相抗衡。

　　正常情况下，正规军与非正规军的战斗力不啻云泥之别。[4] 这固然是由于任何理性的国家政权都会为其正规部队提供充裕的后勤补给和训练保障，但也是因为组织作战实在是一门精密复杂的技术活儿。两军作战，决定胜负者往往不在个人英雄主义式的武勇和军师的灵机妙算，而在于令行禁止的纪律和组织得当的阵法。这是一个用数学思维很好解决的问题：冷兵器时代与杀伤力有关的变量，无非是兵刃的长度、阵型的密度及厚度（所掩护兵力的多少）构成的一个基本线性关系，也即兰彻斯特线性律[5]。这也解释了为什么长枪方阵是冷兵器时代人类战争史上最常见的作战阵型。无论如何，在战场上敌我短兵相接，热血冲顶又怀有极大恐惧之时，哪一方能保持阵型，端看他平时是否经受长期有素的训练，对于保持阵型和令行禁止是否形成了肌肉记忆。这也是正规军战斗力往往胜于非正规军的原因。

然而，弩以及弩所发挥作用的战场可以改变这一规律。前已述及，弩对力量的要求相比弓而言大大降低，而守城战场上的士兵相较野外作战的士兵更容易保持阵型，这就极大地减小了正规军与非正规军之间的战斗力差距，同时也意味着，动员和训练一支足以与正规军战斗力相抗衡的部队的成本被大大降低了。

墨家学派正是充分发挥了这种动员能力，其秘诀就是他们的战时动员术——《墨子》第十四和第十五卷就类似战时指挥手册。现在，我们来仔细看看能够从中提炼出什么信息。

第一，《墨子》第十四和第十五卷的主要内容，是如何守城。"守城战"意味着已经到了最后关头，需要对城中一切人员进行总动员。《墨子》中对城上守卫的安排，有"五十步丈夫十人、丁女二十人、老小十人，计之五十步四十人"的字样，这说明，此时的战事，不仅需要倚仗正规军的力量，更需要动员城中男女老少齐齐上阵了。可以想象，战争之惨烈，已经到了若不能获胜，则城中无论老幼，必无生还的地步。

第二，"弩"在守城战法中出现得极为频繁，而且被动员起来守城的老百姓的主要作战武器，就是弩。《墨子》中说："诸男女有守于城上者，什，六弩、四兵。"这是说，十个男性士卒之中，就有六个持弩。这也验证了之前的两个主要论点：一，对守城战而言，弩是一种至为重要的武器；二，弩对训练的要求极低，非正规部队的普通男女皆可使用。

第三，墨家的守城动员法令极其严苛："吏民无敢讙嚣、三最、并行、相视坐泣、流涕。若视举手相探，相指相呼，相麾相踵，相投相击，相靡以身及衣，讼驳言语及非令也而视敌动移者，斩。"基本上，吏民在军中有任何异动，都可能会被杀掉。墨家在守城期间之所以明确要求民众相互监视，是为了防止敌方间谍的混入。这些都是近代战时紧急状态常采取的管理手段。这与我们熟知的、墨子的"兼爱"形象似有极大差距，令人惊异。

第四，墨家学派这套守城组织战术，亦蕴含了对政治与人性的洞察。例如，守一座城要有"十四具"，也就是十四个有利因素，包括厚高城、深壕池、利守备、足薪食等经济条件，也包括吏民和、大臣有功劳、主信义等政治条件，以及"父母坟墓在焉"的情感条件与"赏明可信、罚严足畏"的制度条件。这就比纯粹的军事学眼光更上一个层次。并且，文中还有临敌之时，让"重室子"，也就是富家子弟眺探敌情的安排。这是一种非常狡猾的安排：表面上看，富家子弟不擅劳作重负，侦察敌情相对而言是一种比较适合的工作；然而一旦离开城楼，随即处斩。这实际是一种监视性的措施，可以起到约束甚至消除贵族势力、增强集权的作用。这类意味深长的细节在《墨经》最后两卷中还有很多，足见其智慧之老辣和经验之丰富。这也意味着，墨家的守城组织战术，不仅仅是纯粹的军事安排，还是一套政治手段和治理方式。

一个以"兼爱"和"非攻"为主旨的学派，为什么有如此残酷无情的一面？这或许是时代的残酷。

古往今来，不知有多少理想主义者提出均贫富、求平等的天下大同理想。然而多数情况下，口号易喊，方案难寻。战国时代，诸侯相互攻侵，天下生灵涂炭，在这样的时代谈普世和平、天下大同的理想，倘若手头没有"真功夫"，是决然行不通的。而"真功夫"中最"硬核"、最有说服力的，当然还是战场上见真章。墨家如不能证明自己有"止战"的实力，就绝不会吸引任何诸侯倾听其"非攻"的理想。

就在"阳城之战"结束后不久，有一个重要历史人物看到了墨家的实力，这就是即位仅四年的秦国国君秦献公。

秦献公与河西地

秦献公是秦灵公之子，从他曾祖父到他父亲，秦国朝政长期由权臣把持。秦灵公死后，秦献公未能顺利即位，而是被迫流亡到魏国。

魏国在当时是中原强国，建立之初就联合韩、赵攻伐齐国，曾俘虏齐康公；后与楚国交战，亦夺取了不少土地；而在西线战场上，魏国则独力进攻秦国，在吴起率领下夺取了河西地，逼迫秦国退守洛水以西。

魏国地处山西大地，受吕梁、太行等山脉自北向南的中分，从此地发源的河流自山脊向西南和东南方向注入黄河，形成汾河和沁河两大水系。这两条河流沿河岸分布的绿洲与冲积平原，则构成魏国所掌控的经济腹地。无论向东进入与齐国交战的华北平原，还是向西进入与秦国交战的关中平原，魏国军队都是从高处向低地进攻，占尽地理优势。

秦国所处的黄土高原，土质疏松，被河西地所汇注的诸多河流切割、冲刷出了数不胜数的群山、丘陵与高地。这种地势显然不利于大规模军团作战，交战双方均需修建重重关隘，一方面是为了凭借地势拦截对方的军队，另一方面也是为了保护周边的交通要道与补给。这些关隘与附近的村庄城镇等补给点相连，构成两国交锋的攻防体系。军人出身的蓝永蔚教授在研究战国史时就认为，要塞战就此成为战国时代"开宗明义的第一个课题"。[6]《尉缭子》中记载的"深入其地，错绝其道，栖其大城大邑，使之登城逼危，男女数重。各逼地形而攻要塞，据一城邑而数道绝"，正是对此种情形的描绘。

而吴起为魏国攻下的河西地，在这复杂的地势中，有着独特的地位。秦魏当时的国境分界线，与今天中分晋陕两省的黄河走向近似。黄河自晋陕峡谷出龙门南下，至潼关为秦岭所阻，折而向东。龙门至潼关之间长约 67 公里的河段地势平坦，支流众多，河西地就在此段河流的西岸。此地东连汾河平原，西接关中平原，山脉连绵，险隘遍布，距当时的魏都安邑不过百余公里，距秦都雍城亦不过三百公里。

魏国攻下河西地后，便可获得通向秦国腹地的坦途。按照古代行军的速度，这意味着魏军从边境到达秦国首都的时间，大概在五六天左右。

河西地就像一把时时悬在秦国心脏前的利刃，而刀柄已落在了魏国的手里。

在秦献公的年代，秦国尚未自强，魏国国力相较秦国占优。秦献公继位前，秦国与魏国数度交锋，一溃再溃：公元前413年，败于郑下；公元前408年，丢失河西地；公元前393年，于注城再遭失败。此种情势下，秦国若不想亡国，唯一的希望只能是借助关隘与据点建立军事体系，并以此为基础进行守城战。

天下擅守城者，无出墨家之右。

山地河谷之间，两军直线距离纵然极近，但面前却隔着河流深谷，此时无论步兵还是骑兵皆不能发挥作用，唯有以弓弩制敌。在秦与魏的攻防之中，弩必将发挥巨大作用。

而天下擅用弩者，也无出墨家之右。

在目睹"阳城之战"的战果后，秦献公做出了一个重要决定：邀请墨者入秦。史学家何炳棣先生称之为中国历史上一段有名的"大事因缘"。[7]何先生认为，秦献公即位后的第四年，亦即墨家巨子孟胜及其百八墨徒为阳城君死难那一年，秦献公就已经与墨家合作，不仅如此，秦之由弱变强，亦开始于由墨家奠定的基础，而不是秦孝公时期的商鞅变法。

我个人认为，何炳棣先生的"大事因缘"说之所以有道理，是因为墨家给秦国带去的并不仅仅是一套战术，更是一系列制度与思想契机。这一契机，后来成为启动秦国变法的"扳机"。

秦国变法与"弩机猜想"

谈起秦国变法，今人一般首先会想到商鞅。但有学者经仔细考证发现，商鞅变法中的不少关键制度，很多都可以追溯到墨家思想，而且，依照历史学家的研究，墨家的"一伍连坐"制度，很可能就是商鞅变法中"什伍连坐"制度的先声。

例如，据《韩非子》记载，商鞅"什伍连坐"的主要内容就是"教秦孝公以连什伍，设告坐之过"。《史记》也记载说，"（商鞅）令民为什伍，而相牧司连坐"，其内容就是用"什伍"之制来统计、控制和管理治下的人民，以便于税赋的征收和人力的动员。

在商鞅这里，"五人一伍"，既是和平时期户籍统计和管理的基本单位，也是战时进行军事动员和组织的基本单位。既然国家的大手能够深入到"伍"这一级基层，其资源汲取与意志贯彻能力自然很高。因此，"什伍连坐"对商鞅的其他重要变法措施，比如"奖励军功""奖励耕织"以及"重农抑商"，有着极为重要的支持意义。正是用"什伍连坐"代替旧的管理体制后，秦国才真正成为一个高度中央集权的国家。

而在《墨子》原文里，早就已经明确记载了"一伍连坐"的制度，散见于《备城门》《号令》诸篇中。墨子实施这种管理制度，即是以五人为一个单位，对平民进行统计和管理，在战时进行动员和组织。当然，墨子还没有像商鞅那样赋予这个制度那么多的政治和经济意义，他设计这个制度的初衷是为了杜绝敌方奸细的混入。考虑到墨子的这套制度体系有着浓烈的"战时紧急法"色彩，而商鞅改革的重要宗旨之一就是将秦国变成一个采取军国主义原则来管理的国家，我们完全可以合理地推测，商鞅实际上是把墨家的战时管理制度推广到和平时期的统治上，并且在更大的层面上把秦国改造成一个"军民合一"的国家。这很符合现代政治学原理中关于国家机器形成的一般规律。

美国政治学学者查尔斯·蒂利（Charles Tilly）著有《强制、资本和欧洲国家》一书，在该书中，他认为，现代欧洲国家之所以形成，与近世以来欧洲各国之间陷入频繁而普遍的战争有极大关系。概言之，因为战争，国家需要建立理性的财政和动员制度，包括人口统计、经济统计、动员制度，等等。为此，国家必须建立一个稳固的官僚体系来实现这些目标。这个体系，就是著名社会学家马克斯·韦伯所说的"现代科层制度"。

科层制，又称官僚制，是一种理性化的管理组织结构。虽然"官僚主义"这个词已经臭名远扬，但从行政学与组织学的角度，科层制依然是组织人类活动的最高效和最理性的方法。韦伯总结的科层制有专业分工、等级体制、依法行政、非人性化等特点。相较之下，我们就会发现，《墨子》最后一卷讲的战时动员和组织体系，与之高度吻合。《墨子》讲"分里以为四部，部一长"和"大将必与为信符，大将使人行，守操信符，信不合及号不相应者，伯长以上辄止之，以闻大将"，其用意固然是上传情报、下达号令和防止间谍渗透，但最终的方法论，却与韦伯的论断不谋而合。盖因用兵乃国家死生大事，从这种实践中磨炼出效率最高的制度，是古今中外世情所应然。

显然，墨子能够总结和发展出这样一套科层化的动员术，与以"弩机"这一具体技术发明为契机，使得战争走向"全民化"的历史进程有关。

春秋时代，封建制尚未完全瓦解，列国战争的统帅与军队构成仍以贵族内部成员和"国人"（受诸侯国直接管辖之部属人民）为主，而贵族内部成员的彼此了解和信任是建立在一个小圈子内"熟人社会"的基础上的。而一旦弩机为墨家创造能够将大量平民百姓迅速动员为战士的条件，那么，对这支"陌生人"和"非职业"的军队

的管理，就再也不能依赖于"熟人机制"，而只能依赖于科层化的
制度了。这跟企业做大到一定阶段，必然要引进科学管理体系的道
理是一致的。

其实，火枪在中世纪早期出现之时，从武器性能上讲，并没有
优于长弓太多。但是火枪有一个同弩相类的优点，训练难度小，成
本低。正因如此，各国政府才有可能把大规模的平民动员起来，集
结成庞大的、有战斗力的现代军队。中古欧洲之所以以封建制为主，
其背后的一个实质支撑或许就是，由极少数贵族借精炼的甲兵与娴
熟的骑术组织起来的骑兵部队，相对于装备简陋的步兵部队，有着
极大的战术优势；从而，每个国家的王室所依赖的武装力量，是组
成这些精英战力的贵族人员，而平民的力量则几乎可以忽略不计。
也因此，中世纪的战争规模相对有限。但是到了近代，由于火枪技
术的应用，各国均能把大量平民动员起来，参与战争的人数大大增
加，战争的伤亡和影响也大大扩展。查尔斯·蒂利就指出，从 15
世纪到 16 世纪，对一个国家的胜败而言，是否具有动员和部署大
规模军队的能力变得越来越重要，而这也是税收体系越来越现代化
的最强大动力。

西方政治的这一发展脉络，已为西方军事史家的一系列研究反
复讨论。[8] 但中国历史中有关军事组织术与政治变革之间关系的讨
论还并不充分，从某一具体军事技术角度对"大一统"何以形成的
研究更是少之又少。而本文所讲的故事，尤其是其中关于"弩机"
的发明、墨家动员术与这段大规模变法史之间的内在关系，我将之
称为"弩机猜想"。当然，目前它还只能说是一种猜想，因为这段
历史已经离我们太过遥远，当时的史家又对军事技术的具体细节不

考诸世界史，我们会发现，西方近代国家的产生也是如此。只
不过，古代中国建立科层制依赖的关键军事技术是弩，而近代西方
国家建立现代官僚体系的契机则是火枪。

甚了了，以致我们今天已经难以完全证实或证伪。

简单说来，"弩机猜想"的内容是：当"弩机"这种军事技术在一国内大范围普及时，它会给这个国家的统治者提供一种战略优势，那便是用技术的力量将原先无法有效动员的平民百姓充分动员起来，变成（在特定作战环境中）可以驱策的部队，以适应战国时代的大规模冲突。而统治者可以这样做，又是以能够彻底变革封建时代的治理结构，摆脱"小圈子"和"血缘家族"的桎梏，建立一种"科层化"的现代管理体系为前提条件的。

在战国前期，韩国对弓弩的利用甲于天下，而当时正是韩国任用申不害厉行变法的时期；其后不久，便是魏国李悝与吴起变法时期；接下来，是"墨者入秦"，随后则迎来变法的高峰——商鞅变法。由于缺乏更具体的史料考证，在这里我只能大胆猜测，这些制度上的重要变革，很可能也是"弩机"这一技术扩散引发的结果。

弩（机）、军事动员与变法的关系，在"墨者入秦"和商鞅变法这里，达到最高峰。由于在特定作战环境（守城战）方面的优势，墨家符合秦国统治者具体的战略需求，从而获得影响秦国政治变革的契机，而商鞅则将因军事技术演化而产生的军制改革需求，进一步扩展为政治改革需求，为推行中央集权制度与大一统创造了基础条件。这样，自秦献公起的一系列变法改革，到秦孝公时代达到高潮，一直持续到秦始皇统一六国，其最主要的内容就是打破过去的分封制与井田制，建立更方便中央集权和统一管理的户籍制与郡县制。过去，我们多把这个过程理解为统治阶级为富国强兵而主动进行的努力，但这样的努力若没有以"弩机"的发明为基础，是否也只能是空中楼阁？或者反过来说，是否因为"弩机"的发明使得平民亦成为各国政府所必须动员的重要战略力量，才会有扩散至战国各国的波澜壮阔的变法运动？

如果我的"弩机猜想"是成立的，那么，它会给我们提供一种与之前的各种解释框架完全不一样，且更符合中国大一统历史内在逻辑的观察视角。过去，绝大多数中国史家把"变法"当成一种个人主观的努力，无论是春秋时代的子产，还是战国时代的李悝、吴起或商鞅，皆是有变法理想的人因其个人努力或机缘巧合成为实际掌权者，或者获得帝王的绝对信任，从而"治国平天下"，"为万世开太平"。然而，纵览中国早期历史上最为成功、影响也最深远的这一系列变法，我们却发现，技术实在其中扮演了不为人知，却极为基础和重要的角色。

不过，这里还有一个重要问题需要予以说明。韦伯的"科层制"理论所依赖的根基，是权威的合法性。换句话说，人民接受科层制官僚的管理，归根结底是因为他们同意这种管理。这也是西方政治进化史上与科层制同样重要的一条脉络，那就是代议制度的成熟。这固然与西方古典时代的共和国理论，以及中世纪广泛存在的商业社会之间有密切关系，但它本身也的确符合人性之必然，是政治学千年不易的常理。而秦国后来所确立的严刑峻法，固然在"科层制"方面与之有类似之处，但在"民心所向"方面，则有严重缺憾。它纯粹以军国主义的集权压服了受管理与统治的人民，而忽略了人性对自由的渴求与对严刑峻法的反抗。

孝公薨而商鞅车裂，始皇崩而秦朝灭亡，似乎都与秦制的这一"瘸腿"有关。

墨子的政治理想

故事讲到这里已经几近结束，但还有一个问题没有处理完毕。那就是，为什么主张兼爱、非攻的墨子，其领导的墨家却愿意去推广和贯彻这样一个冷峻严苛，有时甚至于残酷的战时动员制度？为什么墨家的"摩顶放踵利天下"的理想主义情怀，最终却演变为法家的严酷政令？这是在"非攻"大义的名号下所推动的极权之恶，还是在乱世之中推行理想所不得不实行的权宜之计？

我首先要指出的是，《墨子》中这种极度严苛甚至残酷的战时管理体制，并不是后世剪切插入的版本，更不与墨子的兼爱理想冲突。相反，它恰恰是墨子政治理想的延伸。

墨子的政治理想，最核心的内容叫"尚同"。何炳棣先生指出，"尚同"这个概念实际来自《孙子兵法·计篇》，原文是："道者，令民与上同意也。""尚同"其实就是"同于上"，让人民的意愿与最高长官的意愿相一致。翻开《墨经·尚同篇》，第一段就描述了墨子观念中天下之乱的起源："一人则一义，二人则二义，十人则十义。"翻译过来就是，墨子认为，人世之乱的起源，在于不同人有不同的观念，也因此会有争端。如何才能结束争端，实现理想的状态呢？不仅要"选天下之贤可者，立以为天子"，而且天子之下的各级官员与分封对象，包括三公、诸侯、诸侯之正长，也都要选贤而任之。选贤之后，各级官员就任，天子通过他们向天下万民发布正义的施政纲领。

"尚同"的效果，是要"上之所是，必皆是之。所非，必皆非之"。而其追求的行政效率，用墨子的话说就是，"治天下之国，若治一家；使天下之民，若使一夫"。

如何达到这种效果呢？《尚同篇》中描述了依赖于科层制得以实现的情报收集与反馈体系：

> 故古者圣王唯而审以尚同，以为正长，是故上下情请为通。上有隐事遗利，下得而利之；下有蓄怨积害，上得而除之。是以数千万里之外，有为善者，其室人未遍知，乡里未遍闻，天子得而赏之；数千万里之外，有为不善者，其室人未遍知，乡里未遍闻，天子得而罚之。

翻译过来就是，要依靠诸侯正长密布的管理与情报网络，让"上下情请为通"。当然，这个网络的目的是好的，是要让"上有隐事遗利，下得而利之。下有蓄怨积害，上得而除之"，但它所追求的效率却相当惊人——即便你所在的地方离天子居所数千万里之遥，但你做了好事，你的亲戚邻居还不知道，天子就已经了解并且要奖赏你；你做了坏事，你的亲戚邻居还不知道，天子就已经了解并且要处罚你。最终，"天下之人，皆恐惧振动惕栗，不敢为淫暴，曰'天子之视听也神'"。按照现代人的观点，这是一个天子能够监听监视一切子民的"极权主义社会"。

但在墨子看来，这却是传说中上古三代的贤君才能达到的理想状态。天子既然是贤君，那么他就不会利用极权主义做坏事，只会做好事。古典思想家的思维模式大抵如此。当然，他们都承认，遍览当世周天子或各大国诸侯，离他们心目中的"贤明"标准相去甚远。而墨子认为，既然理想遥不可及，当下不妨心存理想，先从小处脚踏实地地着手做起。故而墨子虽然持有高远理想，但同时也对当下的污浊保持着清醒，又因身怀"止戈"的攻战之术，而怀有一种高度乐观的革命精神。在《墨经·贵义篇》中，有人对墨子说，当下没有人奉行大义之道，唯有你独自苦苦坚持，还不如放弃呢。墨子则回答说，若一家里有十人，只有一个人种地，其余九个人都袖手旁观，那么，耕地的那个人就只有更勤勉才行，因为干活的少，吃饭的多。如今天下没有人奉行大义，只剩下我，所以你该勉励我，为什么要阻止我呢？墨子的乐观精神，大抵如此。

一个以达至"非攻""兼爱"之大同社会为己任的理想主义者，同时也是掌握当世最严苛、最高效战时动员术的统帅，放诸整个人类思想史，也极为罕见。即便放在那些开山立派的伟大思想宗师中，墨子也是一个超凡绝俗的存在，决不能以等闲庸常的价值观视之。我不认为他的思想体现了所谓"时代局限性"，相反，他的这种理念与现实手段，应当被看作人类政治社会的一种根本困境和永恒宿命。

古希腊著名思想家亚里士多德曾经讲过，对人民约束最严苛的政体（僭主政体），往往是从最讨好人民的政体（民主政体）中诞生出来的。

为什么会这样呢？亚里士多德的解释是，由于民主政体完全以穷人的利益为原则，政治领袖往往会找各种借口把世家大族和著名人物逐出本邦，以便没收其财产。随着这种政策日渐变多，世族与精英便会联合起来，纠集兵力，攻回城邦，造成激烈的阶级冲突，甚或引发旷日持久的战争。长此以往，城邦中的人民将厌倦于民主政治喋喋不休的演讲，困苦于现实中的争斗不断，希望一个强力人物出面定纷止争，给他们重新带来和平与秩序。这便为僭主的产生创造了条件。僭主往往诞生于民主政体下的军队领袖，他们有军权，也向民众表示自己敌视富室，从而博取民众的信任。待夺取大权后，虽然僭主实际上是凭自己的意图实行全面独裁，但民众看到他不断打击贵族，便也就接受他的统治了。

亚里士多德的这个理论，虽然是从古希腊城邦的政治实践中总结出来的，但在一定程度上也适用于解释中国的政治史及实践。在延续数千年的中国历史上，每当皇帝要打击世族豪强时，往往会提拔出身贫贱的"白身"，因其没有士族大家的人脉基础，反而更易为君王所用。这个道理，向前追溯到战国时代也是成立的。秦献公之前，秦国王室衰微，竟致国君死于权臣的围攻，太子被抵押给敌国为人质，外戚与宦官勾结，谋立幼主。而自秦献公开始的改革，既然要强化王室权力，就必须从当时的贵族阶层之外拔擢新的精英，以改变权力结构。秦献公邀请墨家入秦固然是一条道路，而将平民动员起来，使其有机会分享军功晋升的红利，则不啻为一条更根本的釜底抽薪之路。

而反过来，站在墨子的角度，恐怕有着更为深远的悲凉与无奈。

在整个古典时代，农耕技术极不发达，平民单靠辛勤耕作，绝不可能与王侯将相平起平坐，更不可能奢谈"阶级流动"。在技术还不能有效促进经济增长的年代，平民唯一跨越阶层的机会，就是混乱与战争。然而，能够从混乱与战争中获益的，永远只是少数人。绝大多数人在战争中承受的是苦难、牺牲与死亡。唯一的出路，依然在于明君。而什么样的明君能够实现"天下大同"的理想呢？唯一结论只能是：权力并非以贵族圈子为基础，而是直接来自人民的明君。

正所谓：以吾一人之杀止天下之杀，以大不仁而求大仁。两千多年前的墨子，是不是也怀着这样一种悲悯的眼光看这个世界？不过，即便墨子和墨家有这样思虑深远的悲悯之心，却依然未能料到自己的命运。

墨子的方法固然是有效的：在此后的战争中，秦国以函谷关为依托，多次抵挡住其他国家的入侵；同时，以墨家动员术为基础，经过商鞅、范雎、韩非、李斯等人的努力，秦国多代君主厉行改革，翦除贵族势力，起用平民中涌现的新生力量，逐渐成为六国中最强大的国家，并最终一统天下。可以说，墨家事实上创造了一个真正让"天下之人，皆恐惧振动惕栗"的天子。

然而，统一天下之后，天子却不再需要墨家。这与近代西方启蒙时代的开明君主是类似的：君主之所以尊敬达·芬奇或者莱布尼茨这样的发明家，是因为其掌握的工程学和数学是修筑堡垒的必备知识和计算炮弹轨迹曲线的前提。除此之外，君主们或许对他们的正义理想与民主抱负表示尊重，但也仅此而已。古今中外概莫能外。当秦始皇实现大一统之后，墨家之术就凝固在法家脉络之中，而墨家之体却被更加适配统治者的儒家取代。最终，这个以特定技术开创崭新历史阶段的神奇学派，就此消逝于历史之中，成为中国思想史中的第一大谜题和第一大遗憾。

* * *

　　秦国虽然一统天下，却二世而亡。传统史学一般将之归咎为秦政的暴虐不能长久，也就是《论语·为政》开篇所说："道之以政，齐之以刑，民免而无耻；道之以德，齐之以礼，有耻且格。"但理性地看，秦政其实是战国时代军事动员体制的巅峰，其存在自有合理之处。在诸侯相互吞并、连年征战的大背景下，不实行这种严苛的军国主义制度，别人实行了，便会将你吞并。某种意义上，这是当时各诸侯国共有的"囚徒困境"。

　　但秦"二世而亡"恐怕也未必是主流史学所谓的"仁义不施而攻守之势异也"。如果我们不把这里的"仁义"看作儒家经典中所谓的"仁义"，而是看作秦制对其核心支持力量的满足，也就是满足那些渴望在战争中通过获得军功而晋升贵族的平民，那么，秦统一之后"不施仁义"，或许还是因为无法再度发动大规模的战争，因而也就没有足够大的"军功蛋糕"来分给所有人了。

　　这或许是造成汉代"罢黜百家，独尊儒术"的深层原因。在秦朝的军国主义制度下，天子用以缵绁万民的施政哲学，没有理想、没有目标，只有严苛的法令与烦琐的制度。人民过去生活于秦制的集权之下，尚能希冀在对外征伐中获得利益；但统一之后，人民既得不到实利的好处，又得不到精神的慰藉，自然不会继续认可秦政。因此，汉代必须作出转变，将所依赖的阶级力量重新调整为皇族贵胄，这也是造成汉初分封反复的重要原因。随着对"七国之乱"的平定，汉朝天子逐渐总结出属于自己的"帝王之学"，那就是"以王霸道杂之"，不能"纯用德政"，也就是后世所说的"外儒内法"。

　　帝王想要保持自己超然独尊的地位，必须时时依靠不同的集团力量，而不能专任一股势力坐大。这也是《大明王朝1566》中嘉靖皇帝那段经典台词背后的道理：

古人称长江为江，黄河为河，长江水清，黄河水浊，长江在流，黄河也在流。古谚云："圣人出黄河清！"可黄河什么时候清过？长江之水灌溉了两岸数省之田地，黄河之水也灌溉了数省两岸之田地！只能不因水清而偏用，也只能不因水浊而偏废，自古皆然！

这段台词，极精准地道出了中国皇权体制中帝王的真正职责和位置。平常人想象帝王拥有无限之权，可以恣意行事；而儒家希望帝王能够奉行仁政，恢复理想中的三代之治，对帝王提出了许多道德要求。但传统中国的集权体制，本质上与军队的管理体制息息相关。这个体制假定国家兴亡系于帝王一身，其实是从军事体制中假定战争胜败系于统帅一身演化而来。所以，帝王自身必须保持超越于所有人的独立性，他固然不能为欲望所驱使，但同时也不能为道德所绑架。

而这背后，又是秦制所开启的中华文明历史命运之根本逻辑在作怪。中国传统政治最高层级的玩家，信奉的是老子的"天地不仁，以万物为刍狗"，将平民看作和平时期的草芥与战时的军备资源。帝王们经常为了获取豪族的支持而对其侵害百姓的行径不闻不问，未必不是为了有朝一日以苍生大义为借口，翦除这些尾大不掉的政治力量。

正因如此，中国传统社会中，阶级之间的权力争斗几乎是毫无约束的，人与人之间的生存博弈高度残酷。不同集团之间的死斗攻讦，本身是帝王维系其权力存在的权术，同时也给了所有人服从帝王权力的一个根本理由：怕乱。这也造成中国古代社会生存之艰辛，博弈之困难，征伐之惨烈，智谋之精妙，文明之发达与动荡，世所罕见。

而纵观历史，唯一能从最底层改变其逻辑的，或许只有技术进步的力量了。是"弩机猜想"让我得以第一次站在欲望与道德之外，重新看待中国历史的演化与根本机制：中国历史两千年来的路径依赖，其触发扳机，有可能只是一项发生于两千多年前的技术突破——弩机的发明与应用。在此之前，我从未从这个角度出发来思考中国历史的问题，这也促使我继续思考下面这一系列问题：在两千多年前技术尚未飞速发展的年代，技术与人类文明的互动关系就可能已如此重要，那么，在今天这个时代，技术及其演化与我们所处的历史关口和社会命运之间的关系，又有多少是我们尚未意识到的？

　　这就是本书想讲的故事。

注释

1　此种观点，可参见赵鼎新《东周战争与儒法国家的诞生》，华东师范大学出版社，2013 年。

2　论文中所比较之弓，历史原型为英格兰长弓，弩则为中世纪晚期常见之钢弩。虽与文中讨论的战国弩有所区别，但除材料之外，其他方面的结论有很多可以参考之处。

3　参见 Sir Charles Oman, *A History of the Art of War in Sixteen Century* (New York, 1937)。

4　然而纵观中国历史，或有人反驳，正规军武备松弛、意志薄弱、战斗力低下的例子并不罕见，相反，非正规军拥有较强战力的情形也比比皆是。这是因为"正规军"与"非正规军"之间的区别过于笼统的缘故。概言之，由国家政权以统一编制、武备、制度、纪律和标志供给的均可称正规军，则不同国家之正规军所获补给与编制能力，就受到不同国家财政实力及意志实现能力的制约。因此，正规军的作战能力就不再纯粹是一个军事问题，而且是一个经济、财政与政治制度问题。中国传统大一统王朝难以克服的一个问题就是，面对过于庞大的治理对象，国家财政制度既被缺乏数字化管理意识的儒家意识形态所误导，又为盘结而成的利益集团所侵蚀；相反，地方性的团练和私兵往往力量强大，也是因为就地获取补给容易、垂直管理层级少、能够有效抑制腐败等因素所造成。

5　兰彻斯特方程，1914 年由英国人弗雷德里克·威廉·兰彻斯特创立。它采用数学演绎战术原则，将数学与军事战术学结合起来。

6　参见蓝永蔚《春秋时代的步兵》，中华书局，1979 年，第 245 页。

7　参见《何炳棣思想制度史论》中"国史上的'大事因缘'解谜——从重建秦墨史实入手"一文。

8　自 20 世纪 50 年代迈克尔·罗伯特（Michael Roberts）提出"军事革命"（Military Revolution）这一概念以来，西方史家在这一主题下就军事进步对近代国家形塑的影响进行了大量讨论，可参见如下著作：Michael Roberts, *The Military Revolution, 1560–1660*，1956；Geoffery Parker, *The Military Revolution: Military Innovation and the Rise of the West, 1500–1800*, 2nd. Ed. Press Syndicate of U. of Cambridge, 1996；杰里米·布莱克《军事革命？1550—1800 年的军事变革与欧洲社会》，李海峰等译，北京大学出版社，2019 年。

第二章　两千年前的蒸汽机

　　熟悉科技史的人大多知道，第一次工业革命中最重要的技术进步就是瓦特改良蒸汽机。从此，人类对能源的利用被彻底改变。在此之前，人们只能用人力或畜力，或受制于特定地理位置和天气情况的能源（例如风车和水车）来驱动机械，从事生产。而在此之后，人类可以不受时空限制使用能量巨大的能源，历史得以进入一个全新的阶段。

　　英国经济学家安格斯·麦迪森（Angus Maddison）在《世界经济千年史》中，统计了从公元元年一直到 1998 年的世界人均 GDP。以 1990 年的美元为统计单位，公元元年，人均 GDP 约为 445 美元；1820 年，约为 667 美元，增长了不到 50%；然而从 1820 年到 1998 年的近一百八十年间，这个数字变成 6049 美元，增长近 10 倍。也就是说，1820 年以前的人均 GDP 增长是一条几乎水平的线，而过了 1820 年，这条线陡然高耸。从这个角度讲，工业革命是两千年来人类历史上所发生的最大革命。

　　关于蒸汽机，中学历史教科书上是这样表述的：是瓦特"改良"了蒸汽机。那么，蒸汽机到底是谁发明的呢？

亚历山大港的希罗与《气动力学》

打开维基百科搜索蒸汽机，无论中文条目还是英文条目，都会告诉我们，世界上第一个利用蒸汽驱动的机器叫"汽转球"（aeolipile），发明于 1 世纪，发明者叫亚历山大港的希罗（Hero of Alexandria）。科学史研究公认，这个装置是最早的蒸汽机雏形，但它并没有实际应用意义。

如果继续以"汽转球"和"希罗"为关键词搜索，还会跳出一大批自媒体文章，用耸人听闻的标题告诉我们：两千年前就有人发明了蒸汽机。而如果点进去阅读，它们会继续告诉我们，这只不过是一个玩具，没有什么实际价值。甚至有的文章还会教我们如何用易拉罐、水和蜡烛重新制作一个简易的汽转球：在易拉罐壁上按对称位置钻两个小孔，插入导管，将易拉罐装上水后悬挂起来，在底下点起蜡烛，烧水，待产生水蒸气，水蒸气便会驱动易拉罐转动。

总之，读完这些，我们大致会有这么一个印象：有一个叫希罗的很厉害的古人设计了一种用蒸汽原理驱动的玩具，但这没有什么价值；他并没有造出真正的蒸汽机，更没有因此而引发工业革命。

我一开始也是这么认为的。但当我真正翻开希罗的《气动力学》时，[1] 我发现，它远远超出了我此前对希罗的想象。我本以为它只会是一本类似于《天工开物》的作品，大略地记载一下这项发明是如何制作出来的，其尺寸与规格如何……没想到的是，它其实跟现代工程学教授的"空气动力学"或者其他工程学教材类似，都是先讲物理学原理，再讲具体应用。

跟简单的工艺学相比，这对人类科技史的意义是全然不同的。从古至今，人类有很多一开始未能了解其科学原理，却一直在具体工艺实践中广泛应用的技术，例如炼钢淬火、运动车轮的平衡、甩鞭效应，等等。而当人类了解了这其中的科学原理，便可以举一反三，甚至实现不同领域的启发式创造。因此，前者是技术实践中产生的经验总结，后者却代表了一种科学思维的出现。令人惊讶之处就在这里：希罗的《气动力学》属于后者。

这本书第一章讲的是关于气体动力的基础理论，其余各章则通过各种具体的或简单或复杂的装置，描述了这个基础理论的应用。由此，希罗发现了两个基本原理：第一，持续的真空不存在，但不持续的真空可以存在；第二，空气可以膨胀和收缩。尽管他对空气的这两个属性的理论解释来自古希腊的四元素说，也就是世间万物均由气、火、水、土四种基本元素及其相互转化组成，但这种玄学的世界观并不妨碍他得出如何制作具体装置的结论。实际上，希罗是古代世界最为擅长制作具体装置的学者之一，"简单机械"这个概念虽然是阿基米德开创的，但是将其完善并总结出五种基础简单机械（轮轴、楔形、滑轮、螺旋和杠杆）的，恰恰就是这位亚历山大港的希罗。

接下来，希罗开始详细讲述各类装置。他着重描述了第一种简单装置：虹吸管。希罗认为，在气动力学中，虹吸管是一种最基础的简单装置，与气动力学最基础的物理学模型直接相关。当然，希罗所处的年代还没有压强理论，但是他用几何学原理解释了液体的压力问题，推论的结果基本与现代物理学相吻合。

希罗解释说，一旦理解虹吸管的原理，就可以理解《气动力学》将要介绍的各种机械装置。"汽转球"是《气动力学》中介绍的78个装置之一。实际上，它并不是这本书里唯一应用蒸汽原理的装置，甚至不是应用最好的一个。在希罗看来，蒸汽无非是四元素中的火作用于气而产生的一种现象。在《气动力学》中，有很多这类运用点火产生蒸汽从而推动机械的自动装置，比如点火后在蒸汽装置下自动转动的神像、自动开启的神庙大门，等等，其精妙程度都远胜更为人熟知的"汽转球"。

汽转球示意图

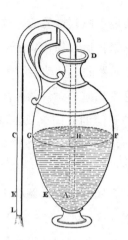

虹吸管示意图

1851 年版希罗《气动力学》中开启神庙大门的装置

这些奇妙的发明固然令人吃惊，但在我看来，更令人惊叹的，是希罗有意识地从实验观察中总结科学原理，再从科学原理出发落到具体应用的思维方式。这与我们惯常对古人的想象相去甚远。多数历史课本和科普著作都把科学思维看作近代世界的重大发明，是文艺复兴和启蒙运动的成果。比如，历史学家赫拉利在《人类简史》中就总结说，现代科学最重要的三大特征中有两个就是以观察和数学为中心，从而取得新的能力，特别是发展出新的科技。亚历山大港的希罗完全符合这两个特征，他的思维方式与现代科学思维确有相通之处。希罗绝不仅仅是一个玩具制作者。他虽然没有实际发明蒸汽机，但他的确已经总结出了驱动现代蒸汽机的科学原理，说他是发明蒸汽机的先驱，并没有问题。

这里要追问的是，为什么这样一个拥有现代科学思维的人物会诞生在两千年前？

古希腊学术

设想你是生活在尼罗河畔的埃及建筑工，生于斯长于斯已经二十多年，熟悉尼罗河的起伏涨落，了解河沙的黏性程度，对你来说，利用这种原材料修筑堤坝不是什么难事。这时如果有一位学徒要跟随你学习，但他自小生长在沙漠周围，对河沙没有概念，那么，你该如何将知识传授给他，让他也能顺利地修筑堤坝呢？

第一种选择是，让他跟你一样，在日复一日的劳作中，花数年时间不断接触这种材料，自己建立起对河沙的感性认识。第二种选择是，向他解释河沙这种物质的"性质"，比如表面圆滑、含泥量少、洁净性好，这时，你就须要先在脑海中建立起对"洁净性"这一概念的认知。

　　这就是最初级的抽象能力。尽管今时看来这是小学生也可以具备的能力，但在早期人类社会，能够发展出这种对物质的抽象认识，进而对整个世界予以普遍性的推理，实在是人类认知能力的一大卓越进步。例如，我们认识到河流、海水和雨水都是由水构成的，由此便可以抽象出"水元素"这一概念，描述它的性质，进而推理出同样由水元素构成的血液也应有类似的性质。

　　古希腊第一批哲学家的工作便是如此。生活在公元前 7 世纪—前 6 世纪的米利都的泰勒斯，是西方历史上第一个留下名字的哲学家。他提出，水是世界的本原，因为水有令万物创生的性质。这种解释虽然简陋，却是古希腊人用抽象能力系统性解释世界的第一步。把世界抽象成很多基本元素，这在诸文明里不是什么特别新鲜的事情。比如，中国古代自然观中的"五行学说"，就把世界解释为"金、木、水、火、土"五种元素的组合。但大为不同的是，古希腊人在此基础上，将抽象能力又向前提升了一大步，那便是发现世界背后的数学规律。

　　再拿尼罗河畔的建筑工举例。建筑工在了解堤坝的过程中，模糊地意识到，如果把堤坝的底部加粗，顶部减细，就会建成更不易被冲毁的堤坝；经过继续抽象提炼，他可能会意识到这是三角形的稳定性的缘故，甚至可以用数字计算出不同边长所代表的结构能够承受力度的大小。

　　当第一次意识到数学这一伟大作用的时候，他是不是会激动地认为，自己已经找到了认识世界的金钥匙，而门背后就是通往万事万物运作规律的殿堂？！

　　这便是由古希腊著名思想家毕达哥拉斯建立起来的世界观：世界的本原是数字，数学可以描述世界背后的一切规律。

　　毕达哥拉斯生于公元前 580 年，大概比孔子早生三十年。他早年曾经前往埃及跟随当地祭司学习。由于尼罗河泛滥，埃及的工程

拉斐尔《雅典学院》中的毕达哥拉斯

学与几何学极其早熟，毕达哥拉斯很可能就是在这里接受了尼罗河畔的建筑工经由成百上千年总结出的理论经验，并在祭司的影响下，将其与神秘主义信仰结合。最后的结果是，毕达哥拉斯发展出了一套系统学说，认为世间万物的背后皆可找到数学规律，而数学规律与宇宙间神秘旨意的安排有关。

他发现生活中有许多领域都受数学规律的支配。建筑当然是一个很重要的例子，音乐也是。认识到这一点很重要，因为音乐与人心之间存在紧密的关系。既然音乐受数学支配，而符合数学规律的音乐可能会震撼我们的灵魂，使我们感动甚至流泪，人们由此可以合理地推断，灵魂也是受数学规律支配的，它与身体之间也可能存在着和谐的数学比例关系，正如乐器与声音的关系。

　　沿着这条道路，毕达哥拉斯继续大开脑洞。既然灵魂是受数学支配的，那么人类在灵魂支配下的一切行为，背后都可能存在数学规律。比如，他猜想，社会正义的本质实际上跟 4、9、16、25 这类某个正整数平方的数字有关，因为它们能被"公平地"分为两个平等的约数。10 也是一个应该得到尊重的数字，因为它是第四个三角形数，而 4 又是平方数的起点。

　　古希腊人还把数学跟构成世界的元素联系起来，进一步解释宇宙的结构。比如，柏拉图认为，世界由火、气、水、土四种元素组成，这四种元素分别对应几何学五个正多面体中的四个。手靠近火会感到刺痛，这是因为火元素的形状是尖锐的正四面体；土可以被堆叠，因为它的形状是可以被堆叠的正方体；气让人感到顺滑，因为它是由正八面体制成的；而水会从人的手中自然流出，因为它是由最接近球体的正二十面体组成的；最后剩下的正十二面体，则被神用来制作宇宙的轮廓与动物的形状。

　　在我们看来，这当然都是胡说八道。但是，古希腊人却是怀着极大的热情提出这些"胡说八道"的。想象一下，当人们发现数字之间的关系可以拓展到三角形、四边形及正多面体这类几何图形，而这些几何图形又与现实中的建筑、堤坝和河道工程，与它们的结构设计与受力分析密切相关；更重要的是，一个人无需了解任何关于土壤、木梁和泥砖的感官知识，就能通过纯粹的数学运算，实质上也就是逻辑演绎来得到正确的结果，难道不会感受到一种力量的存在，一种探知世界背后真实奥秘的震撼吗？这种神秘主义的数学理论虽然是不科学的，却是通往现代科学思维的第一步。

　　而且，古希腊世界的政治状况，也鼓励不同的思想家提出这类不同的解释理论。古希腊位于巴尔干半岛之上，陆地被重重山峦分隔得崎岖不平、支离破碎，平原零落而狭小，这样的自然条件，造就了古希腊城邦林立、制度多元的政治局面。加上此地毗邻人类文明发源地小亚细亚与埃及，海运发达，自远古时代起就有频繁的海外贸易，故而容易造就发达的商品经济。希腊人更是扬帆远航，在今天的爱琴海和爱奥尼亚海各岛屿，还有小亚细亚西部与意大利南部建立起许多城邦与殖民地。

按照诺贝尔物理学奖获得者薛定谔的说法，强大的国家或帝国通常对自由思想怀有敌意，而小的、自治的、繁荣的城邦则有利于自由、冷静而睿智的思想的发展。优秀的头脑即便在某个城邦遭受压迫与限制，转身便可前往另一个城邦著书立说，广收门徒，而哪个城邦能够广开言路，察纳雅言，其政治文化与社会氛围也必然更加开明和自信。

当时古希腊城邦互相通商往来，也互相争斗攻伐，人民参与政治，在广场上聆听辩论，各城邦精英更是热忱地欢迎能够讲授计谋权术和辩论技巧的人。然而所有辩论术都号称自己掌握了真理，人们需要一套关于如何真正获得知识和认识真理的系统流程。辩术师为了吸引听众，说服他们接受自己的理论，也会主动接触、学习自然科学和自然哲学学说，以补全自己的世界认知体系。这就为科学与哲学思想的双重繁荣创造了条件。

从泰勒斯主动用理性思辨进行哲学思考起，此后的数百年间，一场思想运动席卷希腊各城邦。历史上用泰勒斯的故乡米利都所处的地理区位为它命名，称这场思想运动为"爱奥尼亚启蒙运动"。它不仅对自然科学的开创做出了巨大贡献，还延伸到医学、政治学、法学和道德哲学领域，极大地冲击了当时的原始宗教和社会体系。在此之前，知识被垄断在祭司群体手中，普通人无论生病求药还是禳灾求福，都需前往神庙。而一旦启蒙到来，祭司群体的知识垄断即被打破。当然，祭司们也对此做出还击，宣扬神意与命运的无常可怖，告诫人不可因理性而过分自大。古希腊悲剧《俄狄浦斯王》中，聪慧明察的俄狄浦斯破解了斯芬克斯的咒语，当上了国王，却陷入弑父娶母的悲惨命运，就是对这一时期宗教思想与理性主义相互冲突的反映。

无论如何，这场启蒙运动最终的结果，是令当时希腊大部分哲人智士都承认逻辑的力量，也都同意学术著作和辩论应遵循基本的逻辑规范。集大成者就是亚里士多德在《工具论》中总结出的经典逻辑体系。这一体系直到 19 世纪才被数理逻辑取代。

受到这种丰富的辩论传统的影响，古希腊作者们已经有意识地遵循一些基本学术规范。例如亚里士多德在《物理学》《政治学》等著作中，对涉及的某一主题，会罗列并详细梳理与辨析各派观点，或同意，或反驳，均求言而有据。亚历山大港的希罗在《气动力学》中几乎就是按照当今论文的写作标准，一一列举此前的理论研究并加以驳斥。其实，这话应该反过来说，我们今天的论文写作规范与学术标准，恰恰是在古希腊时代起源的。这是一种思维方式高度科学化、系统化的特征，也是学术团体业已成型，并对以往知识与理论批判吸收的产物。

亚历山大港得名于马其顿的亚历山大大帝。公元前 4 世纪，亚历山大的将军托勒密在此开创了埃及的托勒密王朝，并修筑了享誉整个古典世界的亚历山大图书馆。这里很快成为希腊文化的知识中心，诞生了古典时代力学研究中著名的亚历山大学派，希罗就是其中一员。他本人固然是天才式的工程师与发明家，但他的成就很大程度上是建立在前人的基础上的。如此看来，在 1 世纪出现希罗这样有体系化科学思维的理论家，并能将其付诸实践，也并不真是一件让人无法理解的怪事。

接下来，我们探讨第二个问题：为什么希罗发明的汽转球最后没有成为一种切实有用的动力来源，甚至引发工业革命，而只是作为一种玩具式的设想保留在书本之中？

也许你会猜想，这是因为蒸汽原理与蒸汽机之间还有很遥远的距离，但实际上，这一点并不成立。近代历史上，法国物理学家

亚历山大图书馆，古希腊文化的知识中心，公元 3 世纪时为战火彻底吞没，图为火烧亚历山大图书馆，画于 876 年

丹尼斯·巴本（Denis Papin）于 1679 年重新发现蒸汽原理并设计了第一台蒸汽机模型，但他所观察到的原理并未比希罗先进太多。1712 年，托马斯·纽卡门（Thomas Newcomen）改良出早期的工业蒸汽机，再经过詹姆斯·瓦特的改良（1769 年），成为工业革命时期普遍运用的动力机械，这个时间差也不过九十年。而且，瓦特改良的蒸汽机也不是我们后来熟悉的驱动轮船和火车的蒸汽发动机，其所能实现的，也不过就是上下往复抽水而已，但在当时，已经能够广泛提高生产效率了。

　　当然，这里的确有材料学和机械学上的问题，例如，当时的铸造技术和材料无法支持蒸汽驱动的机械，传动等相关问题也还无法解决，但抛开这些技术细节不论，我认为，最重要的原因也许是，在当时，"玩具"比我们想象的要重要得多。

机械降神

从古希腊到古罗马，有一个关于机械的重要词组，希腊文为
ἀπό μηχανῆς，拉丁文为 deus ex machine，中文译为"机械降神"。
它最初指的是一种用于戏剧舞台的机械，可以把人和神像降下来，
作为一种非常规的、极震撼的出场方式。这种装置在埃斯库罗斯的
悲剧《欧墨尼得斯》中首次被使用，又经欧里庇得斯大力发扬，成
为古希腊戏剧舞台的常备装置，以至于后来这个词组的含义从机械
装置转变为一种戏剧学的术语，特指剧情陷入胶着、矛盾无法解决
之时，突然有神明从天而降解决难题。亚里士多德在《诗学》里还
专门批评了这种技巧，也因此成为这个术语的发明人。他认为，解
开情节的办法应该从情节本身的逻辑自然而然发展出来，借助"机
械降神"是一种拙劣的讲故事手法，破坏了故事的内在逻辑。

诸如"机械降神"一类的机械"玩具"，一大发挥之地就是戏
剧舞台。在古希腊和古罗马文明中，戏剧和表演艺术扮演了极为重
要的角色。

若你在帕伽马古城或庞贝古城漫步，与在平遥古城或徽州古城
相比，体验会有很大的区别。实际上，没有什么比城市公共空间的
布局更能反映一个文明的精神秩序。

打开平遥地图，一座典型的中国古城是方正平铺的，城市的正
中心是权力中心——平遥县衙。县衙对面往往有一块空地，供主政
长官发布命令、道德劝诫、宣读国策之用。这是皇权在此地唯一代
理人的直观体现，也是一城最重要的公共空间。此外，尚有两类较
为重要的公共建筑，一是文庙或孔庙，寄托精英阶层对儒学的崇奉
与对科举仕途的向往；二是民间信奉的地方神祇，如城隍庙、财神
庙、关帝庙、火神庙等，对普通百姓来说，这是最重要的公共空间。
每有节日，这些庙观门前常聚集起集市、商贩与街头表演的艺人。

西方古城的公共空间布局则截然不同。一座典型的古希腊／罗马城市有两个最重要的公共空间，其一是市政厅、神庙和市场／广场聚集之处，这意味着此城的权力内核是分散的，政治、信仰和商贸的力量分据这块公共空间。而在民主时期，普通人也可在广场上直接发布演说，吸引听众，是公民参与城邦政治生活的直观体现；其二是竞技场与戏台，在古希腊和古罗马城市，戏剧是精英与平民共同参与的重要文化生活。古代西方没有今天我们习以为常的国民教育，戏剧就是教育民众最重要的方式。戏剧渗透着当时人们思想的方方面面，同时发挥着历史教育、美学教育和哲学教育的功效，甚至还有心理学方面的作用。例如，亚里士多德就认为，悲剧的一大作用，就在于引发人们的怜悯和恐惧，使人们把负面情感宣泄出来。这是心灵挣脱肉体之骚乱的一种途径。

据说，古希腊戏剧缘起于葡萄丰收之后人们对酒神的秘仪崇拜。在酒神狂欢仪式上载歌载舞的舞团，就是悲剧歌队的前身。公元前6世纪，雅典僭主庇西特拉图统治期间，将酒神狄奥尼索斯的纪念仪式发展为庞大的节日盛典，最早的悲剧就是在这一时期出现的。当时统治者还举行悲剧竞赛，吸引全希腊的作家参与，优胜者获得的荣耀于当时希腊人心目中的分量，比得上今天的诺贝尔文学奖。

古典时代的精英整体上是鄙视机械技术的。在亚里士多德的伦理学体系中，"技艺"在人类知识中所处的层级毫无疑问低于纯粹的思辨。普鲁塔克就评价阿基米德制造的、用于抵御罗马人围城的机器只是几何学的副产品，比探讨原理的哲学学说要低一个层次。普鲁塔克还称，"工具制作和大体有实用价值的行业，都是低微、卑贱的"。[2]

这是古代"主流"观点看待此类技术发明的态度。机械主要是为了满足他们所关心的重大之事而用，比如敬拜神明、欢度节日、装点戏剧、宣泄心灵等。他们固然不把机械当作奇技淫巧，但这些发明得真正"嵌入"他们的社会文化心理结构中才有意义。

可以合理地推想，亚历山大港的希罗把时间和精力集中在制造那些在公众节日、祭祀仪式和戏剧舞台上能够惊诧众人的奇观产品上，所获得的赞誉和评价，比制造能改善实际生产的机械要高得多。

从《气动力学》的内容可知，希罗花了大量心思为神庙和贵族设计这类精巧的机械装置，足以使无知的善男信女们惊讶于神迹的奥妙和伟大，从而给神庙带来巨大的利益。例如，除了点起圣火即可自动开关的大门，希罗还设计了投入硬币就能流出圣水的水罐，跟今天的自动贩售机非常相近。他还特别说明，工程师如果把机械传动装置隐藏在不为人所见的位置，能更好地制造惊奇的效果，增加人们对神祇的信仰。

所以，问题不在于希罗的机械为什么是玩具，而在于在古代社会的价值体系中，为精神仪式和活动制造的玩具比为社会生产制造的工具更有意义。

不过，当时的社会风气固然重视仪式与玩乐，轻视生产与建设，但技术进步的参与者也不是只有知识精英，纵使希罗自己不愿意把发明应用到社会生产中去，也并不能阻止当时处于社会底层的工匠们吸收其巧妙思想与设计，进而改造生产技术。

之所以没有发生这样的事，主要是因为当时的经济结构并不需要。

奴隶制大生产

如果一个中国人到现场参观古希腊、罗马的城市遗址，最直观的感受就是，两个文明从建筑到布局再到外观样貌，都有巨大差异。

古希腊和罗马时代，宏伟高大的城市建筑、发达的设施、精致绝伦的雕塑，都是当时乃至后世中国建筑难与之比肩的。即便到西罗马帝国覆灭已久、中国进入隋唐盛世之时，中国的宫宇在修建规模、造诣高度与材料结构等方面，相比古罗马建筑仍有较大差距。

当然，这也不是中国文明一家的问题。建筑史上公认，古罗马人的建筑技术在当时独步天下，领先所有其他文明。罗马人首先制造出宏伟巨大的穹顶（domes），第一个发明出混凝土，并将拱券（arch）技术和拱顶（vault）技术发展到登峰造极的地步，故而建筑史上专有一名词——罗马建筑革命（Roman architectural revolution）。所以，这一问题或许该反过来问，为什么古罗马人在两千年前就于诸文明中脱颖而出，在建筑技术上取得如此高的成就？

考虑到另外一些前提时，这个差异看起来就更令人费解了：古代中国的经济与人口规模相比古代罗马并不逊色，在诸多涉及社会生产力的关键技术上也与之并驾齐驱，但为何在城市形态上有如此大的差异？

在古代西方文明中，城乡二元结构本来就是失衡的。古代西方文明的城市高度发达，城市以外的广大地区则遍布原始经济。除了出于军事目的修建的驰道和少数地主建立的庄园，文明的触角不曾延伸到这些地区。

马克斯·韦伯曾下过一个论断：古代西方文明就其本质而言，基本上是城市文明。至少在古代早期，经济是由我们今日所谓的"城市经济"为主所形成的：城市以自身的手工艺制成品作为交换，从当地周围的内陆农村获得农业产品。这意味着市民大多数的生活必需品并不依赖于外部进口。这也是柏拉图和亚里士多德描述的那种理想城邦——自给自足的城邦。[3]当然，罗马帝国也曾依赖过从埃及进口的大宗粮食，但这是政治权威的产物，而不是私人贸易的结果。

但在我们的印象中，古代地中海区域的海洋商贸一直是十分发达的，这与韦伯的论断矛盾吗？并不。古代地中海城邦之间的主要商贸产品实际上主要集中于奢侈品，比如贵金属、琥珀、精美纺织品、铁器、陶器等。这种贸易结构也从侧面证实，在城市经济中，受商品经济之惠的人群，是能消费得起少数奢侈品的富裕阶层。我们在古罗马巍峨壮丽的城市中看到的一切文明成果，比如富丽堂皇的大殿、美轮美奂的雕塑、自然怡人的花园、方便通达的引水渠、人头攒动的剧场，以及广泛存在的机械发明，所供养的不过是极少部分贵族。

与这些贵族享受的过剩经济生活形成对比的，是构成古罗马生产基础的奴隶制。

古罗马的奴隶制也不是一直以来就如此发达。德国历史学家蒙森（Theodor Mommsen）在《罗马史》开篇中就说，罗马是战士与农民的民族。这从侧面告诉我们，早期古罗马的经济基础是自耕农。在罗马共和国时代，军队兵源主要是从自耕农的非长子中征召的，他们没有继承权，只有靠从军征战来为自己赢得土地，获取罗马颁发的公民权。也正是由于他们的热情，经由罗马扩张获取的土地越来越多，成为意大利的霸主。

然而，第二次布匿战争中汉尼拔的军事打击改变了这个状态。据估计，罗马农民阶级在第二次布匿战争中死伤达到十分之一，[4] 自耕农阶级就此渐渐衰落，而奴隶制度渐渐兴起，成为古罗马最发达的经济形态。

在当时，一个典型的罗马地主或贵族的生活，就是他的活动与经营产业相分离。地主们生活在城市里，享受城市文明的一切成果，关心政治与戏剧；而他们的产业则往往交给非自由身份的管事打理，类似《被解救的姜戈》中那个歧视黑人的黑人老管家，而地主只要定期收缴地租和其他商业收益即可。

　　这样，罗马城市的奢华生活与广泛使用奴隶的庄园经济，构成罗马社会经济的两极。这些庄园生产的主要作物并非粮食，而是高附加值的经济作物，比如橄榄油和葡萄，或者开设一些工艺作坊，生产奢侈品——只有这些产品，才能卖给城里人，获得更好的价钱。这就是为什么庄园经济十分发达，罗马却还要长期依赖埃及所产谷物。

　　有一句关于奴隶社会的名言："奴隶是会说话的工具。"实际上，这句话并不是对奴隶尊严的刻意否定，而是对事实的客观描述，是奴隶主庄园经济中奴隶功能的真实写照。按照罗马当时的农业手册的描述，众多奴隶被监管在一个公共宿舍中，每天早上被编成一班，由奴隶工头带往工地，在皮鞭的鞭笞下劳作。更重要的是，奴隶没有家庭生活，他们也就只有慢慢劳累病死，因此奴隶庄园需要定期购买新的奴隶。在当时的庄园经营者看来，这是庄园的日常开销，就如同今天炼钢厂需要定期购买煤炭。罗马时代最博学的学者之一马库斯·特伦提乌斯·瓦罗（Marcus Terentius Varro）曾经建议，买奴隶时应该买那些犯过罪的便宜货，因为罪犯往往更机灵一些。[5]"会说话的工具"的真实含义，不是奴隶的尊严有多低，或压迫有多严重，而是奴隶作为一种工具，在经济结构中扮演的角色已经得以细化。在此基础上的，是罗马高度发达和专业分化的奢侈品商业经济。

　　虽然古代中国奴隶也长期存在，却并没有如古希腊、罗马般发达的奴隶制大生产。在远古中国，所谓奴隶，多特指战俘和家庭奴婢。对于战俘，商代通常将他们杀死作为人祭人殉，但并不令他们无偿劳作。而周代普遍的社会生产主体主要是庶人，所谓井田制，也只不过是中间一份公田产出的粮食归国家所有，其余私田产生的粮食则仍归私人。

　　诚然，古希腊文明为人类贡献了伟大的哲学、精妙的戏剧、美妙的音乐、早熟的科技思维以及民主政治，而古罗马文明则在此基础上留下了宏伟壮观的城市、发达的公共设施、丰富的金融体系、自成体系的法律制度。亚历山大港的希罗就是古代西方文明成就的一个缩影。然而，这一切的基础，都是奴隶制度。文明的煌煌之绩与文明的血腥残酷，经常既非针锋相对，也非全然无关，而是一枚硬币的两面。

这也是为什么亚历山大港的希罗发现的蒸汽原理，只为神庙和贵族服务，却没能得以在社会生产中广泛推行。这不是他一个人的觉悟所能决定的，而是当时普遍的社会经济结构决定的。且不说汽转球只是蒸汽机原理的一个非常初级的原型，即便当时希罗真的做出来类似的纽卡门蒸汽机，购买和使用这种蒸汽机的庄园，面对依旧使用奴隶的庄园，也是没有任何竞争力的。

这其实是一个简单的成本收益计算。既然当时主要社会生产部门依赖的是廉价奴隶，但他们所生产的奢侈品却可以在城市富裕阶层中卖出高价，那么，谁又会费心思来投资研发和改进技术呢？难道技术进步是为了解放奴隶吗？这在当时的罗马人听来，一定是滑天下之大稽的。

当然，这不是说古罗马社会排斥一切可以解放奴隶劳动力的技术改进。类似的技术进步还是有的，例如能够让奴隶提高建筑效率的起重机。但这类技术进步的基本前提，依然是为上层阶级修筑高大建筑服务的。

古典世界的终结

然而，建立在奴隶制上的畸形繁荣是不能长久的。

韦伯曾经讲过在德国人中流传的一个观点。罗马帝国从何时起开始衰落？答案是从条顿堡森林战役败给德国人的祖先开始。这是公元9年发生在罗马军队与日耳曼人之间的一场战役。当时，罗马人试图征服日耳曼尼亚，他们已经打到易北河附近，在莱茵河以东建立了日耳曼行省，并且试图把罗马的租税与法律制度强加于日耳曼人头上。日耳曼人奋起反抗，在凯路斯奇族首领阿尔米尼乌斯的带领下，全歼日耳曼行省总督瓦卢斯率领的三个军团，瓦卢斯兵败自杀。当时的罗马皇帝，是平定宇内、初兼帝制的屋大维，也即奥古斯都，他闻讯得知此事，破口大骂："瓦卢斯，还我军团！（QuintiliVare, legionsredde！）"此骂恰巧押韵，遂流传千古。

德国人的这个想法看起来有点奇怪，奥古斯都在位时期其实是罗马帝国的初建期，罗马尚未迎来自己在图拉真时代的国力巅峰，怎么能说开始衰落了呢？但联系罗马的奴隶制度，这么说也不无道理。

条顿堡森林战役之后，奥古斯都的继承人、第二任罗马皇帝提比略就此放弃以武力征服莱茵河流域。他的做法也给后来的罗马皇帝开了先河。公元2世纪，哈德良也因为类似的理由，放弃征服多瑙河地区。当然，罗马帝国与东方的战争偶尔还在继续，但是规模已经远没有之前扩张年代那么大了。

罗马扩张步伐的放缓，给奴隶制经济结构带来了沉重的打击。这就好像缺乏煤炭来源的炼钢厂所自然而然面临的生产危机。据记载，晚期罗马的农业手册中，奴隶价格已经开始提高，这逼迫庄园经营者开始广泛应用新技术，但是为时已晚，技术进步的速度远比不上奴隶衰竭的速度。渐渐地，奴隶主们不得不开始允许奴隶组建自己的家庭，生儿育女，世世代代为庄园提供劳动力。但是如此一来，庄园内的开销压力就变大了。这个过去单纯将奴隶的肉体作为机器来加工原材料的血汗工厂，现在变成了一个必须维系其成员不断繁衍生息的小社会，因此，它必须首先变成一个经济上自给自足的小系统。这其实就是中世纪典型的封建庄园经济——庄园首先要生产供自身内部成员消费的农产品，然后才会去参与市场交换。罗马最后一位农业作家帕拉迪乌斯（Palladius）在其作品中，建议地主们用自己庄园的劳动力来供应庄园的一切需求，而不要在市场上购买其他产品和服务。

生产奢侈品用于市场交换的奴隶庄园，变成了生产必需品用于自给自足的庄园，其后果之一便是城市开始衰败。当奢侈品供给来源不存在了，专营贸易的商人、依赖商人生存的服务业、给商人提供贷款的银行也就失去了生存基础，他们不得不想办法到乡下去寻求两亩地过自己的营生。罗马帝国后期的法律文献记载，当时的皇帝三令五申严禁城市人口外流，尤其谴责地主拆除城中的住宅，把木料和家具搬到乡下去。但这种谴责意义不大，此时的罗马不过是在为它最辉煌时刻对奴隶的压榨买单罢了。

商业不再繁荣，城市渐渐没落，伟大的罗马帝国也走向了末路。帝国后期，皇帝要征召士兵也已变得非常困难，被征召者宁肯去庄园做农奴，也不愿到军中服役，而庄园主则很愿意帮助这些人藏匿身份，作为自己的廉价劳动力使用。军队渐渐变成了一个阶级固化的组织，上层只好希望军队也能自我繁衍，培养世袭兵卒，就像奴隶主指望奴隶自我繁衍。士兵已经把家眷带到军中，这样的军队当然也就剩不下什么战斗力了。

就像马克斯·韦伯在一篇短文中描绘的那样，罗马帝国后期日益从蛮族中征募兵源，这些野蛮民族为罗马巡守边界，而罗马则赠予土地作为酬报。这种发展的结果就是，对帝国命运举足轻重的军队变成了一帮野蛮人，而与罗马本土的纽带日益疏远。[6]野蛮人掌握了罗马的驻防制度，也就等于掌握了罗马的弱点。最终，西罗马帝国因为蛮族的入侵而陷落，欧洲历史上的黑暗时代就此来临。

* * *

其实，古罗马时代"蒸汽机"的遭遇，在人类历史上并不罕见。把 SpaceX 发射上天的埃隆·马斯克（Elon Musk）说过，如果人类不付出巨大努力，科技完全可能倒退，甚至可能崩溃，即使是现代社会，这种情况也常常出现。

1901 年，人们在希腊安提基特拉岛附近的海底沉船中，发现了一台极为精密的青铜机器，这便是大名鼎鼎的安提基特拉机械（Antikythera mechanism）[7]。后来研究人员花了十二年的时间利用 X 光影像技术，将这部装置的零部件逐一组装起来，从而揭开了这部装置的神秘面纱。这台机器制作于公元前 150—前 100 年之间，其遗骸拥有 30 多个齿轮，科学家推测完整机器可能有 72 个齿轮。用它的曲柄（现已不存）输入一个日期，这台机械就可以算出该日期日月行星在天球上的位置，所以有人猜测这可能是历史上第一台模拟计算机，用以描绘天空中行星的运行轨迹。但在破解这部装置表面破损的铭文后，人们发现，它实际上可能是用来研究占卜星相的。若不是这艘沉船，人类可能从任何历史典籍中都无法获知古希腊竟有这样精密发达的机器存在。

公元 235 年，中国正处于三国时代。曹魏人马钧制造出传说中的司南车。这台车上有一座木质小人雕像，小人的手指一直指向南方。由于缺乏记载，我们尚不清楚马钧司南车的工作原理到底是怎样的。到了宋代，有人重新制成指南车，其内部结构的制作于《宋史》中保存下来。这种指南车并不是利用磁极原理，而是利用纯机械原理来实现指向功能的，实质上就是一套差动齿轮系统。这足以体现中国古人高超的机械工艺技巧。

生活在 9 世纪的波斯发明家巴奴·穆萨三兄弟（Banū Mūsā brothers）也曾发明过许多神奇的机械。他们是阿拉伯文明中自动

X光影响技术还原安提基特拉机械

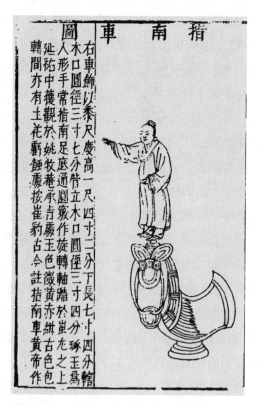

明代《三才图会》中所绘指南车示意图

控制机械研发的鼻祖，阐释过最早的自动控制原理。他们的后继者，12 世纪的加扎利（Ismail al-Jazari）制造出最早的可编程自动机器人，一个可以自动演奏乐曲的四人乐队。他最为人熟知的发明是大象时钟，一台吸收了印度、中国、波斯、希腊和伊斯兰文化的自动机械钟，靠水力驱动，每到半点或整点，时钟上的人物就会敲打鼓面报时。

先进技术因为得不到应用而逐渐被遗忘的故事并不只发生在古代。冷战期间，美国为取得针对苏联的技术优势，发射了人类历史上最高、最重、推力最强的运载火箭土星 5 号。它的总高度达到 111 米，直径 10 米，加满燃料后的总重量 3000 吨，可以将 118 吨的物体送到近地轨道。在当时，这款火箭的研发费用为 64 亿美元，发射一次的费用为 1.8 亿美元，折算成今天的美元价格，大概可以将美军包括航母在内的现役军舰全部重建一遍。冷战结束后，当美国不打算再启动如此昂贵的太空竞赛计划后，土星 5 号火箭上成千上万的零部件便不再生产了。

这些被遗忘的科技案例，无一例外指向人类历史中能够真正推动科技进步的内在动力——需求。

在古代社会，大量财富为上层阶级掌握，因此，古代发明家们只会去琢磨如何利用聪明才艺满足贵族与祭祀的需求，而不会考虑用蒸汽机帮助工人劳作，或者用自动钟表指示平民生活，因为这些贫苦的人民无法为自己的需求支付有吸引力的价格。

而冷战时期的科技竞赛也不过是美国政府一时的需求，那个时代过后，相应需求不再存在，头脑发达的工程师们自然会把精力投入其他更有回报的领域，比如制造智能手机，开发各种令人沉溺于其中的社交软件等。

如今，贵族阶级掌控社会的时代早已过去，太空竞赛也不会总是出现。如果不考虑这两种因素，什么机制能够持续产生对新技术

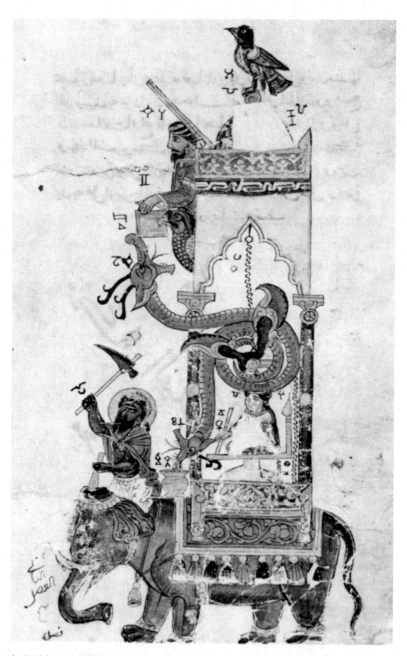

加扎利发明的大象时钟

的需求，以致一代代天才愿意持之以恒地投入科研发明工作，保证我们的科技进展不会受到中断，伟大发明不被遗忘呢？

　　回答仍然是健康的社会经济结构。只有更多人有钱为自己的合理需求买单，才会有更多人研究怎样以更好的技术和更高效的方式满足他们的需求。大清帝国只有老佛爷可以在紫禁城里收藏汽车，汽车工业当然是发展不起来的。社会经济结构对文明进程的影响虽然低调、隐蔽，但更为深远。很多人把产业革命理解为科技革命的延伸，但实际上，前者的条件要比后者苛刻。科技的重大突破经常取决于一两个顶尖精英的智慧迸发，这固然也是极不容易的工作，但从科学研究到实践应用之间，要经历更为漫长的工程学优化和产品设计过程，这个过程依赖的不再是那一两个顶级的头脑，而是许多长期从事此行业的专业人才，在实际应用中持之以恒地改进。而要吸引这么多专业人才，则要依靠更多的普通民众能够受惠于其成果，愿意为最终的产品买单。打个比方，科技的突破靠的是灵光一现的运气，而产业突破靠的是能不能形成一种生态环境，令新的幼苗逐渐成长，最终发展成一片森林。人类社会历经数十上百年，总能遇上几个科研天才，但要形成稳固的、慢慢向好的生态，那真是谈何容易！

　　当天才的成果在不恰当的土壤中诞生，不能为大众分享时，我们一般称之为"过分领先时代的悲剧"。然而这悲剧与其说是对于天才本人而言的，倒不如说是社会的。实际上，亚历山大港的希罗也许很满足于在亚历山大图书馆的工作室里，悠然自得地查阅古代人的理论，再做几个令人惊叹的小玩意儿，社会普遍生产力是否得到提高，与他又有何干呢？但是，整个社会中的绝大多数人，却就此与真正意义的进步绝缘了。

注释

1 这里是指记载"汽动球"原始出处的英译本电子版，是 1851 年由 Bennet Woodcroft 根据格林伍德的希腊语译本出版的，并不是根据原始文本译出的。

2 转引自查尔斯·辛格等主编《技术史》，第 2 卷"地中海文明与中世纪"，上海科技教育出版社，2004 年，第 430 页。

3 参见韦伯《民族国家与经济政策》，甘阳译，生活·读书·新知三联书店，1997 年，第 6 页。

4 同前，第 11 页。

5 同前，第 15 页。

6 同前，第 28 页。

7 安提基特拉机械装置是 1901 年在希腊安提基特拉岛附近海域的一艘失事船只内被发现的。目前，所有已知的部分都被雅典的国家考古博物馆收藏。

第三章　信仰与工厂

本节要讲的，同样可能是你从未想过会与技术产生关联的一段故事：那些曾经通过冥想与独处，试图达到灵魂完满的山中高人，曾与人类历史上一场规模巨大的技术进步相关。

让我们从"隐修"的历史开始讲起。

"隐修"是人类历史上普遍存在的一种修行方式。隐修者认为凡尘俗世的生活扰乱心智，所以他们往往摒弃世俗的功名利禄，通过归隐山林和自我放逐来求得思想上的开悟与精神上的解脱。比如，乔达摩·悉达多在菩提树下开悟证觉之前，就曾在苦行林中与五比丘修苦行六年。中国先秦时代也记载了一些著名的隐士，如许由、介子推等。

天主教的隐修传统最初是从埃及的沙漠和旷野中起源的，比较有名的代表人物是底比斯的圣保禄和圣安当院长。当时这些隐修者主要还是靠自己虔诚的信仰修行，也因此后来的隐修士和隐修院多是各自制定隐修规则，并没有建立起统一的会规。但这个状况在公元6世纪的时候，被"圣本笃"改变了。

神秘的隐修会

圣本笃，原名诺尔恰的本尼迪克特（Benedict of Nursia），出身于意大利诺尔恰的一个贵族家庭。他成年后前往罗马学习，对当时罗马肤浅、腐败的社会风气非常不满，就在罗马附近一道狭窄昏暗的山谷里找到一个山洞，隐居了三年。

很多隐修教法都说，人在静坐冥想时会产生种种幻觉，比如《楞严经》里讲，致力佛法的人在打坐、冥想等修行期间，很可能会受到"五十阴魔"的骚扰，这些邪魔会幻化成种种异象来侵夺修行人的心智。这种理论可能有心理学或医学的依据，我们暂且不加讨论。总之，天主教隐修会也相信这些事情的存在。据记载，某天本尼迪克特独自一人修行时，邪灵在他的思想中幻化出他曾经深爱过的一个女人。女人的形象在他心中翻腾，本尼迪克特情欲炙热，难以自抑，借着神圣恩典的帮助，他攒起力量，裸身跳入路边的荆棘丛中，来回翻滚，直到浑身伤痕，心中重复清明，不再屈服于幻象的诱惑。

如是苦修三年之后，本尼迪克特有一天被路过的农民发现，结束了独居生活。据说农民发现他时，见他蓬头垢面，有如野人，接触下来却发现他心地纯洁，富有智慧，是最好的人。不久之后，附近的修道院就邀请他去做院长。本尼迪克特在做院长期间因为执行院规过于严厉，为修士们所嫉，数次险些被谋害。随后，本尼迪克特回到山洞中，想过回隐居的生活，但此时已经有更多修士慕名前来求他指教。随后他便在当地陆陆续续建立了12座隐修院，并于公元529年在卡西诺山上建立起一座严格遵循隐修规定的修道院，这就是本笃会（Ordo Sancti Benedicti）的诞生。它被公认为欧洲隐修会的鼻祖。这座修道院一直留存到二战期间，在盟军空袭中几乎被炸毁，战后又得到重建。

圣本笃受过的教育虽不是很多，但他有一种下里巴人式的实干

被炸毁前的卡西诺山修道院

精神，一种属于行动者的实践智慧。他留给后人最宝贵的财富——
《圣本笃会规》，就是这种实践智慧的体现。我们年轻时都有耽于嬉
戏游乐、不愿正经学习的时候，这时，老师或父母会絮絮叨叨地说教，
告诉我们这是缺乏自制力的缘故，讲一番"业精于勤荒于嬉"的大
道理。有着实践智慧的圣本笃，采取的则是全然不同的策略。对年
轻人常有的问题，他的回答很简单："这都是吃饱了撑的，有点活
干就好了。"《圣本笃会规》第四十八章的主题就是"论日常劳作"，
他在其中用隽永的警句表达了同样的意思："空闲是灵魂的敌人。"
圣本笃创办隐修会，目的固然是让修士们的灵魂砥砺奋进，但手段
却是明确而有效的——用管理规则，逼你读书劳作。

　　到现在为止，我们还看不出隐修士的生活与技术之间的关联，
不过，只要我们真正深入隐修士的具体日常生活，我们会更深刻地
理解他们是如何为这一伟大的技术创新时代奠定基础的。

Post lachrymas, post amplexus, post, crebra parentum
Oscula Nursinus carpit Cprebus iter,
Nursia quem genuit Benedictum Roma docendum;
3　Aurea Romuleæ dogmata pubis alit.

《基督教徒的镜子和榜样：最神圣的僧侣圣本笃的一生》（*Mirror and Example for the Worshippers of Christ-the Life of e Blessed Father Benedictth*）一书中关于圣本笃的插图，由蒙特·卡西诺修道院（Monte Cassino）院长唐·安格卢斯·费吉乌斯·桑林努斯 (Dom Angelus Fagius Sangrinus，1500—1593) 撰写

Fœmina profugæ mereuiæ simulachra procatis
Non ense, aut arcu, sed prece, vepre, fame,
Caütäus auceps inter sentes omne cruentat
Corpus, ab obsessa mente repellit auem.

10

本笃修士的生活

　　根据圣本笃制定的会规，本笃会修士一天的生活从夜课开始。说是"夜课"，实际上分为凌晨到破晓前和日落到睡觉前两部分。这是因为古罗马的计时方法把一天分成昼夜各十二个小时，以春分日太阳升起后的第一小时为日间一时，以太阳落山后的第一小时为夜间一时。冬夏昼夜长短不同，夜课的时间安排也不一样。按照《圣本笃会规》，冬日的夜课要从夜间八时，也就是差不多凌晨两点开始。夜课主要的内容是诵唱圣咏，主要是《圣经》里的诗篇，间或夹杂咏唱"哈利路亚"。

　　夜课结束后，如果尚未天明，修士们应该自行默想，默默复习已学的经文，自省不足。圣本笃离群索居日久，不喜欢众人闲谈。他认为谦逊和缄默是修士最重要的两种美德，在制定会规时特别注明，除非必要，修士们不能打破"缄默"的规矩，更不用说嬉笑怒骂了。

　　天明之后，修士们的功课从晨祷开始。圣本笃要求修士们一天内做 7 次祈祷，因为"7"是神圣的数字。

　　祈祷结束后，天气尚不炎热，正适合安排工作时间。重视劳动，是隐修会的一个重要传统。隐修会认为，修士必须要靠劳动来养活自己。有些隐修会禁止修士从事农耕劳作，认为过多的体力劳动会让灵魂躁动，修士应当用手工制品换取生活费用。本笃会倒不禁止这些，但鉴于修行任务很重，实际也没有太多时间从事农活。总之，修士们一切都需要自给自足。圣本笃还特别提到，"如可能，建筑隐院，该把一切必需部分，如水、磨坊、园圃、烘面包室以及其他技术场所，都放在隐院内"。

　　接近正午，气温逐渐升高，修士们便回来祈祷、阅读，接着是午餐时间。古罗马人一日是吃三餐的，以晚餐为正餐，富贵人家常常吃到深夜。但隐修士多奉行苦修斋戒，一日一餐或二餐。圣本笃规定，修士们应当冬季守斋，一日一餐，以晚餐为正餐；夏季稍轻松些，一日二餐，以午餐为正餐，晚上可以再吃一点便饭。正餐有两道熟食和一磅面包，有时还有水果或新鲜蔬菜。进餐时有人专司为大家诵经，之后可有短暂的午休。不过，如果是斋日，修士们要一直劳作到日间的第九时，也就是下午三点左右，才可以吃唯一的一顿晚餐。

晚餐后，众人还要齐聚读经，然后才能回房睡觉。本笃会修士全都住公共寝室。虽然一天的辛苦劳作和学习都已结束，但他们必须和衣而睡，继续秉持苦修的原则。

隐修士是不能保有个人财产的，任何人入会前都须将自己的产业赠予穷人或隐修会，还须剥夺其子女的继承权。一旦入会，每人所需的用品只能由院长发放。按惯例，只能领取两件会衣、两件会袍，兼院长发放的鞋袜、腰带、小刀、笔、针、手巾、书板等物。

这一规定看似严格，但也让修士们彼此平等，一视同仁，这对养成一种良好的公共精神很重要。圣本笃特别规定，修道院院长原则上要由全体隐修士选举产生，即便某个人在群体中的排序最低，也不妨碍他被选作院长。当然，这也不排除全体修士为了满足自己的恶习，选一个纵容他们的人出来，此时，就要由附近的院长或教友齐心协力来阻止了。

以上是圣本笃会规的主要内容，实际就是一本行为规范手册。但它与我们常见的一般行为规范手册有两个非常重要的区别。

其一，它告诉你必须遵守的规范，但同时也告诉你，这些规范背后的精神原则和心灵意义。用中国哲学的概念讲，这叫"知行合一"。它不仅指引你快速学会基本的行为守则，又指给你灵魂继续前进的方向。这些规则经过实践检验，不仅可以指引修行者灵魂，某种意义上也可以说是建立共同精神生活的"政治指南"。在当时，教会是重要的社会组织体，承担了很大一部分地方治理和提供公共物品的职责；而且，在当时的历史环境下，各种社会组织都缺乏基

本的运行规则，从王朝到民间，所谓"立法""定制"的活动几乎
是不存在的。在这种条件下，《圣本笃会规》作为一种"民间自治"
和"民立法"的成功模范，对当时政治组织体的定规活动，产生了
相当广泛和深远的影响力。

对 6 世纪以降的修士们来说，这是一本完美的教材。凭这本手
册，任何人都可以拉起一批志同道合的修士，组建一个新的道院，
传递这种隐修精神。用今天商业鸡汤培训课爱用的术语说，有了
这个手册，圣本笃开创的隐修会就有了"裂变"的可能性。而且
这种"裂变"是建立在人心之上的，比一切帝国的征伐与公司的
扩张都更为持久。因此，一本并没有讲什么奥妙神学大道理的《圣
本笃会规》，仅凭简简单单的做事规则，就成为中世纪影响最大的
天主教文献之一，而圣本笃本人也被追封为圣人，更是在后世屡
被教皇追封殊荣。

其二，也是更重要的，《圣本笃会规》塑造了一种全新的时间
感。但凡有过农村生活体验的人，大致都对城乡生活的时间感的巨
大差别有切身体会。在农村，时间是以一种自然的方式缓慢流淌的，
农民不会给劳作定下极为标准的时刻表，他们日出而作，日落而息。
有时候在打谷场上晒玉米只需半个小时，而有时候看着夕阳聊天，
可以耗上整个下午。就连村中的小卖部，也没有确切的关门时间，
端看店主心情。而城市中的时间感则完全不同，政府机关、企业、
学校和其他组织基本都严格按照时刻表来运作，晚上十点关门的购
物中心，绝不会因为你的恳求就延到十点半。每个人对自己一天
行为的规划都是理性的，仿佛有一只看不见的手驱赶着我们这样做。

这种依照特定时刻表安排自己行为的生活方式，公认为起源于
本笃会，并经西方文明的演化而推展到全世界。它意味着一种理性
的生活方式，而不是随波逐流，看天吃饭。它对传统农业社会可能
没有什么影响，但对工商业社会却至关重要。刘易斯·芒福德（Lewis

Mumford）曾提到，科尔顿和桑巴特都认为，圣本笃信徒极其严格的工作秩序是现代资本主义最初的奠基者。[1]

公元 8 世纪，查理大帝利用王权的力量，指派本笃会修士对当时的各种《圣经》文本进行校勘，统一了《圣经》文本，并将其译为拉丁文（后来成为天主教通用的定本）；同时，在修道院中开设学校，传授自由七艺，培养和提高教士阶层的读写能力。因查理大帝为加洛林王朝成员，史称"加洛林文艺复兴"，被后世学者誉为古典时期之后的"欧洲第一次觉醒"。此后，查理大帝之子继续任用本笃会成员改革教会，以圣本笃会规为蓝本制定教会需普遍遵循的习惯法和宗教生活准则，本笃会的影响随之扩散到欧洲全境，深刻影响了欧洲的教会史与政治史。公元 9 世纪，克吕尼地区的本笃会发起呼吁，要求欧洲封建领主约束骑士不得肆意侵犯弱小，无论骑士发起对盗贼、异教徒和蛮族的征讨，或彼此开战，须得遵守基督教美德，并且得到教皇的响应，由此开启了延绵数百年的教权与皇权之争。与此同时，本笃会中人人平等、领袖公选的原则也深刻影响了教会的组织结构。天主教廷一直采取选举制度，而教会法学家们彼此探讨与争辩的精神，最终启迪了近世人民主权学说的出现。

不过，在当时欧洲产生更深远影响的，却是随着圣本笃会规流传四处的理性生活方式，就像之前所说的，这是一种有自觉意识和运用理性改造世界的人所能够遵循的时间安排方式，它与技术工人的生产作息以及工厂的生产管理息息相关，并在此后推动了城市时间观与工厂时间观的出现。在这个过程中，本笃会的一支——熙笃会，则成为中世纪以来最大的一个"工业生产组织"。这个组织的"产品"，巍峨磅礴，身形高耸，伫立千年，其诞生过程，不亚于一次"工业革命"。

它们就是欧洲处处可见的哥特式教堂。

哥特教堂与动力革命

在欧洲，许多城市最知名的地标大都是哥特式教堂，比如巴黎圣母院、兰斯主教座堂、米兰主教堂、科隆大教堂、伦敦西敏寺、慕尼黑圣母教堂等。哥特式建筑以高耸而瘦骨嶙峋的外表著称。建筑学家和美术史学家公认，哥特式建筑的背后有浓厚的宗教意味。正如潘诺夫斯基（Erwin Panofsky）所言，"哥特式主教堂要营造出这样一种意象，即利用一切在场的、不在场的、被压抑的东西，体现出完整的基督教知识，神学的、伦理的、自然的、历史的知识。"

而本笃会就是为哥特式教堂建筑艺术奠定基础的重要组织。

哥特式建筑的开创者，是一位叫絮热（Abbot Suger）的本笃会修士。他生活在公元11世纪到12世纪，颇具传奇性。

絮热虽然是一名本笃会修士，却出入宫廷，做过路易六世和路易七世两代法国国王的帝王师。路易六世在位期间，他协助国王削藩，一路拆毁诸侯的城堡，翦除贵族势力，扩大王权，并与路易六世一道促成未来的路易七世迎娶了茜茜公主——阿基坦的埃莉诺，目的是让路易能够继承阿基坦大片肥沃的土地。后来，路易七世出于宗教狂热，执意参与十字军东征，絮热虽劝阻不成，但在国内代他摄政，颇有成绩。

絮热一生不像是一名传统的本笃会修士，更像是一位精力充沛的政治家。他的老谋深算，颇近于后世纵横捭阖的法国红衣主教黎塞留，而他在建筑及艺术方面的多才多艺，又像是撺掇朱棣谋反并主持规划修建北京城的道衍和尚姚广孝。

只是，一个长袖善舞的政治家，为什么要关心新的建筑形式？答案隐藏在哥特式建筑的技术特点中。

我们在哥特式建筑外表看到的那些瘦骨嶙峋的扶壁和飞券，都是为了承重而存在的，它们从室外支撑建筑的重量，可以造成两个效果：一是，墙面不必过分厚重就可以支撑高耸的建筑，因此可以在墙上装点花窗玻璃，让阳光透过五彩琉璃射入室内，营造光洁神圣的空间感；二是，建筑高度增加的同时，室内的立柱可以减少，这样便能释放开阔的底层实用空间，供大量信众使用。而让哥特式教堂成为一地民众的精神活动中心，正是絮热的野心所在。

古罗马文明的鼎盛年代，市民们热心政治，参加公共生活的意愿很高，广场和议政厅是最重要的公共建筑。但是到罗马帝国晚期，随着奴隶制经济的解体，城市生活渐渐不复存在，发达的辩论传统、公民参与政治的美德、哲学家的思辨，也都随着经济基础的瓦解而消逝。罗马帝国于公元 395 年分裂，西罗马帝国于公元 476 年灭亡，这标志着古典时代的彻底结束和中世纪的开始，也就是欧洲历史上所谓的"黑暗时代"。

黑暗时代之所以黑暗，根由之一是庄园经济。因为庄园领主只关心自己的收成即可，不必再关心政治、文学和思辨，所有发达的文化传统当然会渐渐衰落。奴隶们获得自由，变成农奴，但他们也被束缚在一亩三分地上，承担繁重的税负、徭役和各种封建义务。总的来说，中世纪早期，尤其公元 5—9 世纪，欧洲大地一片荒凉。比利时历史学家皮仁（Henri Pirenne）这样描述中世纪早期的情形："如果我们考虑到在加洛林王朝时代，铸金停止了，有偿贷款被禁止了，职业商人不再作为一个阶级而存在，货币流通减少到最低程度，平民既不会读书也不会写字，不再有征税，城镇变成军事要塞，那么我们就可以毫不迟疑地说，我们的文明又退回到纯粹农耕时代，那里不再需要为维持社会存在所需的商业、信用和正常交换。"[2]

数百年间，天主教会几乎是欧洲传播文明的唯一组织，尽管传播的主要内容是宗教，但好歹也是文明成果，尤其是对那些入侵罗马帝国的蛮族而言，意义更大。到公元 9 世纪，伴随着"加洛林文艺复兴"运动，欧洲各地都建起了修道院和相应的图书馆，文化得到一定的恢复。

但是，普通人的生活还是相当悲惨。公元 9 世纪同时也是北欧蛮族入侵的年代，很多地方的骑士受皇帝和国王的征召而出兵对抗蛮族，但这些骑士从战场回来之后，依然四处劫掠，互相攻伐。同时，盗匪横行，农奴连日常安全都得不到保障。这时，又是本笃会修道院的一支，叫克吕尼派的，站了出来，呼吁一种"上帝的和平"（Pax Dei），要求骑士遵循基督教美德，不得侵犯教士、教会、农奴、妇女和朝圣者等弱势群体。这场"上帝的和平"运动前后持续了一两百年，逐渐形成了中世纪的社会伦理和等级秩序。

教会在当时发挥的这种作用，给社会生活围绕宗教活动展开创造了条件。可以想象，中世纪农业技术落后，人口稀少，商业几乎不存在，大的封建主们龟缩在城堡里，骑士和盗匪横行霸道，农民饱受压迫，唯有部分修道院能够提供一点劝慰、忏悔和救济的公共服务（还有一部分修道院同封建贵族勾结，贩卖神职，压迫百姓），这种生活有什么值得过的呢？

必须改变！这就是絮热的信念。

他心目中的理想局面是，人民要在一个宏大的公共空间里集体祈祷、礼拜、忏悔，深切感受自己是上帝的子民，是这个精神共同体的一部分。这比他们作为庄园的农奴或领主的附庸更重要。

当然，公允地说，这里面还掺杂着教权与世俗权力之争，也掺杂着王权与分封势力之争，但不可否认的是，絮热的初心是好的。不管后来哪股势力利用了这个趋势，修道院势力的扩展，确实改善了人民的生活状况。

絮热先是在自己管辖的教堂，也就是圣丹尼圣殿（几乎所有法国国王均葬于此处）开始这项改革，其中当然包括把它改建成一座哥特式教堂。很快，絮热的改革成功了，随之被推行到法国各地。

圣丹尼大教堂（1140 年代改建，此为 1860 年重修设计图）

今天讲述这段历史是很容易的，但在絮热的年代，中世纪工匠们可不像古希腊罗马的知识分子那样精通几何学和力学。他们不是凭理论设想出哥特式建筑风格的，而是在一点一滴的实践试错和技术积累中，逐渐摸索出成功之道。然而，当时要在各地复制哥特式建筑可并不容易，欧洲大地，一时间哪里来这么多熟练工人？

这就与本笃会的一个新派别——熙笃会（Order of Cistercians）有关了。虽然本笃会数百年来代有才人出，也为欧洲历史的发展贡献了巨大力量，但任何组织都有渐渐腐朽和堕落的一天，本笃会也不例外。公元 11 世纪，有位叫圣乐伯（Saint Robert）的本笃会修士看不惯当时的风气，和 19 位志同道合的修士，跑到第戎附近一块叫熙笃的沼泽地隐居，以恢复当年圣本笃的真正传统。

熙笃会成立不久，就迎来了一位天才的加盟，这便是中世纪历史上赫赫有名的灵修文学家圣波尔纳铎（St. Bernard de Clairvaux）。此人不仅风度翩翩，极富魅力，而且文笔与口才均上佳，会写渊雅的论文与美妙的诗歌，情感炽烈，文笔浪漫，颇类似于后世启蒙运动时的大文豪卢梭。

波尔纳铎一旦有志于修行，立马舌灿莲花，说服自己身为公爵的父亲和两位兄弟舍弃万贯家财加入熙笃会。不仅如此，他还足足拉拢了 30 位亲友一同修道。当时流传着这么一句话，"做母亲的要把儿子藏起来，做妻子的要把丈夫藏起来，朋友要把朋友藏起来"，以免被波尔纳铎感化而去出家。

我们不妨来领略他的一段浪漫至极的文字：

> 新娘要求接吻正是出于爱。她不要求自由，不要求报酬，不要求继承产业，不要求教诲，只要求接吻。这种要求非常纯洁，是新娘极神圣的爱的要求，这种爱在她心中酝酿已久，使她无法掩饰，无法忍受，必须提出而后快。请你留心观察，她开始讲话

是如何急不可待，简直是脱口而出。她是向一位伟大人物，要求一件极重要的事情，但又决不像通常人的做法，先说几句恭维的话，也不拐弯抹角，吞吞吐吐说出自己的愿望。她不许愿，也不求情，而是直截了当地提出自己的要求："请他以自己嘴上的吻吻我。"她似乎明明在说："在天上除你以外，为我还能有谁？在地上除你以外，为我一无所喜。"[3]

圣波尔纳铎感情炽热，生活却异常清苦，在他的感召下，熙笃会在整个欧洲迅速扩展，不过短短四十年，就已经拥有 339 座修院。在中世纪人力与物力匮乏的状况下，这个速度可以说是奇迹了。这位传奇人物，不仅富有文采，还为历史上大名鼎鼎的"圣殿骑士团"制定了会规，也就是著名的"拉丁守则"。这 72 条关于骑士行为的美德，当然跟圣本笃会规有直接关系。絮热推广哥特式教堂的改革，正巧跟熙笃会的兴起相得益彰。絮热本人跟熙笃会主教巴特洛米奥（Bartholomew de Vir）关系密切，双方都支持彼此的改革。[4]絮热的哥特式教堂理念，恰好也符合熙笃会对共同精神秩序的追求，两股潮流就这样走到了一起。修筑哥特式教堂要耗费大量石料，石头这种材料随处可见，它代表着谦卑，更适合修建修道院。这也与熙笃会"重视谦卑和劳作"的信条相吻合。很多熙笃会修道院认为，"招募到一个好石匠是无比的荣耀"。他们就是怀着这样的热情，把哥特式教堂迅速扩展到欧洲各处，并培养了一大批能工巧匠。

这里，我们要简单描述一下中世纪的社会等级制度。前面说到克吕尼本笃会发起的"上帝的和平"运动在当时得到各阶层的广泛认可，但也由此产生了中世纪的等级观念，即，发起道德号召的教士处在第一阶层，受到基督教道德约束的贵族和骑士处在第二阶层，而被贵族和骑士保护起来的平民、农奴、妇女、手工业者和商人都是等而下之的阶层。拥有建筑技术的工匠、石匠和铁匠，在 11 世纪以前都是底层劳动者，没有什么社会地位。但是，我们不要忘了诸多教会派别中有一个特例——本笃隐修会，本笃隐修会是不歧视劳动者的。作为本笃会精神在 11 世纪最正宗的传人，熙笃会发展出了一套独特的制度——"平信徒"（lay brother）。"平信徒"一开始就是指石匠和铁匠，后来才扩展到手工业者和商人。他们为修道院工作，需要参加祈祷和宗教功课，但不参与修院的管理，也不与修士一同生活。这样，技术工匠们的地位就变相地得到了提升。

熙笃会给工匠开了这样一个方便法门之后，它的修道院就成为中世纪欧洲最著名的技术培训地和扩散地。按照中世纪史学家让·然佩儿（Jean Gimpel）的说法，修道院对制造技术的使用促进了新科技的扩散："每个修道院都有一个模具工厂，这个工厂经常跟修道院一样大，而且就在几步开外，在工厂的地板上，水力驱动着不同种类的机器运作。"[5]

这一说法，如实地反映了 11 世纪以后，由熙笃会开启的一项重要技术变革潮流——动力革命。人类驾驭自然的能力，最本质的反映就是人对自然动力的驾驭，所以技术史把人类文明的发展分为五个阶段。第一个阶段是从人类诞生到新石器时代，人只能利用自己的体力；第二个阶段是从新石器时代到公元后，人开始饲养动物并利用其体力，也就是畜力；第三个阶段是公元后，在西方是罗马帝国后期，以水车和风车的形式将自然能转化为机械能；第四个阶段是蒸汽机的发明；第五个阶段是核能。[6] 每一个阶段，人类利用的能源动力，都比上一个阶段高了不止一个数量级。

熙笃会引发的动力革命是第三阶段的高峰，而第三阶段开始的标志，便是水车的发明。

最早的水车转轮是水平放置的，它的轴略带斜角，这样水从高处流下来就能驱动转轮，带动磨盘磨面粉。这种横式水车对能源的利用效率很低。后来，人们发明了能够垂直传动的齿轮，效率一下

1588 年水力驱动风箱的示意图。在中世纪，
冶铁、榨油、铸币等许多行业都利用水车或
风车驱动

子提高了很多。据估计，横式水车大概只能输出相当于 0.5 马力的
能量，纵式水车则可以输出 40—60 马力的能量。[7]

　　在中世纪，这足以造成根本性的区别。而水车技术在熙笃会之
所以受到广泛欢迎，恰恰又是熙笃会修士严格遵守圣本笃会规的
结果。

　　圣本笃会规是一种与现代工业的理性时间安排高度相融的生活
方式，在会规的指引下，熙笃会修士自己动手生产面粉、衣物、器
皿用具等，或者自己制造手工艺品到市场上换取所需。前文特别引
述过，圣本笃希望，"如可能，建筑隐院，该把一切必需部分，如水、

磨坊、园圃、烘面包室，及其他技术场所，都包在隐院内"。他的本意当然不是促进技术的发展，而是希望方便修士们劳作完毕之后，能够马上去念经；但这一规定客观上却促使修道院开始普遍运用能提高劳动效率的机器。根据文献记载，12世纪留存下来的30多份有关应用水磨技术制铁冶金的法文文献中，来自熙笃会的就有25份。13世纪香槟地区南部的熙笃会修道院有带水轮的浆洗机、制纸机和磨锤机，很多还涉及非常复杂的传动装置。[8]这些技术革新使得修士们能够自己动手制作衣物、工具等产品并拿去交换，又间接促进了纺织和贸易的发展。

凡去过欧洲的人，基本都对欧洲各地遍布的教堂钟楼印象深刻。在中世纪的欧洲大地上，回荡的钟声就是一个城市作息时间的指引，是天地宇宙秩序的指针。大凡见识过这些钟表内部复杂机械结构的人，往往会为中世纪欧洲工匠的精妙巧思所震撼：为什么在那样一个看似普遍落后的年代，机械工艺就已经发展到如此地步？其实无论是钟表还是齿轮，机械制造技术绝不可能孤立地存在于社会中，它必然需要生存的土壤，而这个土壤，与风车和水车所带动的种种传动装置密切相关：正是因为这些普遍存在的技术中心——熙笃会修道院，发达的工程师文化和复杂的机械制造技术才得以产生和发展。

本笃会会规，在无意之中培养了现代资本主义发展和现代工业生产所需的那种理性规划精神。这种理性规划精神，也不是由哪个伟大的预言家在预言了资本主义生产和生活方式之后，主动地传播给大众的，而是人们在一点一滴的日常生活之中，改变作息以及对时间和工作的认知后，才最终变成适应于现代工厂生产劳作的生物。

这实在是人类历史上规模最大、影响最为深远的"无心插柳柳成荫"：本笃会规无意之中促成了经济史上所谓的"动力革命"，或"中世纪工业革命"。

布拉格天文钟，建于 1410 年，钟体最老的也是最核心的部分可以追溯到 1410 年，但是在"二战"中天文钟不幸被纳粹烧毁，后来在 1948 年和 1979 年得以修复重建

0.13% 的分流

熙笃会通过修道院和水车为经济增长做出的历史贡献，是经学术界反复验证的。2016 年，经济学家安德森（Thomas Barnebeck Andersen）、本岑（Jeanet Bentzen）、达尔加德（Carljohan Dalgaad 和夏普（Paul Sharp）利用英国熙笃会留下的历史文献，检验了熙笃会与长期经济增长率的相关性。他们发现，14 世纪前，有熙笃会修道院的郡，在 1377—1801 年间有更高的人口增速和生产力水平，直到今天，这些地区的人也还是特别重视努力工作的伦理。这个研究用量化实证的方法验证了熙笃会对经济增长的潜在贡献。[9]

　　那么，这样的贡献是否足够大，大到足以配得上称之为"动力革命"，从而与后世的工业革命相提并论呢？

　　从结果和表面上看，水车革命当然无法与工业革命相提并论，这是由技术属性限制的：水车对人类利用自然动力的增进，远不如蒸汽机巨大。然而，水车带来的技术革新，虽然看起来没那么明显，但倘若把时间拉长到以数百年为单位的长周期中，它给人类及历史所带来的悄无声息的变化和影响，却是极为深远的。

　　为了说明这种潜移默化的改变，让我们来接触一个叫"大分流"的概念。安格斯·麦迪森在《世界经济千年史》中用计量经济学的方法，估算统计了全球一百多个国家和地区近两千年的经济发展情况。著名的"大清GDP占世界三分之一"的论断就是出自该书。当然，由于不同地区历史文献保存情况不同，他对各个地区估算的准确率也各不相同。西欧保存下来的关于经济活动和税收的文献非常丰富，因此，他对西欧的估算数字相对而言最为精确。

　　麦迪森认为，世界经济发展的一个主要特征是西欧经济在相当长时期内的超常表现。公元1000年，西欧的收入水平还比不上亚洲和北非，但到14世纪，它已经赶上当时世界最领先的经济体——中国，到1820年时，它的收入和生产率就已超过世界其他地区的两倍了。[10]

　　这跟我们所熟知的历史不太一样。按照传统说法，西方真正领先于世界其他地区，是在工业革命之后。但根据麦迪森的统计，西欧经济虽然增长缓慢，但从11世纪开始，增长率就已经超过其他地区了；从公元1000到1500年，西欧的人均GDP几乎翻了一番，同时期中国的人均GDP却只增长了三分之一（亚洲其他国家增长率更低），而非洲则干脆下降了。西欧后来之领先于世界，其实早在11世纪就已经埋下了伏笔。

　　据麦迪森统计，西欧从公元11世纪开始发力，到14世纪追上并超过中国的人均 GDP，用了三百年时间。这段时间里，西欧人均 GDP 的年均增长率是多少呢？大约是年均 0.13%，领先不含日本的亚洲（主要就是中国）不到 0.1 个百分点。用今天的数字来看，0.1% 的人均 GDP 增长率差距并不算大，然而，那时西欧的生产力虽然不甚发达，却已经走在一条能够持续积累和改善生产力的道路上，自此西方走上了一条与一切非西方世界完全不同的道路。史学界将其称之为东西方世界的"大分流"。[11]

仅仅 0.1% 的区别，有这么重要吗？

在生物学上，有一个关于生物体如何选择进化策略的理论，叫作"R/K 选择理论"。这个理论认为，一个生物种群的进化，本质上只有两种策略，K 策略和 R 策略。R 策略指的是选择高增长率的策略，通俗地说，就是选择多生育，但是没有那么多成本可以投资在哺育和抚养后代上，也就是靠数量取胜；K 策略指的是选择高存活率的策略，选择少生育，但投入更多时间和资源教育和抚养后代，也就是靠质量取胜。[12]

经济学家后来发现，这个生物学理论中蕴含的道理，有时也跟经济社会的发展模式相通。比如，在 20 世纪 70 年代，日本经济学家速水佑次郎（Yujiro Hayami）和美国经济学家弗农·拉坦（Vernon Ruttan）就发现，美国和日本两国的农民对农业科技的偏好是不一样的：美国农民偏好机械化农业技术，而日本农民偏好生物化学技术，也就是育种和施肥精细化的技术。美国是一个人力资源相对稀缺，但资本相对丰富的国家，农民很难雇到人，却能相对容易获得廉价资金来购买农业机械；相反，日本劳动力资源相对丰富，但土地相对稀缺，为了取得更好的效益，必须采取精耕细作的方式来提高单产量。两位学者因此受到启发，提出了一种叫"诱导性技术变迁"的理论。该理论认为，所有的生产要素本质上就是土地、资本和人力（劳动）三种，而技术进步和制度变迁的方向取决于这三种要素的边际收益与边际成本的比例，哪种要素的成本低，哪种要素的投入就会加大，而这也会导致一系列长远的制度变化。[13]

拿这个理论框架来解释古代农业社会，很有杀伤力。比如，历史学家黄宗智就提出，中国明清时代的小农经济产生了所谓的"内卷化"现象，也就是单个人的劳动效率得不到增长，要产出更多粮食，只能靠多生人口以增加劳动力，然而增加的人口又要分走粮食，从而陷入恶性循环。用诱导性技术变迁理论很容易解释中国古代社会经济陷入内卷化的根本原因：人力成本过低，而资本成本过高，农民很难获得富裕的资本来改善农业技术；同时，农民又面临农村自然暴力条件下的恶性竞争，因而只能靠多生产劳动力来求得生存。长期来看，这就好像采取了 R 策略的生物种群。按照牛津大学布劳德博瑞教授（Stephen Broadberry）、北京大学管汉晖教授和清华大学李稻葵教授等学者的估计，中国明清两代的人均 GDP 甚至是下降的，原因就在于人口过多，反而导致粮食不够分。其实，全世界大多数社会都是如此，唯有西欧文明的少数区域摆脱了这个陷阱。

在古代社会，比起农业，更有可能出现技术突破的是手工业。过去用人力来拉风箱炼铁，现在用水车来驱动风箱炼铁，产量就会提高，而懂得建造水车机械的人，就会更值钱，反映到统计数字上，就是那看似可怜的 0.13%。它看起来微不足道，然而哪怕有一点点增长，久而久之，人们也会发现技术知识的巨大作用，从此鼓励自己的孩子去工厂和作坊里当学徒，不再吃这碗农家饭。这就是有持续增长的经济和完全原地踏步甚至倒退的经济之间的区别，它决定了不同民族要走的不同道路。一个民族是选择把更多资源投入到产出更多的劳动力而陷入"内卷化"，还是把更多资源投入接受更多教育、走上"K 策略"的道路，分界点就是这 0.13%。

在古代社会，无论是东方的儒家思想体系，还是西方的天主教思想体系，其主流的研究者与传承者都很少有意识地保存和传承有关科学技术的知识。当然，少数儒士和天主教修士可能出于个人原因而对科学技术产生兴趣，甚至个人可以达到很高的水平，他们的著作也可以留存下来，但大多数著作跟当时的工匠劳动者的关系并不密切，或者根本没有详细讲述工艺的制造流程，因此对技术传承的作用有限。技术和知识的积累，实际上靠的是技工共同体内部的传承，也就是由铁匠、石匠和其他手工艺人通过作坊或者行会建立起的小组织。2012 年，普林斯顿大学的两位学者斯科特·艾布拉姆森（Scott Abramson）和卡莱斯·鲍什（Carles Boix）发表了一篇论文，统计了西欧地区从 1200 年到 1800 年的相关数据，他们发现，影响 19 世纪欧洲经济发展的最关键因素，既不是制度，也不是商路和与之相伴的财富，而是从 12 世纪起的城市化水平。他们对此的解释是，早期的城市化必然导致产业的集聚和"原工业化"的产生，从而使得工匠能够汇聚在一起，交流思想，储备技术知识，而正是这些技术知识为工业革命的发生打下了基础。[14]

　　这就是熙笃会在欧洲留下的那一个个修道院与工厂的深远意义。当然，西欧通往现代工业社会的道路无比漫长，无论是本笃会、克吕尼会，还是熙笃会，固然在某个时间段发挥了或潜移默化或无心插柳的作用，但终究是诸多因素中的一两种而已。好在，我也不是要为西欧的现代化寻找一种最全面的解释，只是在这纷繁芜杂的历史脉络中，厘清楚竟然还有这样一条隐线也就够了。

* * *

　　韦伯认为，资本主义的出现与宗教改革后的新教伦理有极大关系。他的核心论点是，资本主义制度背后的核心原则是资本主义精神，一种视增加资本为"天职"、把资本积累用于社会再生产而不是个人消费的生活伦理。这种"资本主义精神"实际上来源于新教，从马丁·路德开始，新教就鼓励人们在世俗生活中，通过完成自己职业位置上的工作责任和义务，来"证明"自己得到了上帝的救赎，这就是"天职"概念。

韦伯的大致意思是，新教认为，像天主教会那样明确划分不同等级以及等级越高的人离天主越近的规定，其实是弥天大谎。人无法真正知道自己到底有没有得到救赎，但这恰恰考验你的信仰是否忠贞。若你仍然坚信上帝，那么你将恂栗惕惧，在生活中的任何时刻都不敢放纵自己，因为任何懈怠与堕落，都可能是你得不到救赎的理由。这种心理状态，导致新教徒在面对生活和劳作时有更强烈的勤奋精神。

后来，很多定量历史学家通过各种各样的方式检验韦伯的观点是否确切。他们发现，新教信仰虽然确实会对一个地区的人均生产力和勤奋程度有促进作用，但其中一个重要原因，却是新教更注重自行阅读《圣经》的能力，因而造就了较高的识字率；除此，似乎很难证明那种奇怪的"天职"心理对人的工作状态有什么真正的影响。

而当学者们发现本笃会及其会规的经济影响力之后，韦伯的观点似乎更加站不住脚了。因为，本笃会的教义与新教全然不同，它更接近韦伯笔下新教伦理所反对的"苦修"，而不是所谓的"天职"观念。本笃会唯有一点与新教伦理相通，便是重视劳动。

不过，也不能说韦伯的观点全然没有启发。我想，无论是本笃会会规，还是新教教义，它们至少都关注一件同样重要的事情，那就是告诉我们生活和工作与意义之间的关系。不管它们的教义如何书写，当这些教义落实到信仰者的具体生活中时，的确能够对实践产生巨大影响。

人实在是一种需要意义的动物。即便20世纪之后，某些哲人高呼"上帝死了",绝大多数人都自觉还是需要意义的存在,并且相信自己应该找到属于自己的生活的意义。

这种意义当然不必非得从工作和经济成功方面获得,但是,如果有人可以从此中找到生活的意义,并且把它和灵魂的自我提升联系起来,这肯定是对这个世界更好的事。人人都需要工作,因此也都需要一种健康的工作伦理。如果我们信仰的是一种不以金钱为目的的工作伦理,或许会发现更多工作本身的意义和乐趣。

所有适合培养"资本主义精神"的信念与理论,其现实作用或许更多的在于澄清工作与生活意义的关系,以及告诉人们哪些事才是真正重要的。

我想,这才是人类社会进步的真正所系。

注释

1　参见刘易斯·芒福德《技术与文明》,陈允明等译,中国建筑工业出版社,2009 年,第 26 页。

2　Henri Pirenne, *Mohammed and Charlemagne*, Allen & Unwin,1939, p. 242., 转引自《世界经济千年史》,第 39 页。

3　咏 72:25,圣波尔纳铎:雅歌讲道集。

4　参见 Lindy Grant, David Bates, *Abbot Suger of St-Denis: Church and State in Early Twelfth-Century France* 中"The Climate of Monastic Reform"一章。

5　J. Gimpel, *The Medieval Machine: The Industrial Revolution of the Middle Ages*, Penguin, 1976, p. 67, 转引自 https://en.wikipedia.org/wiki/Cistercians.

6　《技术史》第 2 卷,第 421—422 页。

7　同前,第 421 页。

8　同前,第 434 页。

9　Andersen T B, Bentzen J, Dalgaard C J, et al. "Pre-Reformation Roots of the Protestant Ethic", *Economic Journal*, 2016.

10　参见安格斯·麦迪森《世界经济千年史》,伍晓鹰等译,北京大学出版社,2003 年,第 37 页。

11 由于麦迪森这份估算所利用的很多数据还不够细致，尤其是中国古代的数据。当时
    西方学者对中文资料的利用能力有限，量化效果也不好。麦迪森将宋代以后中国
    的人均 GDP 直接估算为一条直线，这基本就是猜测了。这方面，近年来学界有很
    多补充性的工作，其中较新的研究有 2017 年由牛津大学布劳德博瑞教授（Stephen
    Broadberry）、北京大学管汉晖教授和清华大学李稻葵教授共同发表的 *"CHINA,
    EUROPE AND THE GREAT DIVERGENCE: A STUDY IN HISTORICAL NATIONAL
    ACCOUNTING, 980-1850"*，综合利用现有研究成果对古代中国部分地区的人均 GDP
    进行了估算统计。大致而言，中国江浙一带发达地区的人均 GDP 在宋代达到最高峰，
    亦为世界第一，但从明清时代根据文献能覆盖到的信息来看，数字反而有所下降，尤
    其是 1600 年以后，中国人口的快速增长，导致生产率快速下滑。以中国最发达地区
    对比西欧最发达地区而言，学者们的新研究都支持麦迪森以来经济史研究的主流观点：
    宋以后，中国的人均生产能力并未有显著增长，有些领域甚至还有下降，同时在近代
    社会到来以前，中国就已经落后于西欧了。

12 马尔萨斯早就解释过，在农业技术停滞不进步的条件下，粮食产量是代数倍数增长的，
    而人口是几何倍数增长的，靠人口增长来获得产量增加，当然只能是陷入"内卷化"
    的命运。

13 Yujiro Hayami & Vernon Ruttan, *Agricultural Development: An International Perspective*.
    Baltimore, The Johns Hopkins Press, 1971 (1st ed.) and 1985 (2nd ed.).

14 Abramson, Scott F., and CarlesBoix. "The Roots of the Industrial Revolution: Political Institutions or
    (Socially Embedded)Know-How？", 2012.

第四章　流通的力量

　　经常有人说，这是全球化的年代，所以英语很重要。这个现象背后隐含的事实是，今天的全球化进程基本上是由西方国家主导的，而西方国家中，实力最强盛的又是盎格鲁—撒克逊体系，也即英美传统。这个传统基本上定义了我们今天所理解的全球化——麦当劳＋好莱坞。

　　近年大火的科幻作家刘慈欣早年有一篇小说《西洋》，其中假设了一个平行历史——由郑和下西洋引发了地理大发现，随后引发了中国对世界的殖民扩张。放在今天，这部小说也许会引发广泛批评，认为这是不合时宜的民族主义情绪，是民粹思维的表现。但它背后蕴含着某种本质性的历史追问：全球化是否有可能是另外一个样子？

　　历史学家给出的答案是，这是有可能的，而且历史上就曾经有另外一种全球化的样子。这段特殊的全球化历史发生于 13 世纪，全球化史学派将其称之为"13 世纪世界体系"。

13 世纪的全球化

　　古代商贸和现代全球化经济，听起来肯定不一样。但具体不一样在哪里呢？大概古代没有今天这么发达的跨国公司，没有 WTO，没有方便的外汇兑换，没有海淘和代购，但古代社会应该可以有源远流长的商贸和交易，也有长途旅行和探险，至少，我们每个人都说得出马可·波罗和哥伦布的名字。

这些商贸往来是不是就是我们今天所说的"全球化"？当然，由于新大陆还没被发现，美洲和澳洲还没参与到世界贸易体系中，历史上的"全球"概念首先要打个折扣。但即便不讨论地理空间意义上的"全球化"，只讨论经济体系上的全球化，古代世界的通商，到底能不能叫"全球化"？

其实，本文开始所说的今天全球化的特点——"麦当劳＋好莱坞"，这个讽刺性说法的背后就隐藏着全球化的奥秘。

当我们走进世界各地的麦当劳，大概都知道里面卖的是什么，价位在什么区间，我们不会期望在里面吃到生腌血蛤、烤竹鼠或苏格兰羊肚，也不会担心被宰个百来美元。好莱坞也是一样。我们走进电影院，看一部迪士尼或派拉蒙电影，它不一定是名垂史册的作品，但也不会差到哪去，大概率会让你觉得配爆米花还算物有所值。这两者背后的力量，我们可称之为"稳定预期"，而它，是全球化中最重要的力量。

想象你是一个背井离乡、来到全然陌生土地的游客或者商人，对当地的语言、文化、习俗和宗教信仰等一无所知，而在你的家乡，宗族、亲戚和邻里构成了你的熟人社会，并且这个社会还可以检验社群共同体中所有人的信用，因为通过日常交流，你就可以知道谁头脑聪明、谁有好的品质、谁值得信任；但在陌生社会，这一切却都不管用了。而如果在这个时候，有一个可以给人稳定预期的机构能够为你提供相应服务，那你该会有多大的安全感。

这就是全球化与商贸往来的区别。全球化一定会有相应的稳定预期，但商贸往来却不一定建立在稳定预期的基础之上。就如马可·波罗偶然的一次旅行，按着商队路线来到了元大都，但他对自已在元大都会遇到什么或发生什么是一无所知的。这样的旅行，无异于一次探险。但是，假如你是一个身处全球化中的个体，无论是商人还是其他身份，则与马克·波罗完全不同，你会在各地遇上或相同或虽有差异但却类似的制度，这些制度给你提供的预期基本也大同小异，而且稳定。

这一景象难道在 13 世纪前后就已广泛存在了吗？

我们先来看一看当时全球商贸往来的盛景，为了更具体地说明，让我们来想象一下，若你是一个生活在公元 1200 年前后的商人，沿着当时最发达的海上商路自东向西旅行，你将途经哪些国家，交易哪些货物，见识怎样的沿途风貌……

假设你的旅途起点是南宋的行在临安（今杭州）。那时的临安有一百二十多万人口，是当时最大的城市之一，出产的丝织品驰名中外，正所谓："杭故王都，俗尚工巧……衣则纨绫绮绨、罗绣縠絺，轻明柔纤，如玉如肌，竹窗轧轧，寒丝手拨，春风一夜，百花尽发。"

自临安向南沿海岸前行，不几日便可抵达泉州。北宋开始，朝廷便在泉州设市舶司，从泉州港可以直接发船到海外贸易，也能接纳外来商船。由于当时的泉州遍种刺桐树，海外水手与商人便以"刺桐"呼之，此名遂沿海上丝绸之路远播天下。伊本·白图泰便是在这里看到大船百数，小船千余，他认为，就规模而言，泉州港是当时世界头等海港。[1]

自泉州继续向南，下一站是广州。此地是多数商人来往中国的目的地，也是宋代最早开设市舶司的城市之一。南宋初年，广州市舶收入有一百二十万缗，进口商品种类达二三百种。但 11 世纪宋代对两广地区控制不稳，广州港的规模便没有泉州那么大。

由广州再向南，进入南海沿岸的广泛地域，你将与遍布中南半岛、马来半岛上的诸国家与港口打交道。这里雨林遍布，文明程度较之东北面的中国与西北面的印度次大陆落后，因此受到汉语和梵语文化的双重影响。分隔马来半岛与苏门答腊岛的马六甲海峡地处交通要道，水波不惊，在当时便是东西往来的重要商路。

12世纪，此地属于三佛齐的统治之下。三佛齐没有自己的文字，使用梵文，但你并不会感到太多不适应，因为三佛齐从7世纪开始便向中国朝贡，许多中国商人已在当地生活上百年了。在当地政府的庇护下，中国商人、印度商人和阿拉伯商人云集此处，各自操着不同的语言努力与你沟通，试图完成交易。

由马六甲海峡再向西北航行，季风会将你送达锡兰（今斯里兰卡），再绕过印度西海岸，到达卡利卡特与古吉拉特。

自公元前2世纪孔雀王朝灭亡后，到公元16世纪莫卧儿帝国建立之前，印度次大陆从未得到完整的统一，大大小小数百个王国纵横林立，兴亡交替，倒是为商人创造了极大的自由空间。公元1200年左右，此地是连接阿拉伯帝国与宋朝中国的交通枢纽，沿海遍布港口城镇，贸易十分发达。其中，甘地和莫迪的老家，印度西北部的古吉拉特是当时最重要的商贸重镇之一，被誉为"印度的广东省"，向来以精明的企业家辈出闻名。你在这里既会遇到来自中国的生丝，也会遇到将要出口到欧洲的香料。

在古吉拉特海港，你已经可以看到势力强大的阿拉伯商人。先知穆罕默德于公元610年起在麦加传播伊斯兰教，不过一二百年时间，其信奉者便已建立起强大的阿拉伯帝国。阿拉伯帝国军力强盛，文化繁荣，与唐代中国并立为当时最先进、最璀璨的两大帝国。不过，到公元1200年，随着哈里发家族大权旁落，帝国已经有较为明显的衰败之相。

但是，自霍尔木兹海峡进入波斯湾，你并不会感受政权乱象给商业带来的影响。对东方专制帝国来说，政治衰退往往意味着豪强寡头不受控制，因此又会引发经济上的畸形繁荣。至少，进入霍尔木兹前的第一大港苏哈尔熙熙攘攘，热闹非常。这里是传说中的水手辛巴达的家乡。10世纪晚期，阿拉伯旅行家穆卡达西称苏哈尔是伊斯兰世界最适于聚集商业财富的三大中心之一，是通往中国的门廊。[2] 药水、麝香、藏红花、柚木、象牙、珍珠、黑玛瑙、红宝石、黑檀木、芦荟、糖、铁、铅、藤条、陶器、檀香木、玻璃和胡椒，诸如此类来自远方的奇珍异宝在此云集。

由波斯湾沿底格里斯河继续北上，你将来到巴格达，阿拉伯帝国的首都，也是阿拉伯世界的政治、经济与宗教中心。但是，1200年，巴格达已经日渐衰落，其中一部分原因是哈里发中央的没落，另一部分则是因为经济中心转移到红海沿岸。在你到达此处的十六年前，西班牙朝圣者伊本·朱拜尔扼腕叹息，称巴格达鼎盛时期的"多数踪迹早已逝去，徒留虚名"。[3] 而此时的你还不知道，再过五十八年，巴格达将被蒙古人攻陷，而挫败十字军和蒙古骑兵的埃及人，其首都开罗将成为13世纪后半叶地中海东南地区最重要的贸易中心。

由巴格达向西行至安条克再折往南方，你将来到大马士革，人类最古老的城市之一。这里数百年来听命于开罗法蒂玛王朝（绿衣大食）的统治，但就在不久前（1171年），萨拉丁发动政变，推翻法蒂玛王朝，即位为苏丹。其后，萨拉丁击败十字军，收复耶路撒冷，迎战狮心王理查，并得到了这位对手的尊敬。在萨拉丁的励精图治下，大马士革亦经历了短暂辉煌。公元1200年，此地是萨拉丁建立的阿尤布王朝的首都，其出产的大马士革钢驰名西方，用以铸成刀剑。传说这些带着漂亮花纹的利器可以隔空切断面纱，令狮心王理查心向往之。大马士革亦是中国人概念中丝绸之路的终点之一，自此向西，中国货物就要被非中国籍的商人继续运往西方。英语中"缎子"（damask）一词，便是源于大马士革（Damascus）。

在大马士革与开罗，四处可见活跃的威尼斯商人。他们宣称自己与海洋结下婚姻，从事海上贸易，驰骋东地中海沿岸。1200年，威尼斯传奇的盲眼总督恩里科·丹多洛（Enrico Dandolo）已经在谋划对拜占庭帝国的战争计划。两年之后，他将在第四次十字军战争中驱使法国骑士攻陷君士坦丁堡，建立傀儡政权拉丁帝国，称霸地中海。

当时，威尼斯基本垄断了从西欧到地中海沿岸的贸易。若想继续前往西欧，你或许需要搭乘一艘威尼斯商船，才能来到意大利。而自威尼斯向西，你会到达他们在意大利最具竞争力的对手——热那亚。这里是哥伦布的故乡，自古以来以航海闻名。在 13 世纪，北意大利是欧洲最富庶的地区之一，但见识过临安的繁华后，这些规模较小的城镇恐怕难入你的法眼。

自北意大利翻越阿尔卑斯山，沿途成规模的城市逐渐稀少，庄园与乡村林立，偶尔或有几个交易中心。其中，盛产美酒的香槟地区，是当时最重要的商贸中心之一。12 世纪开始，这里就以一年一度的大规模集市闻名，来自意大利、法国、佛兰德斯（今比利时地区）乃至更远的欧洲诸国商人云集于此，买卖来自东方的商品。尽管贸易额或许比不上中东与远东，但这里已经有发达的银行、信贷、转账和股份制度。

逐渐靠近佛兰德斯地区，你的旅途也渐近终点。此地向西北越过英吉利海峡是伦敦，向东北经陆路到波罗的海沿岸，则是重要的工业中心。从神圣罗马帝国和各王国处获得了特许状与自治权的城邦结成联盟，控制着大片土地与财富。尽管整体的经济水平还不能与东方相比，但已经在为"大分流"时代孕育潜力。

你的旅途到此结束。除了广泛流通于东西方的商品，在整个旅途中，你还能感受到那种让你产生"稳定预期"的现象或者制度。美国历史学家珍妮特·L. 阿布–卢格霍德（anet Abu-Lughod）说，在 13 世纪，随着丝绸之路和地中海商路的连通，西方世界、阿拉伯世界与东亚世界这三个文化区已经产生了三大具有诸多共性的经济制度，分别是货币和借贷制度、资金筹集和风险分担制度（也就是股权制度），以及允许商人有一定独立性的社会制度。

　　因此，阿布-卢格霍德认为，在 13 世纪就已经存在着一个世界体系，我们可以把它看作某种"全球化"的前身。而且与"地理大发现"之后形成的世界体系不同，在 13 世纪世界体系中，所谓"有共性"的制度，是各个文化圈共同发现、建立并自发传播的，并没有一个占主导地位的霸权核心逼迫其他文化采取类似的制度。

虚拟货币

　　不要以为人类发明货币的时间很早，就以为人类进入货币经济的时间很早。公元前 3000 年的美索不达米亚文明就已经出现"货币"这个词，但是直到公元 17 世纪，亚当·斯密还提到，在某些苏格兰乡村，"常见一名工人不是带着钱，而是带着铁钉到面包铺和啤酒店去买东西"[4]；诞生了拿破仑的科西嘉，直到第一次世界大战后才开始进入货币经济；而早在公元 11 世纪就发明了纸币的中国人，到公元 17 世纪却又倒退回银锭时代去了。人类不同地区进入货币经济的早晚，是世界经济发展高度不均衡的一个缩影。

　　对今天的我们来说，货币仅仅是一种记账符号，我们不会去想一张 100 元纸币或者微信支付里的 100 元数字与具体货物之间有什么直接对应关系。但是对还没进入货币经济时代的人来说，货物的价值与货币的价值之间有着十分具象的联系，这就是所谓"一般等价物"和"货币"的区别。

　　1733 年，一位在中国游历的欧洲人说，"中国最穷的人也随身携带一把凿子和一杆小秤。前者用于切割金银，后者用于称出重量。中国人做这件事异常灵巧，他们如需要二钱银子或五厘金子，往往一次就能凿下准确的重量，不必增减"。另一位更早来到中国的神父则记录说，中国人在腰带上系一个类似铜铃的东西，里面装着蜡块，用于收集绞下来的银屑。银屑积到一定数量，只要熔化蜡块便能收回银子。[5] 想象一下，若你生活在当时的中国，采取这种付账方式，你会如何理解你手中的银两？自然，你不会把这些沉甸甸的、需要分割的贵金属理解成抽象的、用于记账的数字，而会把它理解成一种特殊的、有价值的、专用于完成以物易物使命的商品。这就是我们说的"一般等价物"。

"一般等价物"的最大问题是，它的原材料（贵金属）本身就是有价值的，将其价值抽象化，会受到铸币技术的限制。在货币经济还不发达的条件下，如果你发行一枚面值为"一两"的银币，但含银量却达不到币面价值，那么老百姓就不会信任你发行的银币。如果你强迫大家使用，最终结果就是遍布兑换银币与金银的黑市，如同第三世界国家兑换美元的黑市，货币体系很快就会崩溃。不幸的是，在古代社会，由于种种原因，中央政府对铸币厂的管理松懈，钱在流通过程中的磨损，民众用铜币对银币进行套利，也就是所谓的"劣币驱逐良币"行为，诸如此类状况总是一再出现。所以，在古代社会出现货币经济，是一件十分困难的事情。

韦伯曾经鄙视过中国的铸币技术，说中国的采矿技术和铸币技术都停留在非常原始的阶段。古代中国的硬币采取的是浇铸法，而不是西方惯常采取的压制法，因此极易仿制，成色也很悬殊。据说有人曾称过 18 枚面值相同的 11 世纪的中国铜币，最轻的 2.70 克，最重的 4.08 克，这样的铜币自然得不到市场的信任。[6] 而欧洲普遍采取压制法，相比浇铸法，技术更加先进，的确更能保持硬币的成色。但问题是，硬币成色也不完全是技术问题，它往往还是一个政治问题。比如，公元 9 世纪末，查理大帝去世，加洛林帝国分裂，许多伯爵、子爵、修道院院长和主教都获得了铸币权，为了谋求利润或者竞争有限的金银资源，他们随意降低铸币的成色，以至于当时不同地方铸造的德涅尔币，价值竟然相差达 4 倍，也并没有比中国好到哪里去。[7]

但客观地说，欧洲的这种糟糕情况很快得到了缓解。这主要是由于两个原因：一是国王加强王权，从封建领主手里收回铸币权；二是商业的复兴，使各城邦和地区铸造的硬币质量误差不能太大，否则它很快就会失去信用。比如，10—12 世纪的英国国王与法国国王先后颁布了铸币法，加强了中央对铸币权力的管控，也规范了硬币的成色。而各地方领主也在改善自己的铸币规范。历史学家统计了这一时期不同地区发行的数十种货币，尽管它们彼此间差异很大，但是同一地区、同一年代发行的同一批货币，误差大的也只是 0.3 克不到，铸币质量确实好于韦伯所举中国硬币的例子。[8]

欧洲各地区的铸币有两大用途，一是供国际交易使用，二是供国内贸易使用。这其中，逼迫他们保持铸币成色和质量的主要压力是国际交易。在 13 世纪之前的地中海沿岸贸易往来中，人们的首选项是金币。这些金币最初是由拜占庭铸造的，其铸造的苏力第金币的质量和重量标准保持了 7 个世纪。[9] 后来，铸币中心转移到了埃及。当时中东世界的经济发展水平比欧洲要高得多，欧洲各城镇和经济中心高度依赖国际贸易，所以，硬币质量必须过关。换句话说，尽管当时西欧也许有数十上百种各地发行的货币，货币的金银成色也各不一样，但它们却都需要保持与来自拜占庭和阿拉伯世界的货币之间的汇率稳定。这就是自由市场的力量。

然而，这个需求当时并不是被技术进步解决的。直到工业革命后，欧洲人研发出蒸汽动力的硬币冲压机，硬币成色的问题才得以最终解决。13 世纪前，类似的问题无法通过工业技术解决，那么，欧洲人的办法是什么呢？

他们另辟蹊径，发明了"汇票"。甲签汇票给乙，委托丙见到汇票后或者在指定日期付款给乙。在历史上，由于长途跋涉携带大量现金有很多风险，汇票遂成为远途贸易商人喜爱的交易与结算工具。

　　欧洲人使用"汇票"，还跟大名鼎鼎的"圣殿骑士团"有关。圣殿骑士团创立于第一次十字军东征（1096—1099）之后。前面介绍过，由于熙笃会圣波尔纳铎为圣殿骑士团制定了会规，大力支持该组织，它的扩张速度大大加快。1129 年，圣殿骑士团得到罗马教廷的支持，获得诸多土地与特权，迅速变成一个拥有庞大财力的组织。当时，欧洲有很多朝圣者长途跋涉、翻山越岭，去参拜伯利恒、拿撒勒、耶路撒冷、梵蒂冈等圣地，或去敬奉藏于各教堂的圣物，这自然涉及随身财物的安全问题。而遍布欧洲、财力雄厚的圣殿骑士团恰好可以提供"汇票"服务：朝圣者向自己家乡所在地的圣殿骑士团教堂存一笔钱并支付利息，圣殿骑士团为其开具汇票，朝圣者凭此到目的地所在的圣殿骑士团教堂支取现金。圣殿骑士团的这一业务，便是历史上最早的银行业雏形。

　　这种汇票和银行支付制度，后来成为西欧在国际贸易中所采取的支付方式之一。比如 12 世纪末，热那亚商家古列莫·卡西尼斯的公证登记表就记载，当时的交易已经支持不同银行账户间的转账付款；14 世纪的佛罗伦萨、热那亚和威尼斯也都出现了城市公债票据，当时很多城市，比如巴黎、布鲁日、伦敦、阿维尼翁、那不勒斯和巴勒莫之间都可以用汇票支付商业款项，好像它们之间存在着一个发达的跨国银行体系。[10]

　　汇票的广泛使用，意味着作为"实物"或者"商品"的一般等价物，进步到了作为"记账数字"的货币，也就是我们所说的"记账货币"。

　　年纪稍大一点的中国人，大都还记得 20 世纪 90 年代，甚至 21 世纪的头几年，许多三四线城市连银行网点都还没有铺开，人们在长途旅行时，因要随身携带大量现金，就把它们藏在内衣和鞋底，防止被盗贼摸走。而一些上了年纪的人，甚至连银行都不信任，非要看到大量现金在手，才算踏实。相较于今天移动支付的发达，真可谓恍如隔世。这种记忆与现实之间的反差，就是我们从心理上接受"一般等价物"到接受"记账货币"的转变过程。其实，接受了记账货币理念，你就会认识到，财富无非是记录在你的银行账户中的一串数字，这里的关键是你对该账户的支配权，只要你能够支配它，那么财富的增加或减少，就只是账户数字上的变化而已。

从这个角度来讲，今天的所谓"虚拟货币"，其实并不新鲜，它所反映的其实就是"记账货币"的概念。而这意味着货币的本质——作为价值的尺度。没有人会认为重量概念中的"1千克"必须意味着某个正好重1千克的实物，那么，为什么一定要认为"100元"必须是现实中的100元纸币呢？凯恩斯在《货币史》开篇就说：

> 记账货币（money of account）是表示债务、物价与一般购买力的货币。这种货币是货币理论中的原始概念。……记账货币是和债务以及价目单一起诞生的，债务是延期支付的契约，价目单则是购销时约定的货价。这种债务和价目单不论是用口传还是在烧制的砖块或记载的文件上做成账面目录，都只是以记账货币表示。……货币本身是交割后可清付债务契约和价目契约的东西，而且是储存一般购买力的形式。货币的性质（character）是从它与记账货币的关系中得出来的，因为债务和价格首先必须用记账货币来表示。

最早催生"记账货币"概念的，就是"汇票"。正是由于汇票在欧洲城市中的广泛应用，不同城市之间的跨国贸易，才可以避开货币铸造技术的缺陷，直接进入虚拟概念中的"汇率"阶段，从而为跨国结算扫清障碍。

　　欧洲出现的"汇票"并不是历史的偶然。在差不多同一时期，准确地说，是还要更早一点，中国也出现了类似的"记账货币"，那便是最初流行于四川、后来流通于全国的"交子"。

　　北宋初年，宋太祖赵匡胤为了筹措战争款，下令调出四川的黄金、白银和铜钱。为了替代当时流行的铜币，宋朝在当地铸造铁钱，并下令禁止人们将铜钱带入四川。由于铁钱比铜钱价值低、重量高，使用十分不便，故往来客商往往将铁钱存入当地商贾的"交子铺"中，换取交子铺所开具的票据，也就是交子。交子是古代四川省的俚语，"交"是"双面印刷"的意思，这些票据有红黑两种颜色双面印刷的图样，其中藏有秘密记号，以供防伪。

　　最初诞生的交子，同圣殿骑士团的汇票一样，都属于信用票据。但是，交子铺很快发现，它们可以在一定程度上脱离金银本币发行交子，这就引发了信用危机，导致挤兑。11世纪早期，益州知州张咏下令由16家实力最强的富商特许发行交子，确保不会贬值；1020年，知州寇瑊一度下令取缔交子，并将交子铺封闭。此事上报中央后，朝廷立刻发现了其中的机会。

　　宋朝当时正与西夏和辽交战，朝廷需要筹集大量军费。中央政府发现，交子是一种很好的限制贵金属流通、弥补国库开支的东西。因此，1023年，朝廷下令交子铺停发交子，改由国家统一发行。随后数十年间，交子遂在全国范围内通行，成为全世界最早由国家担保信用发行的"纸币"。

　　中国使用纸币的习惯，被当时的海外商人记录了下来。13世纪的马可·波罗写到，在中国，常见的货币就是一张印有元朝印章的绵纸，外国商人必须用金币或银币兑换这种货币。14世纪的伊本·白图泰也证实说，在中国，外国商人交易时只能使用"纸张，每张纸币有手掌那么大，上面盖有君主的印章……如果有谁用迪拉姆或第

北宋使用的"交子"

此张汇票为喀土穆被围困期间（1884）由戈登
将军签发

纳尔银币交易，没人会接受它们"。[11]当时的南宋是中国乃至全球最
繁华富庶之地，各国商人来此贸易，均需遵行皇帝的命令使用这一
先进的货币工具，其盛况有如今日华尔街之于全球经济。

宋朝交子最初的起源与欧洲的汇票类似，都是在长途贸易基础
上发展起来的结算需求，也都推动了实物货币向记账货币的发展与
转化。当然，不论在中国还是在欧洲，20世纪之前，记账货币从来
都没有完全取代实物货币。更常见的情况是，各个地区的日常生活
和结算常常使用实物货币，而远距离大宗贸易则通过记账货币进行。

商品经济创造了一个与非商品经济完全不同的观念世界。非商
品经济中，一件物品的价值在于它的"使用"，粮能吃，布能穿，
陶碗能用，这是财富的直观体现；而商品经济中，一件物品的价值
在于它的"流通"，劳动所创造出来的商品能够卖出价格，是因为

有人承认它们的价值，愿意用它们。非商品经济世界中的人很难理解商品经济世界中的人。诺埃·杜·法依记载了生活在 1548 年的一位布列塔尼老农对商品经济产生的困惑：农村变穷了，因为人们不等鸡和鸭长大，就要把它们卖掉，或者送给律师、医生这类人物，以求律师们不要剥夺他的遗产继承权，把他关进班房，或者求医生给他放血治病——这有什么意义呢？一段经照样可以治病。反过来，香料和糖果从城市传入乡下，这类东西虽对人体有害，从前的人也根本不知道它们的存在，但今天的宴席缺了它们却有失体面。[12]

　　无论古代中国还是古代欧洲，若是某个领域——比如跨国贸易和大宗交易——使用记账货币更普遍，则意味着商品经济的观念在这个领域就越是深入人心；相反，在与普通民众发生密切关系的日常商品交换中，则实物货币要比记账货币发达，因为当时的货币理论与实践还不够完善，民众对记账货币的价值还没有信心。

　　想象一下，如果你是那位游历于东西方航路上的商人，你将在这一阶段于东西方巧遇两种各自独立发展出来的记账货币——交子与汇票，但不管遇到哪一种，你是不是都会对另一种记账货币形式有一种熟悉感呢？换句话说，你是不是会对此产生一种"稳定预期"？

资本的力量

　　货币本身，以及对货币进行记账的系统，从广义上来讲，也是一种"技术"。技术不仅仅是制造某种实体产品的科技、方法或技巧，它也可以用来制造虚拟产品，或者提供服务。正如印刷术的价值在于让思想更快流通，而货币技术的价值则是让商品更快地流通。

　　货币作为商品交易的尺度，在早期能够满足人类社会的简单需求。但是，当商品交易的规模逐渐加大时，对货币的需求越来越大，仅靠货币本身是不能满足这一需求的。到了中古时代，长途贸易，尤其是远洋贸易对资金的需求量极大，同时收益和风险都很高。这也意味着，这时的商品交易需要一群人来扮演专门出钱并承担风险的角色分工。在现代，我们把这批"专职提供资金、承担风险的"人称为资本家，把资本家大规模出现的年代称为"资本主义起源的年代"。

资本主义起源必然伴随着某种交易技术的进步，在中古时代，最重要的交易技术进步就是合资股份制度，它是推动商业资本与技术／劳动相结合的重要手段。譬如，一个熟练的技术学徒，空有一身好手艺，却无资本开办自己的作坊，但有了这个制度，他便可以去寻找一位有钱的、欣赏他的本事的商人，两人约定分成比例，一方出资，另一方出力，结成合伙关系。这话今天说来简单，但对资本主义来说，这个制度的诞生却是开天辟地的大事。

历史学家把这一制度的发明殊荣归于阿拉伯人。大量出土的8—9 世纪的伊拉克文献说明，当时的伊斯兰世界已经有了很普遍的合伙制度。伊斯兰法承认一种叫沙瑞科特—阿科德（sharikat al-'aqd）的合伙关系。这种合伙关系强调"共同投资，共享盈利，共担风险"，覆盖了很多种类的合作，有资金合作、货物合作，此外还有一方出资、另一方出力的合作。按照乌杜维奇（Udovitch）的说法，这种合伙关系可以将资本家、生产者和批发商置于更加平等的地位上，甚至店主和熟练工匠之间也可以达成合伙关系。[13]

这种合伙关系已经可以看作股份公司的起点，但是它离真正的股份合伙制还有一定的距离。阿拉伯人的这个发明向西传播到欧洲后，在威尼斯和热那亚等意大利城邦出现了另外一种合伙制度——康曼达（Commenda）。[14] 康曼达的适用范围是单次的海外投机活动，因为当时长途海运虽然利润丰厚，但是风险很大，需要有精通航海术的船长才能确保安全。于是，康曼达合同规定，两个人可以如下合伙投资一次航海贸易：第一合伙人负责凑齐所需资金的三分之二，第二合伙人提供剩余的三分之一，但同时他要陪同货物前往国外。一旦这趟航运赚到了钱，在扣除第二合伙人的差旅费后，他们就平分收益，第二合伙人的劳动就等于被量化为总投资的四分之一。

到 13 世纪之后，更新的股份合伙制度在航海贸易中诞生了。它的出现跟当时航运的特点很有关联。一艘船需要许多水手才能驾驶，随着大型船只的出现，船主更加需要所有船员的通力合作。为了给船员更大的利益驱动，船主就把船划分出了许多位置（loca），这个词既指船员获得的位置，又可以指与这个位置联系在一起的储物空间。如果交易获利，船员就可以获得这个储物空间中货物的一部分利润。而且，在当时的热那亚，loca 不仅可以被投资，还可以被交易，甚至可以分成许多更小的份额买卖。一个 loca，实际上相当于一股。这个 loca 制度，和今天所说的"员工持股计划"非常相似。由于当时热那亚是一个航海城邦，所有居民都有可能参与到船员 loca 的交易中，并拥有商船的股份。历史学家伯恩（Edward Gaylord Bourne）说：

> 来自社会各阶层的人都握有股份；家族成员都倾其所有……购买股份，个人也往往拥有少量 loca。loca 被当作非常合适的抵押品，用于广受欢迎的海上投资活动。只要船只一帆风顺，就能很快实现……海上贷款。（Byrne, 1930:14）[15]

从"沙瑞科特－阿科德"，到"康曼达"，再到以 loca 为单位的"持股计划"，这套制度的诞生，本身也伴随着一系列以促进财富流通为目的的技术进步，而这些技术本身也在影响着人们的思考方式。

为了说明这一点，我们来观察一种在 14—15 世纪出现的新记账技术：复式记账法。

历史上第一次正式记录复式记账法基本原则的人是达·芬奇的好友、意大利数学家卢卡·帕西奥利（Luca Pacioli）。他在1494年出版了《算术、几何、比例总论》，其中介绍了威尼斯商人过去一百多年来惯用的复式记账法。从书名就可以看出，这其实是一本介绍数学原理和应用的学术著作，而复式记账法是对算术原理的实践运用。什么是复式记账法呢？把它与单式记账法作一个对比就很好理解了。单式记账法是人类依靠原始本能就可以想到的记账方法，它仅从一个方面记录交易的发生。比如，如果买了一本价格100元的书，那么用单式记账法记账时，记下现金-100就可以了。但如果用复式记账法，就要在相互联系的两个账户里同时记下这个信息：在"现金账户"里记录-100，同时，在"书架库存"里记录+100。

卢卡·帕西奥利说，复式记账法的好处是，由于每一笔收入/支出都至少可以在对应的两个账户里被记录，且记录数额相等，容易检验每一笔账的情况。这当然有会计学上的好处，但它真正的意义远不止于此；使用它的最大好处，是可以培养"资产化思维"。

拿买书的例子来说，如果用单式记账法记账，你看到的其实就是一笔消费支出，这跟你花钱吃顿饭或者看场电影没有什么区别。但是，如果用复式记账法，你会发现，你的现金虽然减少了，资产却增加了。换句话说，只要你利用得当，买到一本好书，它完全可以成为你的一笔投资，而非纯粹的消费。胡乱消费，则资产价值降低；理性消费，则资产价值提升。个人如此，企业也是如此。这就是"资产化思维"。

这其实就是商人跟我们大多数普通人思维之间的根本区别。在商人看来，花掉的钱可以转换成资产，因此每一笔钱应该花得有价值；负债也可以成为资产，因为它在短时间内促成了资金的周转。

卢卡·帕西奥利站在桌子后面，穿着方济各会成员的服装；右边那位年轻人的身份还不确定，有人认为是帕西奥利的学生

这就是会计恒等式的伟大之处。这个简单的思维差异，造就了商人的行事风格。再大的商人也有可能在一些事上锱铢必较，在另一些事上一掷千金，关键是看在商人心中的那个复式账本里，哪些是资产，哪些是负债。在这个问题上，15 世纪的商人与今天的商人一样理性。

　　仅仅是一种记录方式的变化，就引发了巨大的思维变革。这既是资本主义思维发展成熟的标志，又是新时代到来的号角。这也就难怪，许多学者不吝赞美复式记账法的伟大——歌德说，复式记账法是一门伟大的艺术；桑巴特说，离开了复式记账法，我们将不能设想有资本主义。

总而言之，在这一节里，那位环球航行的商人又进一步在世界各地接触到了类似"汇票"的"流通技术"：合资制度、股份制，以及隐藏在背后的资本主义思维。这些看似很现代的制度，其诞生时代却如此之早，而它在人类历史上的传播又如此广泛。这也是我愿意把这些制度当作"技术"而非纯粹意义上的"制度"来加以考察的出发点。

我认为，如果一种制度与思想和文化关联甚密，它的传播速度可能就会很慢，例如"天人合一"影响下的大一统、《周礼》影响下的六部制度、君权神授影响下的绝对君主制等；而如果一种制度与技术关联紧密，甚至本身就是技术之一种，或者至少可以被当作"技术"来理解，它的传播速度就可能会快很多。

从技术的角度理解制度

很多时候，无论学术界还是大众舆论界，讨论"制度"都是一件费力不讨好的事，因为这个话题承载了太多意识形态之争。本世纪初，中文舆论界有许多作者写过称赞美国"三权分立"制度先进性的文章，然而按照美国人自己的理解，美国的政治制度其实是一种带有浓厚中世纪色彩的古老政治制度。例如，塞缪尔·亨廷顿就曾指出：

> 20世纪的美国政治制度比同时期的英国政治制度更接近16世纪的都铎政体。……就制度而言，美国政体虽并不落后，但也绝非彻底的现代化。在权威合理化、官僚机构集中以及专制独裁统治的时代，美国政治制度仍然很奇怪地不合时代潮流。

在当今世界，美国政治制度仅因其古老这一点，也可以说是独特的了。[16]

人类历史上这样的例子并不罕见。有许多制度是与一个社会中的习俗、文化和历史路径依赖紧密纠缠在一起的，生活在这个社会中的人总是趋向于论证这类制度的合理性，而生活在另一个社会中的人则很可能完全无法理解这类制度的有效性，因为他们根本不过这种生活。这难道意味着不同种类的制度之间没有优劣之分，或者不能进行有效的比较吗？我们肯定不能这么说，否则，任何制度就都没有吸收、借鉴和改革他者经验的必要了。

那么，如何讨论一套制度的价值和衡量标准呢？最近关于社交网络的一项研究倒是有可能给我们一点启发，其核心思路是，看看它值多少钱。2018 年，PLOS One 发布了这样一项研究：我们要付多少钱，才能让一位美国用户不再使用 Facebook。研究结果是，尽管任何人都可以免费使用 Facebook，但要让他们弃用 Facebook，你得付出超过 1000 美元 / 年的成本。也就是说，在这些用户的眼中，Facebook 每年给他们带来的效用超过 1000 美元。

这个研究成果可以从侧面帮助我们理解 Facebook 的价值，同时，这种研究思路或许也可以更好地帮助我们理解任何虚拟服务——比如制度——的价值。举例来说，许多人对欧美国家律师收取高昂费用感到愤懑，连西方人自己对此也有极大意见。然而，如果某个政府真的出台一项政策，限制律师收入，那么可以想象，原本计划从事这一行业的优秀人才自然会流失到其他领域，同时，这项政策也意味着当地政府并无兴趣构建良好、稳定的法律体系和产权保护制度。由此，当地司法机构维护正义的效率将会降低，而在当地有业务的企业则将降低投资额度、缩减生产、裁员。最终结果是，投资环境恶化，政府财政收入降低。[17]

　　其实，经济学家对这一问题早有十分经典的回答。诺贝尔经济学奖得主道格拉斯·塞西尔·诺斯在1990年即出版了已成为经典的《制度、制度变迁与经济绩效》，以制度的视角深入讨论了"交易成本"概念。诺斯举了个例子：当你买一辆汽车的时候，你可以得到关于这辆汽车的很多数据，比如颜色、加速器、型号、内部装置、油箱容量等这些属性，但你真正想确定的，其实是这些属性对你来说有多重要，能给你带来多少价值。譬如，某辆车的越野性能也许很好，但你的主要需求是大城市上下班代步，那么它的这一优点对你来说当然没有价值。诺斯的观点在于，如果你想弄清楚车的属性与你的需求之间有多匹配，你得付出成本。比如，你得花时间去跟汽车销售聊天，或者通过买过这辆车的朋友了解情况，甚至还得上论坛找行家付费咨询，确保他提供给你的信息是准确可靠的。这些虽不包括在汽车这个产品的售价中，但却是你与汽车销售商之间达成交易时所必须付出的，这就是交易成本。[18]

　　如果一套制度能够有效降低"交易成本"，比如建设真实的用户评价网站，让人们能够更好地了解什么样的汽车适合自己，那么这套制度的价值，就可以用它所降低的"交易成本"来衡量。不仅如此，降低交易费用往往还带来其他附加好处，比如，降低购买汽车的门槛，鼓励汽车制造商把更多精力用在研发新技术上，而不是控制销售渠道以影响用户的判断。

　　很明显，这类能够量化其收益价值的制度，与那种和传统、习俗、信仰以及意识形态过分纠缠在一起的制度有着很大区别。有很多人会觉得改革选举人团制度是一件大事，但并不会有太多人觉得搭建一个汽车售后评价论坛有多么令人不舒服。

　　因此，我把前一种制度称之为"信念型制度"，把后一种制度称之为"技术型制度"，其区别在于，人们选择这套制度，究竟是为了某种不可被质疑的价值（例如自由、民主或民族主义），还是为了某种可以量化的功利性好处。

用这个视角来看，无论铸币、汇票、纸币，还是合资制度、股份制度以及复式记账法，它们都属于"技术型制度"。比起"信念型制度"，这类制度与技术有更多的共同点：信念型制度往往基于某种思想、哲学或信仰，而技术型制度则往往基于相应的科学原理，比如财政学之于铸币、数学之于复式记账法；信念型制度的变迁难以评判优劣，但技术型制度的变迁往往有较为稳固的评价标准，比如汇票相对于铸币更便于大宗交易、复式记账法相对于单式记账法更便于公司统计自己的资本增值行为；信念型制度往往与文化捆绑更为紧密，而技术型制度则可以突破文化与文明之间的隔阂，甚至在同一时间的不同地方分别地、自发地涌现。任何文明要学习、复制或模拟其他文明的信念型制度都十分困难，极易水土不服，但它们彼此之间互相学习技术型制度，就没有那么大的障碍。当然，也有另外一种状况存在，那就是一个文明把另一文明的技术型制度误认为信念型制度，从而拒之门外。

相比于 19 世纪以来的全球化，13 世纪的全球化更能帮助我们清晰地理解以上两种制度的关键区别。由于工业革命赋予了西方过多优势，19 世纪以来的全球化因而被西方中心主义过分裹挟了，以至于我们很难辨别清楚这些源自西方但影响于全球的制度，有哪些是信念型的，哪些是技术型的，因为一切看起来都如此强大，如此先进。但 13 世纪的全球化则并不存在这样一个独步世界的中心，每一个文明都是自己区域内的中心，整个世界的制度进步呈现出多中心的势态。因此，我们可以比较清楚地辨析出来，那些为多个文明所共同接纳的制度，有更大的可能属于技术型制度，就如我们前面举过的例子，铸币、汇票、纸币、合资制度、股份制和复式记账法。

那么，技术型制度的诞生又有什么条件呢？

我们从前面的例子中可以很清楚地看到这些制度在具体生产

形态中的诞生状况。比如，股份合资制度的不断进步，是因为远洋航行始终能够创造巨大的经济利益，因而不同类型的参与者——出资方、船长、水手——会就这一活动进行反复的合作与博弈，最终找到利益的平衡点，从而达到自身收益最大和利益冲突最小的结果。久而久之，博弈结果就会固化为大家都接受的制度。再比如，复式记账法于13世纪已经在威尼斯的企业中得到通用，后来经帕西奥利的系统整理，成为可以迅速复制的制度，并传播扩散至全世界。

这两种改进模式都与技术进步的路径非常相似——熟练的技术工人在生产过程中反复试验，最终发现了更好的技术应用，或者科研工作者把对基本原理的探索与实践中的技术需求结合起来，最终产出了技术创新成果。

想象一下，一个生活在13世纪，头脑优秀、富于创新精神的人，如果不参与政治的话，他有很大概率会从事一个与商贸相关的行业，比如出资人、会计、船长、律师或者中介机构，因为越是靠近金钱的行业，越是舍得花大价钱雇用聪明的人才。又因商贸发达，博弈和合作总是会重复出现，这会刺激和鼓励人们发现或发明新的能够促进交易效率的制度。像这样的从业者或发明家，既不是瓦特或爱迪生那样举足轻重的大工程师，也不是牛顿或爱因斯坦那样名垂史册的大科学家，只是比常人稍稍聪明一点而已。但是，因为商贸和远洋航行这样的行业能够吸引千千万万个他，千千万万个他所做的微创新将得到行业的认可和运用，而他也可以从中得到回报，从而技术型制度的创新就会不断涌现，从业者的数量和质量也会增加。而商贸越发达，商人越是需要律师的服务，那么商业法体系就会不断得到健全和完善。这正如富含有机物的池塘，商路就是水源，优秀的人才就是有机物，而这池塘的水质越肥美，就越容易滋长鱼虫虾蟹。

13 世纪前后，全球范围内之所以出现了如此众多的商贸新制度，正是这种"活水效应"的体现。

制度的没落

但是，这些自发涌现的创新性制度，后来却遭到不同程度的打击，其中有一些很迅速地衰落了。

圣殿骑士团推动了"汇票"的普遍使用，也通过银行业务积累了大量财富。这些巨额财富给圣殿骑士团招来了杀身之祸。1303 年，教会史上发生了一件大事，法国国王腓力四世派兵俘获了教皇博义八世（Bonifacius PP. VIII），73 岁高龄的教皇禁不起这种刺激，随即去世。腓力四世随后把法国大主教克雷芒推上教皇宝座，并胁迫教廷从罗马迁居法国阿维尼翁，史称"阿维尼翁之囚"。此后七十年，教皇实际上成为法国国王的人质。

其时，腓力四世正与英格兰王国开战，因为战争筹款，他已经欠了圣殿骑士团巨额债务。有教皇在手，腓力四世随即开始安排对圣殿骑士团的迫害，以免除自己的巨大欠款。1307 年 10 月 13 日，星期五，腓力四世借教皇名义，以怀疑圣殿骑士团成员犯有"否定基督、亵渎十字架"的罪名，下令逮捕骑士团大团长莫莱（Jacques de Molay）与其他成员，并胁迫他承认自己的罪行。莫莱最终被处以火刑，骑士团成员受到大肆追捕，这一久负盛名的传奇组织就此瓦解。

而在东方，交子的命运也经历了波折。交子经历了从民间汇票转为官设纸币的发展历程。在官方发行交子之初，北宋朝廷实际上设置了类似于现代纸币管理的基本规则，例如发行界兑制度、发行限额制度、发行准备制度和流通区域限定制度等。交子每两年发行一界。每界交子流通使用到期时，持币人可以用旧币换取下一界新币。界满的交子，有一年的兑换期。交子每界发行限额一百二十五万六千三百四十缗，每缗一千文钱，一界总额十二亿五千六百三十四万文钱。为应对该发行金额，官方设置发行准备三十六万缗，即三点六亿文钱，用于备付交子的兑现，发行准备率约为 28%。当时的制度规定，各界发行交子数额不变，发行准备也保持不变。这种制度维持了八十多年，对北宋时期商品经济的发展，特别是四川地区商品经济的发展，起到了积极的支持作用。

　　但是，随着宋朝与西夏的战争愈演愈烈，中央政府的财政压力不断加大，朝廷最终抵御不住诱惑，开始滥发货币。崇宁元年（1102），宋徽宗即位后两年，便发动了对西夏的战争。为确保军用，宋徽宗增发交子以助军费，交子发行量达到每界发行限额的 20 倍之多，形成严重的通货膨胀。交子界满，以旧更新时，新交子收兑旧交子以一兑四，即旧交子贬值 75%，只剩下 25% 的价值。但是，新交子发行之后，仍不能兑换足量的现钱，所以继续贬值。后来为解决交子信用问题，宋徽宗不得不采取一系列手段，例如改交子为钱引，允许民众以交子兑换实物货币，等等。然而，这些举措始终未能解决根本问题，民众对政府信用丧失信心，因此，终宋一代，纸币一直无法避免恶性通胀的命运。[19]

　　除了这些制度遭到打压以外，连接东西方海运贸易的商路本身也受到了巨大影响。这其中，最致命的影响来自蒙古人的入侵。1258 年，旭烈兀的军队围困并洗劫了巴格达，最后一任哈里发穆斯塔欣被蒙古人裹于毛毯之中，被马蹄践踏而死。随后统治此处的伊儿汗国与埃及的马穆鲁克政权处于敌对状态中，这一线的商贸也就渐渐衰落。原先往来于地中海东岸的意大利商人现在不得不转向开罗，但贸易额的锐减已使他们不复往日的荣光。随着黑死病的传播与奥斯曼土耳其帝国的崛起，欧洲人不得不从地中海的东方航路撤出，转向西方去开辟新的航道。

商路渐渐消失，过去为了便利跨国贸易而存在的各项方便制度，以及因为掌握这些制度而获取丰厚报酬的人们，自然也就渐渐消失了。商路的消失也很可能改变了技术的发展方向：前文所述的"技术型制度"，本质上也可以被看作"降低流通成本的技术"，如今，这类技术的市场需求减小，反过来，那些有高附加值，或者在频繁激烈的军事冲突中有可能得到发展的技术获得了更广阔的市场。这方面，最典型的例子便是埃及。在马穆鲁克骑兵挫败蒙古人之后，开罗成了东地中海重要的经济中心，但是，这里不再是单纯的商贸港口，而且成为纺织业和制糖业中心。这是因为，马穆鲁克政权是一种军事封建政权，马穆鲁克骑兵的主人需要通过控制实际的财富来支撑自己的武装部队和奢靡的生活，因此，这个政权喜爱易于控制的掌握纺织、制糖或铸造技术的实业商人，更甚于精通先进交易技术的贸易商人。但是，由于马穆鲁克政权也未能为当地企业创造自由的、能够使其有动力改善自身技术的营商环境，这些企业后来在市场竞争中渐渐败给了欧洲人。

总而言之，在1300—1500年，前文介绍的许多"技术型制度"创新遭遇了挫败，而挫败的主要原因是战争以及战争带给政权的压力。这在中古时代并不罕见。当时的世界与今日不同，暴力组织、军事领袖和信仰团体所掌握的力量远远超过商业，一国首脑发动战争与政治对抗的频率和烈度也远远超过今天。从彼时到今天，文明固然获得了长足的进步，但这些历史记忆依然在提醒我们，那些看似强大、繁荣、富有生命力的制度在战争和政治冲突面前到底有多么脆弱。

科幻小说《三体III：地球往事》中有一个对这一景象的骇美譬喻：

　　海干了鱼就要聚集在水洼里，水洼也在干涸，鱼都将消失。

　　所有的鱼都在这里吗？

　　把海弄干的鱼不在。

　　对不起，这话很费解。

　　把海弄干的鱼在海干前上了陆地，从一片黑暗森林奔向另一片黑暗森林。

* * *

　　数年前，我认识了一位曾在政府担任一定级别领导职务的退休老干部，在短暂的交流过程中，他向我表述的核心观点是，以德国为代表的发达国家制订了"工业4.0"等产业计划，这些计划同样也是由政府主导的，可见发达国家对政府与市场之间关系的理解也在深化，也在更进一步发挥政府对市场的调节甚至领导作用。因此，政治经济学应该深刻反思这其中的辩证关系，以总结更先进的理论来指导实践。

　　老干部的这一观察自然有其工作实践中的体会，值得尊重；但从理论角度讲，政府与市场之间的关系是一个主流经济学或社会科学早就不再纠结的宏观命题。这两者之间的哲学关系就如同肉体与精神的关系，即便讨论到世界末日，我们也不会获得明确答案。事实上，主流经济学或社会科学早已深入到默顿所谓的"中层理论"层面，探究更细致的问题，例如"交易成本"。在制度主义者看来，一项制度到底是由政府还是由市场推动，实际上并没有那么重要，重要的是它能否降低交易成本，从而创造更大的价值。如果是市场来推动搭建这类制度，那么它要克服部分企业利用信息不对称创造利润差的冲动；如果是政府来推动，那么它要克服直接运用政策手段扭曲价格信号的冲动。两种行为主体都必须学会如何运用更灵巧的手段来创造出好的生态，而不是争论谁该作为主导而发挥作用。

冷战遗留下来的许多理论问题迄今尚未得到完整解决，不同制度与信念下，人们的思想也很难统一，如果在这些理论基础上去讨论制度的保留与改革，我们将陷入连篇累牍的意识形态争吵之中，绝难推动社会真正的进步。然而，现实是，其实东西方制度都存在着一定的问题，不仅这些问题亟待解决，而且制度也亟待改善与发展。对此，我的观点是，倘若我们把制度看作不可动摇的信念与价值系统的一部分，那么我们将寸步难行；但倘若我们把制度看作一种技术，则我们完全有可能对其进行技术意义上的改进、修理或替换，或许，我们能从中找到切实可行的改善办法。

我相信，至少有一部分制度是可以作为"技术"去理解的，如果我们能更清楚地界定这类制度包含哪些部分，或许这个世界有向更好的方向发展的潜力。

注释

1   也有学者认为，伊本·白图泰根本没有到过中国，其《伊本·白图泰游记》中有关中国尤其元大都的记载，是根据传闻写成的。

2   转引自珍妮特·L. 阿布-卢格霍德《欧洲霸权之前：1250—1350 年的世界体系》，杜宪兵等译，商务印书馆，2015 年，第 197 页。

3   同前，第 188 页。

4   转引自布罗代尔《十五至十八世纪的物质文明、经济和资本主义》第 1 卷，顾良等译，商务印书馆，2017 年，第 545 页。

5   同前，第 559 页。

6   参见马克斯·韦伯《儒家与道教》，王容芬译，商务印书馆，2004 年，第 48 页。

7   Joe Cribb, Barrie Cook, Ian Carradice：《世界各国铸币史》，刘森译，中华书局，2005，第 59 页。

8   参见 M. M. 波斯坦等主编《剑桥欧洲经济史》第 2 卷，王春法主译，经济科学出版社，2004，第 720 页以下附录：中世纪钱币一览表。

9   参见《剑桥欧洲经济史》第 2 卷，第 659 页。

10   同前，第 687—688 页。

11　参见裕尔《东域纪程录丛——古代中国闻见录》，Yale 译本，Vol. II, 1937,294; 伊本·白图泰：《伊本·白图泰游记》，马金鹏译，宁夏人民出版社，1985 年。以上内容转引自阿布−卢格霍德《欧洲霸权之前：1250—1350 年的世界体系》，第 323—324 页。

12　转引自布罗代尔《十五至十八世纪的物质文明、经济和资本主义》，第 534—535 页。

13　参见《欧洲霸权之前：1250—1350 年的世界体系》，第 213 页。

14　也有学者认为，康曼达也是阿拉伯世界的原创，于 9 世纪左右就已出现。参见《欧洲霸权之前：1250—1350 年的世界体系》，第 213 页。

15　参见《欧洲霸权之前：1250—1350 年的世界体系》，第 119 页。

16　参见塞缪尔·亨廷顿《变化社会中的政治秩序》，王冠华、刘为等译，上海人民出版社，2014 年，第 302—303 页。

17　这个逻辑说起来简单，但在实际中有为数众多的人完全不能理解。1998 年，中国教育部对临床医学专业进行整合，把儿科教育作为临床通科教育的一部分。同年，国家自然科学基金取消了儿科目录。按照当时的规划，教育部改革的目的是让医学生更好地规划自己的职业生涯，避免过早分科限制未来发展。但是，相关部门未能投入相应成本，建设完善的薪资回报制度与合理的医疗纠纷解决制度。其结果是，随着医患关系恶化、生存压力加大，儿科医生们被逼纷纷转行。据《2015 年中国卫生统计年鉴》公布的数据，2010—2015 年，中国儿科医生总数从 10.5 万下降到 10 万。《白皮书》数据也显示，最近 3 年，中国儿科医师流失人数为 14310 人，占比 10.7%。其中 35 岁以下医师流失率为 14.6%，占所有年龄段医师流失的 55%。目前，中国儿科医生缺口已经高达 20 万。儿科医疗资源的匮乏，其成本最终仍将由整体社会以更高的代价进行偿还，这一代价，恐怕比建立以上所说的薪资回报制度与医疗纠纷解决制度要高得多。

18　参见道格拉斯·C.诺斯《制度、制度变迁与经济绩效》，刘守英译，上海三联书店，1994 年，第 39—40 页。

19　参见石俊志《宋徽宗改交子为钱引——北宋纸币交子流通制度的终结》，《当代金融家》2014 年第 12 期，第 139—141 页。

第五章　知识分子与生意人

　　指南针引导航海，造纸术和印刷术改变了知识传播的方式，火药摧毁了封建主的城堡、改变了战争形态，这些都是中国人耳熟能详的故事。

　　但是，欧洲人却把发明印刷术的荣耀归于一位德国人，约翰内斯·古登堡（Johannes Gutenberg）。英文维基百科关于印刷机（printing press）和活字印刷（letterpress printing）的词条，基本都会把这项技术溯源到古登堡，而不是毕昇。这一点很奇怪，因为西方人数百年前就知道毕昇的存在，考虑到政治正确和"去西方中心化"在西方学术界的流行程度，按理说至少应该提一句毕昇才是。

　　这是为什么？

两种印刷术

　　沈括在《梦溪笔谈》中对毕昇活字印刷术有一段记载：

　　　　版印书籍，唐人尚未盛为之，自冯瀛王始印五经，已后典籍，皆为版本。庆历中，有布衣毕昇，又为活版。其法用胶泥刻字，薄如钱唇，每字为一印，火烧令坚。先设一铁版，其上以松脂、蜡和纸灰之类冒之。欲印则以一铁范置铁板上，乃密布字印。满铁范为一板，持就火炀之，药稍熔，则以一平板按其面，则字平如砥。若止印三、二本，未为简易；若印数十百千本，则极为神速。常作二铁板，一板印刷，一板已自布字。此印者才毕，则第二板已具。更互用之，瞬息可就。每一字皆有数印，如之、也等字，每字有二十余印，以备一板内有重复者。不用则以纸贴之，每韵为一贴，木格贮之。有奇字素无备者，旋刻之，以草火烧，瞬息可成。不以木为之者，木理有疏密，沾水则高下不平，兼与药相粘，不可取。不若燔土，用讫再火令药熔，以手拂之，其印自落，殊不沾污。昇死，其印为余群从所得，至今保藏。

这里需要注意一个关键的技术细节：毕昇活字的制作方法，是"其法用胶泥刻字，薄如钱唇，每字为一印，火烧令坚"。这种思路跟木刻雕版是一脉相承的。从雕版印刷到活字印刷，都需要先把字"刻"出来。但这个"刻"字的思路，跟西方的活字印刷术有着本质的区别。在西方的活字印刷术中，字模不是"刻"出来的，而是"铸"出来的。

东西方文字的一个基本区别是：中国的汉字太多了，而拉丁字母的数量是很少的。《康熙字典》收录汉字 47,000 余，到现在常用汉字也有 3500 余。与之相对，标准拉丁字母只有 26 个，算上数字、符号和变体字母，总共也不过一百多个，字模的重复利用率很高。所以，"刻"和"铸"的区别，其实折射的是身处东西方两种文明下的印刷术从业者之间天生的思维差异：西洋印刷术从业者首先要批量化地生产活字，但中国印刷术的"活字"，本身不存在批量化生产的可能，因为它依然是手工"刻"出来的。

这个批量化生产的思路，决定了西方活字印刷术所采取的独特发展路径：通过模具浇铸活字。这是古登堡发明的活字印刷术的核心：他先做出一个精密的金属模具，然后用一种比这种金属熔点低的原材料浇灌进去，铸成活字，这样就可以大批量生产活字了。古登堡过去的职业是金匠，他对铸字模相关的工艺掌握应该是比较充分的。当时的铸字工作流程是：先刻出凸字模，再用凸字模敲击另外一种比较软的金属材料，做出凹字模，最后用凹字模来铸造一个个活字。由于这一系列工序的存在，这种批量化生产活字的作业，就不需要采取毕昇那样的"一字一刻"的办法，效率大大提高。

　　古登堡发明的印刷术能够批量化生产活字，其排版印刷的作业流程更加流水线化，这是中国古代活字印刷所不曾达到的——当然，这其中很大一部分原因是两个文明的文字系统不同，与技术水平先进与否无关。不可否认，中国是最早的雕版印刷术发明者，其发明也通过各种途径传播到了欧洲，古登堡很可能也见过这些印刷品，但他的发明却基本可以看作一种独立发明的新技术。技术史研究者普遍认为，古登堡的印刷机从结构上更接近当时的亚麻榨油机，而不是雕版印刷术所用的器械。换句话说，就算有其他人看过中国的印刷术，他也未必能发明古登堡的那套技术。因此，古登堡这一发明的原创性及其重要性是不容置疑的。

　　实际上，毕昇发明活字印刷术后，这一技术并未能大范围流通。相反，从清代《四库全书》对印本记载的资料来看，中国通行的印刷术仍然以雕版为主，这一状况直到19世纪从德国引进在古登堡基础上发展而来的现代活字印刷术后才得到改变。也就是说，毕昇的印刷术不仅没能竞争过古登堡，甚至也没能竞争过本土的雕版印刷术。这又是为什么？

　　《中国印刷史研究》的作者辛德勇先生认为，在毕昇之前，活字印刷术不管是使用木制字模还是金属字模，都会导致一个问题，就是如果排版时字模摆不平，刷墨后再印，就会包墨不均，或者根本没有墨。那么，毕昇采取了什么办法来解决这个问题呢？他用的是胶泥字模，具体工艺流程是"持就火炀之，药稍熔"，也就是趁着加热、胶泥融化的时候，把字摆上，然后用一个铁板压它。这样的结果是，印版最后的平整程度取决于它上边压铁板的平整程度。

为什么毕昇发明的这么好的技术后来没有得到推广呢？辛德勇解释说，因为这其中的每一个步骤都很妨碍效率。沈括在《梦溪笔谈》中所描述的"若止印三二本，未为简易，若印数十百千本，则极为神速"的假设，其实是不成立的。这个工艺，就是挖个土都特别慢，更不要说刻薄如钱唇的字和涂料粘上之后活字印刷的技术了。字要稳固，意味着把它烧热了放在铁板上，烤化后把它按平，按平后等它凉了之后再印，而凉了它就凝固了，要想再印就得再用火烤，再把它拿下来。这实在太过麻烦，对汉字来说很难使用。

而西方在使用活字印刷术的时候，并没有遇到这个问题，因为东西方的硬币铸造技术是有差异的：中国普遍采取"浇铸法"来铸造硬币，但这样制作出来的硬币边缘不平；而西方普遍采取"冲压法"来铸造硬币，边缘是非常齐整的。因此，当铸造厂发现"铸造字模"这个新需求之后，他们当然不会再去开发一套完整的新技术，而是把已有的铸造技术应用在这上面。这也是中国的活字印刷术没能像西方那样繁荣发展的一个重要原因。

当然，从技术进步的角度来看，新技术并不是在刚发明出来的时候就成熟完善的，它的演化当然需要一个过程。而毕昇面对的这个问题，似乎也不是完全不可以解决，如果印刷商本身看好这项技术，那么他们一定会有动力去不断应用和改善这套技术。然而这件事情却没有发生，因为印刷商有别的理由并不看好这门技术。

对此，中文互联网上流行一个说法，我不能考证其最初的出处，但我认为这种观点很有道理，也值得认真对待。它认为，活字印刷最大的问题是，印刷工人需要从几千个成型的活字模中选择需要的

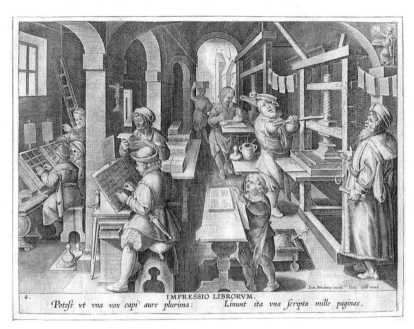

《印刷术的发明》，斯特拉达纳斯所作版画，藏于普兰丁–莫尔图斯博物馆

那个汉字，如果工人不识字，这个工作就几乎无法进行，而雕版印刷就不存在这个问题。对印刷商来说，改进泥活字的质量不是一件太难的事，哪里去找这么一批识字率很高的工人才是真正难办的大事。而西洋文字由拉丁字母组成，即便工人不识字，也可以通过辨认字母来选择字模，这项技术的普及难度自然低很多。

　　从技术上讲，中国的活字印刷比起雕版印刷自然是进步的，但从商业形态上讲，它却是失败的。因此，一项技术是否能够促成大规模改变，往往不止取决于它本身先进与否，也取决于它的商业应用效果，比如，是否能降低成本、增加销量，以及是否能赚钱。

　　沿着这个思路，古登堡的活字印刷术似乎也有问题。古登堡最早、最主要印刷的作品，是《圣经》。虽然在今天《圣经》是全球销量最大的读物，但我们却不能想当然地以为，在古登堡的时代，它也是一种刚需印刷品，肯定很好卖。

古登堡最早印制的是拉丁文版的《圣经》，而当时绝大多数普通人是不懂拉丁文的，能读拉丁文的只有教会中的神父和大学里的教师，数量稀少。再有，一本《圣经》只要保养得当，可以用数十年之久，即便这些人需要《圣经》，需要的频次也很低。如此，古登堡的活字印刷术又到哪里去找那么多懂拉丁文的客户购买呢？如果仅是面向懂拉丁文的人，这个市场是否足够庞大到能支持新技术不断演进发展呢？

没赚到钱的古登堡

如果不是发明了印刷机，像古登堡这样的小人物是不会被历史学家记录下来的。根据其出生地美因茨的官方声明，约翰内斯·古登堡于 1400 年出生于一个贵族商人家庭，母亲是一个店主的女儿。由于缺乏记载，我们对他早年的生平并不是很了解。

1434 年的历史材料显示，当时，古登堡跟我们当代很多人一样，面临着比较严重的中年危机。起初，他似乎是在斯特拉斯堡做金匠，做一些打磨镜子和宝石的工作。1439 年，古登堡自认为发现了一个很好的创业机会。当时亚琛（Aachen）要举办一场关于查理大帝的神圣遗物展——在中世纪，这相当于今天的世博会或高交会之类的活动，各个教堂展示自己或继承或抢劫或盗窃或伪造的圣物，吸引圣徒从四面八方来朝拜。教士们可以借机做弥撒或售卖赎罪券，手工艺人的小商品也可以在集市上卖个好价钱。古登堡觉得这是个风口，于是找了几个合伙人，凑了一笔钱打算多磨几面镜子去亚琛卖——当时的人们相信镜子可以捕捉到遗物的圣光，给自己带来好运。这跟中国人常说的"开光"有些接近。

16 世纪刻在版画上的古登堡形象

　　也像很多今天的创业者一样，古登堡的计划失败了。他运气实在不好，当年亚琛突然爆发了一场洪水，过后似乎还有鼠疫流行，市政厅遂决定把当年的圣物展推迟到 1440 年。古登堡的合伙人要他赔偿损失，他不得不告诉他们，自己掌握了一套秘密技术，可以赚大钱。很多蛛丝马迹显示，古登堡讲的这套秘密技术很可能就是活字印刷术。

　　随后的历史记录又变成空白，直到 1448 年，我们才从档案文献中得知古登堡回到了美因茨，还从他的姻亲那里借了一笔钱。历史学家怀疑这笔钱是用来开印刷厂的。两年后，印刷厂开始运作。但是，印刷厂的运营需要很大一笔资金，古登堡很可能是拿着这些印刷品，跟当时著名的放贷商人约翰·福斯特（Johann Fust）又借

了一笔 800 金盾（guilder）的巨款，后来成为福斯特女婿的舒福尔
（Peter Schöffer）也加入了这个厂子。

这段时期的历史记载也很稀少，但是通过一些关于他破产的法
律文书，以及当时的技术与产业经营模式，还是大致可以做一些合
理的猜测。

首先，在当时，印刷厂绝对是一项重资产投资。一方面，模仿
亚麻榨油机制作的印刷机本身就属于精密器械。另一方面，从最初
的刻字模、造活字、制备印刷油墨，再到排版和印刷，都需要雇用
熟练和有文化的工人。据估计，15 世纪制作一副活字冲模要花费设
计者和刻模工（总数可能有 3 人）一至两年的时间，然后印刷厂用
这些字模铸造一至两万个活字才够印刷使用，而对 15 世纪的工人
来说，如果是两个人协同操作，可能又需要一年的时间。之后，文
化水平较高的工人要担任排字工作，每页大概要花费一个人一天的
时间。按照不列颠产业联盟主席、古典学家迈克尔·克拉彭爵士（Sir
Michael Clapham）的估计，在古登堡发明印刷机的年代，美因茨
的印刷作坊大概要雇 25 名员工，在当时，这已经是一个很有规模
的企业了。[1]

其次，当时纸张的价格相对于现在要贵很多。虽然欧洲人已经
在公元 8 世纪以后从阿拉伯人那里获得了中国人发明的造纸术，但
是纸张产量相对还比较低。实际上，造纸业的发展和印刷业是相辅
相成的，只有印刷品卖得更好，印刷厂对纸张的订单增加，造纸厂
才有意愿去造出更多的纸。在印刷术刚发明的早期，纸张的价格依
然很贵，历史学家估计，在 16 世纪印刷工坊有一半成本要耗费在
纸张上面。

最后，但也是最重要的风险，是印刷品的出品周期。当时各个
印刷作坊最主要的作品就是《圣经》。之前介绍过，查理大帝曾令
本笃会修士统一《圣经》译本，但是直到 15 世纪，掌握拉丁文的

人数量仍不多，各个学者手抄的版本出现了很多讹误，这个统一译本实际上已名存实亡，因此排字和校样的工作依然很繁重。此外，还有一个重要问题是，《圣经》全篇实在太长，印制周期也相应变长。历史上有据可查的《古登堡圣经》的印数在145—180本之间，有人认为，当时印这些书大概耗时三年。[2]

也就是说，如果古登堡从零开始办一个印刷厂，他需要解决新技术的工程问题，雇用熟练的识字工人，而如果他启动印刷《圣经》这样的大项目，三年内将得不到什么回报。这样算来，他的资金压力还是相当大的。

拉丁文《圣经》是古登堡印刷厂最重要的产品，它铭记了古登堡的伟大发明，也因此进入各大图书馆和博物馆的秘宝目录。这套《圣经》排版细腻，印刷精美，当时获得了很好的社会反响。教皇在1455年看到印刷版《圣经》后，写信给西班牙红衣主教卡瓦贾尔（Juan Carvajal）称赞说："文稿很干净，很清晰，根本不难阅读——阁下不费什么工夫就能读它，而且连眼镜都不需要。"[3] 但是，即便教皇为这个版本打了广告，古登堡的生意也没有变得多好，因为学术圈的客户量实在太小了。到1456年，古登堡的债务从800金盾变成2000金盾，而且他跟投资人约翰·福斯特已经起了争执，后者认为古登堡挪用了生产资金。

两个人最终对簿公堂，而福斯特赢了官司，拿到古登堡印刷厂的控制权和半数的《圣经》印制品。这批《圣经》也成了古登堡在欧洲第一家活字印刷厂的最后一批作品。福斯特和他的女婿舒福尔把印刷厂继续开了下去，印刷品应该卖得不错。有一个小故事可以从侧面证明福斯特的生意有多好：他光在巴黎一个城市就接了50本《圣经》的订单，而且很快卖了出去，结果巴黎人认为福斯特这么快就把书生产出来，一定是有魔鬼作祟，判他"行巫蛊之罪"（witchcraft）。[4] 这个传说虽然没什么实际依据，但福斯特和舒福

古登堡出版的拉丁版《圣经》，约 1455 年。图片来自大英
图书馆

尔的后人连续几代都从事印刷生意，足以证明他们在这一行干得
还不错。

　　古登堡破产了。他接下来在巴姆堡又开了一家小一点的印刷厂，
经营惨淡，随后又卷入美因茨发生的骚乱，被判流放。直到 65 岁那年，
他的成就才被时人认可。美因茨大主教阿道夫·冯·拿骚（Adolph
von Nassau）授予他"Hoffman"（字面意思为"拥有庭院的人"）
的荣誉称号，以及一份体面的"体制内"工作。古登堡因此得以安度晚年，在 68 岁时去世。

古登堡发明印刷机的时间，差不多相当于明朝的"土木堡之变"。这个时代当然还没有什么"知识产权"的概念。古登堡的一生固然令人惋惜，但在那个年代，这似乎也是很多发明家的普遍命运：最好的发明家往往不是最好的企业家，而如果没有直接的经济回报，他们的发明也往往不能改善他们的生活。在惋惜之余，我们不如来讨论一下这样一个问题：为什么古登堡没赚到钱，他的合伙人却赚到钱了？更进一步，当时的印刷厂到底做怎样的业务才是最赚钱的？

赎罪券生意

要回答印刷厂印什么最赚钱，不妨从活字印刷术发明之前的雕版印刷中找些灵感。

15 世纪以前欧洲的雕版印刷作品中，有两类最受欢迎，即装饰画和纸牌。人类喜欢用图画装点房间，这是几千年来的习惯；圣徒的画像或宗教题材的故事画，在宗教文化占主导的欧洲中世纪自然会有不小的需求，甚至还是虔诚的基督徒的必需品。纸牌也很好理解，这项老少咸宜的游戏大概在 14 世纪时从马穆鲁克埃及传到欧洲，很快就风靡一时。欧洲印刷史上有一位赫赫有名的民间艺术家，就以印制精美的纸牌图画闻名。由于缺乏资料，历史学家无法确认他的具体身份，只能称其为"纸牌大师"（Meister der Spielkarten）。

前文讲述过，开印刷厂面临的两个最大风险是纸张成本和生产周期问题，而装饰画和纸牌耗费的纸张很少，印刷周期短，有广泛的市场需求，可以很快回笼资金，风险自然要比印大部头著作小得多。当然，这两类印刷品的主要内容都是图画，而雕版印刷在印制

纸牌大师的作品，主题为当时人喜闻乐见的动物与民间故事画像

图画方面天然具有优势。以此类推，活字印刷术要想赚钱，就必须像雕版印刷图画和纸牌一样满足如下条件：耗费纸张少，印刷周期短，市场需求巨大；不仅如此，还得满足一个额外条件——主要内容是文字而不是图像，而且这些文字还不能一成不变，否则，活字印刷术依然没有雕版印刷的优势。

那么，当时存在这一类型的印刷品吗？还真有，这就是赎罪券，其拉丁文是 Indulgentia，意为"恩赐"，在罗马法中这个术语有"赦罪"或者"免税"的含义。在天主教的教义中，耶稣基督、圣母和诸圣的功劳，形成一个神恩的宝库，委托教会来管理支配，因此教会有权力通过诸如念短诵、施舍穷人，或是实行其他各种善功，使信徒能够分享到神恩宝库中的宝藏，使耶稣和诸圣的功劳能够贴合在信徒身上。因此，凡是满足教会规定的那些条件的信徒，便能够获得大赦。

按照天主教会的正统规定，想要获得大赦的人本身要具备一定的资格，他必须已经领洗，没有受到绝罚，同时要表现出忏悔且希望获得赦免的意向；然后，有资格宣布赦免的教士要代表诸圣宽恕这个罪人；最后，教士要宣布对这个罪人实施相应的惩罚手段，比如行慈善之举捐助贫弱、捐钱给教会修筑教堂、加入十字军，等等。按照传统天主教的规定，最后这一部分，可以用金钱替代。[5]

一旦开了交罚款的口子，就意味着它有可能转变为稳定的财政收入来源。哥特式教堂运动之后，各地教会都开始大建新会堂，财政扩源就成了很重要的问题。因此，13 世纪开始，交钱换取赦免的行为本身也被常规化、制度化了。在这个制度下，教徒可以花钱买一纸凭证，这个凭证是由主教、大主教或者教皇签字许可的，不同级别的教士签署的赎罪凭证的效力也不一样。因为这个凭证本身就叫"Indulgentia"（赦免），中文就按照它的实际用途翻译为"赎罪券"。

　　赎罪券这门生意的历史已经很久了，但到 15 世纪的时候，它的规模突然爆发。这是因为，在这个世纪里，天主教会赶上了一件大事。1453 年，东罗马教会的大本营君士坦丁堡被土耳其人攻破，罗马天主教廷十分震惊和惶恐。按照惯例，教皇应该组织新的十字军东征，讨伐异教徒，卫护正教信仰。这就需要筹集大批资金。1476 年，教皇思道四世（Sixtus IV）宣布赎罪券可以帮助炼狱中的死人灵魂得到解脱，这为各级教堂拿赎罪券换取大量捐献开了方便法门。甚至有教士说出这样的名言："当你为某个炼狱中的灵魂捐献银钱，投进捐献箱，发出叮当一响时，这个灵魂就从炼狱中应声而出。"但是，各级主教们聚敛来的钱财基本都进了自己教堂的口袋，用以翻修神殿，修建图书馆，很少有人真正愿意为讨伐土耳其人做出贡献。不得已，教皇一方面宣布征收什一税，另一方面派出自己的得力干将、红衣主教雷蒙德·佩劳迪（Raymond Peraudi）出使东欧和北欧，宣传东征土耳其。自 1486 年到 1504 年，佩劳迪在神圣罗马帝国举行了三次大型布道活动，宣传向异教徒开战的必要性，同时筹措资金。佩劳迪大概有表演型人格，布道风格激情飞扬，成功地销售了一大批赎罪券。[6]

　　而印刷商们也非常欢迎赎罪券。其实，印制赎罪券一直是印刷厂的热门生意，古登堡印刷厂也曾接过赎罪券订单，其于 1454 年印制的 "31 行赎罪券"，是目前所知最早有明确日期、运用古登堡活字印刷术印制的印刷品。尽管古登堡因为印刷《圣经》而青史留名，但《圣经》这种大部头著作真的赚不到钱。当然，除了《圣经》，当时的印刷厂还可以承接另外一种稍微赚钱的书——拉丁文语法教材，这种书是当时学生们的必备。但是，这些大部头的著作都是重资产投资，风险太高，相比起来，还是赎罪券这种产品更符合印刷厂的利益。

　　这其中有一个间接证据。1452 年 5 月 2 日，教皇派到德意志地区的使节库萨的尼古拉斯就授权美因茨圣雅各布教堂，可以在当月向法兰克福市民售卖两千张赎罪券。尽管没有原始合同，但是历史学家推测，这个订单很可能就是由古登堡印刷厂接下的，因为抄写员几乎不可能在这么短的时间内完成这么大的订单。我们还可以从同一个时代的其他例子来推测印刷厂承接赎罪券生意的规模。印刷机技术扩散后，加泰罗尼亚的蒙瑟拉特修道院签了一份20万份赎罪券的印刷合同，这些订单很可能是由好几家印刷厂共同承包的。[7]

　　理论上，赎罪券这种印刷品完美地满足之前所说的三大条件：只需要一页纸，有巨大的市场需求，主要内容是文字且没有固定模板。而且它还有一个额外的优点，那就是印刷厂只要把这批货统一送往教堂就可以了，不需要考虑怎么分发销售。在15世纪印刷术刚发明出来之后，所有印刷品中有10%的产品只有一页，其中超过三分之一是赎罪券，结合当时的合同订单数额进行推算，这意味着当时的印刷厂印制了最少200万张赎罪券。[8]

　　用这样的眼光看待教皇使节佩劳迪于1486年到1504年在德意志地区的大型布道活动，或许会有很不一样的印象：佩劳迪就如同今天的"商业模式讲师"，经过德意志地区的各个市镇——北方的美因茨、科隆、莱比锡、埃尔夫特，南方的梅明根、乌茨堡、乌尔姆，以及纽伦堡、奥格斯堡、施派尔、巴塞尔和斯特拉斯堡，大搞营销讲座，把每个教堂的教士都变成赎罪券的推销员。可以想象，每到一地，他都受到沿途各个印刷厂的热烈欢迎。吕贝克的印刷商安东尼乌斯·马斯特当时接到过一份25,000张赎罪券的合同，很可能就是佩劳迪为斯堪的纳维亚布道会准备的；此外，还有很多文件显示，佩劳迪一路上签了很多印刷品大单，包括教皇授权他布道活动的告示、佩劳迪自己的任命信以及一套告解神父指导手册。其中最值得一提的是这套告解神父指导手册，因为它里面附有详细的赎罪券销售说明与收费标准。[9]

　　这些情形看起来很可笑，但它背后却隐藏着一个未必那么可笑

的问题：在印刷厂看来，这类印刷品是最理想的出版物，所以他们
会想办法与教会中的关键人物勾结，形成利益集团。如此一来，这
项有巨大潜能的新技术，就会成为教会的传声筒，有如亚历山大港
的希罗所发明的蒸汽装备，只能用于神庙糊弄信徒。新技术的发明
往往不一定意味着真正的社会革新，这是历史上常有的事。那么，
为什么这一次，印刷商们已经发现赎罪券背后的巨大商机，印刷术
却没有踏上"汽转球"的老路呢？

　　这和马丁·路德（Martin Luther）有关。

自媒体大 V：马丁·路德

　　我先简述一下 15 世纪欧洲印刷出版行业的背景。

　　尽管赎罪券是一项很赚钱的生意，但毕竟是一种功能性出版物。
而且，这种产品还有一个致命的弱点：它的订单完全是由教会决定
的，很不稳定，能不能拿到订单也完全看某个主教与某个印刷厂的
关系如何。所以，当时印刷厂最主要的出版物依然是书籍。15 世纪
那些成功的印刷厂，多半还是由经验丰富的商人开起来的。他们中
很多人过去是做奢侈品贸易的，而贩卖奢侈品的跨国经商行为经常
涉及资金链风险和贷款、融资与合伙行为，这些经验对印刷业这种
重资产、长周期行业有极大的借鉴意义。早期的印刷书籍是被当作
奢侈品贩卖的，印刷商必须在各个城市的精英阶层里有很好的人脉，
才能获得客户或者接到订单。

　　这个生态决定了，印刷术从美因茨开始向外扩散之后，都是在
商贸中心扎稳脚跟的。而且，几个大城市的印刷厂在当时的出版行
业有垄断地位。比如，15 世纪整个欧洲大概有 200 多个城市的印刷
厂出版过书籍，但这些书籍的三分之二是在其中 12 个城市里印刷

出来的，除了美因茨，这些城市主要以老牌商贸中心为代表，比如威尼斯和巴黎，还有 16 世纪后来居上的伦敦和安特卫普。

马丁·路德于 1483 年出生于萨克森的艾斯里本，1512 年左右迁居维腾堡。他搬进这座城市的时候，当地只有 384 户居民，远离德意志、意大利和佛兰德斯的大城市，只有一家小印刷厂，怎么看都不像是能够成为印刷中心的样子。然而到 1546 年路德去世时，维腾堡有 6 家大厂，印制 83 个版本的书籍，一半是拉丁文，一半是德文；1517—1546 年间，维腾堡的出版商一共出版了 2721 种著作，平均每年 91 种，总印量大概有 300 万册，其中有大量划时代的著作。由此，维腾堡摇身一变为德国乃至整个欧洲的印刷中心之一。[10]

马丁·路德于 1512 年获得博士学位，同年进入维腾堡大学神学系教书。这个大学有一个为教师服务的小印刷厂，叫 Johann Rhau-Grunenberg，所以大学里的教职员工很早就知道怎么跟印刷机打交道。

马丁·路德聪明绝顶，思想顽固，精力充沛。他当时已经加入了圣奥古斯丁会，这个组织跟圣本笃会有些类似，主张以奥古斯丁制定的圣规为指导过隐居生活，强调个人要毫无保留地把自己交付给神，从而建立起一种与上帝之间的秘密契合关系，从中得到慰藉。路德在完全接受这种学说之后，开始看不惯当时占主导地位的阿奎那神学以及那些经院哲学家，希望按照自己的想法改造大学课程，教导年轻人，因而与老一派同事发生了激烈冲突。

1517 年 9 月 4 日，在一个学位授予仪式上，路德发表了批判经院哲学的大部头论文。在他看来，这些文章的内容比后来震动欧洲的《九十五条论纲》（disputatio pro declaratione virtutis indulgentiarum，直译为"关于赎罪券效能的辩论"，共 95 条）要大胆、激烈得多，但是由于主题太过学术，除了像他一样的年轻学者，基本没引起什么关注。路德想把论文的印刷本寄给当时外地有影响力的学者，希望能

1517 年 10 月 31 日，马丁·路德在德国维滕堡城堡教堂张贴《九十五条论纲》，现在普遍被认为是新教的宗教改革运动之始

引发更大范围的辩论。但他只是个小地方的大学老师，没什么名气，老学究们精明奸猾，根本不接招。路德的企图失败了。

然而，仅仅八周之后，他在维腾堡主教堂的大门上贴出以反对赎罪券为主题的《九十五条论纲》，竟引发席卷全欧洲的风潮。

其实在路德之前，已经有很多人批评教会这种手法是对赦免权利的亵渎。在1517年，为修建圣彼得大教堂，以及偿还意大利头号富商富格尔家族的债务，罗马教皇利奥十世授权一种全新的大赦赎罪券，谁要是买了就可以洗刷过去所有犯过的罪行，好像初生婴儿一样纯洁无辜。对天主教徒来说，这相当于提供了重获新生的机会，虔诚的信徒们自然会觉得这项优惠活动简直等于薅了教会一笔巨大的羊毛，于是纷纷解囊。而德意志地区诸侯则强烈反对，萨克森的选侯弗里德里希三世就严禁在自己的领地售卖这种赎罪券，否则当地主教自己的赎罪券产品就卖不出去了。不管教皇的使节多么舌灿莲花，城市里精明的商人、手工业者和政客们一算，发觉自己的商业利润和税收有这么一大块被教会切走了，自然心中不快。总之，赎罪券在当时引发了社会各界的剧烈反应，绝不仅限于教士和知识分子群体。

路德贴出来的《九十五条论纲》，本意与自己之前的神学论文一样，旨在反对当时整体的经院神学，同时建言罗马天主教会进行改革。但他讨论的赎罪券主题，恰好蹭到了这个巨大的流量热点，按照历史学家的推测，把论文贴在教堂门上还只是路德博人眼球的行为，《九十五条论纲》的真正传播，靠的还是印刷术。

路德当时纷纷写信给宗教界与知识界人士，给他们寄去印刷件。在站在天主教会的一方看来，这种行为简直称得上挑衅。这些被挑衅的人中，有一位叫约翰·特策尔（Johann Tetzel），他跟佩劳迪一样，是一位富有名望的神学家，也是一位销售赎罪券的明星。读到路德的论纲之后，他认为这是一个严重的威胁，于是立刻写下反驳论文，

撒旦分发赎罪券，来自 14 世纪 90 年代捷克手稿

并派人从哈勒（Halle）带到维腾堡分发给学生，以免他们受到路德偏激思想的毒害。然而维腾堡的学生已经成了路德的铁杆粉丝，他们包围书商，抢过那八百份印刷件，当众焚烧了。

　　这起群体性事件启发了路德。以前他一直把神学辩论限制在学术圈内，现在他猛然意识到，公众的支持更有利于他的思想传播。既然如此，为什么不走群众路线？他开始专注写作一批类似《九十五条论纲》的小册子，而且改用德语而不是拉丁语。你可以把这批小册子理解为今时今日的自媒体文章，类似"一句话理解《九十五条论纲》的重点"。比如，第十三条讲的是人的原罪不能被救赎，第十四条讲的是赎罪券根本不能帮你改善自己的道德，第十六条说的是与其通过捐助修庙，还不如通过努力工作来帮助他人……[11] 此外，路德还出版了许多儿童也能理解的入门读物，告诉人们如何从小培养自己的子女成为虔诚的教士。考虑到当时的教士是社会中的上等阶级，这类书籍自然获得父母们的巨大欢迎。[12] 我们不得不承认，虽然路德以新教改革者名垂史册，但他同时也是个营销天才、商业大师。或许可以这么说，如果提出新学说的不是马丁·路德，新的宗教学说可能也不会那么快深入民众，宗教改革的影响力也将会大打折扣，甚至可能不会发生。

　　生活在这个时代的我们，已经见识到大量的自媒体文章，很熟悉这种已经被玩滥了的套路。但是，千万不要小瞧它的"创始人"马丁·路德。用白话（德语）在很短的篇幅内把大道理讲清楚，不仅要讲到点子上，还要让大众觉得这与他们息息相关，这是一种非凡的能力，不是每个自媒体从业者都具备的。它首先要求思维高度清晰，其次要求写作技巧高度凝练，最后，作者还要有丰富的生活体验，这样才能说到大众心坎里。再就是，马丁·路德当时是两线作战，在对大众宣传理念的同时，还要写文章反驳学术圈内的论敌，他的神学专业水准必须立得住，否则就不会获得支持者。而且，他还要抽出相当的时间和精力跟印刷术这种新技术打交道——早期印刷厂的校对工作往往是直接交给学者的，路德要打印的是自己的文章，当然更要把控好生产流程。放到今天，他就是一个懂得写代码的学术网红，一位专业水平很高又自带流量的话题大 V。当然，他与当下的大 V 的区别是，他是靠着这些能力真正改变了历史的人。

路德不仅改变了历史，也给印刷商带来了丰厚的利润。路德的小册子就如同赎罪券，短小精悍，印刷周期短，成本低，市场需求大，属于最好卖的那类印刷品，在短时间内就不断被重印，售往德意志各地。尽管路德的部分对手也意识到争取民众的重要性，写了一部分白话（德语）作品，但整体而言，经院哲学家们还是抱着那种"体制内"高人一等的思维，认为学术讨论不应太过媚俗，实际上却是主动放弃了新技术开辟的新舆论阵地。

印刷品的迅速传播也在很大程度上保护了路德的安全。教廷从来不是只说不做，更不是软弱无力，早在一百年前，布拉格查理大学校长扬·胡斯（Jan Hus Monumet）也曾批判过赎罪券与教会的贪财堕落，教廷对此的反应是将其开除教籍，把带有皇帝敕令安全通行证的胡斯强行逮捕，投入狱中百般折磨，最后在康斯坦茨大公会议上判他有罪，并将他烧死。此举随后引发了十五年的胡斯战争。

本来，路德也可能遭到如此对待，但是他的运气不错。路德刚贴出论纲时，当时的神圣罗马帝国皇帝马克西米利安一世身体不好，而路德的保护人弗里德里希三世是教皇利奥十世中意的帝位候选人。教廷考虑到影响，就把路德之事暂且按下了。两年后，哈布斯堡王朝的查理五世继承帝位，此人狂热拥护天主教会，很想仿照处理扬·胡斯的旧例，召开会议判路德有罪。没有想到的是，印刷品的传播实在太快，两年间，路德的一系列论文已经传遍周边城镇的大街小巷，影响力极大，赢得广大民众的支持，也让弗里德里希三世更坚定了保护他的决心。查理五世在继承帝位之前是西班牙国王，对德意志还很陌生，但熟悉德意志情况的人知道，如果处死路德，必会引发轩然大波，因此都希望查理五世不要过分冲动，至少在召开会议前要保证路德的人身安全。这样就又拖了一年，处理此事的沃尔姆斯会议才得以召开。路德到会表明立场后，中途逃跑，在弗里德里希的保护下装扮成骑士，隐匿在爱森纳赫的瓦尔特堡而得以保全性命。许多德意志民众并不知路德的情况，以为他已经被处死——这时民意已经把沃尔姆斯会议比作耶稣受审事件，教皇如同犹太教祭司，查理五世犹如下令处死耶稣的罗马长官本丢·彼拉多，而马丁·路德，则是耶稣基督。

　　正是印刷业的迅速发展造就了路德的群众基础。到1517年，马丁·路德已经成为古登堡发明印刷机之后销售量第一的作者，并将这一记录一直保持到16世纪末。[13] 不过，路德本人并没有从中得到商业回报。尽管当时没有著作权的概念，但的确有书商愿意付给路德一笔钱，以获得优先印刷其作品的资格。但是，路德拒绝了这些请求，他不愿意被书商的利益所绑架。

　　不仅如此，路德同时也改变了印刷业。在此之前，出版商只是把书的内容印出来，再根据自己的理解增添一些插画，从没有考虑过封面、作者和出版社品牌的问题。而路德恰巧有一个这方面的专家朋友，叫卢卡斯·克拉那赫（Lucas Cranach），是萨克森公爵的宫廷画师。他不仅支持马丁·路德的学说，而且还投资开了印刷厂，负责出版马丁·路德翻译的《圣经》。克拉那赫很有设计天赋和商业头脑，他帮路德的作品设计了特别有辨识度的封面，把路德打造成了妇孺皆知的品牌，传遍欧洲大陆。这些书籍的封面极大影响了后来的书籍设计，我们今天看到的很多图书的封面还保留了克拉那赫最初设计的许多元素。

　　维腾堡的克拉那赫是个正面例子，莱比锡则是个反面例子。莱

1523 年《耶稣生为犹太人》(*Jesus was Born a Jew*) 中的一页，由马丁·路德撰写，卢卡斯·克拉那赫绘图

比锡的统治者强烈反对路德的学说，下令莱比锡的印刷商不得印制路德的作品。代价是，莱比锡的印刷行业从此遭到重创，完全无法与其他地区的同行展开竞争。1519—1520 年间，莱比锡印刷商大概出版了 190 多种书籍，但是到 1524 年，这个数字就骤跌到 25 种。[14]

　　这个教训也说明，尊重市场规律最重要，印刷行业也不例外。更重要的是，它还意味着，印刷商必须转变对书籍的观念：书籍不是奢侈品，不是王侯公爵出于个人好恶就可以决定销路的消遣之物，它的价值根植于民众对思想和知识的巨大需求。在印刷机发明七十多年后，印刷行业的商业规矩就这样悄无声息地转变了：从马丁·路德开始，这个行业才真正与知识的创造者和传播者联系起来，从此，印刷机上一张张飞速滑过的纸也不再仅是宗教画、纸牌或赎罪券的载体，它们承载着伟大头脑的灵思妙想或真知灼见，奔向欧洲大地的每个角落。

思想与技术产业

　　马丁·路德的写作不止于小册子。从 1521 年开始，路德开始用德语翻译《圣经》，次年《新约》翻译完毕并出版；1534 年，全部《旧约》翻译完毕并出版。从此，德意志信徒便可自己直接阅读《圣经》，而不必被教会和神父控制。

　　这一点有重大的政治意义。之前讲过，熙笃会发展出一套"平信徒"制度，用以庇护修院中的工匠。后来，这套制度推广开来，许多为修道院工作的平民与贫农，乃至大量只是信仰基督教的平民也成为"平信徒"。教廷不愿看到这一运动发展过快，于是在 1229 年的图卢兹会议上禁止"平信徒"购买《圣经》或《圣经》的译本。在马丁·路德看来，这是违反《圣经》原意的。在《新约·彼得前书·第二章》中，圣彼得对基督徒说："唯有你们是被拣选的族类，是有君尊的祭司，是圣洁的国度，是属神的子民，要叫你们宣扬那召你们出黑暗、入奇妙光明者的美德。"马丁·路德认为这段经文说得很明白，信基督的人都可以作为祭司（教士），平信徒与教士没有任何区别。"信徒皆祭司"就这样成为新教的基本信条。而一旦普通信徒读到这本《圣经》，看到马丁·路德的解释是有证据的，意识到天主教垄断解释权的可恶，宗教改革的力量就此一发不可收拾了。

就这样，马丁·路德为印刷商开辟了全新的市场，印刷商则配合马丁·路德快速传播其新学说与新思想，两者互相促进，让宗教改革如同一场旋风在德意志大地上刮了起来，进而影响后续一百余年的欧洲政治格局。

放眼历史，像思想革命和技术产业之间这样互相成就的例子其实并不少见。三百年后，法国启蒙运动中的"百科全书派"，也是在出版商的推动下形成的。美国历史学家罗伯特·达恩顿的《启蒙运动的生意》把这段故事讲得相当清楚。如果没有法国著名出版商勒布雷顿的呼吁，1749 年的狄德罗可能还要在文森监狱里关上好一阵子。而当时勒布雷顿其实只是想让狄德罗审校一下英国人伊弗雷姆·钱伯斯（Ephraim Chambers）于 1728 年出版的《百科全书》，好方便他们再版这本书。但是，狄德罗认为英国人的这个版本有很多错误和疏漏，不能反映学术的进步，而出版商们则从中看到大大有利可图，因而协助他组织了一大批当时最优秀的知识分子撰写书中的条目。这部书是理性时代向迷信、宗教和王权射出的猛烈炮火，它颠覆旧知识，树立新科学，然而，它的发起初衷实在只是一批出版商想要赚钱而已。他们固然比别的商人更有知识情怀，但还是把这个项目当一个投机生意的——事实上，这个项目也的确帮他们赚了不少钱。

　　除了出版业的资本家，印刷工人也是一个经常参与人类进步事业的群体。他们的工作性质决定了他们必须识文断字，文化水平较高，而且有机会接触最优秀的知识分子，因而印刷工人中往往会出现许多重要人才。与启蒙运动差不多处于同一个时代的美国国父本杰明·富兰克林，就是其中之一。他12岁时就跟着哥哥詹姆斯（James Franklin）做印刷匠。詹姆斯创立了北美英属殖民地第一份完全独立的报纸，富兰克林则用假名在报纸上发布文章，呼吁言论自由。后来，他在费城创立共读社。这些经历都对富兰克林日后参政产生了重要影响。19世纪中叶，工业革命迅速铺开，印刷工人群体成了左翼革命思想的传播阵地。无政府主义提出者蒲鲁东是法国贝桑松的印刷学徒，左翼自由主义作家马克·吐温也是印刷学徒出身。据统计，在巴黎公社和第一国际领导层中以及与卡尔·马克思一起在诸多文件上签字的革命领袖，出身印刷工业的比例远远超出印刷工占全部工人的比例。20世纪初期在德国国会纵火案中被树为靶子的季米特洛夫，早年曾搞过地下印刷所；日本共产党创始人片山潜也是印刷学徒出身；中国共产党历史上发展的第一个工人党员徐梅坤，是浙江省官制印刷厂的学徒，他曾向陈独秀建议，中共应先在印刷工人中筹建工会。对于所处时代的时弊与焦虑，走在新传播技术前沿的一线工作者，其感触必定最为深刻，洞见必定最为敏锐。

　　人类历史为什么会在某个时间点爆发像宗教改革和启蒙运动这样激烈的、彻底改变思想和历史走向的重大事件？对此，我有一个不甚确当的比方：信念与理想、经济力量以及社会结构和政治暴力，就如同发源地不同但经常交错纠缠的河流，在某个时间点恰巧汇聚在一起，从而激起历史的浪花，直至平缓，最终形成稳定的湖泊。但此外还有第四股地下暗河，"技术"。技术本身有着自己的发展方向、步骤和脉络，它会沿着自己的逻辑前进，并在一定时间点上成熟，这就如同地下暗流凝聚起自己的力量，在人们都没有注意到的地方冲开湖泊的边界，倾泻而出，流向新的方向。在这种时刻，最能敏锐把握住突破口的人，往往就是在重大事件中青史留名的人，或者一群人。在历史的那个关键点上，只要头脑足够清醒，他们就有可能稍稍改变其中一股或几股河流的走向，而受他们的影响，历史走向也将截然不同。

马丁·路德就是这样的人。难能可贵的是，与很多人不一样，他对那条暗河的走向足够清楚，也许是历次影响人类历史进程的重大事件中，于此头脑最清醒的思想家。他对印刷术时代的写作方式和自己的受众都有清晰的认识，并发展出一套独有的讲故事的方式。这种方式当然很容易演变为媚俗写作，但是路德不肯从印刷商处获取利润分成，始终要做自己思想的主人。

在这一点上，伏尔泰、狄德罗和卢梭是另一类知识分子，他们更接近今天的畅销书作家，依靠出版市场赚取生活费用，无法像路德那样思想坚定。我们应该感谢路德，让我们见识了一个人影响历史走向的这种可能性。

* * *

路德的写作短小精悍，先说结论，善划重点，这些都是现今自媒体惯用的套路。这种相似性又不得不令我们思考这样一个问题：我们这个时代，迎来的技术变革种类之多、频率之高、密度之大，远胜于宗教改革与启蒙运动时代，为什么我们还没有遇到划时代的思想突破？无论东西方，无论何种意识形态，为什么没有诞生大众媒体时代的马丁·路德？为什么没有诞生移动互联网和自媒体时代的卢梭、伏尔泰和狄德罗？是因为技术进步取消了伟大思想家诞生的可能性，还是因为其他原因？

也许其中一个重要原因，是我们总是过分重视路德开创的"术"，而故意"忽视"路德背后的"道"。一方面，我们对路德的精神大加赞颂，将他捧上神坛，告诉后人他的崇高历史地位，却从不肯仔细思索他的主张对改善我们的灵魂到底有什么真正的裨益，以及这些裨益是不是能落实到自己的生活中，使自己的修行有所进益；另一方面，历史上形形色色的组织也总是仔细反复研究路德的"术"，试图掌握最先进的媒体技术以及驯服民众的技巧。

这其中，最有代表性的组织，便是 1933 年上台的纳粹。当时无线广播、有声电影、摄影术都是刚刚诞生的新技术，纳粹党的第一批年轻领袖迅速抓住了这些新媒体介质中的强大力量，将其运用到政治宣传中。纳粹党上台组阁的第二天就成立了国民启蒙与宣传部，戈培尔博士出任部长。这位部长马上在德国全国推广一种廉价的，但是对波段进行过阉割的收音机。这种收音机只有全波段收音机价格的 30%，但只能收听当地广播电视台的节目，以更方便纳粹洗普通民众的脑。这正符合戈培尔的名言："宣传只有一个目标：征服群众。"此外，纳粹还启用前卫女导演里芬斯塔尔（Leni Riefenstahl），拍摄了《意志的胜利》与《奥林匹亚》等著名的宣传影片，其中的技法和镜头已成为电影史上具有开创性的经典发明。根据里芬斯塔尔自述，当时她不具备政治方面的基础知识，也没有拍过纪录片，但希特勒选择她，就是为了"拍出一部从非专业人士眼中表现党代会的电影，只选取最具艺术价值的——视觉角度的场面。他希望这部影片能打动并吸引那些不一定对政治感兴趣的观众，并给他们留下深刻印象"。[15]

纳粹代表了《1984》的一面，另一面则是《美丽新世界》。1985 年，尼尔·波兹曼在《娱乐至死》中批判了美国社会公众话语的娱乐化，指出美国人的政治、宗教、新闻、体育、教育和商业都心甘情愿地成为娱乐的附庸，把美国人变成了娱乐至死的物种。据说，1995 年，美国前国家安全顾问布热津斯基提出了"奶头乐"理论，这种理论是说，在技术进步的背景下，只有 20% 的人才能搭上进步的快车，剩下的 80% 的人将不用也无法积极参与产品和服务的生产，那么该如何安慰这些被抛弃的阶层呢？用大量低成本的娱乐活动填满他们，如同用奶头给他们喂奶一样。尽管很多人质疑布热津斯基到底有没有真的提出过"奶头乐"理论[16]，但它背后的问题却是值得我们关注的。

今天，宣传技术在不断进步，却少有人关注如何利用技术"真正"提升人类的灵魂。启蒙运动之后，我们已经默认教育系统足以满足人们"提升灵魂"，或者即便不能够满足，也只需小规模的修补改良即可。但今天的教育体系实则来源于普鲁士时代的职业教育，其本质是培养能够胜任工作要求的"劳动力产品"，并不关注灵魂提升。作为对比，马丁·路德固然写了诸多小册子以博取声名，但他更翻译了德语版《圣经》，编写了更为通俗易懂的启蒙教材，让每个人都能读懂和接触经典文本的智慧。尽管在那个时代，许多人读这些书的目的确实可能就是找一份神职工作，但路德的目的并不在此。他的志业不是从事职业教育，而是提升灵魂。这是道，不是术。马丁·路德或者启蒙运动思想家带给我们的那些鲜活的思想与文字，不仅让我们嗅到凛冽寒风中的血腥味，激发我们的肾上腺素，更让我们感受到一种鲜活生命的存在感，一种洞见历史真相的力量。

在今天这个移动互联网信息大爆发的年代，我们已少见那些颇具稚气，却饱含真诚的思想。一切都是流量至上。我没有力量打破这样的局面，只有回到历史的琐碎故事中，偶尔发一句不合时宜的感叹：

路德先生，世界不该是这个样子，时代不该是这个样子！

注释

1　《技术史》第 3 卷，第 266—268 页。

2　参见 https://en.wikipedia.org/wiki/Gutenberg_Bible.

3　John Mann, *The Gutenberg Revolution*, Bantam Books, 2009, p.180.

4　参见 https://en.wikipedia.org/wiki/Johann_Fust.

5　Andrew Pettegree: *Brand Luther*, Penguin Press, 2015, pp. 54-55.

6　https://en.wikipedia.org/wiki/Raymond_Peraudi.

7　Andrew Pettegree: *Brand Luther*, p. 58。

8　同前，p. 59。

9　同前。

10　同前，pp. 18-22。

11　同前，pp. 76-79.

12　同前，p. 262.

13　同前，pp. 114—115.

14　同前，pp. 220—221.

15　参见 https://zh.wikipedia.org/wiki/%E6%84%8F%E5%BF%97%E7%9A%84%E5%8B%9D%E5%88%A9.

16　关于布热津斯基提出"奶头乐"理论的说法来自 1996 年出版的一本德国畅销书 *Die Globalisierungsfalle*，标题意为"全球化陷阱"。但除了这本书，未见材料提出过这一说法。像这样重要的会议为什么被两个德国记者，而且只被两个德国记者记录下来并宣传出去，是很奇怪的。

第六章 枪炮与国家

　　这一章要讲述的不是一个故事，而是跨越数百年、前后呼应的好几个故事。这些故事与人类文明史上一个至关重要的技术进步有关——火药的发明。

　　我们都知道，热兵器的威力是冷兵器难以相比的，其广泛应用更给人类文明带来了一系列巨大变革。中文互联网上流行一个关于火枪的梗：一本中世纪晚期欧洲剑术教材的最后一页，是一名持剑的剑士用火枪干掉了另一名剑士，插图的配文是，"大人，时代变了"。在电影《夺宝奇兵》里，黑衣刀客面对主角炫酷地耍了好几招花刀，结果被主角一枪放倒。

　　不过，历史与电影片段之间存在着很大的区别：火枪取代冷兵器事实上是一个极为漫长的过程。

战斗力低下的火枪

　　其实，早期火枪的战斗力甚至还比不上弓箭。全世界现存最早的火器形象存于 10 世纪五代敦煌（时属归义军控制）的一幅壁画中，两名蛇发鬼怪分别持着类似手榴弹的炸雷和手铳。手铳是一管手持的炮筒，发射之时，需按照烦琐的顺序操作，先往最底部的药室里装火药，然后放一个木马子[1]，把多颗铅弹放进去舂实，再打开底部的火门，装入火捻并倒上火药，最后抵在胸口或地面上，用明火点火发射。可以想象，这种武器使用起来非常不便，而且相当危险。

手铳传到欧洲一百年后，也就是 15 世纪，欧洲人发明了火绳枪。这种枪不再直接点燃火药池，而是将一根在硝酸钾溶液里浸泡后晾干的火绳穿过枪管点燃，然后用扳机操作发射。这当然比手铳进步，但操作步骤还是很繁琐。而且早期火药配方并不科学，容易炸膛，加上推力不高，火绳一遇潮就无法使用。从性能上讲，火铳和火绳枪相对弓来说并没有什么特别的优势。

在中世纪，威尔士和英格兰长弓手的战力天下闻名。为了保证能够源源不断地获得优质兵源，英格兰王国曾经颁布过一个《长弓法令》，规定人们在礼拜日不能进行长弓以外的娱乐活动。火绳枪的出现对长弓造成了冲击，人们遂开始质疑保留"长弓法令"的必要性。1595 年，英国议会举行了一场辩论，专为讨论火枪与长弓的优劣，以决定是否应该废止"长弓法令"。

当时支持长弓一方的约翰·史密斯爵士（Sir John Smyth）列举的优于火绳枪的理由如下：

1. 火绳枪手只能在比较近的距离 [所谓"近距离平射距离"（point-blank）] 内实现精准射击，射程超过 100 码后就只能胡乱开火了，但弓箭手却可以在 150—200 码外准确命中目标。

2. 弓是一种简单的武器，枪支却很复杂，它会在许多方面产生故障，比如，潮湿的天气会让火药变质，大风天也会吹灭火绳，甚至把火花吹向弹药罐或子弹带，以及枪支很容易阻塞或淤塞，也很容易破损，而且只能由熟练的枪械工匠修复。

3. 战斗会让人兴奋和激动，除非最成熟和稳定的士兵，否则有可能对火绳枪处理失当，比如，一个人在匆忙中可能会忘记在火药

1411 年手抄本上带有简易蛇杆装置的火枪

和弹丸之间装上填充物，以及保持弹丸始终在枪膛底部。史密斯博士就见过士兵们枪口向下拿枪时，子弹从枪管里滚落了出来："这就是为什么那些新兵蛋子火枪手们即便在近距离平射时对一个营开枪，却只有少数人倒下。"

4. 火绳枪手最多只能站两排纵深，但弓箭手甚至能有六排纵深，后排可以用高轨道方式发射（抛射）。

5. 与弓相比，火器是很重的武器，士兵不仅在行军时会很累，而且在半小时急速射击后，他们的准星就会变得很不稳定。

6. 最重要的是射速问题。一个弓箭手，在一分钟内可以进行六次瞄准射击，而一个火绳枪手在两三分钟内只能发射一次，还必须得小心谨慎地完成所有那些手动操作。

针对长弓一方提出的问题，火枪一方的支持者汉弗莱·巴威克（Humphrey Barwyck）逐条进行了反驳：

1. 弓箭手不再是长射程精确射手了，他们的技艺现在已经大幅衰退。

2. 如果坏天气对火器来说是有害的，那对弓箭造成的伤害程度也一样，雨会让弓弦松弛，行军箭羽在潮湿环境中也会剥落。

3. 在战斗中，弓箭手一样也会紧张。巴威克就曾见过，由于紧张，弓箭手并没有把箭拉到头部就乱射，只是为了在每分钟内尽可能多地射出箭支。

4. 关于纵深，巴威克说，当队列多于两列纵深后，后排弓箭手其实根本无法瞄准目标，只是向空中随意射箭。

5. 相比火绳枪，弓箭对身体力量的依赖程度更大："如果没像在家时一日三餐，或者夜里睡得不够温暖，弓手会变得迟钝而无力，从而无法实施长距离射击。"

6. 火器的逐步改良以及反复地训练，可以让一个熟练的士兵在固定时间内比几年前射击更多次。现在，火绳枪手已经可以一小时射击 40 发了，并且这个速率还在增加。[2]

从这些辩论内容可以看出，在 1595 年，火绳枪相比长弓的确没有什么优势，不仅射程和精度不如长弓，更致命的是射速太慢。那么，火绳枪到底是因为什么才最终取代长弓的呢？

汉弗莱举出的第五条其实是最重要的。长弓的作战能力实际来自人的体力，而火枪则来自火药的化学能。一个弓手需要经年累月的长期训练和充足的食宿保障，才能保持体力充沛，但是火枪手却不需要这些，从而训练和维持成本低。如果一个士兵用很低的成本就可以被训练为火枪手，那他就不必非得经过长期训练而成为长弓手。最终，英国议会基于这一理由废止了《长弓法令》。

其实，火枪的意义与我们在第一章讨论的弩在逻辑上是一致的：它可以使大量身体素质原本达不到弓箭手要求的人，经短期训练后就可踏上战场，成为兵源。这对中世纪的欧洲有着巨大的意义。

　　火绳枪在欧洲扩散开来已经是中世纪晚期，也就是 15—16 世纪。在这个时间段，火枪面临的对手与秦弩面临的对手大不相同。

　　15 世纪欧洲战场上最强大的军队，是法国的重骑兵常备部队（Gendarme）。中古欧洲王国普遍实行封建制度，国王分封领地给贵族，贵族认国王为领主；贵族分封领地给骑士，骑士认贵族为领主。一旦国王或贵族有难，被分封者要统领军队，替领主出征。但是，15 世纪的法国刚刚跟英格兰打了一场长达百年的战争，而封建制并不能承受这样长时间的压力：按当时的惯例，骑士为领主服役的正常时间是每年四十天，超过之后，国王就得弥补他的损失。而且，骑士自己的领地如果长时间无人管辖，也会有治安问题。所以一开始，国王用的是当时最常用的办法，用雇佣兵的方式来解决需求。然而，雇佣兵作战只是为了钱，缺乏武德，也没有什么忠诚度，所以到百年战争尾声时，法国国王不得不改造自己的军队组织方式，创设了重骑兵常备部队。法语中，"披甲武士"（man-at-arms）的复数形式是 gens d'armes，它的简写形式 Gendarme 就变成重骑兵常备部队的名称。这批部队的重骑兵也是贵族，要跟国王签一年以上的长期服役合同，国王支付他们装备费用，并且指派一位代表王室的高官作为他们的长官，以示殊荣。

　　法国国王设了十五个重骑兵常备军团，每个军团有一百个重骑兵战斗小队，每个小队由六个骑兵组成：一个重骑兵、一个轻骑兵、一个见习骑士和三个马弓手（不是骑射手，因为他们不是骑在马上射击，而是到达战场后下马射击，同时亦作为步兵来支援骑兵）。这个编制就是一个完整的、战力很强的作战单位，其中，只有重骑兵是贵族，其他人则从低等阶层中征召或雇用。

　　15—16 世纪是板甲技术快速发展的时代，我们从电子游戏和电影中看到的"罐头骑士"，就是从这一时代开始出现的。当时的重骑兵们手持长枪，全身装备加上马匹的重量可以达到半吨，以每秒

丢勒，《骑士、死神与魔鬼》（*Knight, Death and the Devil*），1513

钟十余米的速度冲向对手，冲击力巨大，再加上这身板甲的防护，普通步兵几乎很难对其造成伤害。而且，重骑兵并不单独上阵，每个重骑兵小队还有轻骑兵和步兵防护，可以说是攻守兼备的强力兵种。

就中世纪的技术水平而言，重骑兵部队可能是当时人所能达到的战斗力极限了，但这并不意味着重骑兵部队不存在弱点。它的弱点不在于自身战斗力的高低，而在于成本与风险：一个重骑兵战士需要常备三匹马，全身上下的板甲和长枪花费也非常高，绝不可能大规模普及装备；而且，重骑兵多半由贵族组成，倘若他们的话语权太高，又会对王权造成威胁，有军阀化的风险。所以对重骑兵进行"降维打击"的办法便是扩大兵源，组建以步兵为主的常备军。

这就轮到"火枪"上场了。

科尔瓦多的西班牙方阵

有这么一种人，风流不羁，飞扬跋扈，在战场上却展现出极高的指挥天赋，能与步卒同甘苦、共患难，还能逢凶化吉、百战百胜、建功立业，且不恋权势，跟国王大吵一架后携美归隐，做个富家翁了此一生。贡萨洛·费尔南德斯·德·科尔多瓦（Gonzalve de Cordoue）就是这种人。

贡萨洛·科尔多瓦出生于1453年，是军事史上著名的西班牙大方阵（Tercio）的发明者。他出身贵族，表姨是西班牙女王伊莎贝拉一世。贡萨洛少时不务正业，爱好赌博、嫖娼、狩猎，常受到训斥。但是在战场上，他作战勇敢，身先士卒，没有什么贵族做派。

当时西班牙因伊莎贝拉和费尔南多联姻得以统一，贡萨洛因此效忠伊莎贝拉女王。1494年，法王查理八世翻越阿尔卑斯山攻打意大利，攻陷那不勒斯王国。按照王室血缘谱系，费尔南多可以对那不勒斯王国有宣称权，因此他派贡萨洛率军前往那不勒斯，帮助那不勒斯国王阿方索二世之子斐迪南二世复国。贡萨洛登陆之后，发现斐迪南二世宣称的那不勒斯军队早已被消灭，不得不带着6700人陷入八万多敌军的重重包围中。伊莎贝拉女王下令在海上建立补给线，补给贡萨洛的军队，然而贡萨洛等到的，不过是4000名临时征召的士兵和农民。

　　而贡萨洛面对的敌人却是法军的重骑兵部队。当时按惯例，骑兵部队占到法军总数的三分之二。当然，贡萨洛面对的八万敌军中还有意大利的军团，骑兵比例不一定有那么高。但是力量对比依然悬殊，即使用最好的骑兵对付法国人，也不一定能取得胜利，何况贡萨洛还在异国他乡，根本不可能召集骑兵。不得已，贡萨洛决定推广之前曾小规模试验并获得成功的战术，将长枪兵与火枪手混编起来对抗骑士。这种战术成为后来极度流行的"枪刺与射击"战术（pike and shot），而贡萨洛的布阵方式，便是西班牙大方阵。

　　西班牙大方阵的中心是长枪兵，虽然还无法匹敌装备了重武器的骑兵，但如果骑兵贸然对长枪兵发起冲击，则很可能会被挑落下马，失去优势。况且，骑兵往往由贵族出任，而长枪兵却可以从平民中征召训练，无论是装备的成本，还是征召的成本，都要便宜许多。在中世纪，一名指挥官若用步兵对抗骑兵，长枪兵会成为他最好的选择。

　　当然，任何一场战斗都不会是单一兵种的较量。重骑兵是最后的王牌，不会一上来就贸然使其受损，而防守方也不会轻易用长枪兵冲击骑兵部队。常规做法是，双方的步兵、弓弩手和轻骑兵先进行接触性战斗，互有损耗之后，再视情况打出最后的王牌。通常情况下，这些外围部队的骚扰并不是战场上的重头戏，指挥官们也不会把希望寄托在他们身上。

　　但是贡萨洛不同，他看到了火药武器的潜力。贡萨洛西班牙大

方阵的基本战法是这样的：方阵的最中间是中空的长枪兵方阵，方
阵最外面是持短剑的护卫士兵，防止敌人冲上来短兵相接；方阵的
四个角各有一个火枪手小队，因为处在最外面，所以称为"袖口"
（Manga）；两个"袖口"之间还有八个更小的火枪手小队，它们排
成龙牙线形状，四个在前，四个在后，前排四个小队射击完毕后退
装弹，后排四个小队前进射击，如此往复。由于当时的火枪枪托设
计不完善，后坐力对人体伤害比较大，士兵需要用钩子或叉子固定
在地上才能开枪，所以这种火枪又称"钩铳"（Arquebus）。西班牙
大方阵的龙牙射击战术，是当时最先进的排枪轮番射击战术。

　　贡萨洛的这种战术，实际上是在保留长枪兵威慑力的基础上，
最大化了火力输出。在轮番射击的排枪火力下，敌军的轻骑兵和散
兵很容易被击溃，失去轻型兵种的保护，重骑兵冲上来的危险就会
加大。

　　贡萨洛改换这种战术后，给法军造成很大压力。而且，当时意
大利各股势力在法国人的面前结成联盟，共同对抗入侵者，贡萨洛
在当地获得步兵补给也相对比较容易。很快，贡萨洛逼得法国退回
阿尔卑斯山北部，拯救了意大利。据说，贡萨洛解救罗马之后，教
皇亚历山大六世向他表示感谢，贡萨洛却用脏话教训他，并让他好
好改正自己的弊病，常常记挂天主。[3]不久，查理八世去世，其弟
路易十二即位，再度对意大利发起进攻，而贡萨洛也返回意大利，
于切里尼奥拉布下壕沟拒马，用大方阵围困法军，歼敌 4000 人，
而己方仅伤亡 100 人左右。

　　贡萨洛的大方阵战术与西班牙帝国的崛起处在同一时期，或者
反过来说，是西班牙军队的这一改革，令西班牙帝国的崛起如虎添
翼，在数个战场均取得巨大成就——贡萨洛在格拉纳达战胜柏柏尔
人，在意大利战胜法国人，在特里卡拉战胜奥斯曼人。西班牙人因
此敬称他为"伟大的统帅"（El Gran Capitán）。后来，伊莎贝拉女

王去世，他与费尔南多起了冲突，被免职在家，投资了一位航海家，那就是哥伦布。不过，贡萨洛最大的贡献还是在于一手推动了西班牙的军队改革，终结了中世纪依赖征召兵的时代，令国家供养的近代化常备军时代来临。更重要的是，这种以长枪兵和火枪手为主力的常备军，让国家摆脱了对骑士阶级的依赖，从而把自己的统治基础直接建立在平民身上，开启了近代国家的全新时代。

不过，这还只是火枪逐渐主宰战场的第一步。

莫里斯的军训

就在贡萨洛于地中海沿岸南征北战之时，欧洲大地的北部，印刷机正在把马丁·路德的新思想一张张印制出来，传播四处。广大教众拿到路德的小册子和用民族语言翻译的《圣经》后，惊奇地发现，路德所说的居然是对的，教会蒙蔽众人竟如此之久。于是，新教改革运动在德意志及周边土地上如火如荼地展开。但当时也是哈布斯堡家族获得西班牙和神圣罗马帝国广大疆域的时代，查理五世皇帝是虔诚的天主教徒，手中又握有威力无比的西班牙大方阵，自然没有耐心跟新教徒进行神学辩论。他开设了大量宗教裁判所，采取种种残暴手段迫害新教徒。

当时，受宗教裁判所肆虐最深的区域之一就是位于欧洲西北沿海的低地国家，包括今天的荷兰、比利时、卢森堡、法国北部与德国西部，因其有大量土地低于海平面而得名。中世纪晚期，这里遍布许多重要港口，商贸发达，也是手工业中心和哈布斯堡王朝的重要税源地。低地国家的人民因遭受重税和信仰压迫的双重压力，自发组织"圣像破坏运动"[4]，奋起反抗，进一步加深了新旧两教的对立。

此等情景激发了一位贵族的同情，他便是著名的奥兰治亲王——"沉默者"威廉（William Van Orenge）。

他生于神圣罗马帝国的拿骚，早年曾作为人质被送到帝国宫廷，从新教改宗天主教，颇受皇帝器重。威廉本人是很虔诚的，但他坚信低地国家人民也应当享有宗教自由。1559 年，在与法王亨利二世打猎时，亨利二世跟他谈起一个秘密计划：皇帝腓力二世想要清除法国、尼德兰和基督教世界的所有新教徒。威廉听闻之后，大受震惊，开始不认同哈布斯堡王朝的做法。八年后，他放弃帝国的大好前程，回到家乡，开始领导起义。为此，他散尽家财，征兵买马，与当时法国的新教派别胡格诺教徒联盟，从海上和陆上对哈布斯堡王朝发起军事进攻。这便是"八十年战争"⁵的开端。

威廉的斗争取得了成效，1579 年，低地国家中的五个省份和许多自由城市组建了乌德勒支联盟，团结在威廉周围，宣布独立，这便是尼德兰（荷兰）联省共和国的成立。随后，一位杀手为赢得腓力二世对威廉项上人头的悬赏，刺杀了威廉。

威廉死后，荷兰议会选举他的二儿子拿骚的莫里斯（Maurice of Nassau）为执政。拿骚的莫里斯生于 1567 年，父亲死时他才 16 岁，还在莱顿大学求学。接到任命后，他承继父亲的遗志，继续对抗帝国。莫里斯十分好学，对数学、天文学、军事工程学、军事史和战略学均有研究。最值得称道的是，他援引古罗马兵法中的内容，改良贡萨洛的西班牙大方阵，并且创立了现代步兵的训练方法。

说起现代步兵的训练方法，我们都不陌生，绝大多数中国人都曾在上学期间经历军训，主要内容是走正步。这样整齐划一的死板训练，除了在结业仪式上展示一番之外，还有别的什么意义吗？

莫里斯会告诉你，它不仅有意义，而且有很重大的意义。

火绳枪射速太慢，要发挥火力输出效果，最好的方法就是轮番射击——贡萨洛的龙牙线列，就是为了实现这个目的。但是，西班牙大方阵中的龙牙线列只能保证两个小队轮番射击。那么，为什么不能把轮番射击的单位进一步缩减呢？比如说，从小队缩减到排，一排射击完毕之后开始装弹，另一排迅速发射，这不是能够制造更密集的火力输出吗？

这看起来简单，却需要指挥官有精准指挥士兵的能力以及士兵准确执行命令的能力。对中世纪的指挥官来说，这并不容易。中世纪还没有普遍的义务教育，普通人的识字率很低，根据法国现存的市政厅资料来判断，1680 年，能在结婚证书上签出自己名字的成年人只有 40%。这种情况下，领主们征召来的农民很可能连最简单的命令也无法理解清楚。而且，火枪操作程序复杂，真要熟练掌握它，比熟练掌握弓箭的困难大得多。

莫里斯十分好学，对古代历史很有研究。他读了古罗马人维盖提乌斯·雷纳图斯（Publius Flavius Vegetius Renatus）论述军队体制的著作《论军事事务》（De re militari），从中领悟到，善于运用密集步兵阵型作战的古代罗马军队的训练和指挥体系，对战争中的荷兰有极大的借鉴意义。他借鉴罗马人的做法建立起完善的指挥系统，把不同种类的任务分配给不同层级的指挥官：低级指挥官只需管理好士兵的射击与列阵动作，高级指挥官则需明白主帅的作战意图，能够自行采取符合意图的作战手段。

有一位叫雅克布·德·吉恩二世（Jacob de GheynII）的画家，是莫里斯的御用画师，将他的战法编写成《膛铳、鸟铳与长枪兵的军队操练》（The Exercise of Armes For Calivres, Muskettes, and Pikes）[6]，并于 1607 年出版，其中就有莫里斯对火枪兵的训练方法，核心是把一个膛铳手的战时标准动作不厌其烦地分解成 42 个步骤，每一步骤均有详细说明和指导。同时，还有 42 个口令与这些步骤相配。

除了详细的战术动作说明和口令，吉恩还配了精细的插画（这也是为什么莫里斯交给他来编纂该书），以方便作训练手册使用。

吉恩为《膛铳、鸟铳与长枪兵的军队操练》所作的插图，图为吹火绳的动作

在 1600 年 7 月 2 日爆发的纽波特会战[7]中，莫里斯证明了自己战术的威力。当时，荷兰主帅约翰·范·奥尔登巴内费尔特（Johan van Oldenbarnevelt）派莫里斯进攻敦刻尔克，尽管莫里斯强烈反对，但还是率军出击。神圣罗马帝国（西班牙）这边的统帅，尼德兰统治者、奥地利大公阿尔布雷希特七世（Albrecht VII der Fromme）闻讯袭击了荷兰军队。这次突袭成功击溃了莫里斯的堂兄恩斯特·卡西米尔一世（Ernest Casimir I）率领的军队，并且，阿尔布雷希特有机会迫使荷兰重骑兵在劣势地形与其交战，但由于队伍中的叛军不听指挥，贪图战利品，致使战机丧失，从而让莫里斯获得了宝贵的布阵时间。

莫里斯布出了经他改良过的大方阵，其主要特点便是增强火枪手的轮排射击火力。西班牙人的叛军部队向火枪阵发起冲锋，但很快便被密集的火力打懵了，连阵型都无法保持。另一方面，少了步兵的扰乱，荷兰重骑兵可以很容易地击溃西班牙轻骑兵。不得已，西班牙人开始上步兵。这便是西班牙大方阵与莫里斯大方阵的第一次正面交锋。

莫里斯的部队当时以英国人为主，用的就是被他分解为 42 个步骤的新式训练方法。西班牙人惊讶地发现，这批不知从哪里冒出来的英国人竟然有一种新的步法叫"逆行"（counter-march），他们在号令指挥下，开完枪之后统一向后退一步装弹，与此同时，第二列再踏上前来，抬枪射击，持续输出密集火力。对此，西班牙人的大方阵竟然无可奈何。这在当时是极为罕见之事。最后，双方不得不以枪兵列阵冲锋，西班牙人这才击溃莫里斯的步兵方阵。但是，西班牙步兵已经筋疲力尽，面对莫里斯后续增援的骑兵毫无还手之力，被杀得大败。此役成为当时西班牙大方阵为数不多的败绩之一。

更重要的是，莫里斯的这一改革代表了军事技术进步的一个重大方向：军事训练可以极有效率地提升作战力。当然，在莫里斯之前，

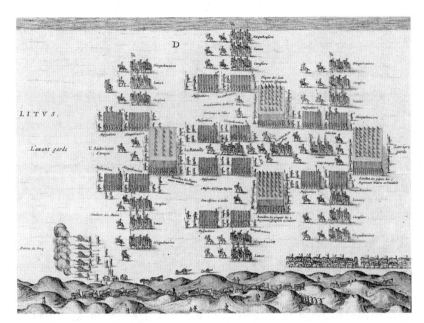

1600 年纽波特会战中的西班牙大方阵图示

欧洲已经有各式各样的军事训练，但这些训练绝大多数都是为了锻炼士兵的体魄，训练士兵服从命令的纪律，培养作战氛围。莫里斯的训练却是为了方阵作战而生。

自此以后，欧洲军事家发明了科学的作战训练体系。很多人容易把军事训练当作一种特殊的健身课程，以为军事训练的目的便是练出最好的士兵。而现代国家的游戏规则是，平时保持强大的工业生产体系与动员能力，战时则进行征召与动员，迅速将更多平民转化为作战单位。因此，科学的作战训练体系并不拘泥于训练最好的士兵，而是关注是否能够有效地训练更多合格作战的士兵。其背后的趋势则是国家的动员体制的根本变化：由国王动员贵族，贵族再动员骑士，变成政府直接动员和征召平民。这一切，都是从莫里斯所开创的训练方法开始的。

　　实际上，莫里斯的这份训练手册，就是现代军事化管理的起源。那 42 个开枪步骤让人联想到自动化流水线旁的那些工人，整个生产行为被分解成具体的动作，如机器一般完成上级安排的指令。许多人以为，这种机械的流水线生产模式及将人异化的规训手段来自工厂，来自产业资本。真实的历史是，流水线生产模式源自战争，源自生存的迫切渴望，源自战胜敌人的根本需求。

　　为什么训练手册要把军训步骤分解为这么细致的步骤？为什么莫里斯还要让吉恩把这些动作画成图画分发给军官使用？这个道理跟今天工业生产中的流水线是一样的，只要受培训者能理解最简单的命令，他们就能成功地接受训练，成为流水线上的一个螺丝钉，为体制贡献自己的力量。

　　在中世纪战争中，士兵是一类独特而优秀的个体，他们或者是善于使用弓箭的猎手，或者是自幼学习骑术的骑士。但是，火枪出现后，那些临时被征召来的农奴也能杀死这些武士，就如同流水线作业使得即便普通工人也可以组装苹果手机。这才是近代战争与古代战争之间最大的区别。

　　不过，拿骚的莫里斯并没有彻底完成这一变革。要完整讲述火枪改变近代战争的故事，还必须讲一讲另一位赫赫有名的将领，这就是与汉尼拔、亚历山大大帝和恺撒一起被拿破仑誉为四大名将的瑞典传奇国王——古斯塔夫二世·阿道夫（Gustav II Adolf）。

古斯塔夫二世的线列步兵

　　瑞典位于欧洲西北苦寒之地，土地贫瘠，作物不丰，不过环波罗的海沿岸峡湾密布，山谷纵横，矿产丰富，造就了不少良港与工业中心。

　　这种情形也造成瑞典比较独特的军事结构：一方面，瑞典缺少强大的土地贵族阶级，所以王权所受的掣肘较少，但在军事上，国王却很难召集起强大的（尤其是以重骑兵为主的）军队。瑞典军队多从农民中征召，且对弩情有独钟。在冷兵器时代，要把不谙战事的农民转变为可堪使用的士兵，弩有着极高的效率和可靠性。但瑞典缺少大量的兵役人口。尽管从 16 世纪开始，瑞典为了反抗丹麦王朝建立的卡尔马联盟（Kalmarunionen，1397—1524），就已经采取"十人征一"的强制兵役制度，但军队人数依然不够，国王经常需要招募雇佣兵来补充自己的军队。

这两个条件加在一起，为瑞典人继承并发扬莫里斯的方阵训练技术创造了条件。首先，受弓弩历史的影响，瑞典士兵十分偏爱远程武器。即便西班牙方阵流行起来之后，瑞典军队中的长枪兵数量也相对较少；当然，这也可能是缺乏足够充当优秀长枪手的兵源所致。当时的瑞典火枪手不得不使用一种装有尖刃的火枪支架来对抗骑兵（其作用有点类似后世的刺刀），这种支架被称为"瑞典之羽"（Svenska fjädrar）。其次，瑞典人口稀少，迫使国王一方面采取普遍的义务兵役制，一方面不断改进战术，走最大化火力效率的精简型路线。瑞典海港众多，消息发达，对欧洲诞生的先进军事技术和战法的接受速度并不慢。

古斯塔夫二世·阿道夫生于 1594 年，比拿骚的莫里斯小 27 岁。莫里斯纵横欧洲之时，他还只是个黄口小儿。此君的传奇程度却不在莫里斯之下。他从父亲那里继承王位时也不过 16 岁，与王位一同继承过来的还有三场战争：与丹麦的卡尔马战争、与俄国的英格利亚战争，以及波兰—瑞典战争。除了第一场战争很快被英国调停外，古斯塔夫二世在另外两场战争中为瑞典赢得了大片土地。

这一系列战争之后，瑞典进入"伟大时代"，成为北欧第一霸权国家。而古斯塔夫二世之所以横行欧洲,主要靠的就是线列步兵阵型。

　　线列步兵阵型，在中文网络社区有一个别称叫"排队枪毙"，乍看起来是一种十分可笑的战术：接战双方排成横列，不躲不闪，在指挥官的号令下向对方开枪，直至一方抵敌不住、阵型崩溃为止。为什么这一战术会成为 17—19 世纪西方战场的主流战术？为什么士兵们不躲不闪？为什么作战方法如此机械？

　　其实，沿着贡萨洛的大方阵一路看下来，并不难理解：线列步兵阵型在当时的流行，实际是对发射过程极为繁复、瞄准精度又极为落后的火枪的妥协。当时，火枪毫无疑问已经成为一种提供持续火力压制的主流武器，而莫里斯的战术手册也展示了射击步骤的复杂性。若你是军队的长官，想把征召入伍不久的士兵——他可能几天前还是个扛着锄头沾着泥巴的农民——训练成能够上战场的士兵，你是会选择耐心地、一点一滴地从最基础的射击素养开始培训，还是用效率最高但也最粗暴的训练方式，让他如机器一般掌握开枪的方法，通过大量重复训练把这些动作刻进下意识的身体记忆中，再把他们驱赶上战场？

　　任何务实的人都会选择第二种方式。所以，"排队枪毙"的流行，除了与火枪射击精度差有关，更重要的原因在于，它是那个时期规训手段的最直接体现：在军营中怎么训练，在战场上就怎么打仗。而且通过机械地重复训练时的动作，士兵的恐惧情绪也可以得到控制。流水线式的训练，确实可以让他们变成流水线作业般杀人的机器。

　　古斯塔夫二世的线列步兵战术，实际上是对莫里斯方阵的改良。他充分结合瑞典士兵喜欢用远程武器作战的特点，减少了阵型的厚度和长枪兵的比例，以 5—6 排火枪手实施著名的"排射"战术（ shoot by platoon ）来压制对手，同时为火枪手配备刺刀，以抵御骑兵。另外，古斯塔夫二世还是一位极其善于运用火炮的专家，他采取交叉训练方法，让骑兵、步兵和炮兵经常互相替代战术位置进行训练，以便他们在实战中实现更好的配合效果。

　　凭借这些手段，古斯塔夫二世打造了一支极为灵活的军队，其各个组成模块可以快速打散，重组成不同的军队配合作战，对战场的适应力极为强大。

　　线列步兵战术第一次参战，是在1631年的布赖滕费尔德战役。德意志地区因新教与天主教的冲突，于1618年爆发"三十年战争"，新教诸势力不敌强大的神圣罗马帝国而败下阵来，神圣罗马帝国的势力趁机拓展到波罗的海沿岸。其时，瑞典已经深受新教影响，古斯塔夫二世父子均为虔诚的新教徒和坚定的新教庇护者，不愿见到神圣罗马帝国的力量过分快速扩张。因此，在法国的支持下，古斯塔夫二世于1630年出兵，取道波美拉尼亚登陆欧洲大陆，并于次年9月在布赖滕费尔德与神圣罗马帝国名将蒂利伯爵（Johann Tserclars von Tilly）会战。当时，蒂利已是"三十年战争"中声名赫赫的老将，而古斯塔夫二世却是个只有37岁的青年人。双方军备也相近，武器先进程度相似，人数差别也不大，神圣罗马帝国方面约有35,000人，瑞典与萨克森联军则有42,000人。但是，古斯塔夫二世却以伤亡5550人对伤亡27,000人的战绩重创对手。正是在此役中，实行排射的线列步兵战术大放异彩，令帝国士兵心有余悸。当时参加了战争、后来成为军事理论家的奥地利军官拉依蒙多·蒙特库科利伯爵（Raimondo, Count of Montecúccoli）回忆道："（蒂利）遭受到国王火枪部队可怕的、毫无间断的打击，他根本不能接近后者的部队并与其交战。"[8]

　　这场战争的胜利极大地震撼了当时的欧洲。在此之前，新教势力从未在战场上正面击败过强大的天主教军队。古斯塔夫二世彻底改变了这个局面。为此，当地的新教徒兴奋地为古斯塔夫立碑纪念，尊称他为信仰自由的庇护者，基督徒的伟大英雄。

　　传奇之星升起得快，陨落得也快。古斯塔夫二世多年征战，习惯于身先士卒，但正是这个充满勇气的习惯导致了他的死亡。一年之后，在莱比锡西侧的吕岑，古斯塔夫二世的对手是"三十年战争"第一名将华伦斯坦（Albrecht Wallenstein），他率领一队骑兵向帝国阵地发起冲锋，却不幸中弹。不久，副主帅伯恩哈德（Bernhard of Sachen-Weimar）接替国王指挥战役，并将国王死讯传告三军，发誓要赢得此战，以慰国王的在天之灵。搏杀过后，瑞典人虽然伤亡更重，却守住了阵地，而华伦斯坦不得不选择撤退，让出胜利果实。

古斯塔夫二世死后，新教势力由于缺乏统一领导，"三十年战争"的果实最终被法国人攫取。后世读者阅史至此，很难不掩卷长叹：假若古斯塔夫不死，欧洲又将是怎样的光景。或许，他也可以如同后世的拿破仑，设立一个亲瑞典的莱茵邦联，将已经新教化的德意志地区置于自己的庇护之下；或许，瑞典将成为堪与英法相匹敌的北方强国，而俄国还有许多年要生活在他们的阴影之下；或许，有着浓厚立宪传统的瑞典会更早启动政治改革，成为现代立宪体制的先驱。然而，这一切可能性都随着国王之死烟消云散了。

古斯塔夫二世之死是"三十年战争"中最出人意料的转折点，是改变欧洲命运和历史走向的一个意外。当然，与瑞典这个国家的命运比起来，也许更值得关注的是古斯塔夫二世这套战术本身的历史意义，因为它关系到那些在战场上死去的人，关系到人类文明的某种方向。

线列步兵战术的出现，意味着军事训练对人的完全异化。任何一个第一次接触"线列步兵"战术的人，都会感受到这种战术对人性的悖逆：为什么会有一种战术不允许士兵躲避子弹？为什么这种战术会把士兵变成自动完成开枪步骤的机器？在这个过程中，究竟是士兵掌控枪，还是士兵变成了枪的附庸？

古希腊人虽也鼓励方阵中的士兵像传说中的英雄置生死于度外，奋力向前，勇敢杀敌，但他们的行为会得到嘉奖，他们的事迹会得到传颂，甚至还要举办各式各样的运动会来模拟和颂扬他们的行为。然而，近代的线列步兵阵型却是一种机械的流水线作业。根据约翰·基根（John Keegan）所著《战争史》（A History of Warfare），古希腊的一场方阵对抗战中，失败一方大约只有 15% 的伤亡，而在拿骚的莫里斯、古斯塔夫二世与同时代名将的著名战例中，即便是线列步兵战术的胜利一方，伤亡率也高达 50%。

相比古代战争来说，这是双倍的残酷——战争变得更加致命，但死去的个体，他的勇气、机警与意志却变得更加没有意义。

军费来源的变革

到这里，我们已经讲了贡萨洛·科尔瓦多、拿骚的莫里斯以及古斯塔夫二世·阿道夫三个人的故事，也看到了火枪是如何一步步在步兵战术中发挥越来越重要的作用。简言之，对统治者来说，火枪最大的吸引力就在于它能把大量普通人迅速转变成能够与中古骑兵对抗的士兵，而当时走在时代前列的指挥官们，发明了种种严酷的训练与指挥方式来高效率地完成这个任务。在这场大家竞相比赛把普通平民送上战场当炮灰的游戏中，谁落后一步，谁就会遭到毁灭性打击。

对统治者而言，这种方式耗费国帑甚巨，那么，钱从哪里来？中国人很早就生活在大一统的帝制国家中，习惯了"普天之下，莫非王土"，很难想象欧洲国王为什么会担心这个问题，但对欧洲国王来说，他们做梦也想不到，世上竟然还有中央集权这么好的制度。

中世纪早期的大部分国王只是名义上的统治者，并不能够实际控制属下的大贵族。很多王国在中古时代甚至不存在固定的首都，国王要带着自己的朝廷在各个封臣的城堡办公，给人一种寄人篱下的感觉。这种情况下，国王当然会为钱的来源发愁。

一般来说，中世纪欧洲国王的钱有两个来源。一是王室自己的钱，相当于国王的私有财产。这当然只是很少的一部分，只够买买地、建建王宫花园之类。二是税收，这是大头。但是，中世纪欧洲国王要加税，一般都要征得议会的同意。

议会并不是近代产物，对欧洲国家来说，它由来已久。一方面，罗马帝国在一定程度上保留了共和国时期的元老院和人民大会等机构，并因保存在古罗马文献中而传承下来；另一方面，早期日耳曼人多采取军事民主制，国王只是部落联盟的首领，大事还需要各个部落的首领与国王共同商定。当日耳曼人推翻西罗马帝国后，他们建立的各个王国也在一定程度上保存了军事民主制的基因，采取集会的方式商讨大事，后来就慢慢演化成了欧洲各国的议会。

中世纪欧洲的封建制度跟周代的中国比较类似：周天子名义上拥有天下，但实际能直接控制的土地只有京畿附近的一小块，也就是说，只有这一块土地的税收是旱涝保收的，其余要靠诸侯供养。欧洲国王的状况也差不太多，土地多数掌握在各个封建贵族手里，只是国王可以通过议会跟各个贵族商量是否可以加征赋税。

但问题是，倘若国王搜刮的税多，留给封建贵族可搜刮的税就少；更何况国王因为加税引发的民众反抗，还要各地贵族来给他擦屁股。因此，除非国王有很正当的理由，议会一般是不愿意的——当然，有时候即便国王有正当理由，议会也是不愿意的。因此在中世纪欧洲，议会普遍要求限制王权。这其中，比较有名的有，1215年英格兰议会要求限制王权的《大宪章》，规定贵族委员会有否决国王的权力，甚至可以占有国王的财产，并要求国王必须依照法律进行审判，否则不能随意剥夺个人自由；1319年，瑞典议会要求国王签署《特权之书》，承认王权必须在法治原则下治理国家，若无议会的许可，国王不能随意增加新的税款；最过分的是波兰王国16世纪发展出的"贵族民主制"，它规定施拉赤塔（贵族阶级）有选

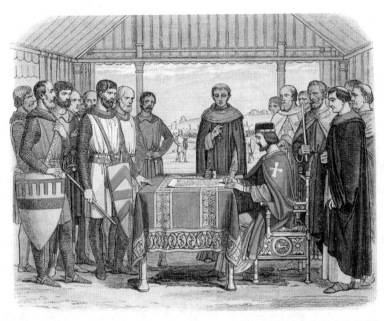

图绘为英格兰国王约翰被迫签署《大宪章》

《大宪章》手稿，现藏于大英博物馆

举国王的权利、限制王权的权利、自由起义权（允许施拉赤塔阶级对侵犯其自由的国王发动叛乱）、自由否决权（任一议员可在瑟姆议会上中断讨论并宣布通过的法规无效）和军事结盟权等。

可能有人会奇怪，为什么中古欧洲对王权的限制可以走到如此激进的地步，立宪难道不是近代革命的成果吗？实际上，古代立宪和近代立宪有本质区别。古代立宪，是一群小的土地贵族联合起来限制最大的土地贵族，而土地贵族的权力与王权是高度同质的，都来自对土地的占有、对人身的支配以及对暴力的行使能力。土地贵族之所以限制国王的权力，是因为他们不喜欢自己封地上的农业税被夺走，不喜欢自己肆无忌惮的决策权、审判权和其他封建权利被干涉。一句话，他们不喜欢本来专供自己剥削的农奴肆意由他人剥削。

在中古时代，土地贵族自己有地、有钱、有家臣、有骑士，在对抗王权方面是相当有底气的。而且国王与大贵族之间有着千丝万缕的姻亲关系，大不了推翻这一个，找来他们家族的另外一个继承王位就是。但是随着火器的进步，使得普通人组成的步兵也能对抗封建骑士，情况就发生变化了：名义上，普通人服从的最高对象还是国王，因此火枪普及之后，国王就多了一个选择，那就是绕过土地贵族，通过大规模贷款等手段获得足够武装大量平民的军费，然后以火枪这类低训练成本武器武装平民，从而壮大自己的力量。[9]

这个时代也恰恰是地理大发现和工商业大发展的年代。前面介绍过，资本主义取得进步的一系列技术，比如股份制、复式记账法和汇票等也集中出现了。工商业从业者很快作为一个新的社会阶级崛起。这些人通过贿选或者购买贵族头衔的方式跻身上流阶级，加入议会，从而在根本上改变了议会的性质。过去的议会完全是土地贵族的俱乐部，但现在的议会中，工商业新贵成了一股新的政治力量。与土地贵族不同，他们的权力并不来自土地支配权，而来自在技术生产和商贸活动中不可替代的地位。对这些人来说，王权同样也是不可替代的。他们不太在乎国王支配土地，更在乎的是国王能不能庇护他们的安全，能不能为他们提供公正的法律，以及会不会肆意侵犯他们的财产权。如果国王能够保证这些，他们是不介意多交些税来换取安全的。

这才是所谓"资产阶级革命"的真正含义。

许多自由主义学者过分鼓吹立宪是对王权的限制，实际上，其关键不在于限制王权，而在于工商业新贵和国王之间达成协议，并且建立起法定的代理关系：以工商业新贵为代表的资产阶级在政府议会中获得代表席位，通过限制贵族使得国王成为他们的代理人；国王则要帮他们解决好法律环境，扫清产业发展的障碍，同时通过议会立法征取必要的、维系暴力的费用。这两者哪一个也不可缺少。换句话说，恺撒的归恺撒，企业家的归企业家。

一种好的立宪结构必须达成平衡：它不能过分削弱国王的权力，否则这个国家很可能汲取不到足够的资源来建立军队、维系安全；同样，它也不能过分强化国王的权力，否则这个国家很可能将它的税源压榨干净。所谓欧洲近代立宪革命，实际就是在这两者间求得动态平衡的政治结构的调试过程。

在近代早期，许多地方国王的权力是不断加强的。这是因为，国王首先要获得强有力的权力来保障国家安全，镇压可能不怀好意的封建贵族，此时，资产阶级的权利保障是次要问题，做大蛋糕才是首要的。比如，1528年出生的萨伏依公爵伊曼纽尔·菲利贝托（Emanuele Filiberto）的经历就是一个很好的例子。萨伏依是一个位于法国和意大利交界处的小公国，为了对付哈布斯堡王朝，法国人在伊曼纽尔8岁时就占领了这里，因此伊曼纽尔少年时期是在哈布斯堡王朝麾下与法国人作战的。1557年，西班牙击败法国，两年后签署卡托—康布雷齐和约，萨伏依正式复国，伊曼纽尔从将军变成国王。他为了筹集军费，防止法国人再度入侵，不得不废止议会（尽管议会在法国人统治时期已经变得无用），征收食盐税，通过人口普查来确定征税对象，最后确立了以社区生产区域为单位来征税的方式。当然，在征税之外，伊曼纽尔还鼓励修建水利、出台特权保护政策发展手工业、建立邮政服务、改善货币流通和金融稳定，并废止农奴制。要问是什么让一位国王变得如此勤政，答案就是为了国库中叮当作响的钱币。一俟危急时刻，这些钱币马上就可以变成与敌人开战的雇佣兵以及他们身上的护甲和手中的枪炮。

但是，随着时间不断向前，经济发展已不可能通过修建水利和特权保护来促进，资产阶级开始要求更多的政治权利，此时就进入立宪改革的阶段。资产阶级从支持国王壮大军事力量、扫平封建贵族转变为重新限制王权，以建立公平公正的法律制度，保障私有财产，保护社会的创新动力。当然，在这个过程中，外界军事风险也没有消失，二者的动态平衡依然是一个极为重要也极为困难的调试过程。

拿骚的莫里斯和他的家族的命运，淋漓尽致地体现了这一调试过程的艰难曲折及其重要性。

从海上马车夫到日不落帝国

莫里斯是那个时代的军事天才，但遗憾的是，他并不是一个好的政治家。

当时，荷兰国家立法会（Landsadvocaat）是荷兰的决定权中心，其第一任议长约翰·范·奥尔登巴内费尔特（Johan van Oldenbarnevelt）是莫里斯的战友。跟莫里斯恰恰相反，他是一个好的政治家，但不是好的将军。在对抗西班牙人时，他们配合还算紧密，取得了一个又一个胜利。但是两个人信奉不同的教派，代表不同的团体，彼此之间又有矛盾，在外敌威胁消失后，关系就破裂了。莫里斯是军方的代表，而奥尔登巴内费尔特则是共和国的领袖，也就是商业寡头的代言人。在一个特定时刻，枪杆子战胜了钱袋子，莫里斯率兵攻占议会，逮捕并处死奥尔登巴内费尔特，终结了共和制度。

这在军人看来当然是大快人心的，因为奥尔登巴内费尔特的军事决策往往漏洞百出。但是，从政治上讲，莫里斯破坏了共和制度，也就等于破坏了资产阶级的信任，这为他的家族——奥兰治家族——的灾难埋下了伏笔。他死后，荷兰执政的位置传给弟弟弗雷德里克·亨德里克（Frederik Hendrik），亨德里克死后把位子传给了儿子威廉二世。很不幸，威廉二世24岁时得了天花骤然离世，八天后其遗腹子威廉三世才诞生。期间，资产阶级寡头们趁机发动政变，废除执政体制，推举律师约翰·德·维特（Johan de Witt）就任大议长，成为荷兰共和国的领袖。他们把奥兰治家族的威廉三世流放国外，对其严格监控，以防他回来复仇。

应该说，维特在处理内政与和平外交方面，是一个不可多得的天才。他重用著名海军将领、绰号Bestevaêr（古荷兰语中"祖父"之意）的鲁伊特（Michielde Ruyter），降低债务，改善总议会和荷兰省议会的财政状况。在位期间，鲁伊特打赢了第二次英荷战争，而维特也长袖善舞，与英国和谈，促成英国加入三国反法同盟，以解决南部面临的领土威胁。从资本家的角度看，维特是一个优秀的代理人。他在位的二十年是"海上马车夫"最辉煌的年代。据当时人说，欧洲各国的商人排队前往阿姆斯特丹银行家的办公室，以求借款。

但是，荷兰当时的共和制度有很大的弊端。为了防止独裁者出现，荷兰大议会的任何决议，都要经过七省议会的同意，这不仅导致集体决策代价极高，而且七个省的地方主义也根本无法得到遏制。在这种体制下，荷兰共和国上下以财政为第一目的，很难形成强有力的中央意志，对战争风险也没有什么抵御能力。当时荷兰在海上实力不弱，还击败过海上强国英国，但它的最大安全威胁来自陆上——"太阳王"路易十四统治下的欧洲霸主法国。作为一个优秀的政治家，维特并不是没有考虑到这一点，但他无法推动荷兰各省集中力量建设国防，只好把希望寄托在外交上。他在第二次英荷战争后联合英国和瑞典，组成三国反法同盟。但维特没料到的是，路易十四利用战后英荷两国的矛盾，与英王签订秘密协议，共同进攻并瓜分荷兰领土。

1672年，路易十四和查理二世先后向荷兰宣战，荷兰猝不及防，丢失了四分之三的领土，史称"大灾难之年"。危急时刻，维特成了牺牲品，愤怒的暴民冲进议会，活活打死了他。荷兰政府重新推举奥兰治家族的后人，也就是当年的遗腹子威廉三世组织军队，抵抗法国的入侵。没想到这位长期被迫流亡的年轻人竟然不负使命，成功抵拒了法军的入侵，将其赶出国境之外。威廉三世也因此获得荷兰人民的爱戴，继任新的荷兰执政。

但威廉三世之所以名垂青史，还不是因为他击退过路易十四，更重要的是，他是英国"光荣革命"的主角，那个应英国议会邀请来取代詹姆斯二世当英国国王的人。

威廉三世能当上英国国王，首先是因为他娶了詹姆斯二世的女儿。至于英国议会为什么要请他而不是别人，就与英国内战的另外一重性质有关了。英国内战和光荣革命其实也是宗教改革的一部分。随着新教的传播，英国基督教分裂为三个主要派别：最传统的一派信奉天主教；最激进的一派信奉清教（新教的一派，主张彻底清除天主教徒）；中间派的大多数则信奉英国国教（英格兰圣公会），一种糅合了新教教义和天主教仪式的教派，核心是承认英国国王是圣公会的最高领袖。1640年的英国内战，也是清教徒反对圣公会的战争，其中，克伦威尔信奉清教，而被砍了头的查理一世则是圣公会信徒。清教掌权后大肆迫害另外两派，因此克伦威尔死后，圣公会又把查理一世的儿子查理二世请回来当国王。但是，查理二世死后，继位的弟弟詹姆斯二世却是个十分坚定的天主教徒，这让很多清教徒感到恐惧。英国议会最后之所以邀请威廉三世入主英国，一个重要原因就是他信奉新教。

1688 年 7 月，英国议会七名议员（史称"不朽七君子"）写信邀请威廉三世入主英国。经历过"大灾难之年"后，威廉三世已经把对抗法国当作自己的毕生志业，而英国当时是欧洲第二强国，只要他继承大统，便可以获得强大的援助。因此，他毫不迟疑地答应了这个请求。当年 11 月，他率军登陆英国，詹姆斯二世闻风外逃，前往路易十四处以获得庇护。鉴于法国的这种行为，英国议会也不反对威廉三世的战略方向，他们只是要求，威廉三世必须接受议会提出的《权利法案》，未经同意不得暂停议会通过的法律，而且增加税负之前必须经过议会的同意。其实，这一条内容与中世纪许多限制王权的条款没有本质区别。但是，在不同的时代，两者的后果截然不同。

对英国来说，"光荣革命"的意义不只是立宪革命，更是一场"技术革命"与"资本革命"。一同随威廉三世抵达英国的还有荷兰的大商人，他们把阿姆斯特丹银行当时最先进的金融管理体制带到英国，成立英格兰银行，引入国家公债体制。荷兰商人还成为英属东印度公司的大股东，为东印度公司的扩张提供了强大的资金支持。

而对威廉三世来说，成为英国与荷兰共主邦联的元首，意味着他拥有了欧洲第二大军事强国的实力，可以正面对抗法王路易十四。自 1700 年威廉三世组织反法大同盟，一直到 1815 年英国将领威灵顿公爵带兵击败拿破仑，中间一百多年被称为"英法第二次百年战争"。

可以这么说，威廉三世入主英国，引发了后人难以想象的蝴蝶效应。

　　首先，因为威廉三世和妻子玛丽没有子嗣，英国议会害怕逃亡法国的詹姆斯二世及其后人会以此为由重新声索英格兰王位，因而制定了《王位继承法》，规定威廉与玛丽若无子嗣，王位将由玛丽的妹妹安妮继承。如安妮亦无子嗣，王位则将由詹姆斯一世的外孙女、汉诺威选侯夫人索菲娅及其后嗣继承（汉诺威家族御用智囊、著名哲学家莱布尼茨对此亦有贡献）。结果，威廉、玛丽和安妮真的没有子嗣，王位就传到了索菲娅之子乔治手里。但他只会德语，不懂英语，无法参加内阁会议，只得委托一位"首席大臣"主持，此即英国首相制度及虚君制度的起源。

　　其次，由于汉诺威选侯的关系，英国国王获得了一个坚定介入欧陆事务的理由。很多人以为英国孤悬海外是个地缘优势，但如果仅仅是孤悬海外而不主动介入欧洲大陆事务，英国就不可能真正遏制欧陆强权。正是因为英国国王与汉诺威的这层关系，"七年战争"中，英国才坚决支持普鲁士的腓特烈大帝对抗想要染指汉诺威的法国，极大地削弱了法国的力量，并获得法国的海外殖民地，成为强大的"日不落帝国"。

　　这一切，看似肇始于光荣革命，实际上却又是由一系列千变万化的偶然促成的，倘若其中任何一个环节走错或走偏，英国都不会成为后来的大英帝国。

　　追根溯源，如果说光荣革命对大英帝国有什么真正的实质性贡献，唯一的答案可能就是政治结构。这场革命之后，王权和资本的力量各自待在正确的位置上，并发挥了正确的职能——恺撒的归恺撒，企业家的归企业家：一方面，资本（家）因为《权利法案》而感到安心，代理关系得以顺畅，因而能够信任君主的决策；另一方面，君主则带领英国参与欧陆争霸，控制海上要道，为建立强大的殖民帝国做好了准备。

＊ ＊ ＊

从尼德兰独立革命到光荣革命的历史，也是军事技术大发展与战争愈加惨烈的历史。

在这段历史中，有这么一群人，尽管他们在其中扮演了重要角色，却总是被遗忘。这批人，就是被迫拉上战场的广大士兵。尽管以他们为主力的近代军队彻底改变了近代战争，进而引发了近代国家制度的大变革，但他们的声音和意见却始终被埋没。

光荣革命和同时代的立宪革命的确标志着独裁的失败和自由的胜利，但它却绝不是民主的胜利。光荣革命后，英国政策的决定者是占据英国议会绝大部分席位的那八百个家族，而与普通人无丝毫关系。不仅如此，相反，光荣革命实际上保障了中央集权的顺畅实施，因为君主和议会之间达成妥协后，可以心往一处想，劲往一处使。霍皮特（Julian Hoppit）对此的评论是："1688 年前，中央集权仅属特例，偶尔为之，但此后将成为常态，随时行使。"

因此，光荣革命赢得的"自由"，主要是资本家不受王权肆意干涉的自由，个人自由所占的成分并不太多，人民不仅是军训中必须完成 42 个标准动作的士兵，线列步兵战术中的炮灰，也是资本家剥削的对象。大英帝国的强大到底给他们带来了多大的好处，实在一言难尽。

这也提醒我们，或许应该多一个角度来理解现代化进程。

生活在中世纪的人固然贫穷、困苦和短命，但是他们并没有生活在中央集权官僚体系无微不至的监控中。他们虽也背负着沉重的税负和征役，但起码还是在封建时代的伦理义务关系的约束下，而不是在现代社会冷冰冰的文件制度之下。在那个时代，没有人会在详细地统计他们的耕作所得后再给他们寄来账单，也没有人会统计他们的信用记录，更没有人会给他们发放旅行证件，即使有人想这么做，也没人能够做到。

但是现代政府改变了这一切，极大地强化了管理的细致程度，究其根由是因为，它需要征收赋税，征召士兵。这是政府建立各种公共管理体制的最大动力。当然，现代人也普遍相信，政府收集这些数字，对人民进行管理，部分原因是为了提供公共物品，其中，最重要的一点就是保卫安全。这在一定程度上也是事实，政府收取纳税，建立军队，抓捕罪犯，捍卫国土。根据有些学者的统计，13世纪英格兰的谋杀率是16—17世纪的2倍，是20世纪的10倍。

客观地说，欧洲国家治理能力逐步完善的这数百年，国内的确变得更安全了。但是，我们也不要忘了，与此相对的是，国家间爆发战争的频率和烈度却大大增加了。从1480年到1800年，每两到三年就在某地出现一个新的大型国际冲突；18世纪，爆发了68场战争，直接导致400万人死亡；19世纪带来的则是205场战争和800万死亡人数。死于国内谋杀的人数虽变少了，但死于国家间战争的人数却成倍甚至几何级数增加。那么，到底是死于治安恶劣的高谋杀率好，还是死于大规模的战争好，这实在是一个难以回答的问题。

赫拉利在《人类简史》中讲过一个概念，名为"奢侈生活的陷阱"。他认为，过去学者多以为农业革命是人类的巨大进步，人们似乎因此摆脱了艰苦且危险的狩猎采集生活，过上了定居的农业生活，但实际上，农业革命实在是一个巨大的骗局：农业进步虽然带来人口增加，但也带来大量疾病；此外，人口总数的增加还带来人类社群内部的阶级分化和暴力冲突。农业技术的进步到头来创造出一群养尊处优、娇生惯养的精英分子和为了控制人类而产生的巨大社会结构——城市、王国、国家等。最终，农民遭受了更残酷的压迫。赫拉利说，农业革命这类"骗局"实际上是人类历史上反复发生的事情，种种想让生活变得更轻松的努力，反而给人带来无穷麻烦，这便是"奢侈生活的陷阱"。

　　从这个角度，我们或许也可以说，现代国家的出现，更是另外一种意义上的陷阱——"进步的陷阱"。军事技术的进步，让人们迫切寻求国家力量的庇护，政府也因此发展起来，更高效地汲取资源，提高税率，统计人口，建立发达的监控体系，增强保卫自己的能力。但是与此同时，人民也被迫征召入伍，被迫武装起来，被迫拉上战场，在严格的训练体系下，以"排队枪毙"的方式一列列死去。

　　我们总是愿意相信"进步"在道德上比"落后"要高尚，但对普通人而言，这个预设很可能是不成立的。无论是历史进步的车轮还是历史退步的车轮，他们很可能都是被碾过的对象。

注释

1　"木马子"是在药室中装填火药后用以筑实火药用的附件，具有紧塞和闭气的作用，可以增强火药的爆发力和增加射程。

2　参见 Sir Charles Oman, *A History of the Art of War in Sixteen Century* (New York, 1937), pp.380-384.

3　教皇亚历山大六世是史上第一个承认自己有私生子的教皇。

4　著名的"圣像破坏运动"主要有两次，一次是 8—9 世纪拜占庭帝国反对教会统治势力和地产的运动，以废除偶像崇拜为大旗，破坏圣像与圣物；另一次就是尼德兰地区因反对哈布斯堡和西班牙统治，冲进教堂和修道院，毁坏圣徒遗骨等圣物，同时还焚烧地契和债卷，没收教会财产。

5　荷兰独立战争，又叫"八十年战争"，对后来的英国内战和美国独立产生了重要影响。

6　calivres 即 caliver，该词无恰当的中文翻译，它是钩铳的一种，其名称来源于"枪膛"一词，故此处暂译为"膛铳"。此时的 caliver 与 musket 都属于火绳枪。

7　"八十年战争"期间的著名战役，在今比利时纽波特附近爆发。

8　Barker Thomas, *The Military Intellectual and Battle: Raimondo Montecuccoli and the Thirty Years' War.* State University of New York Press, 1975. p. 141.

9　这里正涉及一段金融史上的著名故事，即 "highfinance" 玩家。在金融史上，这种玩家特指借钱给国家政府，从而涉入地缘政治冲突的银行家。"High finance" 起源于百年战争期间的佛罗伦萨，随着利用火器的战事越来越频繁，现代金融和国家机器也越来越紧密地捆绑在了一起。

第七章 蒸汽机的胜利

20 世纪 30 年代，有一位研究中国历史的英国学者李约瑟（Joseph Needham）提出，为什么中国古代对人类科技发展做出了许多重大贡献，但现代科技和工业革命却不是在中国诞生的？这个问题被称为"李约瑟难题"。

所有对中国历史真正感兴趣的人都不想回避这个问题，也给出了种种解释。比如，中国没有产生那种诞生于古希腊的科学思维模式，中国的科举吸收了大量本来可能取得科研突破的人才，中国的思想体系不鼓励工商业发展，诸如此类，不一而足。这些解释当然对深入理解中国历史有相当的帮助，但是如果不把眼光局限于中国，我们会发现，这个"问题"的提法本身就是有问题的，因为全世界并不止中国一个国家在问：为什么工业革命没有发生在自己的国家？

阿拉伯向来就有"科学的养父"之称，保留了大量来自古希腊和罗马的经典文献，使许多科学思想得以传承。比如，10—11 世纪的巴士拉学者海什木（Al Hazen）就已经发展出实验物理学的研究方法，被称为"第一位科学家"；13 世纪的波斯数学家和天文学家纳西尔丁·图西（Nasir Din Tusi）提出了"图西双圆"模型，是哥白尼主张日心说的理论来源之一；中世纪的穆斯林工程师更是发明了大量机械，比如曲轴、水轮机、扬水机等，这些技术后来传到欧洲，为欧洲的技术革命奠定了基础。那么，为什么阿拉伯文明没能发生工业革命？

欧洲科学革命肇始于伽利略，伽利略是意大利人，而北意大利一直以来是欧洲中世纪工业最发达、最富裕的地域之一，为什么工业革命没有诞生在意大利，而是诞生在英国？历史学家彭慕兰（Kenneth Pomeranz）曾经提出过"大分流"理论，认为导致19世纪东西方走上大分流的一个重要外部原因是煤炭资源。历史上，中国和英国的经济中心的确都曾为木材燃料的短缺烦恼过，而且，长三角地区远离煤产区而伦敦离煤矿足够近，这也是事实，那么，依据彭慕兰的理论，这是否就是工业革命发生在英国而不是中国的原因？倘若真是如此，比利时南部的列日和蒙斯离煤矿的距离也足够近，而且自中世纪以来这里就是著名的工业和商贸中心，但为什么工业革命没有发生在比利时？

所以，真正有意义的问题不是为什么有的国家没有发生工业革命，而是为什么工业革命独独发生在英国。

有人会从英国历史中寻找各种细节来解释它为什么获得成功，也能获得一些宽泛而宏大的答案。比如，马克思曾说过，英国"羊吃人"的圈地运动为英国资产阶级的发展扫清了道路，但是，从20世纪以来对中世纪史料研究的突破来看，马克思很可能高估了"羊吃人"的重要意义。再比如，也有自由主义学者认为，英国较早建立起保护知识产权的法律体系，这鼓励了科学研发和技术进步，但近来的历史研究显示，19世纪的英国政府对知识产权的保护力度并不显著高于欧陆国家。

工业革命这样重大的历史事件，值得一个更细致入微，同时又能清晰明了揭示其发生机制与因果关系的解释。

商人社会中的纺织机

我们先来看工业革命早期纺织业的几项最重要的发明。

首先是飞梭。飞梭是英国人约翰·凯伊（John Kay）于1733年发明的一个小零件，它虽然极其简单，却是工业革命中的一项关键发明。它将纱线按照经纬方向交替排列，最终构成一整块平面。

毫无疑问，如果纯用手工操作，让纬线交替穿过经线是一项非常累人的工作。人们于是发明了织布机。以最简单的框架式织布机举例，它有一个关键部件叫"综"，作用是把奇数列和偶数列的经线上下隔开，让梭子带动纬线从中间穿过。这样只要纺织工调整一下综，上下经线就会交换位置，梭子反过来穿一遍，纬线就可以来回编织在经线上。这虽然大大简化了操作步骤，但纺织工仍然需要用手来操纵梭子左右穿线。凯伊发明的飞梭，为整个织布过程实现完全机械化补足了最后一个条件。

飞梭，其实只是对传统梭子的细微改进。它只是稍微改变了梭子缠绕纬线的方式，使它能够在纺织机上左右滑动。为了减少滑动摩擦力，飞梭上往往装有滚轮，以及方便纺织工操控它左右滑动的牵引绳装置。这样，熟练的纺织工人就可以一面用脚踏板控制综的上下，一面用手控制飞梭的左右滑动，不仅一个人可以原先两倍的速度织布，而且织布的宽度也不再受限制。此外，飞梭发明后，织布的关键动作变成了一种机械反复运动，纺织工人在其中只是辅助协调飞梭和综之间的配合关系，而这完全可以用机械方式实现。这就为之后的完全机械化铺平了道路。

飞梭发明之后，织布效率大大提高，纺织行业对纱线的需求猛增。下游产业需求的增加，必然反过来刺激上游产业，纺纱业肯定要扩大生产，而这必然会促进纺纱业的技术革新。这方面最著名的发明就是珍妮纺纱机。

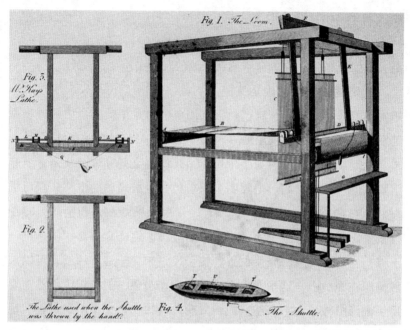

约翰·凯伊于 1733 年申请专利的飞梭织布机

　　纺纱是把大量短纤维聚合成松散的线，然后把松散的线一点点抽出来，捻搓后制成细密的、足够长的、可用于编织的线。传统上，手摇纺车上用于抽线的锭子都是放平的，每台纺车只能纺 1 到 2 个锭子。1764 年的某一天，英国布莱克本纺织工詹姆斯·哈格里夫斯（*James*Hargreaves）不小心碰倒了妻子的纺车，发现锭子垂直转动并不影响纺纱工序，受此启发，他发明了锭子竖放联排的纺纱机，并以自己妻子或女儿的名字命名该机器，这就是"珍妮纺纱机"。但据现代学者考证，哈格里夫斯的妻子和女儿都不叫"珍妮"，"珍妮"很可能是英文单词"引擎"的缩写。由于当时英国对专利保护力度还不够，加上纺织业协会仇视这种机器，破坏过哈格里夫斯的住所，哈格里夫斯早年不得不秘密制作这种机器，我们已经搞不清

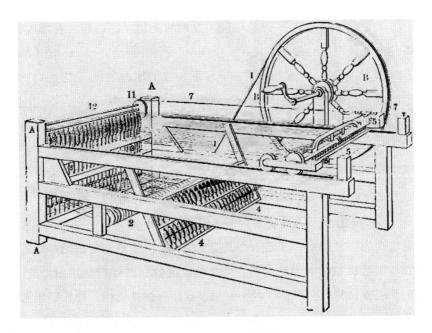

珍妮纺纱机模型，来自德国伍珀塔尔早期工业化博物馆

楚它最初诞生的细节。总之，这种纺纱机可以带动 8 到 12 个锭子，工作效率大大提高。

　　历史上珍妮纺纱机名气虽大，但很快就被取代。取代珍妮纺纱机的主要机型叫"骡机"，它把更能节省人力的水力纺纱机和生产效率更高的珍妮纺纱机结合在一起，名字也来源于此：这种机器结合了双方的优点，就像是骡子结合了驴和马的优点。于是，骡机进一步以机器生产取代手工劳作，并且增加了能够同时纺织的锭子数。

　　至此，从纺纱到织布的工业流程就基本实现了机械化。而更进一步的机械化，是解决动力问题，这是蒸汽机发明之后的事了。

　　这里，我们先小结一下：为什么工业革命早期的技术创新集中在纺织领域？这些技术进步又有哪些共同特点？

对欧洲人来说，棉布是地理大发现的产物。葡萄牙人在印度、哥伦布在美洲同时发现了棉花。斯文·贝克特（Sven Beckert）在《棉花帝国》中说过，"棉花喜欢在人多而价廉的地方生长"。之后，棉布很快取代欧洲的羊毛和亚麻，成为最受欢迎的纺织品。由于印度棉纺织品太受欢迎，英国的羊毛产业协会愤而抗议，推动英国政府于 1700 年和 1721 年两度颁布《印花布法案》（Calico Acts），禁止英国本土以外生产的棉布及棉花进入英国市场。但是，棉花取代羊毛是必然趋势，很快英国本土和美洲殖民地就开始广泛种植棉花。

棉纺织业从一开始就是面向普通大众的产业。与中世纪技术含量较高的手工业比，这是一个很重要的例外。中世纪制造铠甲的铁匠和制造机械钟的表匠虽然身怀绝技，但他们的客户群体相对少，前者主要是骑士阶层，后者主要是市政厅与教堂机构。而棉纺织工业的产品却可以卖给千千万万人。不仅如此，从生产者的角度说，这意味着单个家庭也可以作为作坊加入这一产业。上文提及的几个发明者，如约翰·凯伊、詹姆斯·哈格里夫斯和骡机的发明者萨缪尔·克隆普顿（Samuel Crompton）都属于这种情况。

这也从反面提醒我们，早期的技术革命与科学革命之间其实并没有多大关系。凯伊发明飞梭的年代仅比牛顿逝世晚了六年，但飞梭并不是受到某种科学原理的启发才诞生的，约翰·凯伊和牛顿在社会阶层上也天差地别。科学革命是"上等人"的创新，而工业革命，或者至少早期的纺织业革命则是"下等人"的创新。虽然后者社会地位不高，不入贵族的法眼，却更为坚实、持久地改造着这个世界的物质基础。

也正因此，飞梭、珍妮纺纱机和骡机的发明者更让我们吃惊。牛顿虽然家庭出身不算显赫，母亲还改了嫁，但至少上得起格兰瑟姆国王中学和剑桥大学三一学院，能够学习希腊语、拉丁语和数学。而凯伊们则是底层出身，但同样能发现并应用机械原理，画出精密的设计图，做出精巧的改进，还能申请专利，努力用法律武器保护自己的权益。工业革命前英国社会的下层阶级竟有这样强大的活力，这才是更值得我们惊叹的。

经济史学家普遍认为，英国工人的工资水平在当时欧洲乃至世界范围内都是相对较高的。亚当·斯密就曾估计，英格兰工人的工资高于苏格兰，苏格兰高于法国，法国的工资又比中国和印度等东方国家高出一倍。也就是说，即便属于社会底层的英国工人，也有能力消费甚至进行教育投资。

历史学家大卫·兰德斯（David S.Landes）提醒我们，要注意英国继承制度对社会阶级流动性的影响。英国人实行长子继承制，家主的财产基本上全部由长子继承，其他子女必须自谋出路。因此，父亲往往要求出生较晚的子孙学习贸易或者某种技艺，以获得不错的经济收入。这一方面导致英国社会鼓励人们投资教育，另一方面则导致整个社会，尤其是贵族阶级和地主阶层对商业的态度比较宽容，因为这些家庭的第四、五个孩子往往也很有可能成为商人。[1]

这就使得英国社会整体上呈现出一种积极赚钱、欣欣向荣的局面。从地主绅士到一般阶级，大多数人都对增殖财富充满兴趣。上层人希望寻找到好的投资机会，下层工人则努力学习技术，追求回报。费尔拜恩（William Fairbairn）记载说，即使是普通的装配工，也常常是"一位够格的算术家，了解几何学、水平法和测量法，且在某些特定领域内具备相当出色的实用数学知识。他可以计算速度、强度和机器的动力，可以做出平面图和截面图……"[2] 18世纪后半期的曼彻斯特，除开设"不尊国教者学院"，还成立各式学术团体，有众多本地和外地访问的讲师巡回宣教，"数学和商业"私立学校广为兴办，夜间学习班火爆异常，各种实用手册、期刊和百科丛书也在人群中普遍流通。[3]

相对于欧洲以及世界其他许多国家那种贫富差距极大、阶级鸿沟显著的社会结构，这种社会结构要健康得多。比如，意大利虽然是文艺复兴的发源地，但达·芬奇和伽利略等人的研究归根结底还是附属于贵族的学术兴趣，缺乏与大众相结合的渠道与土壤。佛罗伦萨和威尼斯的传统贵族看不起新崛起的资产阶级，甚至还有人出版书籍告诉大家绅士的真正标准，以此来嘲笑暴发户。但在英国，商人常常成为公爵的座上宾，农民也往往扮演手工业主和中间商的角色。上下两个阶级从态度和行动上都在向中间阶级靠拢。

这就是棉纺织业对英国社会的意义，也是为什么工业革命早期的技术革新发端于纺织业。这不是精心设计的结果，也不是被牛顿这类天才自上而下推动的革命；相反，它的根基是一个足够庞大的需求市场，一个受教育水平相对较高的从业者群体，以及能够持续予以创新者经济回报的宽松投资机制。从飞梭到骡机，中间仅相隔五十年，而一个社会能如此持续地产出各种创新，必然意味着一种蓬勃发展的、宽松的经济环境，使得一代又一代不断提供"微创新"的技术从业者能够从市场中持续赚到钱，如此聚沙成塔，才有可能。

所以说，强大而有尊严的中产阶级与蓬勃发展的制造业是相辅相成的。整体而言，制造业是一个讲究劳动与回报成正比的行业，它不同于金融和土地贸易，需要依赖祖上的荫庇和交易中的运气，也不同于纯粹的农耕，把自己的眼界局限于眼前的一亩三分地。制造业从业人员通过学习知识、改善技能来获得稳定的回报，因而也就愿意满怀感激地为人类知识的不断累进做出微小但坚定的贡献。

当然，即便到了骡机发明的年代，工业革命的故事也还只是刚刚开始。我们还没有进入最激动人心的部分，也就是蒸汽机的发明与改进。

从纽卡门到瓦特

1579 年，法国科学家丹尼斯·巴本（Papin. Denis）发现了蒸汽的热力效应并发明了蒸汽蒸煮器，有点类似于今日的高压锅。在这项发明的基础上，巴本于 1690 年制造出一台简易的运用大气压力做功的气压机模型。1705 年，他在莱布尼茨的帮助下改造出一台蒸汽机，这次，确实是使用蒸汽做功了。

1707 年左右，英国皇家学会既没有经过巴本同意，也没有付给他相应报酬，就发表了他的一系列论文。巴本对此极其愤怒，不久之后就去世了。在他的理论指引下，英国人托马斯·纽卡门（Thomas Newcomen）于 1712 年制造出了第一台可以实用的标压式蒸汽机。

纽卡门蒸汽机的工作原理很简单：水受热产生蒸汽，推动气缸内的活塞升起，随后阀门关闭，低温冷却水使得气缸内的蒸汽冷凝，气缸进入真空状态，活塞随后被大气压压下，带动机器作上下反复运动。

蒸汽机已经发明出来了，是不是马上就在工业界大显身手了呢？其实，纽卡门蒸汽机的工作效率异常低，只能固定使用，而且需要经常维修；最致命的是，相比它提供的能量来说，它消耗的煤实在是太多了。所幸，纽卡门头脑很清晰，他知道谁是最适合为蒸汽机买单的人——那些不把消耗煤当回事的煤矿主。纽卡门蒸汽机所实现的反复运动非常适合从事一项煤矿内的重要工作：抽水。煤矿往往与地下水源相伴，透水更是煤矿的可怕事故。而且，早期蒸汽机所需要的燃料与煤矿的副产品恰恰是互补的。生活在当时的德萨居里耶（John Theophilus Desaguliers）记录说："这种机器起初只能在煤矿附近地区大规模使用，因为其使用的燃料都是些被煤矿视为次等品而丢弃的劣质煤炭，这些劣质煤炭即便不用来给蒸汽机充当燃料，恐怕也没有人会购买。"[4] 因此，纽卡门把目光投向南威

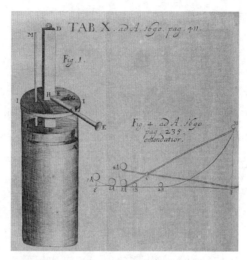

巴本的气压机模型,《欧洲学报》1690 年发表的
《新方法与驱动方式》(*Nova methodus ad vires
motrices*)插图

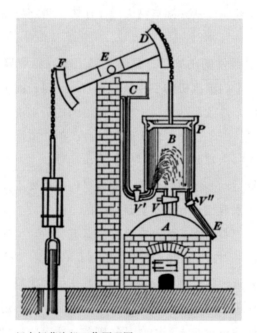

纽卡门蒸汽机工作原理图

尔士的产煤区就毫不奇怪了。到 1730 年，全英国已经有 100 台纽卡门蒸汽机，其中绝大多数在煤矿区运作。[5]

当时研发蒸汽机的工程师不止纽卡门一个，除了丹尼斯·巴本，德意志和意大利地区也有很多工程师在从事蒸汽机的研发工作。纽卡门的幸运之处在于，英国的煤矿工业是全欧洲最发达的。1700 年前后，英国在煤炭工业的领先优势非常明显，占到整个欧洲产量的80% 和产值的 59%，而这样庞大规模的煤炭产业给蒸汽机技术创造了极好的应用市场。这一点非常重要，尤其考虑到早期蒸汽机技术很落后，效率也很低，还非常笨重，如果没有人去持续改良，它很难发展成为我们后来看到的通用型蒸汽机。

有人对它持续改良的前提是，这种改良是可以赚钱的。现在，英国煤矿主成为付钱的一方。有一个例子可以说明持续改良的重要性。今天的历史虽然把蒸汽机车的发明归功于 1804 年的英国矿业工程师理查德·特里维西克（Richard Trevithick），但实际上，早在 1760 年，就有一位叫屈尼奥（Cugnot）的法国炮兵指挥官研制出了一种利用蒸汽动力驱动的牵引车来拖拽大炮。屈尼奥的蒸汽机车最终因为两个原因失败：一是耗煤量过大，二是过于笨重，容易陷入潮湿地带的沼泽中。由于不确定后续还要花费多少才能解决这一问题，法国军队的这项研发计划就此搁浅。而英国煤矿区的工程师则由于可以获得市场利润的持续供给，最终摸索出了解决方案：铺设轨道。这也是铁路的前身。

总之，由于英国煤矿市场的优势，蒸汽机技术不断向前发展，直到遇到赋予它关键改良的那个人——詹姆斯·瓦特。

关于瓦特的故事，中学课本里是这样描述的：小时候的瓦特就发现水壶烧出的水能够顶起壶盖，受此启发，他决心发明一台用蒸汽举起重物的机器。这个故事有一定的来历，它是由瓦特的儿子收集材料撰写出来的一则趣闻，而瓦特也的确在自己的实验里思考过

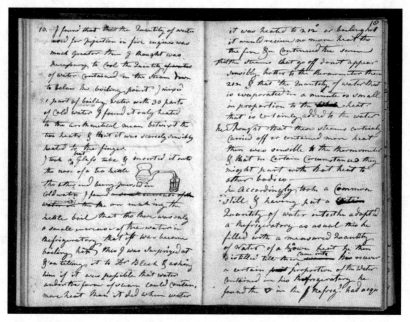

瓦特手稿中的水壶

　　这个问题，甚至还在手稿里画了一个可爱的简易水壶。不过，瓦特
观察水壶，并不是为了总结水蒸气做功的规律，而是由此发现了水
蒸气冷凝过程中的潜热效应。这是瓦特改良蒸汽机的关键，也是他
真正的贡献所在。

　　詹姆斯·瓦特，1736 年生于苏格兰格拉斯哥附近的小镇格林诺
克，父亲是造船工人，还是小镇的官员，母亲则出身贵族家庭并受
过良好教育。由于体弱多病，他多数时间只能在家接受教育，17 岁
后在伦敦一家钟表店当学徒工。从伦敦回到格拉斯哥后，瓦特生活
拮据，所幸的是格拉斯哥大学的教授允许他在大学里开修理店，从
而让他得以谋生。趁此机会，他还与格拉斯哥大学教授、热力学的
开创者之一约瑟夫·布莱克（Joseph Black）建立起深厚的关系，
并向他学习"潜热"理论。

　　1763—1764 年，瓦特受格拉斯哥大学委托，修复一台蒸汽机模型。在修复过程中，他发现纽卡门蒸汽机存在一个能量浪费的问题——没有把气缸和冷凝过程分开，重新注入气缸的水蒸气还需要再次加热刚刚被冷却的气缸，这会造成很多热量损失。于是，瓦特发明了分离式冷凝器，这样，用来冷凝的蒸汽始终是冷的，而用来工作的气缸始终是热的，避免了热量流失。这项发明一下子把当时最先进的纽卡门蒸汽机的耗煤量降低了 50%，比纽卡门蒸汽机刚发明出来时降低了 80%。而对使用蒸汽机的厂家来说，原来光煤炭消耗成本就占据企业总经营成本的 45%，所以这项技术的经济前景十分广阔，大大拓展了蒸汽机的用武之地，除了煤矿业外，还被广泛应用于类似铜矿和锡矿的抽水作业中。

　　这才是瓦特这项创新的真正意义。

　　中学课本里讲述的那个故事，编写者还只是在最粗浅的层面上理解蒸汽做功的科学原理。实际上，除了基本的科学原理，能够促进实践应用的技术革新也很重要，有时甚至比机械原理更重要——它真正地改善了我们的现实生活。

　　瓦特改良的蒸汽机终于摆脱了煤炭的能耗限制，被运用于更多的场景。但是，它依然像纽卡门蒸汽机一样只能做往复运动。如何才能让它变成旋转运动，从而能够像过去的水车和风车一样带动更多制造机器呢？ 1780 年，詹姆斯·皮卡德（James Pickard）提出了解决方案，他在纽卡门蒸汽机上装了一个飞轮和一个曲柄，把往复运动转化成了旋转运动。但是，皮卡德的发明运转还不够稳定。次年，瓦特公司的苏格兰工程师威廉·默多克（William Murdoch）发明了更为先进的"行星齿轮"（sun and planet gear）传动系统，才真正解决了这个问题：蒸汽机输出的不再是活塞的往复运动而是圆周运动，为其成为通用的动力机奠定了基础。自此，蒸汽机终于可以带动许多机器运转，比如纺纱机、鼓风机、冶铁机和冲压机。

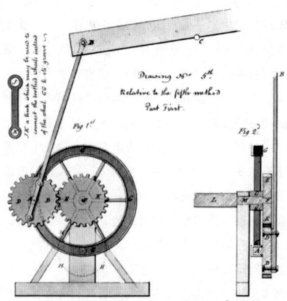

瓦特手稿中的"行星齿轮"系统，可将蒸汽机活塞的往复运动
转变为圆周运动，从而更方便地为各个行业提供动力

　　当然，工业革命中最重要的这部分战役主要还是首先靠瓦特的聪明
才智完成的，他被历史记住，是公正的。

　　但是，瓦特在蒸汽机行业拥有的专利和举足轻重的地位，后来
却成了行业的发展的障碍。他非常重视自己的知识产权，经常控诉
他人侵权，甚至因此扼杀了许多有价值的技术革新方向。当时，有
位叫乔纳森·霍恩布洛尔（Jonathan Hornblower）的工程师发明了
一种复合式双气缸蒸汽机，能够对蒸汽余热进行二次利用。瓦特却
指控霍恩布洛尔的发明侵犯了他的专利权，并扬言要告上法庭，结

果，直到 19 世纪后，霍恩布洛尔的复合式双气缸蒸汽机才重新受到人们的重视。再有，他还极力反对把蒸汽机装在车辆上的尝试，认为这种努力是没有任何意义的。[6]

不过，历史的车轮已经开始转动，蒸汽动力时代的大门已经向所有人打开，没有人可以阻挡，它以无与伦比的速度渗透到人类文明的方方面面，改造了人类生活的许多细节：1804 年，英国人理查德·特里维西克（Richard Trevithik）发明了第一台可以实际运作的蒸汽机车；1807 年，美国人富尔顿（Robert Fulton）建造了第一艘蒸汽动力轮船；1829 年，英国人乔治·史蒂芬森（George Stephenson）造出了第一台成功用于商业运营的蒸汽机车……

烧煤的伦敦人

在蒸汽机的发展历程中，有一个细节不容忽略：纽卡门发明的蒸汽机只能应用于煤矿，而英国由于拥有全欧洲最发达的煤炭市场，因而为蒸汽机的改良提供了巨大的市场支持。然而，英国的储煤量在欧洲并非一枝独秀，那么，英国如此发达的煤炭产业到底是怎么来的？原因乍看起来有些莫名其妙——这主要是因为伦敦人在住房上的消费升级。

早期中世纪的典型住宅往往有比较宽敞的厅堂和房间，房间中部设一个炉膛，下铺火槽。火槽有两个作用，加热房间和煮饭。这样做有两个好处，一是可以避免火源接近易燃物，二是一家人可以围在炉火旁共度时光。对中世纪的普通人来说，火槽是重要的取暖来源。由于供暖不足，中世纪的贫民有时还得抱着羊和狗入睡。城堡的条件虽然没有这么差，但是 12 世纪的领主同样也没有自己的私人空间，后来宫殿里那些功能明确的房间（起居室、客厅、厨房等），这时也还没出现。

但是，火槽设在房间中部会让燃烧产生的灰尘在室内四散，尤其是点火时，呛人的气味更会传遍屋内。于是，大概在宗教改革前后，壁炉出现了。壁炉的最大意义在于，它让火焰在一个密闭小隔间内燃烧，同时又与烟囱直接相连，这样烟尘可以直接排出屋外，改善了室内空气。

壁炉发明的年代，恰好也是伦敦城快速扩张的年代。随着亨利八世厉行宗教改革，推进中产阶级的政治参与度，英格兰经济开始蓬勃发展，伦敦也自黑死病之后迎来恢复和扩张时期。1520 年，伦敦城还只有 55,000 人，而到了 1600 年，城市人口已经激增到 20 万。

伦敦城规模的快速扩大，带来木材消耗量的急剧上升和燃料价格的快速上涨。这里需要注意的是，建筑用木材和燃料用木材是不一样的。前者多来自自然生长的高树丛，而后者多来自人工栽培的矮树丛，储备量相对有限。伦敦人口暴涨之后，木材燃料的价格一路飙升，迫使人们把目光投向另外一种燃料——煤炭。

亚当·斯密曾经评价说，煤炭不是一种令人满意的燃料，气味刺鼻，炭灰四处飘散，容易沾在锅和家具上，令人十分恼火。但也由于这一原因，煤炭比木材要便宜。而且，由于煤炭的矿物质属性，一旦探明某个储量丰富的煤矿，对工业革命之前的社会来说，这几乎是无尽的燃料来源，所以它的低廉价格一直保持稳定。而燃烧煤炭的负面效果，恰恰是使用新的家居设计——壁炉就可以避免的，因此，在伦敦城的这次扩张中，许多新房屋采取了新的壁炉设计。如果它们零星出现在乡村，或许还不会引发潮流，但当竖立着烟囱的新型住宅在城市里成片出现时，就大不一样了。新市民和施工单位竞相模仿，新型住宅和壁炉的数量飞速增加，反过来又催生煤炭消费进一步增长。按照约翰·奥布雷（JohnAubrey）和威廉·哈里森（WilliamHarrison）的说法，高烟囱在 16 世纪中叶之前并不多见，而到了 1576—1577 年，"近来有很多房屋顶上架起了高高的烟囱"，这是几十年来"英国出现的三大令人啧啧称奇的新事物之一"。而这段时间，恰好也是英国南部煤炭贸易日渐兴旺的时期。[7]

　　如果说英国煤炭行业的兴旺是蒸汽机技术不断进步的重要条件之一，而这个行业的崛起却又是因为如此风马牛不相及的原因，那么工业革命发生在英国倒真是有极大的偶然性了。不过，偶然之中，也不是没有必然。如前所述，在欧洲，英国的平均工资一直以来是相对较高的，而伦敦地区的工资还要比英国其他地区高出一截，这是支撑新型房屋的普及和高额的煤炭消费量的重要基础。而且，由于伦敦的工作机会是开放的，高工资效应还会向全国蔓延，这也促使英国人力成本变高，促使企业更倾向于采取那些能显著替代人力的技术进步，比如，蒸汽机。

技术革命的曲线

　　工业革命是一个划时代的突破，不仅仅意味着技术进步，而且意味着创造一种与传统农业社会完全不同的文明形态。如果只有蒸汽机而没有现代化的管理方式和生产流程，是不可能产生这个变化的；但如果只有后者，后者也很快会成为无源之水、无本之木。

　　深入历史细节，我们会发现，这两个突破性进步都只能在非常具体的条件下才能发生。比如，蒸汽机的研发突破有一些非常严格的技术条件要求，如冶铁技术、材料技术以及气压原理的发现，但最重要的是，由于早期蒸汽机的高能耗，这项新技术必须在煤炭行业市场需求足够大的情况下，才能生存下去并不断取得进步。另外，纺织行业的机械化也有一些具体条件，比如，它要有一个足够大的需求市场，同时这个行业的大部分参与者还要有相当强的工业素质。

正如前文提到的，英国纺织机器的早期发展与大量技术卓越的钟表匠的存在是分不开的。尽管我们能在回溯历史时分析出这两大基本条件，但代入到当时人的眼光，它们却都是在非常偶然的情况下才在英国凑齐的。

所以，"李约瑟难题"确实问错了方向。中国当然没有出现工业革命，但我们也很难说，工业革命出现在英国在多大程度上是英国人自己努力造成的。甚至，我们也很难从中得到借鉴并以此指引今天的科研应向哪里突破，才能造就新一轮的、堪与第一次工业革命相比拟的科技革命。想象一下，如果我们穿越回去，成为18世纪英国政府的决策者或者科研界的领军人物，面对的是各行各业都在发生的科技突破，例如，列文虎克刚刚研制成功显微镜并发现了细胞，牛顿发表了《自然哲学的数学原理》，罗伯特·波义耳对气体和燃烧的新研究成果令人印象深刻，每一条路看起来都前途无量，每一个研究方向似乎都能极大地改变人类社会，也或者，到头来发现竟是一个错误，颗粒无收。如果不是经历时间的检验，当时的人们又怎么能够想象，其实是纽卡门那些笨重、拙劣、没有任何吸引力的庞大机械为我们指明了未来的发展方向呢？

既然如此，难道我们就只能把一切都交给偶然和机运吗？

回顾第一次工业革命，从宏观上讲，一个国家、一个社会为了给新一轮科技革命创造条件，至少有一件事还是可以做的：塑造一个规模足够大的、工资收入相对消费水平足够高的大众消费群体，让那些给他们提供新产品和新技术服务的人／企业能够持续赚到钱。因为新技术刚诞生时，并不总是能马上表现出无法匹敌的效率，恰恰相反，它有可能是拙劣的、非常狭隘的，就如纽卡门的蒸汽机。但只要它能够面向某个特定的小众市场生存下来，那么终有一天，它总能释放自己的潜力。

站在新技术刚刚诞生阶段的我们，是无法判定到底哪门新技术会成为未来科技革命的引领者的。靠事前的计划和政策来推动一项新技术的大规模应用，其实是很危险的——高度受制于那一代人的眼光。因此，我们只能把决定权交给市场。但是，企业的目的是追求利润，而不是为了承担科技研发和人类进步的使命而存在，否则，市场就会失灵。由此，真正推动企业更愿意尝试各种新技术的最大因素，归根结底还是靠更高水平的劳动力工资。

从中世纪到工业革命前，英国是欧洲经济增长最快的地区之一。麦迪森曾指出，从 1500 年到 1700 年，英国人均收入几乎翻了一番，而同期法国和德国的人均收入只增长了三分之一，意大利则几乎没有增长。[8] 那么，为什么英国能够有如此高的工资增长？对此，经济史上有着各种各样的解释。比如，英国是大航海时代最早建设海外殖民地的国家之一；英国在夺得海上霸权后成为能够攫取高额利润的航海业主导者；伦敦是全球开展金融市场建设最早的城市之一……不过，从近些年精确统计出的历史数据来看，这些表现还只是英国经济崛起的结果，而非原因。

更深层次的原因究竟何在？很多人会把英国在近代的成功向前追溯到 1500 年、1300 年，甚至 1100 年，似乎英国从中世纪起就注定要当世界霸主。弗朗西斯·加斯凯（Francis Aidan Gasquet）就曾指出，英国是黑死病受害最严重的地区之一，黑死病之后，由于大量缺乏劳动力，租赁土地的地主们不得不提高佃户的工资，否则土地就会荒废，因此，瘟疫可能构成其中一个原因。[9] 艾伦·麦克法兰在《英国个人主义的起源》中认为，基于英国与欧洲大陆不同的商业法与继承法，英格兰可能很早就产生了某种利于个人主义和商业社会运作的机制与因素。理查德·布瑞特尔（Richard Britnell）则在《英格兰社会的商业化：1000—1500 年》中进行了更为宏观的系统分析，他认为，是以上这些因素和英格兰的政治变化，共同促动了一种更有效率的商业共同体的出现，从而提高了英国的生产率。

这些认识虽然多少都有点"幸存者偏差"的意味，不过，英国人均收入较高与当时英国社会更有利于新技术的应用，却都是不争的事实。某种意义上，我们或许可以这么说，收入水平决定新技术的应用空间是一条商业社会中无处不在的规律。一位从事智能电子消费品的资深业内人士曾告诉我，在中国，老百姓愿为一种新的智能硬件买单的心理价位水平线是 200 元人民币，这是由人均收入决定的。而另一位红杉资本的高管则告诉我，如果投资某种能够替代劳动力的新兴科技产品，他们会优先考虑人均年收入在 3 万美元以上的国家，因为只有在这样的国家，企业才会有更强劲的动力来使用这种技术。

当然，在这项规律面前，现代国家已不像中世纪政府那样无所事事，而是有着诸多经济和产业政策工具来确保人均收入水平，比如规定最低工资限度，保障劳动者与资本议价的权利，采取"普遍基础收入"（Universal Basic Income）系统来提升社会财富分配流向穷人的程度。毕竟，蒸汽机以及英国的故事已经告诉我们，人均收入水平不仅仅关乎社会公平，也关乎技术进步。

* * *

现实中，我们很容易以民族国家的思维看待英国，然而早在一百五十多年前，英国人的眼光就已超越民族国家的边界。历史学家西利（John R. Seeley）曾有两句名言，一句是"英国人在心不在焉间就建立了大英帝国"，另一句是"英国人是一个把国家带在身上的民族"。

的确，英国是一个特殊的存在，不仅诞生了传统史学界所谓的"第一次彻底的资产阶级改革"，引领了工业革命，而且曾建立起人类历史上疆域最辽阔的帝国。虽然今天英国的相对实力或许已经下降很多，然而盎格鲁—撒克逊民族创建的美国却依然是全球最强大的国家，英联邦也依然对全球五十多个国家有着直接影响，英语更是全球使用人数最多、分布最广，且在核心研究领域不可替代的语言。

因此，为了探究其秘密，不少人或者沿着孟德斯鸠的思路，不断追溯英国宪法的古老源头，认为英国拥有的古宪传统使其很早就关注限制政府、保护公民社会；或者把英国商业社会的那种个人主义精神追溯到 13 世纪，认为从那时起，英国就脱离了中世纪常见的亲缘家族社会，培育出独立、自主以及诉诸法律的个人主义社会；或者把亨利八世的一系列宗教改革看作英国摆脱思想桎梏、走向富强的开端。

许多研究也都能自圆其说，逻辑自洽。但这些研究确实有很多是事后追溯，而且强调的因素也总是过于宽泛、宏观。究其所以，是因为绝大多数人讲的故事还都是"英国如何成为英国"。然而，对想要从中获取历史经验和教训的人来说，最大的困难则是，非英国人怎么能够变为英国人？

不过，对英国历史、文化和制度的研究愈加深入，对这个民族的独到之处了解得越多，至少有这样一个好处，就是让我们意识到，要想成为屹立于世界之巅的民族，绝不是那么容易的事情，你得从现在开始就做对很多事，以百年乃至千年的尺度厚积，才有可能换来一个时代的勃发。

这又不得不使我们想到另外一些故事。数年前，中国移动互联网领域出现了一波由资本驱动的创业潮。这些创业企业的主要思路是，在移动互联网技术的支持下，找到一个适用于大众的消费场景，用资本的力量投入用户补贴，亏本经营，烧出一个原本不存在的市场，最终凭借用户规模获得资本市场认可，从而上市变现。

那几年，确实也诞生了 21 世纪以来中国人所讲过的最好的故

事。故事中的主角有成功者，也有失败者。但无论故事讲得如何，
从根本规律上来讲，依靠投资公司烧钱产生用户是无法持续的。企
业必须找到真需求，而且用户的正常收入水平也必须支撑得起这种
真需求，其商业模式才能健康地维系下去。不管是共享单车还是类
似的商业模式，凡是违背这一规律的企业，最终只能收获一地鸡毛。

　　尤其是，放在中国这样一个市场规模虽然庞大，但人均收入水
平还并不是很高［尤其相对于房价和消费物价指数（CPI）而言］，
采取这样的战略未必是好事。当移动互联网助长的补贴消费转变成
消费主义浪潮并席卷所有人时，它实际上是在透支一个民族的活力，
就像 20 世纪 90 年代泡沫破灭前的日本经济一样。

　　把这种畸形的增长误当作真正的技术革命，是一件非常危险的
事情。中华民族拥有最悠久的历史书写传统，也有着最丰富的史料
记录，原本是应该比其他民族更擅长以史为鉴的。

注释

1　大卫·兰德斯：《解除束缚的普罗米修斯》，谢怀筑译，华夏出版社，2007 年，第 66—71 页。

2　同前，第 63 页。

3　同前，第 63 页。

4　参见罗伯特·艾伦《近代英国工业革命揭秘》，毛立坤译，浙江大学出版社，2012 年，
　　第 246 页。

5　参见《近代英国工业革命揭秘》，第 268 页。

6　同前，第 255—256 页。

7　同前，第 140—141 页。

8　《世界千年经济史》，第 83 页。

第八章　铁轨上的霸权

　　工业革命如火如荼开展的年代，也是英法在国际上争霸正酣的年代。在 1756—1763 年的"七年战争"中，英国凭借腓特烈大帝在陆上的牵制，同时动用海军的强大封锁力量，重创法国。此役之后，法国被迫将自己在北美的所有殖民地割让给英国，并且从印度撤出，只保留了五个市镇。从此，英国成为海外殖民地当之无愧的霸主，开始走向"日不落帝国"的传奇。但是，这场战争中的大量军费却被转嫁到北美殖民地身上，引发了当地居民的极大不满。很快，北美独立战争爆发，而法国从中看到向英国复仇的机会，加入战局，资助反英战争。结果，英军战败，北美殖民地获得独立。

　　不过，法国国王也因为这次复仇行动付出惨痛的代价。这两场战争使得法国政府几乎破产，最终刺激了法国大革命的爆发。在经历恐怖流血和动荡之后，拿破仑掌控了局面。他连续数次击败反法同盟，并入侵西班牙、德意志、奥地利与俄罗斯。与此同时，他根据启蒙运动鼓吹的理性原则主导制定了《拿破仑法典》，随着他的征服铁骑，这部法典传播到各地，震撼了整个欧洲。

　　德意志地区自然也属于被震撼的一分子。这里用"德意志地区"，是因为在普鲁士完成统一战争、威廉一世加冕为德意志皇帝（1871）之前，严格意义上并不存在"德国"这个国家，只存在讲德语的一群人，或可称之为"德意志民族"。他们中的多数名义上是神圣罗马帝国的子民，实则生活在众多纷争不断的诸侯国治理之下。

现在人们普遍有这么一种印象，法国军队擅投降，而德国军队则是铁血、强大、军纪严明、战斗力强的代名词。这实际上是德国统一之后给世人留下的印象。此前，德意志民族的命运可以说相当悲惨：北面有强大的瑞典，南方有强大的法国，而且自身还支离破碎。"三十年战争"时期，德意志地区人口损失率在 60% 以上。在《战争与和平》描述的拿破仑时代，俄国将军这样评价德意志民族："只有懒汉才不打德国人，自从宇宙存在以来，大家都打德国人，他们打不赢任何人。"

德意志人自己当然也清楚。在拿破仑之前，就已有许多德意志思想家提出民族统一的呼吁和各种方案。受拿破仑刺激，德意志民族的这种热情更是高涨起来。1813 年，拿破仑在莱比锡战役中失败，莱茵邦联解体，随后德意志邦国加入反法同盟，最终取得了对拿破仑的胜利。

但是，胜利并未解决德意志民族的根本命运：德意志是否要统一，以何种方式统一，这将是未来半个多世纪到一个世纪中决定德意志人民，乃至欧洲与世界命运的大事。而这件大事，与一种先进技术深深纠缠在一起，双方相互渗透，影响了德国数十年的国运。

这种技术就是铁路。

铁路与官僚

1829 年，乔治·史蒂芬森第一次实现了蒸汽机车的商业运营，铁路技术的时代就此拉开帷幕。

在史蒂芬森的年代，拿破仑战争对欧洲大陆的破坏基本已经烟消云散，新的工业技术开始在欧洲各地扩散。快速发展的制造业使企业越来越需要高速、有效、稳定的原材料和燃料运输。因此，铁路技术甫一问世，就引起各国的广泛兴趣。德意志人也不例外。

在蒸汽机诞生前，水车是工厂最重要的动力来源。既然工厂往往必须建在水边，河运就成了当时主要的运输方式。当时社会存在大量运河承包商，靠给工厂提供运输来赚钱。蒸汽机出现后，工厂选址不必再局限于河边，运输系统因此也发生相应调整。

铁路，作为运河的挑战者，开始登上历史舞台。

不过，铁路技术跟此前的一些技术进步有非常大的区别：修建铁路的投资额太大，这不是传统的小型私人企业能够承担的。英国早期私人企业之所以能够承担相对大额的铁路建设投资，有两个原因：次要原因是吸收了荷兰经验的英国金融业相对发达，主要原因是英国企业已经受益于工业革命，赚到了足够多的钱，也有动力投资野心更大的新技术项目。英国的私人企业领头对铁路进行新的建设投资，而政府所扮演的角色，基本只是协调产权问题（类似于今天中国政府协调铁路用地问题）、保护穷人权益及监管这个过程中出现的不法行为。

然而后发国家很难如此复制英国经验。比如德意志，工业发展还比较落后，关键技术掌握程度不足，私人企业也很难评估建设铁路后的收益，也就不敢投资这么大的项目。这个时候，就需要一个对工业化有兴趣的政府来推动。

德意志各邦国的政府恰巧就有这个兴趣。原因有二。其一，在注重实际的政治家看来，统一的关税同盟（Zollverein）比起绝对精神更能促进德国统一，而铁路是连通各个诸侯邦国、缔造这一经济区的关键技术。其二，经历过拿破仑战争的洗礼，每个邦国都已开始半军国化，几乎都有自己的军械库，控制着当地的矿业、冶金业和制造业——虽然这是为了便于制造军火，但它们也都看到了铁

19 世纪德国蒸汽机车"马克斯堡（Maxburg）"

路这项新技术的军事潜力，以及它对调动部队和运输军需的巨大作
用。早期德国工程师对英国铁路技术的引进，其背后就有政府的支
持。由于英国政府已经开始重视知识产权保护，限制技术出口，早
期很多德国工程师实际上是以工业间谍的方式从英国那里偷来技术
的。他们旅行到英国培养工程师的学校和工厂收买当地工人，以获
得关键的技术图纸，然后带回德国。这些旅行费用由政府报销。普
鲁士甚至专门成立了一个技术工业委员会来协调这类间谍行为。[1]

　　这其中，德意志政府的高素质技术官僚起了很大作用。在半军
国化过程中，邦国政府接管了很多矿场和制造业，所以政府官员对
大规模产业发展有很丰富的经验，能够比较深刻地理解国营和民营、
集中管理与自由市场之间的辩证关系。比如，在铁路建设初期，政
府没有直接介入私人部门对线路和运营能力的规划，而是保持密切
关注。他们很乐意为铁路建设者提供贷款和相应的资金保障。这些
技术官僚的表现，赢得了熊彼特略为夸张的赞誉："（公务员们）非

常高效，他们能够不受诱惑，完全独立于政治，除了在图表中施加自由裁量权，还在修正推进计划、维持谨慎财务和稳定推动进步等方面做了许多许多事。"

当时的政府官员也自豪地表达过这种观点。普鲁士财政部长和海外贸易公司主管冯·洛特（von Rother）在 1840 年的一篇报告中写道："我已经证明，那种认为公务员不能像私人公民那样成功管理工业企业的老生常谈是极其错误的。"[2]

当然，这不是说当时德意志邦国的政府命令和产业政策完全没有问题。实际上，由于脱离产业实践，确实造成了很多浪费。当时德意志邦国的公共事务有三方机制：军方、技术官僚和私人。军方只关注铁路的军事作用，而且往往存在误解；私人企业家则想获得自由开业与竞业的权利；这种情况下，技术官僚在其中扮演了平衡者的角色，他们一方面说服军方保持理性，另一方面说服私人企业看到国有化和集中化的必要性。他们的独到贡献，正是在这种多方动态博弈过程中被"逼"出来的。

德意志这个民族，确实更愿意贯彻"哲学引领实践"的信条，它和欧洲其他一些善于思辨的民族有个共同特点，那就是善于用体系化方式表达自己要做的事情，设计完整方案，经过论证认为合理之后，再付诸实践。这里的体系化不是简单的写报告列 ABC，而是提出一套完整的、有深厚学术基础的理论体系。

在铁路大扩展的年代，提出一套理论体系的人，叫弗里德里希·李斯特（Friedrich List），他被称为"欧洲经济共同体"的思想奠基人。

"工业党"李斯特

　　弗里德里希·李斯特生于法国大革命爆发的同年。他的父亲是个皮革匠，但他不愿意像父亲那样做个商人，而是进入体制，还兼任过大学教职。1822 年，因为推行政府改革，他被判服苦役十个月。李斯特逃避了刑罚，并且以移民美国的条件与当局达成和解。

　　当时的美国刚刚独立建国不久，筚路蓝缕，百废待兴。李斯特很快成了地主，并接触到铁路行业，阅读了美国国父之一亚历山大·汉密尔顿的著作。美国制宪时曾有两个派别：其一支持赋予各州更多的民主权利，建立小政府，也即邦联派；其二认为必须有强有力的中央政府才能保障美国的富强，也即联邦派。汉密尔顿属于后者。他是一个民族主义者，主张建立国家银行，发行国债，建立关税系统。他写了一系列文章解释美国宪法的目的是建立一个强大的联邦政府，后人称之为《联邦党人文集》。

　　李斯特对汉密尔顿的这些想法很感兴趣，认为德意志关税同盟也应该仿照汉密尔顿的方法。1830 年，他被任命为美国驻汉堡大使，返回欧洲。之后，他在很多家报纸都做过主笔，写过很多文章，他的主要经济学观点就是在这一时期发表的。其中一家聘他做主笔的报纸是《莱茵报》，1841 年后李斯特身体不适，把主笔让给另外一个人。在 19 世纪的德语著作中，这个继任者的经济学著作是被翻译成外语最多的，李斯特在他面前只能屈居第二，他就是卡尔·马克思。

　　当时，亚当·斯密的《国富论》已经成为经济学领域的经典著作，自由贸易作为一种主流学术观点广为流传。但是，汉密尔顿站在美国人的立场上反对这种观点，认为自由贸易对美国这样的后发国家来说是不适用的，美国需要有保护自己刚起步产业的贸易政策。

　　李斯特同意汉密尔顿的这种观点，主张各个国家应该根据其具体情况和发展程度，制定特殊的贸易政策。他质疑英国人鼓吹自由贸易的真诚性：

> 任何一个国家，如果它已经通过保护主义和航海限制等手段，把自己的制造业能力提高到如此发达的程度，以至于别的国家都无法在自由竞争中与它对抗，这样的国家最想做的事情就是抛弃它爬上如此伟大地位的梯子，并且以忏悔的语气宣布它迄今为止一直在错误的道路上徘徊，现在终于发现了真理，要向别的国家传播自由贸易的好处。[3]

李斯特是在这个基础上反对亚当·斯密的学说的。亚当·斯密的核心思想是，每个人追逐自己的利益，市场这只"看不见的手"将导出最后能够有利于所有人的结果。但李斯特不同意这一点，他认为个体的逐利行为只会促进自己的利益，但一个国家的目的则是促进所有人的福利。比如，私人奴隶主可以在奴隶贸易和奴隶生产方面发大财，但奴隶制却是一个国家的公共灾难。再比如，运河和铁路可能对一个国家有好处，但是个人的利益却有可能受到损害。李斯特认为，正确的理论应该是，"国家的归国家，私人的归私人"：

> 管制所有事情，希望通过社会权力来推动所有产业一定是坏政策，因为有些领域就是要由私人自己来规制，由私人部门来推动更好；但也有领域只能由社会权力来推动，如果把这些部门也留给私人，这也是同样坏的政策。[4]

李斯特对亚当·斯密有一个很致命的批评，他认为，亚当·斯密的问题在于，他还是在农业和手工业社会发展自己的理论，他的模型只是一个商业体系，而不是工业发展的体系。商业体系的价值只在于交易，但一个国家的真正财富是其生产力的全方位发展，而不仅仅是交易。比如，国家的技术教育就比生产价值更重要，哪怕一代人牺牲了自己的收益和享受，也要确保这个民族能够掌握未来时代真正重要的技术。

李斯特还进一步提出，由于英国已经是发达工业国家，而德意志诸邦国和世界上很多国家一样，还处在初级工业化时期，因此这些国家有必要达成一个共同针对英国的关税同盟，以保卫自己的利益。他曾经访问奥地利和匈牙利并向其推广这个观点。李斯特的这种努力，后来被追溯为"欧洲经济共同体"计划的雏形。实际上，相对于今天的欧盟经济共同体而言，这个版本更具现实意义，因为李斯特敏锐地意识到，工业发展阶段相差太大的国家之间很难达成有意义的关税同盟，相反，它们之间只能在产业链上互补。欧共体的早期版本煤钢联盟的成功和当下欧盟经济的结构性问题，从正反两面分别证明了李斯特的正确。

其实，李斯特的这些理论，很像这几年来中国网络上流行的"工业党"观点：工业建设才是一国国力的基础，也是理解国际政治对抗的主线。国家应该尽一切方式保障工业现代化。不过，李斯特比中国互联网的"工业党"早了两百年，而且与今天网络上常见的"键盘政治家"不同，李斯特的理论是有实践意义的。他在1833年的一篇文章中为德国规划了铁路网络的基本走向，后来德国铁路网的建设基本验证了他规划的正确性。

李斯特还发展了一整套关于铁路建设如何支援国家能力的理论。总的来说，铁路建设有四大好处：一，是国防的重要手段，有利于军队的集中、分配与定向部署；二，是发展国家文化的重要手段，把各种各样的人才、知识和技艺带入市场；三，使社区免于死亡和饥荒的侵害，并且能够防止生活必需品的过度波动；四，促进国族精神的形成，因为相互孤立、地域偏见与夜郎自大都会导致一种"非

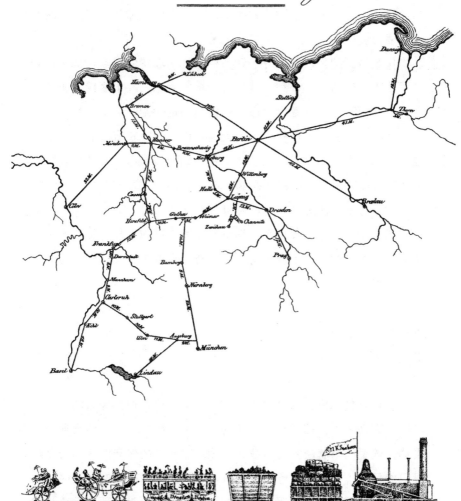

李斯特于 1833 年勾勒的德国铁路修建计划图

利士精神"[5]，但铁路技术有摧毁这种精神的倾向。它是连接各个民族的纽带，促进食品和商品交换，让各民族团结如一体。铁路如同神经系统，一方面增强了公共舆论，另一方面也加强了国家的治安与治理力量。

作为当时的知名知识分子和实业家，李斯特的观点在德国得到广泛接受，他的铁路规划也被政府和军方采纳，基本变成事实。然而，他却犯了一个不算太致命，却影响深远的错误：李斯特始终认为，铁路是一种防御性技术，因为他相信当时比较流行的"内线作战"思想。根据这一理论，一国之内的军队很容易通过内线交通动员，但外敌入侵时想要利用铁路线就比较困难。他怀着理想主义的热情，相信铁路将是一种能够带来永久和平的技术。

很不幸，这个观点后来从理论和实践上都被另外一位在历史上留下赫赫声名的人物推翻了；而李斯特观点的被推翻，极大地改变了德意志的命运。

老毛奇的胜利

在铁路技术刚传入普鲁士时，军方的态度普遍是保守的。因为当时还有许多人相信腓特烈大帝的判断：一国之内的道路交通越是发达，这个国家就越容易被敌人占领。军队中的保守派认为公路建设已经足够了，每当公务员系统有修建铁路的报告递交国王时，军方往往会出具一份报告阻挠，限制铁路建设。不过，随着铁路技术的逐渐引进，一些军人改变了想法，他们认为铁路对运输军队和后勤补给非常重要，开始支持铁路的发展。

但是真正促成普鲁士军方重视铁路的，是发生于 1850 年的一起重大事件。这起事件与德意志的统一也有很大关系。

1805 年，拿破仑击败俄国与奥地利后，撬动 16 个德意志邦国成立莱茵邦联，在事实上废除了德意志诸邦国形式上的共主——神圣罗马帝国。莱茵邦联实际上是把这些邦国团结起来给法国当傀儡藩属的组织，其"护国主"就是拿破仑自己。这个组织不过昙花一现，随着拿破仑的失败而解体。随后，德意志邦国成立了一个替代品，德意志邦联，由奥地利首相主持议会。1848 年全欧大革命爆发，这个邦联议会就被解散了。

与此同时，德意志北部的普鲁士愈发强大，并希望主导德意志统一进程。1850 年，普鲁士国王腓特烈·威廉四世成立埃尔福特联盟，希望以此取代德意志邦联。奥地利对此迅速做出了反应。他们利用黑森地区的动荡，说服 1848 年革命后由自由派新成立的法兰克福议会批准奥地利出兵黑森－卡塞尔（Hesse-Cassel），然后通过铁路迅速运送了 75,000 名士兵。与此相对，普鲁士的铁路动员完全是一场灾难，系统反应缓慢，等人员到位的时候才发现自己已经在事实上被包抄了。而就在此时，俄国沙皇尼古拉一世也与奥地利达成同盟，对普鲁士形成合围。威廉四世自知势孤力弱，唯有妥协，于当年 11 月被迫在奥尔米茨与奥地利签订《奥尔米茨条约》，放弃埃尔福特联盟，恢复德意志邦联，向奥地利称臣，并承认奥地利对黑森的占领。

这起事件虽被普鲁士人称为"奥尔米茨之耻"，但普鲁士军方从中看到了铁路所具有的巨大动员力量。于是，军队进行革新。1857 年，一位曾经在柏林—汉堡铁路线中担任董事会成员的军官被擢升为总参谋长，而此人将改变李斯特对铁路的和平规划，并协助铁血首相俾斯麦通过战争实现德意志的统一。

他便是大名鼎鼎的毛奇（Helmuth Karl Bernhard von Moltke），为与他的侄子区分，人们称他为"老毛奇"。

老毛奇从 19 世纪 40 年代早期就开始关注铁路建设，注意到铁路对军事建设的重要性。他在一篇文章中称，铁路代表了"道路交流的完整革命"，"政府绝不能与这样伟大的进程相脱离"。而"奥尔米茨之耻"后，老毛奇从自己参与铁路建设的经验出发，发现了当时铁路动员的真正问题。

从人类有组织、有计划地实施战争行为开始，动员和后勤就一直是战争中最重要的部分之一。铁路发明后，动员效率大大提高。在 19 世纪，通过铁路运送的部队，即便在最混乱的情况下，集结速度也是步行军的 6—10 倍，而这么高的动员效率，反过来又迫使所有人及时沟通并做出决策——很幸运，随着电报的发明，沟通问题也得到了缓解。[6]

但是最大的问题始终在于人。从事战争事业的人必须先适应工业战争时代带来的急剧变化，就像自然耕作的农夫必须适应拖拉机一样。试想，如果你是作战参谋长，但从来没有意识到士兵和装备可以如此分批运送，而且分批运送的枪支弹药要分发到不同的部队手中，武器和对应的弹药还不能出错，在战争动员时你是不是会有些临时抓瞎，手忙脚乱？而这些都是 1850 年普鲁士动员时面临的实际问题。

从 1850 年的耻辱中，老毛奇意识到，铁路系统如此庞大，涉及的协调管理层面实在太多，如何利用好这个系统为军队服务，不只是铁路部门自己的问题，而是牵涉地方政府、企业和铁路部门之间的协调沟通与规划管理，因而这项工作必须由军方来牵头。于是他开始推动普鲁士军方制定一个统一有序的铁路战略，要点是让军事规划渗透到民政部门与各州代表中，确保战时动员能够顺利实现。

德国军方的战略很快得到了实践检验的机会。1863 年，奥地利试图实现德意志的和平统一，并且得到大多数德意志邦国的支持，但被普鲁士拒绝了。1864 年，俾斯麦联合奥地利发动丹麦战争。由于战利品分配问题，奥地利与普鲁士的龃龉加深，最终导致 1866

年普奥战争的爆发。

此刻，经过数年准备的老毛奇已经准备好要打一场铁路动员的现代战争了。

在此之前的战争，士兵奔赴前线的行军路线也是战争的一部分，双方指挥官必须把士兵集结在有战略价值的地区（比如己方的堡垒或在易守难攻的山岗上建立的临时据点），计算集结动员的时间，考虑运动过程中的交战可能性以及最后确定交战的战场。因此他们必须在交战前很久就动员士兵，保持他们的士气，以便随时交战。但铁路出现后，毛奇大胆地改变了这一传统战术，他不再把士兵驱赶到城堡附近集结，而是让他们乘火车前往交通枢纽，以便瞬间集结大规模部队。他也没有提前很早动员部队，而是在士兵到达后才开始动员。

尽管普鲁士人仍旧在实践中犯了错，原计划运往前线的三支部队由于协调失误，只有两支部队及时赶到，加上配套问题考虑不周，大量物资腐烂、牲畜饿死，但他们忽如其来的集结速度还是大大胜过奥地利人。会战之前，普鲁士用三周时间向计划作战地区输送了将近 197,000 人、55,000 匹马和 5300 架车，而奥地利动员同样数量的士兵则需要耗费六周。这些数字本身就体现了铁路技术对战争的巨大改变。普鲁士和奥地利两国在开战前动员的总人数大概有 40 万人，作为对比，当年拿破仑进攻俄国时，虽动员了 67 万人，但拿破仑的军队不是一次动员起来的，而是在经年累月的战争中，通过各种手段，甚至征召被征服地区的民众，才最终组建起这支庞大队伍。但那已经是拿破仑担任法国军队总司令的第十五年。而普奥战争从发起动员到结束，前后只不过用了两个月零九天。

战场之上瞬息万变，三周时间的领先已足以让普鲁士军队占据主动，从而大获全胜。就这场战争而言，多数历史学家只关注到俾斯麦的外交手腕多么灵活、老毛奇的战术多么出其不意，却忽略了铁路技术发挥的重要作用以及普鲁士军方为充分利用铁路所做的努力。没有铁路赋予的快速集结能力，老毛奇的战术不可能实现。

同样的故事在 1870 年的法国又重演了一遍。俾斯麦极力主张对法开战，但普鲁士国王威廉一世对此十分犹豫。当时，法国与普鲁士在西班牙王位继承问题上有意见纠纷，法国要求威廉一世作出承诺，但威廉一世不愿承诺，也不愿得罪法国人，于是从自己的休假地埃姆斯给俾斯麦发了一封电报，让俾斯麦告诉法国大使不必为这件事再见面了。但俾斯麦心里的计划可不一样，收到电报时，他正在跟老毛奇吃晚饭，就问老毛奇是否有信心击败法国。老毛奇回答，有。俾斯麦于是提笔修改了电报，把它的基调变成威廉一世国王严正拒绝法国的要求。老毛奇评价说："（这封电报）原来听起来是退却的信号，现在则是挑战的号角。"电报内容公开发表后，两国民众果然都被激怒，强烈呼吁本国政府强硬对待此事，双方已经不得不开战了。这就是世界外交史上有名的"埃姆斯密电"事件。

其实，法国当时在铁路建设上并不落后于普鲁士。1870 年法国的铁路网密度与普鲁士差不多，而且在交战地带也就是色当附近，法国的铁路网更密集。但是，老毛奇的信心主要在于普鲁士人的动员体制和动员经验。事实也正如毛奇判断，法国人的战前动员完全是一场灾难。由于法国军方无法控制铁路，军官们多数时候不得不临时征用火车和物资，一线部队常常没有基本的战斗装备，动员二十三天后，也只有一半预备役军人到达军营，其中许多人连制服都没有。很多学者对法国的动员效率如此之差感到奇怪，往往笼统地归结为法国的体制问题，但实际上，这只是法国军方未能适应新技术条件下的作战动员形式而已。最终，普法战争以法国战败、法王被俘的结局告终，成为法国历史上的奇耻大辱之一。

普鲁士以军国主义手段赢得战争，统一了德意志，这是写在历史课本上且人人皆知的事实。但在这辉煌胜利背后，是铁路扮演了

在普法战争中，火车车厢作为医院使用

至关重要的角色。虽然新技术的进步的确深深影响和改变了德意志的命运，不过这种改变也不是自然而然就发生的。如果以老毛奇为代表的普鲁士军方没有把握住这个机遇，如果他们对铁路技术的理解不足够深刻，如果他们不是在 1850 年之后马上高效地建立起一套适配铁路技术的动员机制，后面的这一切可能就都不会发生，或者即使发生，也没有那么顺利。

铁路提供新机遇，而相应的系统改革帮助普鲁士抓住了新机遇，这是一个双方互动的故事，缺了哪一方都不可能成立。不过，这个故事还没有结束，统一之后的德意志帝国沿着曾让它取得成功的命运轨道一路飞奔而去。

军国主义的极限

统一战争胜利了，为统一战争所做的一切准备都是正确经验，应该得到大力发扬，然后，这些经验会变成教条，束缚新一代人的思维。这似乎是历史的铁律。

普法战争后，老毛奇的胜利使军方空前重视铁路的战略意义，加快了铁路国有化的步伐。在此之前，国有化的案例也是有的，但多数是出于公共利益的考虑，1870 年以后，国有化基本上就由军方主导了，德意志帝国军国主义化的程度空前加深。

但是，德国人不是唯一会总结经验教训的民族，所有看到普法战争后果的欧洲国家也都总结出了普鲁士的成功经验：动员能力。于是，所有国家都行动起来了。1871—1914 年间，欧洲大陆的铁路网规模从 65,000 英里增长到 180,000 英里，增长接近两倍，其中，除了德国，主要就是俄国。法国在 1870 年时只能动员 50 万人，到 1914 年时却已经可以动员 400 万人。这个数字使得即便像拿破仑这样的军事天才也已无法跟 20 世纪的指挥官相匹敌。

在拿破仑的时代，一场战争中一方投入的常规兵力一般不到 10 万，总参战人数在 20 万上下；而到了第一次世界大战，光是凡尔登战役双方就各自出动 100 万人以上，而整场战争中大国为此动员的人数都已达到几百万到上千万的级别：意大利 561.5 万、奥匈帝国 780 万、法国 866 万、英国 884 万、俄国 1200 万、德国 1325 万。

到了这个数量级，之前 19 世纪的指挥官不会也从未考虑的一个问题出现了：一个国家的动员兵役人数已经达到其自然极限。

德意志帝国在 1910 年的人口总共是 6492.6 万，为了打第一次世界大战，它动员了 1325 万人，占总人口的五分之一，基本上已经是一个国家动员兵役的极限，不可能再增加了。而且，这个数字还没有考虑相应的经济支持、后勤保障、运输和补给能力等。毫无疑问，任何一个国家在军国主义道路上走到这个份上都是维系不下去的。

以后见之明来分析，战争规模如果到了这个层级，那就基本变成国家禀赋的对抗了。比利时、荷兰这种总人口也不过几百万的国家，天然就会被淘汰，全欧洲真正的玩家，就只剩下那几个自然人口过 5000 万的大国了。对这几个大国来说，战争的结局很大程度上只与合纵连横的结果有关，主要是看谁跟谁一起玩儿。这个时候，决定国家战争结局的，反倒是外交实力，而不是工业或军事硬实力。而在这个方面，长期习惯在欧洲大陆实施"均势"战略的英国，显然有明显优势。

俾斯麦非常清楚这一点。他始终担心法国会跟英国结盟，向德国实施报复，于是他力主在外交上尽可能不去刺激法国，同时努力在俄国和奥匈帝国中间寻找盟友。19 世纪末期欧洲局势风云变幻，俾斯麦则努力维护这个脆弱的同盟。所幸，由于头脑清晰、手段多变，他在位期间，德国外交环境总体较为和平。

然而当老皇帝去世后，新任的德皇威廉二世便不满受制于这个老人，想要用更简单蛮横的方式为德国人"争取生存空间"。俾斯麦退位后，威廉二世推动德国外交向着强硬路线发展。德军总参谋部的精英开始根据先前的成功经验，制定新的作战计划，这其中，最著名也最疯狂的，就是"施里芬计划"（Schlieffen Plan）。施里芬于 1891—1906 年担任德军总参谋长。他意识到，在大规模铁路网的动员下，德军有能力在东方和西方同时对法国与俄国开战。他认为德军应该先粉碎法国，再于东部重新部署以对抗俄罗斯。他的计划是，绕开瑞士复杂的山地与法国东部边境的防御设施，在比利时—卢森堡边境的铁路上大规模集中军队，冲击巴黎，迫使法国投降后再挥师东进，对抗俄国。为此，他制定了相应的铁路规划和部署动员计划，德国铁路网在相应的战略方向上迅速增加，到一战开始前，密度已增加一倍。[7]

一战爆发后，德军按照部署实行这一计划，但因为一开始没能成功迅速粉碎法军，被迫陷入两线作战。除了与下一章要讲到的另外一种技术相关，还有一个令德军遭受失败的原因也很重要，那就是法国和俄国也从 1870 年的战争中学到了经验。很明显，在没打这一仗之前，德军总参谋部也没想到，战争还可以在千万级动员的规模上爆发。最终，他们流干了德意志年轻人的血，也没能实现原定计划。

德军可耻地失败了，威廉二世被迫退位，德国被迫缩编军队，阉割工业实力，支付巨额赔款。

二十年后，希特勒的部队走的也是施里芬计划的路线，直到远征莫斯科前，德军打得都很好，其中一个重要原因是，二战初期，德军在坦克战术和战术准备上相对敌手有代差优势，但一战时没有。不过，当苏联人抵御住德军进攻，并开足马力全力生产坦克后，德国人的技术优势就被取消了，而希特勒则注定要失败。更不用谈，还有大国加入盟军阵营。

施里芬计划的两次尝试和两次失败，都证明一件事情：在体量和国力给定的情况下，单靠军国主义赢不了大国权争。到一定级别的时候，大国相争就不再是军事硬实力的比拼，而是全方位的比拼：人口数量、科技、工业实力、外交优势、政治号召力……最终孰胜孰败，既要看所有得分累加后的对比，也不能在某一项上有明显的短板。而职业军人的眼光，虽然是一项必不可少的因素，却不是全部。如果仅局限于军事眼光，则做出战略判断的失误概率极大。

* * *

由于语言和文化上的障碍，中国人要理解德意志民族的历史是很不容易的，然而一旦真正沉浸其中，很容易被它的跌宕起伏、沉郁哀婉与荡气回肠所吸引。想一想，中古以来，德意志民族出了多少在人类文明史上星光璀璨的奇情英杰与睿智人物，又将人类的知识与智慧推进到了怎样的高度？！然而这个民族却又蒙受了那么多苦难，流了那么多的血泪，经历了那么多的耻辱！在整个人类历史中，我们似乎很难再找到一个像德意志民族这样，在18—19世纪的纷争和战火中涌现出那么多哲学家、文学家与艺术家，他们的学说虽然未必正确，但他们的狂想却刺激了整个民族的精神。随后，无数实干家、政治家和工程师受其激发，如李斯特和俾斯麦，把种种伟大方案带入现实，身体力行地改造这片土地，为最终的统一创造了条件。

我们说某个民族创造了历史，有时不过是一种客套的说辞。多数时候，这个民族不过是如常生活，随着各种改变历史的力量的变化随波逐流。但是对19世纪的德意志来说，我们的确可以说他们创造了自己的历史，因为若不是在那个时刻有那样一批伟大人物的集中爆发，德国统一的进程很可能不会以那种方式实现。而对新技术的快速理解、运用与实施，是德意志民族精英伟大努力的集中体现之一。其实，在科技革命尚未如今天这般深入人心的年代，绝大多数人是很难在新技术刚刚面世时就正确理解其重要性并加以运用的，这需要突破传统、突破历史经验、突破主流观念与教条的勇气。

当然，那一代德国人可能也没有想到，抓住新技术爆发的趋势竟然可以获得如此大的战略优势。他们尝到了甜蜜的回报，但是他们的后人却浅尝辄止于他们的经验，没有多想一步。

铁路这种新技术，以及19世纪后半叶工业革命的绝大多数科技突破，其技术属性本身就与威权政治制度有亲和性。铁路的投资额太大，往往需要政府的资金与政策支持，所牵涉的许多产权纠纷亦是如此。当时与之类似的，还有长途电报、电话用的电缆以及一些武器的革新，这些技术要么需要政府高额投入，要么对政府的管理与军队建设有巨大意义，而指望民间资本投入就很困难。我们惯常称之为第二次工业革命的那些技术进步，都有这个特点。

于是，威权政府应运而生，极大地促进了这些技术的发展，这些技术又反过来促进了威权政府的能力。这个相互促进的过程会造成某种错觉，使威权政府误以为真正的成功经验就是它自己。如果这个威权政府还恰巧被军国主义化，那就更要命，因为被技术作用放大的军事冒险往往有瞬间毁掉一个国家的危险，可惜的是，领导国家的军国主义者们却往往并不自知。

我们越是同情德意志民族的苦难，敬佩德意志民族的崛起，就越会对19世纪最后十余年德国迅速滑向激进危险的军国主义而扼腕叹息。施里芬只是被推到台前的人，真正该负责任的是威廉二世与他选择的那些不断怂恿他冒险的团队成员。在德意志帝国的最后岁月，被皇帝和宰相联手掌控的帝国议会，往往以民族主义激情压制自由派的意见，然而就民族利益来说，恰恰是极端军国主义者的冒险计划让数代以来德意志民族精英的努力付诸流水。他们才是德意志民族的真正罪人。

第二次世界大战结束后，美、苏、英、法四国占领德国，开始对德国实施民主化、去军事化和去纳粹化的占领措施。盟军占领委员会发布第46条法令，其内容看似有点古旧和不合时宜，但对德意志的历史来说却意味深长：

> 普鲁士国（Prussian State）自古以来即为德国军国主义及反动力量的担当者，自今以后取消其事实存在的地位。

军国主义自此从战后德国的基因中被清除，而老毛奇那一代普鲁士人的努力，也就此定格于历史的审判席上了。

注释

1　Geoffrey L. Herrera, *Technology and International Transformation*, State University of New York Press, 2006, p.61-66.

2　同前，p. 65。

3　关于航海限制，17—18 世纪，英国多次通过《航海法案》等限制自由贸易的法律与政策，保护英国企业，使英国在对外贸易竞争中占得优势。Friedrich List, *The National System of Political Economy*, 1841, translated by Sampson S. Lloyd M.P., 1885 edition, Fourth Book, "The Politics", Chapter 33. 转引自 https://en.wikipedia.org/wiki/Friedrich_List，中文为笔者译。

4　转引自 https://en.wikipedia.org/wiki/Friedrich_List，中文为笔者译。

5　Philistine spirit，非利士人是《圣经》中记载的古民族，与以色列人为敌，德语文化中以此指代重视物质、忽视精神、俗鄙偏狭、对知识和艺术没有追求的人。

6　*Technology and International Transformation*, p.85.

7　同前，pp.103—110。

第九章 枪下亡魂

对大清皇室来说，1900年毫无疑问是一个耻辱的年份。这一年，义和团得保守派大臣的纵容进入直隶与北京，而慈禧太后误信各国欲迫其退位的假情报，对多国宣战。列强随即组成八国联军，攻入北京，史称"庚子拳乱"。大清皇室逃往山西避难，与11国签订《辛丑条约》，赔款4.5亿两白银，是中国历史上赔款最多的条约。

义和团相信扶乩、请仙、符水、神通等一系列迷信，认为这可以帮助他们战胜洋人的枪弹。在现代武器的威力下，迷信当然不堪一击。其中一个经常被引用的例子，便是1900年6月20日—8月14日义和团参与的对东交民巷使馆区的攻击。

慈禧太后对是否进攻使馆区曾反复犹豫，中间多次宣布停火，还送来食品慰问。中国人真正猛力进攻的是6月26日—7月13日和8月11日—8月13日这二十天不到的时间。但即使如此，考虑到双方力量对比悬殊，战斗结果依然足以令人惊讶。使馆区大概有900多名外国人和2000多名信奉天主教的中国人在此避难（他们害怕专杀"二毛子"也就是中国教民的义和团），其中受过军事训练的作战人员只有几十人。而大清王朝这边，真正负责进攻使馆区的并不是义和团，而是清军。义和团民兵多数时候只是被清军逼上前线，充当炮灰而已。进攻使馆区军队的最高指挥官是时任军机大臣

1900 年东交民巷使馆交战

荣禄，直接进攻者则是荣禄的手下、甘军首领董福祥。董福祥当过土匪，自立为王，杀人放火，后受招安。他为人跋扈，连慈禧太后的意见都敢当面反对，荣禄很难节制。董福祥对洋人从不手软，曾经纵兵杀戮、肢解日本使馆书记生杉山彬，其所率甘军约有一万人，装备雷鸣登枪与毛瑟枪等现代武器，能够使用欧洲战场流行的"排枪战术"。

这支凶猛强悍的部队，为何经过二十多天攻击，仍未打下使馆区？

慈禧的失误

熟悉军备武器的读者看到前示这张藏于英国国家军队博物馆的照片，或许疑惑会稍稍得到解答。图中正在防御的使馆作战人员操作的是一台科尔特重机枪。据载，当时使馆区有三挺这样的机枪。

机枪与火枪同属热兵器，但杀敌效率有质的差异。殖民时代的亚非民族并不害怕欧洲人的火枪，包括清军在内，多数非西方国家和民族其实很快掌握了火枪的使用方式，部分军队甚至可以采取与西方军队类似的近代步兵战术作战。但是机枪出现后，对没有装备机枪的部队却是可以造成火力碾压的。甚至，即便没有受过专业训练的人，也可以使用这种武器屠杀对手。19 世纪末有一个战例，东非某部落的土著士兵伏击了一支德国殖民部队，几乎将其全歼，然而一名德国军医却靠着一挺机枪击杀了大批土著士兵，反败为胜。机枪诞生后，在殖民地战场上经常可以见到这种几百人对几千上万人，但仍能以 1:100 左右交换比取胜的战例。

据当时被困使馆的人员记载，这几挺机枪除了对清军士兵造成很大杀伤外，还端掉了清军的一台先进火炮。[1] 当然，由于记录者没有能力精确统计战场伤亡数字和机枪的杀伤数字，我们很难推断这些机枪到底起了多大作用。但客观事实是，董福祥的甘军的死伤要比使馆内的留守人员高得多，而且他们也确实没能攻下使馆阵地。结合机枪在当时战场上的优异表现，推测机枪对1900年东交民巷使馆之战有着重大意义，应该是合理的。

当然，慈禧太后并不是全然没有见过世面的蠢货，经过洋务运动后，清军的现代化水平也的确得到了一定提高。按道理讲，西太后对现代军队的火力应该是有一定认知的。但是，科尔特机枪发明于1895年，美军大规模装备是在1898年，距庚子拳乱不足两年，考虑到当时信息传播的速度，西太后见识不到这种武器的厉害，似乎也情有可原。

不过，即便西太后对这种现代武器毫无认知，也不代表整个大清国对此都不知道。一些有意收集当时西方现代化装备的有识之士，就已经介绍过机枪这种武器。比如，陈龙昌所辑《中西兵略指掌》中就收录了南北战争期间美国人发明的加特林机枪，当时称为"十门连珠格林快炮"。甚至，1884年的马克沁机枪展会上，李鸿章也亲眼见识过马克沁机枪的威力。据说李鸿章听闻此枪的耗弹量后，摇头说，子弹太贵。这里的"子弹太贵"当然不是指子弹的具体价格太贵，而是指大清有限的武器生产能力无法保障其大规模装备和供应。饶是如此，李鸿章依然采购了几台样枪。四年后，金陵制造局制造出了仿制版的马克沁机枪，当时称为"赛电枪"。

但是，即便有这些产品，机枪还是没能在清军中流行起来，关键因素也许在于"人"。这里有一个颇为极端的例子：1894年甲午战争期间，四品京堂盛宣怀敦促金陵制造局赶制"后膛抬枪"备用。这是一种重型火绳枪，要两个人抬着才能使用，射速只有每分钟一发，大概与"鸟铳"属于同一个时代的装备，落后时代两三百年。当时，金陵制造局的英国观察员评价说：

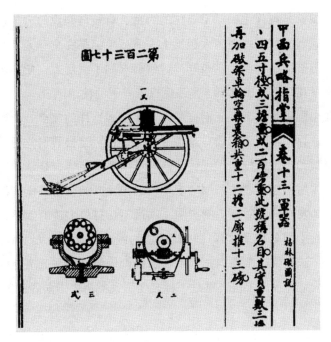

《中西兵略指掌》中的格林快炮

　　所有第一流的现代化机器，都用来生产一些无用的军械。……很大部分的机器，用来制造抬枪。中国官员很兴奋地展示一些仿造毛瑟枪机的后膛抬枪，一个官员告诉我，抬枪子弹可以穿透4寸的木板，他看来既满足又得意，因为全世界没有任何一个其他国家有类似的武器。看到这些官员和工人们得意地尽心尽力地制造一些无用的军械，实在令人心碎。

　　但从另一个角度说，金陵制造局面对的需求是合理的，因为晚清军人接受训练并习惯使用的就是这种武器。

　　可以合理地推测，这个例子暴露出的是，大部分清军官兵，甚至高级决策层对真正的现代化还是一知半解的。他们以为用机器来生产军械就是现代化，对工业化的力量、科技与知识的力量以及新式现代武器，到底能在多大程度上左右战争结果完全一无所知。因此，老佛爷信心满满，宣布开战，然而真到了战场上，便是凶悍跋扈的甘军花二十天也打不下来三挺机枪守卫的使馆区。

在中国近代史上，我们已经太多次听到这样的故事。所谓不断开眼看世界，不断被启蒙，就是这样的过程。过去我们觉得，不能真正理解和运用机枪这类现代武器而不断遭受屈辱，是清政府的悲哀，是体制与思想遭受禁锢的表现。但当我开始了解机枪背后的历史时，却发现机枪对历史的影响，远远不止打垮大清的傲慢这么简单。不光中国低估了这样一种新武器的威力，世界上大多数国家，包括英、法、德、美在内，都不曾想到机枪带来的翻天覆地的巨大变化。从某种程度上讲，这是一种改变了人类历史走向的武器。

文明的屠刀

让我们把视线暂时从东方的大清移开，转向另一块古老而遥远的大陆——非洲。提起非洲殖民，大部分人的印象是，欧洲对非洲殖民的历史很悠久，侵占的土地也很广大。比如，臭名昭著的黑奴贸易从 16 世纪就开始了。但就土地占领而言，到 1885 年，欧洲各国在非洲的殖民地，多数其实还只集中在沿海地区，实际控制的土地占非洲大陆的 30% 不到。一直到 1914 年，除埃塞俄比亚之外的几乎整个非洲才彻底沦为殖民地。欧洲对非洲的殖民，大部分是在 19 世纪最后十几年和 20 世纪初的十几年里完成的，而不久之后，就迎来了殖民地独立运动。

是什么让欧洲在如此短的时间里占据如此多的土地呢？答案就是机枪。也许我们会觉得从弓箭到火枪是一种飞跃，而从火枪进步到机枪并没那么神奇。但事实是，机枪与火枪的火力输出能力可以说天差地别。机枪是以完全自动化的方式实现装弹和射击的，射速和火力都与火枪不在一个数量级上。早期滑膛枪每开一枪就需重新装填子弹与火药，射速每分钟1—2发左右。19世纪中期，德莱塞发明击针和枪栓后，射速达到每分钟10—12发。但是，加特林机枪刚发明出来时，射速就已达到每分钟600发，与步枪完全不在一个数量级上。而且机枪扫射出的子弹威力极大，可以打断树木，更遑论脆弱的人体。

事实上，火枪在全球范围内的运用历史相当漫长，除了美洲之外，其他地区的非西方国家的军队对燧发枪或者滑膛枪并不陌生。

15世纪，奥斯曼土耳其的穆拉德二世已经组建了一支以火枪和火炮为主要武器的精锐队伍：苏丹亲兵（janissaries）。这支部队是伊斯兰教最原教旨的教派之一——苏菲派的忠实信徒，在战场上，他们向来只在情势最吃紧时出击，百战百胜。到16世纪苏莱曼一世时，奥地利驻君士坦丁堡大使参观这支队伍的训练后，感叹欧洲没有任何一支队伍能够与之匹敌。

清廷军队对火器的使用也并不陌生。清朝开国君主努尔哈赤就因在宁远城败于守将袁崇焕的红衣大炮，怅恨病逝，因此有清一代，对火枪火炮的使用相当重视。在18世纪绘制的"平定准噶尔回部得胜图"中，我们可以清楚地看到清军已经在使用前面介绍过的欧洲主流线列射击战术。而清军交战过的对手，如尼布楚之战中的俄军、廓尔喀部、张格尔叛军等，均装备有俄国或英国制造的燧发枪。因此，清军对西方的火枪战术并不陌生，甚至还可以在局部作战中取得胜利。

在东欧、西亚、北非乃至亚洲战场上，还有许多例子可以证明西方的军力优势相对于非西方，其实并不那么明显。甚至，我们还可以看到西班牙殖民者与南美洲马普切人反复交战三百余年也未

能将之征服的案例。即便到 18 世纪晚期，像拿破仑这样的天才在
与埃及人交战的时候，也需要有一定数量的军队做后盾。例如，在
1798 年的"金字塔之战"中，拿破仑指挥 2 万法军对抗 2.5 万马穆
鲁克军队，运用方阵战术，以死伤不到 300 人的代价杀死杀伤对方
2 万人。这固然是极大的胜利，但当机枪发明后，即便几个流氓，
也能凭着几挺机枪取得类似的战果。

1884 年，英国人马克沁（Hiram Maxim）发明了马克沁机枪，
射速可达每分钟 550—600 发。尽管马克沁本人鼓吹这种武器能够
根本性地改变战争的形态（事实也确实如此），但当时各国的军方
并没有听信他的一面之词。倒是一些远涉非洲的探险家采购了一些
这样的武器。比如，建立所谓刚果自由邦的亨利·莫顿·史坦利爵
士和曾在香港与尼日利亚都当过总督的卢吉男爵。很快，这种武器
在非洲声名鹊起。让它崭露头角的是 1893 年的一场小规模战斗。

1893 年，英国人在南非的一小队警察与当地的马塔贝勒部族遭
遇，双方发生激烈交火，马塔贝勒的人数虽远多于英国人，却被机
枪无情地击溃。史料是这么说的：

> 马绍纳人是罗本古拉的臣民，白人与马绍纳无关，无论白人
> 是要保护他们还是使他们免受国王审判。因此，应该派班图武士
> 去惩罚这些马绍纳人，武士们已经和白人发生冲突。白人又带着
> 枪来了，那些枪吐出的子弹就像老天下冰雹一样，赤手空拳的马
> 塔贝勒人，谁能抵挡这些枪支？

1898 年，在英国政府插手埃及和苏丹的恩图曼（Omdurman）
战役中，英军使用马克沁机枪对德尔维希士兵实施了字面意义上的
大屠杀。这场战役中，英军的损失是 48 人，而德尔维希一方则是
11,000 人。当时的名流爱德华·阿诺德（Edwin Arnold）爵士对此

19世纪80年代，马克沁爵士和他的马克沁机枪

1885年首创的马克沁机枪成为欧洲帝国主义的有力象征，这种武器后来改变了战争的本质

有一个评价："我们的大部分战争是凭冲锋、技巧和官兵的勇猛取得胜利的，然而这次战争是由住在肯特的一位安静的科学家绅士（马克沁）所赢得的。"[2]

马克沁机枪发明后的十余年，欧洲人在全球范围内建立起庞大的殖民帝国，与之同时建立起来的，还有一种极端的种族主义情绪。很多在非洲活动的探险家亲身体验了这种感受：不管他们的教育与道德水平如何，是否能与当地土著维持和平，是否能够公正地看待部落与民族之间的冲突，是否有精明的商业头脑，是否会因为习俗、信仰和外交礼仪上的无知惹上麻烦，他们都可以靠机枪来摆平。他们拥有机枪这种武器，不在乎杀死非白人的生命，反被当成自身优越性的证据。当一个人不必发挥其能力与素质的全部就可取得成功时，他身上恶的一面就会被激发；当一个社会对此类"成功者"不加限制时，就会有越来越多的恶棍脱颖而出。马克沁机枪在非洲殖民活动中就造成了这个局面。

一个文明有强大的物质实力，因而能让恶棍也获得成功，这并不是一件好事。然而在当时的欧洲，这种事情竟然成为论证欧洲文明优越性的依据。随着殖民者在非洲大陆的征服高歌猛进，白人相对于土著的技术优势遂变成了一种道德优越感的论证。生于印度孟买、曾获诺贝尔文学奖的英国诗人吉卜林于 1899 年写下《白种人的负担》这样的诗句：

> 挑起白种男人的负担
> 把你们最优秀的品种送出去
> 捆绑起你们的儿子们将他们放逐出去
> 去替你们的奴隶服务
>
> 挑起白种男人的负担

让他们背负着沉重马缰

去伺候那些刚被抓到

又急躁又野蛮，又愠怒

一半像邪魔一半像小孩一样的人们

挑起白种男人的负担

坚持着耐心

掩饰起恐惧

隐藏起骄傲

用公开与简易的语言

不厌其烦地说清楚

去替别人谋福利

去为别人争利益

然而，"白种男人"们自身的文明，演变成什么样子了呢？

工业军国主义："普鲁士化"

探险家、殖民者和东印度公司在遍布土著的大陆拓张的同时，欧洲本土正在被一种新的力量全面改写、塑造和同化，这种力量就是工业化。19 世纪后半叶是蒸汽机、铁路和电力通信工业突飞猛进的时代，人类在科技的各条战线上都不断取得新的突破，欧洲社会的生产能力得到了前所未有的提升。

而在工业革命的最早发生地英国，政府并没有有意地把日益增长的工业力量组织起来，以达到迅速获得武器装备和兵力的目的。在工业化的早期，自由放任的政治经济学思想非常流行。亚当·斯密在《国富论》中认为，武装部队本身不事生产，不能像工厂或农场一样为国家增加财富，因而应当将武装部队减少到与国家安全相适应的尽可能低的水平。在 1815 年以后的五十多年时间里，英国武装部队花费的费用只占国民生产总值的 2%—3%，中央政府的开支总额占国民生产总值还不到 10%。对于一个统治辽阔疆域的海洋帝国而言，这其实非常低。[3]

从思想史的脉络看，在斯密之前的"自由放任"（laissez-faire）思想，其实是一种前现代社会的经济观点。这个词的最早发明者弗朗索瓦·魁奈是法国重农主义的领袖，他有个外号叫"欧洲的孔夫子"。约翰·霍布森在《西方文明的东方起源》中甚至认为，"自由放任"这个词是魁奈受到中国传统的黄老之术的启发而产生的。亚当·斯密虽不同意他们对农业生产的重视，但在一定程度上接受了重农学派自由放任的观点。他的"看不见的手"理论，其哲学基础很有可能来自古典晚期斯多葛学派的自然神论。[4] 套用凯恩斯的说法，某些自由放任主义者以为划时代的认知结构，不过是来自两千年前的已故思想家而已。

有一个国家率先发展出了一种思想，挑战了这种观点，改变了发展路径，并且取得了令人瞩目的成就。这个国家就是普鲁士，这种思想就是李斯特的国族经济学思想。普鲁士政府当局在那个历史阶段追求成为"德意志统一"的担纲者，因而，整个国家的力量因为这一目标，与工业化进程完整地结合了起来。

我们已经讲过铁路建设和动员力量对普鲁士建立军事优势的巨大意义。在这里，我将在一种全面塑造社会工业化力量的基础上，重新思考"军国主义"这一概念。

现在的我们一听到"军国主义"这个词，就会下意识地用批判的观点去理解和审视它。但其实在人类历史上的很多时间，"军国主义"是许多政权的常态，其中不乏在文明史上留下浓墨重彩者。

斯巴达规定所有男人必须从军，哲学家柏拉图却极为推崇斯巴达的政体及其立法者莱库古；古罗马的选举制虽建立在军事组织的基础上，却垂范西方两千余年，遗泽至今。人类历史从来都难以根除一种"强者崇拜"的潜意识，只要一个征服者建立起足够伟大的功业，历史自会对其残忍与野蛮的一面宽容有加。

　　这些例子都已离我们太过久远，19 世纪以来的故事对我们而言却切身得多。我们不得不承认，工业化的力量是最容易被运用在军事领域的，各国政府对军事研发的投入也是最不计成本、最能推动技术进步的。军事的组织形态会影响工业，工业的组织形态反过来也会影响军事。现代工业组织的管理原则正是来自军队。1911 年，"科学管理之父"泰勒出版了《科学管理原理》，在"泰勒制"下，每一工种都有最优操作动作、最短作业时间和恒定作业任务。由于每个工人所需掌握的技术都降到了最低水准，采取这种管理制度的企业可以在短期内招募并培训大量的合格工人——这种管理经验来自哪里？就在科尔瓦多、拿骚的莫里斯和古斯塔夫二世的军事化管理中。

　　19 世纪迎来工业化发展大潮的普鲁士，可以说是在国家层面上实现了对全体人民的"军事化管理"。威廉一世于 1861 年上台后，很快推动了一项"短期服役制度"，士兵有三年时间在正规军服役，再服四年预备役，然后转入后备军。按照这个制度的设想，普鲁士可以动员一支相对其人口而言比例比其他国家大得多的一线军队，也有着相比其他国家而言受军事化管理比例更高的人民。

　　在一个社会，有如此高比例的人民需经受军事训练，而不引发社会结构的重大变化，这是不可能的。最早的无产阶级革命导师们敏锐地理解了这个变化的重大意义。1865 年，恩格斯写了一本小册子，名为《普鲁士军事问题和德国工人政党》。在这本小册子里，他根据 1863 年陆军大臣冯·罗昂的报告，发现有 56 万余人属于应服兵役者，但实际征召人数只有 6 万人。恩格斯以此为由嘲讽了普

鲁士征兵系统的低效，赞誉了军事训练对普通人身体和意志的磨炼
以及对精神气质的改造，并且认为，应当严格实施普遍义务兵役制，
把和平时期的军队增加到 18—20 万人。

恩格斯有这样的呼吁，是因为他认为，那些接受了军事化管理
和训练的普通士兵，将成为无产阶级革命的中坚力量。他指出，军
队是普鲁士唯一"民主"的机构，接受了军事培训之后，士兵们变
得关心政治，敢于大胆说出自己的非正统观点，从而成了保守派害
怕的力量。与此同时，在德国资本主义大工业如火如荼地开展之后，
工业化的力量消灭了大量的小工匠和其他处于工人和资本家的中间
分子，这样，工人群众就和资本家直接对立了起来。当普鲁士王国
由于战争需要而不得不扩大军事动员制度，也就是让无产阶级持枪
上战场为自己卖命之时，工人阶级也就获得了更好地组织、锻炼和
动员自身力量的机会。恩格斯的这本小册子是这样结尾的：

> 总有一天，工人政党也要进行自己的、德国的"军队改组"。
> 对反动派的虚伪的献媚要这样回答："我们将手端着枪去接
> 受你的礼物，我们的枪冲着前方。"

我们可以用技术发展的视野重新概括这段历史中的社会结构变
化：19 世纪的产业进步形式以重工业为主，而重工业生产的性质天
然与军事化组织高度匹配。普鲁士在工业化和军国化快速前进的过
程中，必然产生极度紧张的资本—工人对立矛盾，以及在军事化组
织中接受了训练的工人力量。因此，马克思、恩格斯等一代无产阶
级革命领导者认为，这恰恰是给工人政党的一种"赋能"。

然而，马克思和恩格斯的对手是老辣的铁血宰相俾斯麦，此人
的头脑精明与意志坚定，在整个 19 世纪亦属罕见。作为皇帝—宰
相制中掌握一半国家权力（甚至还是多一半）的基石，他绝不可能

向当时的工人政党让步，像英国政府那样扩大选举权，甚至给予无产阶级普选权。在经过深思熟虑之后，俾斯麦选择了另一个办法来压制工人组织化的这种冲动，那就是福利国家。

在今天，德国政府会强制所有德国公民和迁居德国的外国人购买社会保险，覆盖全德91%的人口，被称为德国的"法定保险制度"。这是全世界第一个社会保障制度，其开创者就是俾斯麦。1883年，俾斯麦首先引入了工人义务医疗保险，后来又通过工人养老金、健康和社会保险制度等立法。历史学家约翰纳·施坦因伯格（Jonathan Steinberg）对此评价说："这是一种计算。这与社会福利无关，他只是想通过行贿的办法，让社会民主党的支持者投票放弃他们的政党。"[5]

施坦因伯格的用词非常精确：计算。从某种层面上讲，俾斯麦政府控制下的普鲁士及统一后的德意志，的确更像是用"计算"思路在治理这个国家。政府推行工业化，大量投资与军事目的有关的产业，宣传民族主义教育，增加集体认同感，以及动员大量人民参军上前线。而如果人民有什么不满，政府则用福利手段加以收买，避免社会矛盾的出现。这样的国家与其说是一个国家，不如说是一个"军事化管理"企业。它精确计算，尽最大可能去消耗国民的"剩余价值"，让他们在和平时尽量高效地作为生产线上的员工劳作，而战时则被高效地动员上战场，成为炮灰。这样的福利制度，说白了就是给德国民众的"买命钱"。由于德国的工人从业环境太差，不少德国人在19世纪后期大量移民或偷渡美国，即使福利法案也没有改变这种趋势。

这是一种强有力的国家发展模式，可以让普鲁士这样的二流强国在短时间内迅速崛起，击败法国这样的老牌一流强国。其背后的经济逻辑也十分简单粗暴：工人的福利从国家财政中来，国家财政从税收中来，税收从高速扩张的工业中来，然而，工业产品要卖到哪里？面对英国和美国这样的对手，如何才能在激烈的国际竞争中依然赚取高额利润？最简单粗暴的方式，就是扩张殖民地。

19世纪80年代以后，关心世界局势的政治家突然觉得，这个世界好像变得有些拥挤了。1859年去世的法国老绅士托克维尔曾在19世纪上半叶提出这样一个预言：美国和俄国将因其体量的庞大而成为左右世界局势的两个大国。现在看来，这似乎越发真实了：美国的工农业飞速发展，俄国则在亚洲持续推进军事扩张。就连英国首相索尔兹伯里伯爵也在1898年承认：工业化的飞速发展，就像达尔文发现的"适者生存"法则一样，也在淘汰那些抓不住这波浪潮的国家。[6] 人们普遍认为，除了美国和俄国，世界只能再容下一个大帝国与它们并驾齐驱。那么，第三个究竟是谁？英国帝国主义者利奥·艾默里（Leo Amery）警告说："取得成功的大国将是那些拥有最强大的工业基础的国家。"[7]

可以这么说，普鲁士的成功释放了连它自己也想象不到，也不愿看到的后果：到19世纪末20世纪初，亚当·斯密那种"放任自由"的政治经济学原则早已被人置之脑后，所有国家都开始变得"普鲁士化"。无论是英国、法国、德国，还是日本、意大利，这些国家的帝国主义者都在不遗余力地推动本国政府扩充军备，增加工业投入，夺取殖民地。

这就是"白人们的国家"演变而成的现状，这就是自诩为文明的欧洲进入的状态。

文明的绞肉机

1914年7月，第一次世界大战爆发了。战争伊始，所有人都以为这将是又一场普法战争或者普奥战争，英国人、法国人和德国人都坚信自己将取得胜利。兴高采烈的群众前往火车站送行，士兵们高唱着《蒂珀雷里》《马赛曲》和《在故乡》奔赴前线，在军列上用粉笔写上"圣诞节回家"的涂鸦。各国军官也踌躇满志，按照总参谋部提前演练过无数遍的完美战略布局与战术方案实施进攻。

　　战争一开始，德军就按照"施里芬计划"从比利时地区越过边境。同一时间，法国人也从阿尔萨斯这个著名的产酒区向德国发起进攻，决心在德国人攻取巴黎之前先到达柏林，此即所谓的"17号计划"。由于缺乏炮兵和步兵的协同，"17号计划"很快就失败了。从1914年8月5日到9月5日，短短一个月时间，法军的伤亡数字就已经达到32.9万人，相当于普法战争时期所动员的全部法军人数，鲜血洒满了以葡萄酒闻名的土地。

　　"施里芬计划"也遭遇了挫折。德军一开始顺利占领比利时，驱逐了比利时境内的法军，百万雄师直逼巴黎。但是，德军总参谋长小毛奇临时决定抽调9个师对付俄国人，而法国元帅霞飞则有计划地进行了战略撤退，在巴黎附近的马恩河迎击敌人。战场离巴黎只有50公里。当时负责防御的法国将军在巴黎征召了600辆出租车，从拿破仑棺椁所在地荣军院出发，连运两次，将6000名士兵送往前线。法国财政部为这些出租车报销了总计7万法郎的发票。这些士兵为阻挡德军突击发挥了至关重要的作用，这钱花得不冤枉。

　　在这场历时一个多月的战役中，双方先后投入总计150万人的兵力，总伤亡人数达30万。在前四个月中，整个西线的伤亡人数达到164万人，超过了1803—1812年拿破仑战争头十年的总动员人数。

　　这就是上一章介绍过的，铁路系统的巨大动员力量。在铁路系统建成的年代，国家动员上前线的部队数量达到了千万级，而当时的主流欧洲强国也不过数千万人口：根据1900年的统计，不计殖民地的话，德国大概有 5600 万人，英国大概有 4000 万人（连同爱尔兰计算在内），法国有 3900 万人。这等于说，战争规模已经逼近了一个国家人口自然承受能力的极限。

1916 年 2 月，德军统帅法金汉（Erich von Falkenhayn）发动凡尔登战役，意图"让法国流尽鲜血，让它的战争决心破灭"。德军在短短 8 英里长的战线上集中了 1400 门大炮轰击杜奥登炮台。法军急忙调集部队防守，到 7 月份，双方各死伤 35 万人左右，法国人和德国人的血几乎都流尽了。7 月，协约国方面则计划在索姆河附近反击德军。在法国福煦将军的统一指挥下，英法联军突破了德军在法国—比利时边境布下的防线，英军出动 1400 门大炮，对德军阵地进行了一周的猛烈炮击。但是，炮火没能摧毁战壕，德军只有些微死伤。7 月 1 日，英军采取密集阵型对德军发动冲击，遭到机枪大量杀伤，一天之内就损失了 57,000 人。当时参与作战的德军机枪手这样回忆：

> 当英军开始进攻时，我们十分焦虑，他们看起来肯定能穿越我们的战壕。看见他们徒步进攻时，我们都惊呆了，从未见过这般景象……他们的军官走在队伍前面。我注意到他们其中一个走得特别冷静，还拿着一根手杖。当我们开始射击时，我们只管不停地装弹，再装弹。他们数以百计地被击倒。我们都不用瞄准，直接朝人群中开火就是了。[8]

英国人自己的记载与这位德国机枪手说的大同小异。攻打弗里库尔村的两个营，在 3 分钟内被一挺隐藏十分狡猾的机枪悉数歼灭。而攻打斯普瓦村的两个连队，则被 4 挺机枪在几分钟内扫射得只剩11 人。参加过一战的诗人埃德蒙·布朗顿（Edmund Blunden）后来这样回忆自己的作战经历：

1916 年 9 月 25 日，在索姆河战役的莫瓦尔战役中，英国步兵在支援

　　我们来到尚未剪破的铁丝网前，见到其后灰色的煤斗式的头盔涌动着……机枪吵闹的噼啪声此时转变成如同一百台引擎一起排气时的尖啸，立刻就再也见不着任何站立的人……整个旅，带着它的希望与信仰，在索姆河战场的北坡上找到了自己的坟墓。[9]

　　机枪在刚被发明出来时，并没有得到各国军方的重视。原因多种多样。其中一个原因是，早期军官们对机枪的作用认识不足，按照体型把它当作某种火炮来看待。另一个原因在于，19 世纪各国陆军还保留着相当强的贵族传统，军官们认为勇气和士气才是取胜的根本。直到 1890 年，军方还认为，每个营只需配备一挺机枪用于教学即可。甚至到 1914 年，有下级军官问，"长官，用机枪做什么？"得到的回答却是："把这该死的东西带到侧翼藏起来。"[10]

　　因此也不难理解，为什么面对这样的情境，英法高级将领就像是无法理解现实的肇事司机，尽管已经撞上了别的车辆，还是条件反射般猛踩油门。后面的数个月，指挥机构采取的唯一行动就是不断增加投入的兵力。整个索姆河战役持续到了 11 月，英法联军把部队从 25 个师增加到 86 个师，而德军亦由 10.5 个师增加到 67 个。伤亡数字方面，英法联军伤亡 79.4 万，德军则损失 53.8 万，合计 133.2 万。英国首相劳合·乔治后来估计，其中有 80% 的人死于机枪。然而，反映在地图上，这 133.2 万条人命只不过把英法联军控制的战线推进了 5—12 公里。133 万人的鲜血，换来 5—12 公里的推进，最疯狂的历史小说也不敢这么写，但这却是实实在在发生的事情。

在整个一战期间，由于各国军官和士兵在社会阶级上的差异，少有高级军官前往一线阵地视察去弄清楚到底发生了什么。因此，英国和法国这些有浓厚贵族制传统的国家，依旧向前线派送了大量士兵。1915 年，一名东英吉利亚营的士兵抱怨说："要是有几堂关于如何挖战壕、给战壕排水、如何突袭、如何修补带刺铁丝网、如何治疗战壕足病、如何使用机枪、如何躲避迫击炮弹……的课程肯定是适宜的。可是，军事演练、行军训练、火枪射击、体操、以炮兵队形前进以及其他几项开放式战争作战训练，就构成了所有的训练内容。"这一年的 3 月，英军于新夏佩勒按照传统作战方法向德军阵地进攻，在施行了猛烈的炮击后出动两个营（约 1500 人）的步兵，被德军的 2 挺机枪（约 12 名德军）阻击，无法前进寸分。而英军高层将领对此的反应是撤换指挥官、再撤换指挥官，却始终懒得去弄清楚事情真相。

高级指挥官甚至还在幻想让骑兵发挥作用：1914 年第一次蒙斯战役撤退途中，英国第九枪骑兵和第十八轻骑兵尝试从侧面进攻德军，结果被机枪全歼。随后的两年，英军骑兵耗费大量粮草，仍未建寸功。英王礼貌地询问陆军元帅黑格说，这些无用的人马已造成沉重的经济负担，但黑格却回答，任何战争的胜利都必须依赖骑兵的机动能力。一个月后，几个英军骑兵团在海伍德向德军发起英勇的冲锋，被一挺德军机枪全歼。直到 1918 年 6 月，一个法军救援小队还发现了一群被打散的重骑兵，重骑兵告诉他们，他们接到的命令是要保持骑兵作风，如果没有战马，他们就要徒步持重矛向机枪阵地发起冲锋。[11]

后来成为英国首相的劳合·乔治是少数几个曾到前线视察战争真相的高级政府官员代表。据他估计，在前线，大概有 80% 的英国士兵死于机枪之下。如果这个数字是真实的，那么对其他国家来说，这个比例也会相差不远。步兵的血肉之躯面对机枪，基本是没有任何办法的。如果机枪处在防护很好的堡垒中，火炮很难将其端掉，所以机枪防守的防线几乎可以说固若金汤。在战争史上，只有坦克这样的装甲战车出现之后，陆军才能撕开机枪的防线，施展长驱直入的攻击。但在第一次世界大战中，各国生产的坦克多不过数千辆，而且都是机动力极弱或防护力极差的简易型，并不能从根本上扭转战局。

第一次世界大战仅仅持续了四年，却造成了 1600 万人的伤亡。其中，一线作战的士兵大概有 900 万人。如果这 900 万人中的 80% 都是死于机枪之下，那么第一次世界大战就像是上帝跟人类开了一个巨大而残酷的玩笑：铁路和工业化把数以千万计的士兵以前所未有的效率送上前线，然后机枪再以前所未有的效率杀死他们。

大兵变

由于火力过于密集，连凡尔登战场的地形都被改变了。鲜血、雨水把当地的黏土地表变成暗红色的泥潭，再加上弥漫天空的硝烟、刺鼻的火药以及德军可能使用的毒气武器，此情此景，说是人间地狱也不为过。

　　溃败和叛逃开始发生。许多法国士兵试图逃往西班牙，而一旦被发现，按军规他们将遭受枪决。甚至被德国军队俘虏的法国士兵主动向敌人透露防御细节，以求战争早日结束。一位法国中尉在1916年5月23日的日记中写道：

> 人类是疯了，疯子才能干出这样的事。何等的大屠杀！何等恐怖与屠夫般的场面！我找不到言语来表达我的印象。地狱也没有这么恐怖。人类疯了！[12]

　　然而，高级将领们依然妄图发动新的大规模进攻战役。1916年12月，由于索姆河和凡尔登战役损伤太过严重，霞飞元帅被解职，曾参与八国联军侵华战争的罗贝尔·尼维勒（Robert Georges Nivelle）继任西线法军总司令。他认为，对德攻势无效的原因还是炮火轰击力度不够。在得到法国总理的支持后，尼维勒于1917年4月部署了120万名士兵和7000门火炮，集中攻击埃纳河畔部署于"贵妇小径"（相传是路易十五为女儿观光散步而修建）的德军阵地。这次进攻被称为"尼维勒攻势"，尼维勒相信，整个战斗将在48小时内结束，伤亡预计只有万余人。

　　尼维勒攻势进行到第五天时，法军已经有12万人伤亡。法军并没有准备足够的医疗支援，导致前线士兵士气极度衰落。攻势开始一个月后，法国第二师拒绝接受命令，随后引发了前线法军的大规模兵变。

　　将军们强迫第二师官兵前往前线，但他们到达后，酩酊大醉，手无寸铁。从5月16日至17日，第127师的"猎手"营和第18师团发生骚乱。两天后，第166师的一个营进行了示威。5月20日，第3师第128团和第18师第66团拒绝接受攻击指令，第17师爆发不服从行为。在接下来的两天里，第69师的两个团选举出发言人，对上请愿结束进攻。5月28日，第9师、第158师、第5师和第1骑

兵师也发生了叛乱。到 5 月底，第 5、6、13、35、43、62、77 和 170
师的更多部队发生叛乱。整个 5 月份，共计 21 个师发生反叛行为。整
个 1917 年，2.7 万名法国士兵叛逃出部队。

　　这便是一战中著名的法军前线大哗变事件。消息传来，军队高
层和法国国内都大为震惊。尼维勒于 5 月 16 日被解职，接任他的
是贝当。贝当允诺不再发动攻势，并且改革军队福利，叛乱才得到
遏制。贝当有一句著名的话："必须停止战斗！"这句话留在了历
史记载中。在当时那个时刻，这是法军前线士兵唯一听得进去的话。
他们已经毫无斗志。

　　士气崩溃的并不只有法国士兵，这其实是当时主要参战国家的
常态。

　　英国本土或许是受影响最小的，但这也只是因为英国把代价转
嫁给了殖民地。战争过后，英国债台高筑，资本市场无比混乱，民
族主义情绪在各个殖民地十分高涨。英国不得不开始逐步授予各殖
民地自治权。1931 年，英国议会通过《威斯敏斯特法案》，确认所
有自治领取得与英国同等的地位，英国立法机构不再有权干涉自治
领内部事务，自治领享有自主外交的自由。随后，加拿大、澳大利
亚先后脱离英国，宣布独立。

　　俄国是参战大国中工业化水平比较低、军事现代化程度比较落
后的一个。战争一开始，俄军就被德军击溃，在加利西亚和波兰损
失惨重。而且，俄军后勤补给严重不足，因伤病、饥饿和寒冷造成
的减员远超作战：开战刚五个月，俄军就已经在战场上留下 39 万
具尸体和 100 万伤员。到 1915 年，俄军已经处在混乱中，叛逃、
开小差和劫掠时有发生。俄军指挥官意识到攻势无法再维系，不得
不组织所谓的"1915 大撤退"。数百万俄军在德军和奥匈帝国军队
的追击下，有 50 万人死亡或失踪，100 万人被俘。为弥补军队缺员，
农民、工人和残疾人都被送上前线。士兵们明显感觉到，自己不过

是为了完成战斗目标而被送上前线填弹坑的炮灰。

不仅前线士兵如此，俄国国内也开始面临经济崩溃、粮食短缺和通货膨胀。1915年开始，俄国境内出现多次大规模罢工，其中有好几次罢工遭到镇压，造成巨大伤亡。中产阶级代表在国家杜马中掀起抗议，而沙皇强制杜马休会，勒令政府停止运行，并自命为军队总司令。但这并不能挽救俄军的悲惨命运，反倒把皇室整个身家性命都赌在了战争胜败上。1917年3月，圣彼得堡产业工人发动大罢工，沙皇派出大批哥萨克军队镇压工人，然而，许多哥萨克军队与工人阶层同属旧礼仪派，军队遂反戈，二月革命（按俄历计算）爆发。沙皇尼古拉被迫退位，由国家杜马接管政府。与此同时，在海外流亡多年的列宁乘列车重返俄国，准备继续推进俄国革命。

茨威格在《人类群星闪耀时》中充满激情地描述了列宁的这次回国：

> 在这次世界大战中已经发射了几百万发毁灭性的炮弹，这些冲击力极大、摧毁力极强、射程极远的炮弹是由工程师们设计出来的。但是，在近代史上还没有一发炮弹能像这辆列车似的射得那么遥远，那么命运攸关。此刻，这辆列车载着本世纪最危险、最坚决的革命者从瑞士边境出发，越过整个德国，飞向彼得格勒，要到那里去摧毁时代的秩序。

把列宁送还俄国的德国，状况也没有好到哪里去。俄国二月革命爆发后，德国工人也受到刺激，左翼组织"革命带头人"发起了有30万人参与的罢工。十月革命后，列宁率领的苏维埃政府与德国签署停战协议，使得德军误以为自己能够取胜，于是继续发动攻势。但是，前线士兵的鲜血和后方中下层平民的怒火再也无法被轻视，大约有 100 万人参加到罢工中来。最后，真正的兵变发生了：这时美国已经参战，德国海军士兵认为德军大势已去，继续作战已经没有意义，决心起义。1918 年 10 月，海员于基尔港发动起义，陆军士兵和工人很快加入进来，人数增加到 4 万。11 月 4 日，水手代表团散入德国主要城市，到 7 日就夺取了所有大型沿海城市及汉诺威、布伦斯威克、法兰克福和慕尼黑等工商业中心。德意志帝国的下属邦国原王室纷纷退位，革命者们接管了越来越多的地区，并要求皇帝退位。9 日，威廉二世被迫退位，11 日，德国宣布无条件投降。第一次世界大战就此结束。

对于这场悲剧，恩格斯在战争爆发前二十七年就有一次精准的预言：

> 最后，对于普鲁士德意志来说，现在除了世界战争以外已经不可能有任何别的战争了。这会是一场具有空前规模和空前剧烈的世界战争。那时会有 800 万到 1000 万的士兵彼此残杀，同时把整个欧洲都吃得干干净净，比任何时候的蝗虫群还要吃得厉害。三十年战争所造成的大破坏集中在三四年里重演出来并遍及整个大陆；到处是饥荒、瘟疫，军队和人民群众因极端困苦而普遍野蛮化；我们在商业、工业和信贷方面的人造机构陷于无法收拾的混乱状态，其结局是普遍的破产；旧的国家及其世代相因的治国才略一齐崩溃，以致王冠成打地滚在街上而无人拾取；绝对无法预料，这一切将怎样了结，谁会成为斗争中的胜利者；只有一个结果是绝对没有疑问的，那就是普遍的衰竭和为工人阶级的最后胜利造成条件。[13]

这场大兵变不是孤立的哗变、叛乱和反抗事件，而是一场被战争惨状激发的清醒的阶级斗争，一场被压迫者对压迫者的复仇，一场推动人类文明真正迎来大变革的剧烈动荡。

　　是的，导致这场剧烈动荡的直接技术原因是机枪的发明。是机枪把铁路运往前线的千百万人杀死的；是机枪导致数百万人伤亡，而双方战线却无法有任何推进的；是机枪开始促醒士兵们，让他们扪心自问这样一个问题的：这场战争，究竟对你我有什么意义？

　　而让机枪扮演这个工具性角色的，归根结底是欧洲国家在19世纪后期形成的工业化军国主义。是国家用"计算"的思维，把人民变成了一种工作、作战，然后领取保险金的"机械动物"，并迫使人民奉献于一个对内高压、对外扩张的危险政体。

　　既然前线机枪的哒哒声不能迫使这些养尊处优的贵族指挥官屈尊聆听时代的声音，那么，就只有让他们听一听革命的枪声了。欧洲人民在惨剧面前觉醒，开始思考这样的旧体制是否有必要，精英阶层是否有资格指引国家的前进，贵族社会是否还有保留的必要。

　　在战争之后，英国、俄国、德国走上了三条不同的道路。英国的精英比较聪明，他们心急火燎地实施政治改革，解放殖民地，扩大选举权，由此引发的普选权扩大化，成为二十世纪西方民主制的一个重要的发展方向；俄国则爆发了无产阶级革命，列宁主张，当垄断资本主义走上帝国主义道路时，世界大战的爆发无可避免，唯一的解决之道，是彻底的革命；而德国，帝国虽然解体，《凡尔赛和约》却给新生的魏玛共和国施加了太多压力，以至于德国人心怀不满，于十余年后把希特勒送上台，再度发泄没能发泄殆尽的怒火，然后是遭受彻底的失败。

＊ ＊ ＊

　　这一章里，我们至少看到了三个不同的故事：西太后与保守派大臣的错误决策；欧洲对土著的殖民侵略；以普选权和大革命收场的第一次世界大战。

在过去的历史叙事中，我们习惯于把这三个故事分开来理解，并且从中找到不同的意义：对清朝统治者来说，我们指责他们闭关锁国，不肯睁眼看世界；对非洲土著来说，我们同情他们文明发展程度的落后和遭受的欧洲殖民者的欺凌；对欧洲国家来说，我们认为是利益集团疯狂的扩张欲望和严重固化的阶级结构导致帝国主义的诞生，而帝国的混战又使自身走向灭亡，唯一的出路在于推动阶级和身份平等的革命。

但当以"机枪"为线索把这三个故事串起来之后，我们却发现，它们其实是同一个故事：新技术把人类文明带到了一个从未想象过的运行规模和运行层面上，以至于即便是技术的发明国，也没有为这样巨大规模和快速的变化做好准备。而且，这三个故事的时间线其实也差不太多：19世纪末的清朝统治者固然不知道机枪的威力，但20世纪初的欧陆贵族军官的表现也没有好到哪里去。

机枪对欧洲军官是新生事物，而19世纪普鲁士缔造的工业化军国主义，对人类文明来说何尝不是如此？普鲁士之后，日本、意大利、俄国乃至中华民国在一定程度上都试图学习这套制度，其中几个案例还被许多后发国家视为学习典范。然而，普鲁士缔造的这个庞大的怪物之所以拼尽全力铺设铁路，为的只是能够在更短时间内动员更大规模的士兵奔赴战场，结果，到战争爆发的时候，技术的进步却告诉我们：人数优势已经没有什么作用，几千名士兵在几分钟内就可能被机枪扫射殆尽？！

这标志着技术与人类文明进入了一个全新的互动时代：某些可能改变人类社会命运的技术加速出现，人类社会（及其正常运行所需的一切制度）却只能做出头疼医头、脚疼医脚的反应。而机枪还只是这一系列技术问世的开始，它所代表的工业化军国主义体系，给我们带来的是1600万人的死亡、四大帝国的崩溃、世界格局的洗牌和欧洲文明精神的虚无。

　　而谁又能知道，如果人类社会依然无法认识新技术的整体后果和意义，下一次的"重大后果"又会以什么样的方式表现出来，以及达到什么样的规模？

注释

1　参见《英国蓝皮书有关义和团运动资料选译》，胡滨译，中华书局，1980 年，第 317—320 页。

2　参见约翰·埃利斯《机关枪的社会史》，刘艳琼等译，上海交通大学出版社，2013 年，第 79—80 页。

3　参见保罗·肯尼迪《大国的兴衰》，蒋葆英等译，中国经济出版社，1989 年，第 191 页。

4　参见 Harold B. Jones, "Marcus Aurelius, the Stoic Ethic, and Adam Smith", *Journal of Business Ethics*, Vol. 95, No.1 (August 2010).

5　https://www.smithsonianmag.com/history/bismarck-tried-end-socialisms-grip-offering-government-healthcare-180964064/. 中文为笔者翻译。

6　《大国的兴衰》，第 245 页。

7　同前，第 247 页。

8　《机关枪的社会史》，第 129 页。

9　同前，第 131—134 页。

10　同前，第 56—63 页。

11　同前，第 129 页。

12　Horne, A. *The Price of Glory: Verdun 1916*, Penguin, 1962. 中译文为笔者自译。

13　参见恩格斯《波克罕"纪念一八〇六至一八〇七年德意志极端爱国主义者"一书引言》，1887 年 12 月 15 日。

第十章　钢丝上的人类

我们在第六章、第八章、第九章分别讲述了火枪、铁路和机枪的故事。但实际上都是在讲一件事：国家的角色。

马克斯·韦伯曾经给过一个经典定义：国家就是一片土地上合法的暴力垄断者。这也就是说，只有国家才能合法地使用暴力，其根本目的在于提供公共安全，包括对内打击犯罪行为和对外赢得战争。当然，国家还有别的职责，但"提供公共安全"是国家根本的、不可替代的职责。

如果在这个意义上把国家比作一个工厂，那么，我们或许可以这么说，它的产品是公共安全，流水线是武装力量，收入则是税收。其运作方式是，工厂用本年征收上来的税征募和动员武装力量，给他们发工资，配备武器，让他们提供下一年的公共安全，如是周而复始。

从这个意义上看，火枪、铁路和机枪，都是决定"国家工厂"流水线效率的关键技术：火枪去除了士兵的身体素质限制，使普通人也可以迅速踏上战场；铁路极大地提高了动员效率，士兵集结的数量和速度成指数级增加；机枪则提升了屠杀效率，连民族国家成百上千万的部队拿这种武器也没什么办法。

与之相应地，"国家工厂"也在不断改革自己的"管理体制"，也就是政治制度。推动立宪，赋予新兴的工商阶级更多的政治权利，好让他们更心甘情愿地纳税；建立中央集权官僚体制，确保自己的税收与动员能力；兴建基础设施，投资工厂与铁路，不遗余力地把自己建设为工业国家；最后，由于大量普通人被送上前线，"国家工厂"还需要让他们感到满意，防止他们罢工、起义或兵变。

传统上，人们之所以认为从火枪到机枪的技术调整是进步的，是因为我们都还假设"国家工厂"的基本模型依然成立：国家收取税赋，同时提供安全保障，并承诺给予国民进一步的政治权利；国民则响应国家动员，走上战场，"保家卫国"。在其中，这个"买卖关系"是根本，技术只是为保障买卖关系更顺利地实施而已。

但科技的潜力是无限的，它甚至有可能完全颠覆这个基本模型。至少，机枪对步兵的杀伤能力，几乎不是靠人数优势就能挑战的，这也证明科技完全有潜力在战场上让天平过分倾斜，因为面对掌握关键技术的一方，无论另一方动员多少民众，都无法与之相抗衡。

事实上，科技进步已经创造出这种武器——核弹。核武器的制造几乎是当代顶尖物理学家的智慧结晶，而且杀伤"性价比"高得惊人。美国人制造核弹的"曼哈顿计划"总共花费了 18.45 亿美元，相当于第二次世界大战交战时九天的花费。其中，90% 以上的开销都是用在建筑和生产可核裂变材料上，研发核武器的开销只占10%。结果则是，投在广岛和长崎的两颗核弹造成了 11 万人即刻死亡，数十万人死于之后的核辐射与污染，而更关键的是，美军几乎不必付出任何伤亡代价。

随着核武器的进步，核弹的杀伤力越来越大，其对国家命运的影响也越来越深远。例如，冷战期间，苏联制造的沙皇炸弹（AN602）是人类历史上体积、重量和威力均最为强大的炸弹，其理论爆炸当量相当于一亿吨 TNT 炸药[1]，是美军投放于广岛的"小男孩"的3800 倍，爆炸火球在 1000 公里外可见，产生的蘑菇云高达 64 千米，

7 倍于珠穆朗玛峰的海拔，产生的热风可以让远在 100 公里外的人受到三级灼伤。一枚这样的核弹可以摧毁整个巴黎，其影响效果则可波及比利时。使用数枚这样的核弹，基本可以摧毁一个中型国家的有生力量和生产能力。

因此，把核弹这种武器放到"国家工厂"的运作模型中，我们会发现，旧模型已经不再成立。国家当然还要收取税收，但其战争力量却不必再依靠对民众的大规模动员，少数天才科学家的研发产物就可以决定战争胜负与民族存亡。

纽约大学的布鲁斯·布鲁诺·德·梅斯奎塔（Bruce Bueno de Mesquita）和阿拉斯泰尔·史密斯（Alastair Smith）在《独裁者手册》中讲过一个浅显的政治学原理，他们认为，统治者维持自己的权力，无须通过满足大多数人的利益来实现，只需要讨好能够让他安稳坐在宝座上的那个关键集团就够了。现在，在战争期间，按照同样的道理，统治者需要做的只是讨好能让它维持自身战争能力的集团。也就是说，在依赖大规模动员的年代，它需要讨好所有能成为士兵的民众；而在核武器年代，它只需要讨好那些掌握这种核心技术的团队就够了。

事实是否如此？让我们先来回顾一下核武器的发展史，看看它与人类文明，尤其是与"国家工厂"的基本运作模型之间，到底存在着什么关联。

原子能科学界

与人类历史上很多武器不同，核武器的研发与基础物理学研究的关系特别紧密。这些原理基本上是在 1911—1938 年间被发现的，但到 1939 年，西拉德就已经和爱因斯坦联合写信建议美国政府研发原子弹了。仅仅一代人的时间，科学家就从最深奥的基础学科创立环节，走到了最实际的武器应用制造环节，这在人类历史上几乎是前所未有的事情。

核武器发展之所以如此迅速，是因为 20 世纪初基础物理学取得的一系列巨大突破。这些突破与 20 世纪初的一批基础物理学家是分不开的，包括量子力学的开创者马克斯·普朗克，以一人之力同时为现代物理学两大支柱（相对论和量子力学）奠基的爱因斯坦，德高望重的学界领袖尼尔斯·玻尔和欧内斯特·卢瑟福，以及保罗·狄拉克、埃尔温·薛定谔、沃尔夫冈·泡利、维尔纳·海森堡、恩里克·费米、理查德·费曼、奥托·哈恩等一大串闪耀于物理学史星空的名字。

都说科学没有国界，但科学家却有祖国。以民族国家为界来考察 20 世纪初物理学家的国籍，当时基础物理学的研究中心毫无疑问是德国。福尔曼（Paul Forman）、海尔布隆（John L. Heilbron）和沃特（Spencer Weart）三位学者曾对此做过详尽的数据分析，他们发现，1909 年，德国拥有 962 名物理学家，英国有 282 名，法国有 316 名，丹麦有 21 名，美国有 404 名，这还没有把奥匈帝国的物理学家也考虑进来（同属德语文化区，且奥匈帝国的物理学家往往在德国获得教职）。根据原子科学学界传记史筛选出的最重要科学成就来衡量，从 1895 年伦琴发现 X 射线到核裂变现象被发现之间，有 67 位贡献最大的科学家，其中来自德国的有 22 名，英国和美国各 16 名，法国 6 名，意大利、荷兰和印度各有 2 名，丹麦、日本和俄罗斯各有 1 名。[2] 科技史学家杰弗里·L. 赫雷拉（Geoffrey L. Herrera）认为，德国取得如此巨大成就的关键因素有三条，分别是德国的大学体制、第二次工业革命的影响和德国政府对学术界的支持。

德国的大学体制与此前欧洲的大学体制有很大区别。欧洲 12 世纪就诞生了大学，但当时的大学只是学生和教师自发组织起来传播知识的松散机构，一个类似于学徒行会的组织，大学教师并不一

1927 年第五次索尔维会议合影，照片上的 29 人中有 17 位诺贝尔奖得主

定就是这个领域的原创性研究者。哪怕到 18 世纪现代科学研究已然勃兴的年代，很多学术成就也是由独立研究者取得的。他们大多祖上是贵族，或者家境富裕，有充裕的时间，有独立的学术追求。而 1810 年威廉·冯·洪堡创立的柏林大学，将研究与教学结合，确立了大学自治和学术自由的原则——这意味着，科学研究不再是由零散的、单个的贵族研究者，而是由系统的、专业化的、互相竞争的大学教授共同完成。这就是现代大学体系的创立。

　　再就是工业革命。第一次工业革命在很大程度上还是工程学的进步导致的，与科学没那么相关，但第二次工业革命（以电的应用为主）却是以科学进步为基础。从此，应用与科学变得十分密切。工业界高度需要基础科学的突破，那该到哪里去找这种突破呢？当然是制度化和专业化的机构，也就是大学，以及 20 世纪初期补充设立的研究机构。其中，部分研究机构，如马克斯—普朗克研究所，今天硕果仍存，而且已经成为全世界最强大的研究机构之一。

不过，德国工业界的这种需求并不是全然按照自由市场原则来运作的，若是那样，大学很容易屈从于现实产业的需求，从而没有足够动力去进行基础性研究。因此，我们还必须着重提及第三个因素，那就是政府的介入。

自莱布尼茨到柏林建立科学院以来，勃兰登堡—普鲁士一直有重视科研的传统。到德意志帝国时代，政府对学术研究的重视程度有增无减。这出于两个功利的考虑：其一，科学研究的成果对军事、经济乃至外交都很重要；其二，德意志大学的教授有很强的贵族传统，自视甚高，倘若政府能够给他们丰厚的待遇，他们就不会那么快倒向新兴市民阶级，与后者站在一起要求扩大政治权利。因此，德国大学几乎都是公立大学，少有在西欧其他国家和美国很常见的私立大学。但是，由于德意志强大的学术自治传统，教授对学位授予、研究方向和资金分配有相当强的话语权，政府一般只在形式上审核，不仅不干涉具体事务，还会支持有才华的科学家建立自己的研究所，自行分配科研资金。这极大地鼓励了科学创新。[3]

政府给科学家出钱，科学家完成任务，这种雇佣关系在世界各地都很常见。现代科学早已过了18世纪依靠贵族的个人兴趣取得进步的时代，没有丰富的实验器材和强大的学术共同体，几乎很少有人能够取得真正的成就。

但问题是，该怎么衡量科学家取得的科研成果呢？

有一个哲学信条是：实践是检验真理的唯一标准。但放在前沿科学研究领域，这一信条太过于简单和朴素。以量子力学为例，许多重大突破是先有理论自洽的假说和猜想，再由实验验证的。1921年，爱因斯坦凭借光量子理论获得1921年诺贝尔物理学奖，但其实验检验一直到20世纪70—80年代才完成。更进一步说，若你如爱因斯坦一样是某个领域最前沿的探索者，面对的往往是无知黑幕、迷惘和无措，这种情况下，谁该考核你？谁又能考核你？真正能够对你下判断的，只有你自己的求知欲与责任心。你的一小步突破可能是人类文明前进的一大步，而你的彷徨与迷惘，则可能意味着社会所拨付的研究资金被浪费，或数十年无尺寸进展。你对此有完全的决定权，也将负完全的责任。

这就是现代科学研究的真实状况。在今天这个时代，人类科研的进步往往依靠极少数天才指明方向，然后学术界跟进证实或证伪。从重要性上讲，少数天才的突破也许价值95%，而绝大多数研究者的跟进只占5%。对个别领域来说，科研是皇帝制度的世界，是寡头制度的世界，民主制在此是不适用的。从而，一个人的才能、素养和品性就可能影响人类社会是否取得进步；我们对此并无办法，这就是科技进步的方式。

因此，人类目前为止能够探索出的、最能够保障科研进步可能性的管理制度，依然是充足资金支持下的学术自由和学术自治。资金充裕是天才心无旁骛投身科研的前提，学术自治保障天才有最大话语权，学术自由则令新的天才可以挑战旧的天才。这便是洪堡于1810年在柏林创立的现代大学制度，也是德意志国家一百多年来坚守并发扬的制度，它使德国在20世纪初屹立于基础物理学之巅，傲视全球。然而，希特勒仅仅用了几年就把它摧毁了。

其实在希特勒之前，德国科学家的生存状态就已经变得很糟糕了。由于一战的失败，德国经济崩溃，物价飞涨，就连原先从不为生计担忧的物理学家也感受到了生活用度上的紧张。再加上德国大学和研究机构没钱扩张，毕业生获得教职也越来越难，于是有一些人开始到美国谋求教职。但是，最直接、影响最大的催化剂，还是1933年希特勒的上台。

1933年4月7日，纳粹党发布它的第一个反犹法令《公务员职务恢复法》（Gesetz zur Wiederherstellung des Berufsbeamtentums），禁止犹太人担任公职。这个法令剥夺了四分之一的德国物理学家的教职，其中包括 11 名已经获得或即将获得诺贝尔奖的科学家。而且，只要他们稍有政治嗅觉，就会意识到，这不过是接踵而来的种族迫害政策的开始，为了生存，他们不得不移民。航空物理学的先驱西奥多·冯·卡门前往加州理工学院；爱因斯坦准备前往普林斯顿高等研究院，不久，量子力学大师尤金·维格纳和计算机之父约翰·冯·诺依曼也去了普林斯顿；理论物理学家汉斯·贝特去了康奈尔，列奥·西拉德到了伦敦，随后又移民美国……1933—1941 年间，大概有 100 名物理学家迁居美国。

　　德国在理论物理学界的领先地位随着这一纸法令戛然而止。德国学者克劳乌斯·费歇尔（KlausFischer）编制了 1933 年前后不同时期最常被引用的前 50 位核物理学家的名单：1926—1930 年，被引用最多的 50 位物理学家中，有 26 位是德国人和（或）在德国大学任教。而在这 26 人中，有 3 人在 1933 年被驱逐之前移居国外，11 人在 1933 年移居国外（包括薛定谔、波恩、詹姆斯·弗兰克和丽泽·迈特纳）。20 世纪 30 年代中期，德国 26 位顶级核物理学家中有 12 人仍留在德国。到 1935 年，只有 5 位德国学者还保持在被引用最多记录榜上。费歇尔的数据表明，德国在核物理学领域失去了能够出产最重量级论文的科学家。这些被迫移走的研究者所发表的论文，占 1926—1933 年间三个德国最著名的物理学期刊发表的所有期刊文献的 10.7%（尽管只占出版人口的 6.2%），在"原子和分子"类别（大致是核物理学领域）中的占比是 22.6%，在"量子理论"类别中则是 25.1%。这些人的研究成果比非犹太种族的同事更多产，也更集中于量子力学和核物理领域。[4]

　　站在德国的角度，这是无法承受的损失，但站在科学家个人的角度，这批人类物理学界最前沿的伟大头脑，却终于不用再担心一辆带有纳粹党卫军徽章的小车凌晨三点停在家门口，然后被两个盖世太保带走了。正如理查德·罗兹所说：

> 在自由成为科学和事业之前，在自由成为生计之前，甚至在自由成为家庭和爱情之前，自由就是睡一个安稳觉，就是平安地得见朝阳升起。

曼哈顿工程

1939 年 1 月，奥托·哈恩和弗里茨·斯特拉斯曼发现了核裂变现象，玻尔随即把这个消息告诉了自己那些已经移居美国的朋友。当时已在美国的西拉德很快意识到，这个发现意味着链式反应是可能的，而铀是其中的关键元素。随后，他找来一位美国发明家，借了 2000 美元，租了一些铀，通过实验证明了这个观点。这意味着一种引发超大规模能量释放的爆炸成为可能。他后来回忆说："那天晚上，我毫不怀疑，这个世界正在酝酿巨大的悲剧。"

而就在西拉德用中子轰击铀来观察链式反应的同时，希特勒邀请了捷克斯洛伐克总统伊米尔·哈克前往柏林会谈。希特勒会见了哈克，并告诉他，几小时后德军将占领捷克。无奈之下，哈克被迫让出自己的祖国，德军迅速占领捷克斯洛伐克全境，希特勒胜利抵达布拉格。这一背信弃义的举措震惊了欧洲，世界笼罩在纳粹德国野心的阴影之下。

西拉德认为，如果德国物理学家意识到链式反应的重要性，他们就有可能率先研出这种威力巨大的武器，协助希特勒在战争中取得胜利。他先是联系了玻尔，希望玻尔通过自己的声誉号召科学界对德国物理学界封锁消息，以避免悲剧发生。然而玻尔坚信学术自由和中立，认为一旦开了学术政治化的先例，国际学术共同体就不再有道德独立性，只能沦为国家之争的附庸。西拉德不得不转向美国政府。他联络上爱因斯坦，希望两人能够联名署信，警告美国政府这一发现的深远影响。

7月，一位曾经为罗斯福竞选演讲撰稿的学者亚历山大·萨克斯拜访了西拉德，表示愿意充当中间人，向美国总统罗斯福转交信件。9月，希特勒闪击波兰，引发诸多国际纠纷，罗斯福忙得不可开交。10月，萨克斯终于见到了罗斯福，但是他并没有马上把这两封信拿出来，而是先给罗斯福讲了一个故事：当年，美国发明家罗伯特·富尔顿拿着轮船的设计图纸去找拿破仑，提议要为皇帝建一支没有风帆却可以不必担心狂风暴雨的舰队。拿破仑认为这是个疯子的计划，把他赶走了。但历史证明，如果拿破仑采纳了这一建议，历史或许会被改写。随后，萨克斯拿出了一份根据爱因斯坦和西拉德的信写成的备忘录，告诉罗斯福，这将是一个与富尔顿给拿破仑的提案相等同的重大提案。

罗斯福立刻请人拿了一瓶珍藏的拿破仑白兰地进来，给萨克斯倒了一杯，仔细听完了这份备忘录。

备忘录的最后是一段关于原子核理论的，其中最后几句是这样说的：

> 总有一天，某人会释放和控制它那几乎无穷的威力。我们不能阻止他这样做，只能希望他不要只把它用来炸飞他的隔壁邻居。[5]

罗斯福听懂了这段话的含义，召来助手埃德温·沃森，指示他立刻展开行动。沃森马上成立了一个专门的委员会，组织许多物理学家探讨研制这种武器的技术路径和可行性。两年之后的1941年

11 月，美国国家科学院的一份报告称，把足够质量的铀 -235 迅速组合在一起，就可以制造一枚具有超级破坏力的裂变炸弹；每千克铀 -235 大约产生相当于 300 吨 TNT 炸药的威力，并且其放射性对生命的破坏力与爆炸本身相当。次年初，相关人员向罗斯福及决策小组呈交了一份总值 9000 万美元的预算，并得到罗斯福的批示，曼哈顿计划正式启动。

至少有 25 名来自欧洲的顶级科学家参与了曼哈顿计划，其中包括一些最重要的核心成员：尤金 · 维格纳、维克托 · 怀斯考普夫、列奥 · 西拉德、恩里克 · 费米、爱德华 · 特勒和汉斯 · 贝特。他们中的大多数人在曼哈顿工程中有全职或兼职的身份。此外，还有大批其他领域的科学家为相关机构担任科学顾问，比如，汉斯 · 贝特（Hans Bethe）在康奈尔与两名美国科学家合作编写了后来被称为"贝特圣经"的核物理学参考书。

与此同时，其他试图研制原子弹的对手，却做出了另一种与之完全不同的判断：这种武器根本不可能研发成功，或者至少在短期内不可能。

1941 年底，苏联将军朱可夫指挥红军向德军发起反攻，德国的经济和物资很快紧张起来，必须要进入以物易物的管制状态才能维持下去。在这种情况下，德军军需部长主张削减铀研究的经费，除非学者们能够证明这项研究在不久的将来能带来某些确定收益。相关的学术委员会希望向第三帝国的最高层直接汇报来争取研究经费。在 1942 年初的一次会议上，当时已经是核物理学权威的沃纳·卡尔 · 海森堡（Werner Karl Heisenberg）向高层汇报了原子弹的制造前景，引发了时任军工军备部长施佩尔（Albert Speer）的兴趣。但是，海森堡认为德国缺乏相应的工业基础，主要是缺乏建造加速器的经验，因此对加速建造原子弹的计划并无热情。施佩尔后来向希特勒做了汇报，但希特勒缺乏理解核物理学重要性的知识储备，

1946年，曼哈顿计划的核心参与人员重聚，照片摄于芝加哥大学伯纳德·爱克哈特大厅前。来自芝加哥大学图书馆特别收藏研究中心

此事便不了了之。

　　1940年，时任日本陆军航空技术研究所所长的安田武雄中将要求铃木辰三郎研究日本制造原子弹的可能性。次年，日本最优秀的核物理学家之一，曾经与玻尔合作过的仁科芳雄（Nishina Yoshio）开始着手研究原子弹的实物化。1943年，东条英机正式下达制造原子弹的命令。但仁科芳雄告诉海军，制造原子弹在理论上或许可行，但可能连美国也无法成功将原子弹用于实战——而美国人在同年4月就正确地预估，美国可以在两年内成功研发可用于实战的原子弹。

　　造成这种预估差距的是美国强大的工业实力。罗斯福曾经在一篇著名的演说中提到过，要让美国变成民主国家的"兵工厂"。二战中，美国也的确是这么做的：1943—1944年，民主兵工厂的最高生产纪录是每天一艘船，每五分钟一架飞机。六年的战争中，它一共生产了87000辆坦克、296000架飞机和300万吨位的船只。这个数字过去一直被用来佐证美国工业制造能力的强大。能够大量制造武器只是一面，更重要的一面是，美国有足够的能力制造最尖端的科研设备，比如核物理学所需的加速器。科研也是工业实力的一种体现。核物理学家一般只负责自己最擅长的那个尖端领域，不可能对核试验的每个环节负责，比如每个实验仪器的每种材料、设备和加工装置等。仁科芳雄在1944年就向信氏（Nobuuji）少将报告说，要获得六氟化铀非常困难，因为他们没有能力获得制造回旋加速器所需要的高压真空管，因此只能生产大约170克六氟化铀。而在同一时间的美国，六氟化铀正在被成吨地生产出来。这就是工业实力的真正差距。[6]

　　后面的故事所有人都知道了，批准曼哈顿计划的罗斯福总统并没有亲眼见到这一计划完工，1945年4月，他突发脑出血去世，副总统杜鲁门宣誓就职。由于原子弹研发项目保密工作做得太好，这还是杜鲁门第一次听说这种"大到足以毁灭整个世界的爆炸物"。1945 年 7 月，第一枚原子弹试爆。曼哈顿计划的实验室主任奥本海默（Robert Oppenheimer）目睹了核爆产生的火球和冲击波，头脑中浮现出的竟是古印度教经文《薄伽梵歌》中的片段："我现在成了死神，世界的毁灭者。"

1945 年 8 月，美国空军在广岛和长崎投下两颗原子弹，广岛的那颗叫"小男孩"，直接杀死了 14 万人，长崎的那颗叫"胖子"，直接杀死了 7 万人。随后几年，还有几十万人因辐射而死亡。

以上就是曼哈顿计划的来龙去脉。但曼哈顿计划的真正重要性还不仅在于研发出核武器，而在于，或者说更在于它彻底改变了"国家工厂"的动员结构。

在第一次世界大战的时候，政府和科学界的关系实际上还没有特别紧密。但是，战场上出现的各类新武器——机枪、毒气、坦克、飞机、潜艇等，改变了政府的想法。政府意识到，科技参与战争的程度越来越深，因此特别需要参考科学家的意见，以决定资助科技发展的方向。一战结束后，美国政府组建了航空咨询委员会（NACA）等多个科学界机构，用于开展航空工程领域的前沿研究。后来曼哈顿计划最重要的负责人之一范内瓦尔·布什（Vannevar Bush）就在 NACA 中担任过委员会主任。

除了 NACA 以外，一个叫田纳西河谷管理局（TVA）的机构对曼哈顿计划的顺利执行也具有巨大意义。TVA 是罗斯福新政中设立的一个管理机构，职责是管理田纳西河谷经常面临的问题，诸如水灾、滥伐、水土流失以及发电等。这个项目是由陆军工程兵团执行的，它没有采取外包合同，而是采取直接雇用工程师和经理的方式来运作。换句话说，这是一个半国企性质的政府项目。TVA 的运作十分成功，其生产电力的价格只有私人电厂的 55%—73%。主导 TVA 项目的陆军工程兵团也直接参与了曼哈顿计划。

举这两个例子想说明的是，如果说老毛奇的铁路协调计划象征着国家力量开始管理工业化进程，以推动工业革命的成果为战争目的服务，那么曼哈顿计划就象征着，国家动员体制从工业领域推进到了前沿科学领域。后来想要追赶美国的其他国家，也都仿照曼哈顿计划发展自己的尖端科研项目。这是国家—社会关系的一次重大变化。19 世纪以前那种属于贵族人文精神的独立科研传统，虽然没有完全被抹杀，但是基本被大学和国有科研机构"体制化"了。艾森豪威尔称这种新型的军事—工业综合体为"科学国家"，也有人称之为"科学密集型国家或者大科学"[7]。

曼哈顿计划的成功意味着，战时的科研管理机制必须延伸到和平时期。毕竟，谁也不知道下一次出现类似于原子弹这样的科技突破会是什么时候，哪个领域；谁也不敢保证，下一次科技突破中诞生的武器会不会在瞬间杀死更多人——数百万、数千万乃至数亿。国家必须时刻保持警惕，枕戈待旦，为自己取得这种突破做好准备，也为别人取得这种突破做好准备。

这跟 20 世纪前的那种单纯对士兵和工厂的战时动员有着巨大区别：无论第一次工业革命怎样具体改变了国家的战争能力，但士兵总要退役，工厂总要恢复生产，子弹会退膛，炊烟会升起。然而，自原子弹诞生以后，类似于曼哈顿计划的科研项目（组）却必须永远处在战时动员状态，就是在和平时刻，也需进行"军备竞赛"。

无法抵御的武器

曼哈顿计划开始不久，苏联情报机构就意识到美国人正在进行原子能军事应用研究。苏联武装力量总参谋部情报总局（格鲁乌）渗透进美国橡树岭核中心，给莫斯科发回了许多有价值的情报。同时，苏联从东欧获得了关键的铀矿资源。1949年8月，苏联引爆了第一枚原子弹，冷战双方阵营终于都有了这种大规模杀伤性武器。

这个消息让美国人陷入极大恐慌。在当时，许多人相信，第三次世界大战随时可能爆发，苏联有可能使用原子弹进攻美国本土。于是，美国官方专门出台了核爆防护政策，指导平民如何在原子弹落下时保护自己。其中最有名的是一部针对儿童的动画短片，叫《卧倒与掩护》(Duck and Cover)。动画片里有一只叫博特的乌龟，通过"卧倒与掩护"成功躲避了猴子扔的炮仗。美国官方试图用这种办法教育儿童，在原子弹扔下来的时候，赶快找到附近的课桌、矮墙等掩护物躲避，以减小伤亡。

通过卧倒掩护的方式来躲避原子弹的杀伤听来可笑之极，好像天方夜谭，但在当时，这却不失为一种能够拯救数万人生命的办法。根据广岛和长崎的经验，许多人在核爆第一时间的反应是去看爆炸的火球，仅此就足以造成大规模致盲和灼伤。而且，爆炸震裂的建筑碎屑和玻璃碎片也会造成杀伤，而卧倒的确有助于减轻这类伤害。这一动画片已经成为那一代美国孩子的童年记忆。

当然，美国官方宣传核爆躲避教育，根本原因是当时人们潜意识里还是认为，核弹仍然是一种可以躲避和抵御的武器，只是威力大一点。不过，这种信念很快就被氢弹打破了。

氢弹的原理是利用氢的同位素（氘、氚）进行核聚变反应，而这个反应必须利用原子弹的核裂变来引发。对参与曼哈顿计划的顶尖物理学家来说，氢弹的研发是自然而然的事情。研发氢弹的思路实际上1942年左右就产生了，只是它必须以原子弹的研发成功为工程学上的前提而已。1949年苏联原子弹试爆成功后，美国总统杜鲁门决定研制氢弹。1951年，第一颗氢弹在太平洋上的恩尼威托克岛试爆成功。1954年，第一颗能用于实战的氢弹在比基尼岛试爆成功。

比基尼岛试爆的这颗氢弹叫"喝彩城堡"(Castle Bravo)，爆

"卧倒与掩护"的宣传画

1950年，冷战期间，为了保护自己免受核爆炸的伤害，学校的孩子们进行了"躲避和掩护演习"

炸后，一秒内就形成了一个直径近 7.2 千米的火球；一分钟后产生的蘑菇云高达 14 千米，直径 11 千米；10 分钟内，蘑菇云的高度就攀升到 40 千米，直径变成 100 千米。爆炸当天，一位科学家忘了带护目镜，另一位工程师把护目镜借给了他，自己不得不背向爆炸中心点，面向他的同事们。当爆炸发生的那一刻，热核反应释放出来的射线就像 X 光一样照在所有人身上，那一刹那，在这位工程师的眼中，他的同事们都变成了骷髅。

这一天，一艘名为"幸运龙 5"号的日本渔船很不幸正在数百海里外的海域捕鱼，渔船直接接触到了辐射沉降物，导致许多船员因辐射而生病。一名船员在六个月后死于继发感染，另一名船员则产下畸形的死胎。这起事件与广岛、长崎的核爆一道提醒人们，辐射也是核武器的重要杀伤力之一。这也改变了核武器的使用思路。美军投掷"小男孩"和"胖子"时，还是按照传统炸弹思路来使用核弹的，也就是让核弹在近地面爆炸，以求大范围摧毁建筑物。然而，氢弹的爆炸数据提醒人们，完全可以在半空中就引爆核弹，通过光照和核辐射来尽可能杀伤人群与环境。即便居民们能够在核爆的瞬间进入掩体，但他们也可能在之后的数个月里被迫吃受辐射的食物，喝被污染的水，所谓的"卧倒与掩护"就没有什么实质意义了。

在氢弹试验之前，美国政府非常热情地推广民用掩体工程，其中一些工程把家乐福等超市修建在地下，以便作为核战争时的防空洞使用。而在氢弹试爆成功之后，时任美国总统艾森豪威尔下令暂停了民用掩体工程的推广，因为他意识到，氢弹已经是一种不可抵御的武器。这种情况下，"乌鸦岩山综合设施"，也就是特供总统的核爆防空洞的战略意义就凸显出来了。该工程设有总统及其顾问的生活区、医院、礼拜堂、理发店、图书馆和蓄水池，总耗资 10 亿美元，相当于 2015 年的 90 亿美元，主要目的是为了让总统及为其服务的人员在核战争发生后能够生存下来，按下核反击的按钮。

"喝彩城堡"爆炸时，幸运龙 5 号上的一名船员正在船尾观察鱼漂

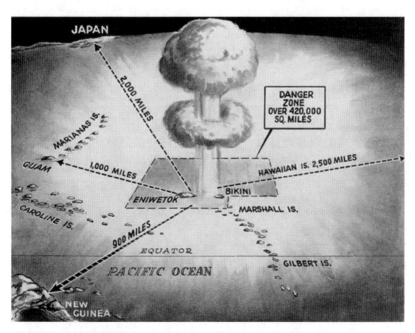

"喝彩城堡"威力示意图

不过，核掩护工程只是应对核战争的消极策略。应对核战的积极策略是"相互保证毁灭"机制（Mutual Assured Destruction, MAD）。这种机制指的是，一定要保证己方即便在遭受敌人先发核打击之后，依然有能力予以还击并毁灭对手。极端情况下，可能还需要保护没有能力进行核反击的国家，并且毁灭其他有能力造成核打击的国家。比如，20 世纪 60 年代初期，艾森豪威尔专门组建研究机构，制定了全球统一的核战方案，这个方案被称为"统一作战行动计划"（SIOP），其中 1962 年财政年度部分相关的内容已经解密，从中可以看到，整个社会主义阵营，一道成为美军核打击的对象。

"相互保证毁灭"机制标志着，由于氢弹这种"不可抵御的武器"的出现，战略思想必须转变升级。过去，一切战略思想的根本前提是最大限度地保存自己，杀伤敌人。如果实在没有办法杀伤敌人，至少要先做到保存自己。但是热核武器发明后，这个思路就被彻底转变了——现在，它的根本前提是，如何在无法保存自己的前提下，让敌人相信你有意愿与它同归于尽。

这也成为战略学界的一大研究课题。从核弹研究成功开始，一批十分优秀的学者涌现出来，在热核武器作战的条件下探讨博弈战略思维。这其中的佼佼者有 1946 年出版《绝对武器》的伯纳德·布罗迪（Bernard Brodie），1959 年发表《脆弱的恐怖平衡》一文的阿尔伯特·沃尔斯泰特（Albert Wohlstettter），1960 年出版《论热核战争》的赫尔曼·卡恩（Herman Kahn），但取得巅峰成就的，还是曾在兰德公司任职、亲自接触过美国核武器战略、后来出版了《冲突的战略》（1960 年）以及《军备及其影响》（1966 年），并于 2005 年获得诺贝尔经济学奖的托马斯·谢林。他回答了热核战争时代的一大核心战略问题：如何说服你的敌人相信你对"相互保证毁灭"的态度是严肃的。

关于这个问题有一个很好的例子，来自一部拍摄于 20 世纪 80 年代的英国幽默政治剧《是，首相》（*Yes, Prime Minister*）。在剧中，英国政府的科学顾问质问英国首相吉姆·哈克：

> 如果苏联人运用"香肠战术"的话，那么他们把香肠切到哪一片，我们才会动用核武器呢？入侵西柏林？接管东德？侵占西德？比利时？荷兰？法国？还是准备横渡英吉利海峡？毕竟，已经丢掉的就丢掉了，还没有丢掉的在发射核武器之后还是会丢掉。怎么能用自杀的办法来维护国家安全呢？

这虽然只是一部喜剧，但却确实触及核战略的本质问题：一旦两个敌对阵营都拥有热核武器和投放手段，双方的本国人民瞬间就成为敌国"永恒的人质"。在这种情况下，任何军事决策都可能是一种民族自杀行为。

谢林的策略是：设计一种对敌我都透明的"风险生成器"机制，这个机制一定会导向全面毁灭的核战争，而我方也一定会按照这个机制中的步骤逐步行动，但是，敌方并不知道这个机制中的哪一步还不会引发核战，哪一步一定会引发核战，换言之，就是"行动明确，但界限不清晰"。如果行动不明确，敌人会认为你仅仅是在恫吓；如果界限清晰，敌人就很容易施加极限威胁。相反，只有行动明确，但界限不清晰，让别人认为任何行为都有可能导向最终的核战争，才会造成最大限度的核威慑效果。

这个策略，后来被形象地称为"在悬崖边上跳舞"：你和另外一个人各有一只脚被一条铁链绑在一起，且都站在悬崖边上，谁要是先退缩，对手就会得到巨大的奖励。你能做的其实很少，唯一能威胁对方的手段就是把他推下悬崖，但这样你也会被拉下去摔死。你该怎么办？按照谢林的意思，此刻你能采取的最好的策略不是让对手相信你会与他同归于尽，而是开始跳舞，因为对手不知道你的舞步是不是有逻辑（理性），下一秒会不会连他一起拉扯下去，这个时候，"跳舞的策略"就会给他施加最大的压力，让对手相信你愿意比他承担更高的风险，迫使他先让步。这样，你就赢了。

在传统国家战略思维面前，这是疯子般的举措。然而热核武器使得这个战略变成了现实中的国家政策。人类疯了吗？也许吧，但要记住，正是技术的进步"逼疯"了人类：一种武器是能抵御的还是不能抵御的，决定了使用它的战略思维是完全不同的。

无论"相互保证毁灭"战略在理论上多么大胆前卫、惊世骇俗，却还是比不上现实世界中真正的核博弈更惊心动魄。

钢丝上的大国

热核武器虽然被发明出来，但是怎么投放以及投放是否会被拦截，这些实际作战中的应用问题依然存在。这是理解古巴导弹危机的技术背景。

冷战时期，美苏两国都已经拥有射程超过 18,000 公里的洲际弹道导弹。当时这些导弹的飞行时间还比较长，对方还有能力预警和采取反制措施。因此，如果能把导弹发射基地部署在离对方更近的地域，显然能获得更大的威慑优势。这就是为什么美国在 1959 年要把中程导弹部署在意大利和土耳其，而苏联要在古巴部署进攻性中程导弹。

1962 年 7 月，赫鲁晓夫拍板通过了"阿纳德尔"行动，目的是在古巴部署足以覆盖美国本土全境的弹道导弹团和相应的支援部队。8 月，美国的 U2 侦察机和间谍在古巴发现了防空导弹发射装置。起初，美国以为是防御性装备，直到 9 月 28 日，美国在海上发现了苏联前往古巴的货轮，才真正开始警觉。10月中旬，美国启动U2侦察机监测古巴全境，赫鲁晓夫则干脆放弃伪装，公开已经在古巴部署好的导弹团。10月24日，美方出动"埃塞克斯"号航空母舰战斗群封锁古巴港口，并在10月25日的联合国安全理事会上，跟苏联针锋相对，大吵一架。

危机的最高峰发生在1962年10月27日和28日。

10月27日，苏联在古巴附近出动四艘载有核鱼雷的狐步级常规动力攻击潜艇（B-4、B-36、B-59及B-130），负责护卫向古巴运输武器的苏联货轮。当时，美国海军已经定位了这四艘潜艇的位置，但并不知道艇上载有核鱼雷，美军驱逐舰发出警告，逼迫这四艘潜艇上浮。

由于美军占据军力上的绝对优势，警告发出后，三艘苏联潜艇被迫上浮。但是，B-59潜艇却没有遵从警告。此时，美国军舰按照训练时的战术，向B-59投掷了五枚训练用深水炸弹。美军这一行为与苏联海军接受的训练警告方式是不一样的，B-59潜艇指挥官误以为美军此举的意图是宣战。而且，他们还以为对方知道自己潜艇上携带有核武器，这种情况下的宣战，等于要打核战争。

由于当时潜艇通讯技术还不很发达，隐藏在海底的潜艇经常与莫斯科失去联络，按照当时苏军的指挥体系，相当于莫斯科已经授权这些潜艇的军官，在受到攻击且无法联络总部的情况下，可以自行决定是否使用核武器。因此，决定是否发射核鱼雷的权力，此刻已经下放到B-59指挥官手里。

B-59上有三位具备决定资格的指挥官，分别是舰长、政委和大副。正常情况下，三人应该投票决定是否发射核鱼雷。但是，当天的B-59情况比较特殊，大副瓦西里·阿尔希波夫恰好是潜艇部队的政委，他的意见相当重要。阿尔希波夫坚决反对发射核鱼雷，坚持要先上浮联系莫斯科。最后，在阿尔希波夫的坚持下，B-59也浮

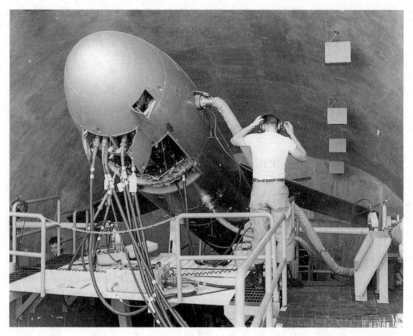

1962 年 4 月，技术人员在冲绳基地发射装置中研究 "马斯 B（Mace B）" 巡航导弹

了上来。美军驱逐舰并未继续向它们开火，而是在确认其意图后放它们离开了。

就这样，两支军队、两个国家和整个世界避免了一次可能爆发的核大战。

这还不是古巴导弹危机中唯一使人类濒临核战边缘的事件。就在 B-59 潜艇浮出水面后几个小时，位于美军冲绳岛导弹发射基地的威廉·巴塞特上尉收到了一串代码，内容是允许发射该班组的所有导弹。巴塞特所服役的导弹发射中心部署有四枚装载 "28 号"（Mark 28）核弹头的 "马斯 B" 巡航导弹，威力相当于 "小男孩" 和 "胖子" 的 70 倍，射程覆盖河内、平壤、北京以及符拉迪沃斯托克的苏联军事设施。

"马斯 B"拥有惯性制导系统，射程超过 1300 英里。

收到命令后，巴塞特马上确认了一遍命令内容，但他随后发现有问题：正常情况下，发射核武器的命令应当是在一级戒备状态下给出，但当时基地还处于二级戒备状态，并没有升级。当然，这种情况也许有别的可能性，比如敌军干扰了一级戒备状态命令，或者全面核战争已经开始，总部忽略了升级戒备状态的程序。

谨慎的上尉随后打电话给导弹作战中心，以原始代码传送不够清晰为由，请求中心再次传送。几分钟后，让所有发射组都感到惊恐的是，作战中心完全重复了之前发送的命令代码，没有任何变化。此刻，按照发射程序，那些已经瞄准苏联军事设施的导弹部队不能再拖延了。巴塞特决定再跟发布命令的少校解释代码的内容，并请他作出二选一的指示：要么把戒备状态提升至一级，要么停止发射。按照当时在场士兵的回忆，少校紧张地作出新的指示：停止发射。

这起事件是近年刚刚经由在场士兵回忆透露的，文中的巴塞特上尉已于 2011 年去世，暂时没有更多的资料验证消息的真实性。但如果该事件为真，那么这起事件应该与 B-59 潜艇一道并列为人类历史上最接近核战争和相互毁灭的历史事件。甚至，这一事件的危险程度比 B-59 事件还要严重，因为 B-59 事件只是潜艇指挥官的自行判断，而冲绳岛事件如果为真的话，则意味着美国军方核战指挥系统的某一层级出了问题，竟然有人可以或可能越过时任美国总统肯尼迪的权限，直接下达发动核战争的命令。这个推想足以让人不寒而栗：作为全世界最大的民主国家，其军方竟然有可能绕开民选总统，直接发动核战争。

实际上，当时的最高决策者都不想真正打核大战，阻碍反倒来自各自阵营内部：赫鲁晓夫这边，古巴领导人卡斯特罗擅自射击美国 U2 侦察机，实际上违反了赫鲁晓夫的直接命令；而肯尼迪这边，真正不希望美国撤出导弹的有两股力量，一是土耳其，二是军方。

而肯尼迪和赫鲁晓夫都有和平解决问题的动机。

　　肯尼迪本人是虔诚的天主教徒，而当时的教皇若望二十三世与赫鲁晓夫的私人关系不错。经过若望二十三世的斡旋，双方最高领袖开始通过秘密渠道直接沟通。1962 年 10 月 26 日，赫鲁晓夫给肯尼迪写了一封长信，希望美国向世界宣布苏联开往古巴的船只上没有武器，并且不会入侵古巴。27 日，赫鲁晓夫（可能是与苏共高层讨论后）修改了信件内容，要求美国撤出意大利和土耳其的导弹，作为交换，苏联也从古巴撤出导弹。

　　27 日晚，肯尼迪总统的弟弟约见苏联大使，告知总统可以口头答应撤回在意大利和土耳其的导弹，但如果苏联一定要书面保证，总统可能无法压制军方，进而导致局面失控。实际上，总统的弟弟甚至向苏方透露了美国军方计划于 29 日开战的消息。当时莫斯科时间已是 28 日凌晨，赫鲁晓夫决定认可肯尼迪的口头承诺，从古巴撤出中程导弹。而后，美国也履行承诺，从意大利和土耳其秘密撤出了中程导弹。肯尼迪更是在此后下令，核武器必须设置密码，以杜绝军方擅自发动核战争的可能性。

　　危机解决，世界终于松了一口气。然而，肯尼迪的这次和谈行动因完全绕过军方，引发军方强烈不满。肯尼迪于次年遇刺身亡，他的弟弟则于 1968 年遇刺身亡，直到现在，美国国内还有很多人认为，肯尼迪兄弟之死，军方和 CIA 有极大嫌疑。

　　古巴导弹危机中的这两起事件，是人类历史上离相互毁灭的核战争最为接近的时刻。根据后来解密的资料，其具体博弈过程比学者们的理论设想复杂得多。这里的关键问题是，学者们在思考理论问题时总是假设决策机制是同质、高效、可靠的，实际上却并不一定如此。"在悬崖边跳舞"的问题在于，现实世界中的每一个舞步都是由官僚体系内每一个个人承担的，而是人就会犯错，会有自我利益，甚至会以小博大绑架高层。试想，如果阿尔希波夫和威廉·巴塞特在历史的关头做出不一样的决定，毁灭世界的核战争完全可能由一两个名不见经传的下级军官触发。这一定不是赫鲁晓夫和肯尼迪这类大国元首想看到的事，至少，他们一定不想在走钢丝的时候，让钢丝握在部下手里。

从某种讽刺的角度讲，是人性的固有缺憾在危急关头拯救了人类的命运。

*　*　*

按照传统的政治学理论，如果认为"安全"是国家最重要的产品，那么国家工厂最根本的能力后盾就是军事实力。我们同时也相信，人类自启蒙运动以来取得的各种政治进步，比如自由主义、代议制和立宪体制，已经能够驯服国家这头怪兽，把它装进了制度的笼子里，以避免它所代表的超级武力失控，威胁我们每个人的安全。这就是我们依然放心地把国家看作"工厂"而不是看作纯粹的"军国主义独裁政权"的原因。

但是，技术的不断进步，有可能已经使得这种控制方式失效了。

不论是德意志帝国的皇家科学院，还是美利坚合众国的曼哈顿计划，也不论是德国科学家，还是美国科学家，他们的全部努力依旧是在传统国家动员体系的框架下。他们相信，通过自己的努力，至少能让命运掌握在自己民族手里。然而，当我们打开核武器的潘多拉魔盒后，事实却是，全世界的命运可能就掌握在少数几个人手里。至少，在历史上，我们已经与这种可能性擦肩而过：1962年10月27日和28日，全世界1/3人类的命运不是在自己手里，不是在自己国家的政治制度手里，也不是在所谓代表普遍价值的自由民主制手里，而是掌握在阿尔希波夫和威廉·巴塞特的手里。

对于人类而言，这也许比掌握在赫鲁晓夫和肯尼迪的手里还要恐怖。更为恐怖的是，即便我们知道了事实真相，我们也依然没有什么能力去改变它。那么，人类文明自以为进步的自由、民主价值与代议制政府，其存在基础是否还那么牢靠？如果连美国在某个时刻都可能被军方绑架而发动核战争，还有谁能够逃脱军国主义化的风险呢？

由于冷战的结束和《核不扩散条约》等国际机制的作用，在今天，核武器威胁已经被大大减小。但是，这不代表其他能够在短时间内威胁人类文明存续的尖端技术就已不存在。

1989 年 10 月，苏联微生物学家和生物武器专家弗拉基米尔·帕斯尼克博士（Vladimir Pasechnik）叛逃到英国。除了证实苏联有一项违反 1972 年《禁止生物武器公约》的攻击性 BW 计划外，他向英国情报机构透露，苏联还有一项"广泛的基因工程计划，旨在开发新型生物武器，而西方对此毫无防备"。另外一位在苏联解体后前往美国的科学家阿利别科夫（KanatjanAlibekov）则透露，他在苏联的科研团队曾将炭疽病的"战斗菌株"的效力提高了三倍，据估计，这些基因和病毒武器可以杀死 20 亿人。

幸运的是，这个计划后来被叶利钦中止了，但类似的研究仍在继续：美国国防部高级研究计划局（DARPA）曾经资助纽约州立大学石溪分校的科研团队，从零开始合成了脊髓灰质炎病毒。几年后，另一队科学家在科学杂志发表论文，宣布他们已经测序并可以制造 1918 年的西班牙流感病毒——这种流感病毒具有强大的危害性，全球约 2000—5000 万人因此而死亡。

可以说，自核武器发明开始，人类就已经进入一场永无止境的危险旅途：一旦一个国家有可能掌握毁灭全人类文明的武器，为了制衡和避免它取得绝对优势，其他国家势必要赶上，这种武器也势必要"普及化"，然而经手它的人越多，人类本身被它毁灭的可能性就越大——无论这种武器是核弹、基因武器，还是人工智能武器。

技术进步如同文明的毒品，为了避免马上被毁灭，文明不得不发展更强的自我毁灭能力。

这意味着，我们无法后退，只能前进。既然我们默认常规的战争属性已经被"不可抵御的武器"修改，如果我们想要更好地生存下去，就必须修改我们默认为常规的其他文明属性。例如，我们或许可以前往太空，宇宙尺度远超洲际弹道导弹的射程，在那里，现有的核弹投射手段将失效，人类文明或许可以避免突然间的互相毁灭；或者，我们可以修改自身的生存方式，将记忆上传至虚拟空间，从而不再害怕核爆带来的辐射和光污染；或者，承认我们是一种无法管理自己的物种，把发动相互毁灭战争的权力交给人工智能，以此来取消继续发展核武器和相互毁灭性技术的意义……

或许我们只能承认，核武器已经终结了人类的童年时代，我们必须像成人一样，不断前进，不择手段地前进。

注释

1 苏联担忧引爆后的核子落尘会严重污染环境，引发国内外反对，因此将试爆炸弹的威力降低到 5000 万吨。
2 转引自 *Technology and International Transformation*，P131-132.
3 同前，p131—134。
4 同前，p175—176。
5 参见理查德·罗兹《原子弹秘史》，江向东等译，金城出版社，2018 年，第 283—284 页。
6 同前，第 537—538 页。
7 *Technology and International Transformation*，p183.

第十一章　粮食与人口

今天，"绿色农业"这个概念已经为众人熟知。不管大众消费者是否知道背后的技术原理与产品细节，至少这个名词听起来就不错：保护环境，降低污染，确保可持续。

毕竟在工业革命之前，人类将近一万年的农业史不都是无污染的"绿色农业"吗？人类文明不就是这么持续下来的吗？

我们这一章的故事，却是要从打破人们对这个名词的刻板印象开始。因为从纯粹的科学角度来看，传统意义上的"绿色农业"恰恰是不可持续的。

无法持续的农业

一切生物最重要的物质基础是蛋白质。蛋白质是一种由一个或多个 α - 氨基酸残基组成的大型生物分子，它几乎参与到生命活动中的每个重要方面。例如，酶参与催化作用、胰岛素参与新陈代谢的调剂作用、血红蛋白参与代谢物质的运输作用、植物种子中蛋白质的储存作用，以及细胞骨架的形成、免疫、分化、细胞凋亡等。

在组成蛋白质的化学元素中，有一类非常必要的元素，摄入途径稀缺，这种元素就是氮。虽然地球大气中氮气占到 78% 的比重，但是氮气分子含有三键结构，这是最强的化学键之一，性质十分稳定，很难转化为氮化合物，因而也就很难被生物吸收。生物要想吸收对蛋白质而言至关重要的氮，必须经过"固氮作用"，也就是把空气中的氮转化为含氮化合物。在没有人工干预的条件下，自然界的固氮途径只有两种。一种是雷电固氮，在雷电的放电作用下，空气中的氮气和氧气发生反应，生成一氧化氮、二氧化氮和硝酸，再与土壤接触生成可以被植物吸收的硝酸盐。这种固氮大约占到自然固氮的 10%。另一种是生物固氮，也就是自然界中的一些微生物种群（比如海洋中的固氮细菌、豆科植物的根瘤菌等）通过体内的固氮酶将空气中的氮气转化为含氮化合物，这种固氮大概占到自然固氮的 90%。古希腊人很早就发现，种植豆类或者以之轮作可以增加或恢复农田土壤的肥力，其科学原理就在于此。

但是，以上所说的两种固氮途径都是针对整个地球生态循环系统而言的。如果我们单单把农田生态系统拿出来看，情况就会大不一样。农田本质上是个输出系统，每年有大量的物质（农业收获物）会被带离这个系统。从氮循环的角度来说，我们每年都会从土地上带走大量氮，如果我们无法把同等体量的氮返还给农田，那么这个系统必然是失衡的。农田的肥力终有一天会被耗尽；它现在之所以没有被耗尽，只是因为它经历了亿万年的、来自蛋白质降解（生物尸体腐烂）和自然固氮的积累还没有被榨取殆尽。

那么，通过传统绿色农业惯用的有机肥料能够为农田补足相应的氮吗？如果我们说的有机肥料是传统农业中的粪肥、酒糟、豆渣等——这些本身就是农田系统的产出，我们只是把其中的一小部分返还给农田罢了。比如，当使用牛粪作为肥料时，本身还需要 20—30 亩的草地为这头牛提供饲料，为此所能产生的粪肥，其中蕴含的纯氮大约有 12.5 千克，足够供养 500 千克玉米。当然，除此之外还有另一种办法，那就是豆科作物。豆科植物的根瘤菌在固氮作用中占据很大比重，但是这种途径吸收的氮基本集中在豆子所富含的植物性蛋白质里。因此，如果用豆科植物来肥沃土壤，我们就只能放弃吃豆子，把整个植株作为绿肥掩埋。这样，每亩豆科绿肥植物一季可以提供 1—1.5 千克纯氮，足够生产 50 千克左右的玉米。

　　这种循环需要严格计算收支来控制氮的供需平衡，而且，其承受的人口极限是可以计算出来的。这个人口极限大概是多少呢？我们仅以最理想的条件来计算：假设农民能够使用最好的技术和品种，进行最精细的轮作管理，保留必要的柴草山等资源用地，耕作过程中的肥力遗失、流失和挥发等按最好的标准来计算，全中国自耕农每户 6 人保证 30 亩耕地或 60 亩柴草山（或折合相应面积的鱼塘湖面），饲养 10 头猪、2 头牛，其产出的有机肥可供生产的粮食总产极限也就是 1.2 亿吨，合理供养人口约为 3—4 亿人。[1] 这还只是计算了氮元素（虽然是生物过程中最重要的元素之一）的循环结果。而实际历史是，中国在清末就已经完全突破了这个界限。

　　在经济学史上，有一个著名的理论叫"马尔萨斯陷阱"。这个理论认为，如果没有限制，人口是以几何速率增长的，而食物供应却是以线性速率增长的；如果放任人口无限增长，人口会很快增加到社会难以承受的数量，此时就会爆发饥荒和战争等灾难，消灭大量过剩人口，恢复供需平衡。

　　尽管马尔萨斯陷阱采取的计算方法和我们关于氮元素循环的计算方法完全不同，但背后指向的结论却是共通的：不考虑技术进步，传统农业所谓的"可持续发展"实际上只是一个哲学论断。这里的"可持续"，说的不是人类文明的"可持续"，而是物种轮回的自然规律，是地球的"可持续"。如果人口增加超过粮食生产承受的极限，人口就会被迫减少，直到回到这个极限内；同样的道理，如果一片土地上的民族将土地中的氮元素消耗殆尽，这片土地的肥力就会丧失，这个民族也自然会面临生存压力，从而爆发灾难以致人口减少、灭亡或迁徙。如果整个人类都是如此，那么人类文明就要面对倒退、崩溃乃至灭亡。

当然，现实历史并没有发生这种状况，因为科技的进展已经让我们走上了没有回头路的方向：我们找到了人工合成氮的方法，发明了化肥，供养了远超传统"绿色农业"能够"可持续"供养的人口数量。这个基本的事实，决定了今天所有打着"绿色有机农业"旗号、回归传统耕作方式的农作物生产模式，其实都是奢侈品消费，是对人类乡愁和怀旧情绪的消费。

人工制氮

科学家发现氮肥对农业生产的重要作用，大约是在19世纪40年代。也就是在这一时期，智利的阿塔卡玛沙漠中发现了世界最大规模的硝酸盐矿。

阿塔卡玛硝酸盐矿在地球表面是极其难得的资源：硝酸中的氮是正五价，极不稳定，很容易被有机质还原。只有在这个地球上几乎最干旱的地区，20—200万年前的大气雷电形成的固氮才在这里集聚，最终造就了这一极为罕见的矿床。19世纪中叶，人们已经发现，硝酸盐既可以用于制造氮肥，也是制造黑火药的重要原料。因此，这个寸草不生的干旱地区立刻招引来大量的采矿企业，其热情程度丝毫不亚于美国历史上的淘金潮。到19世纪后半期，这里的氮肥产量占到全世界的70%。

为了争夺这片矿区的控制权，玻利维亚、秘鲁和智利三国甚至还在1879—1883年打了一场仗，三方在这场战争中动用了遥控地雷、海上鱼雷、鱼雷艇和专用登陆艇等先进武器。由于当时硝酸盐

阿塔卡玛矿区废弃小镇的墓场

矿的主要买家中，美国企业占了很大一部分，美国认为自己有必要在秘鲁派驻军舰观察，以维护自身的利益。这艘军舰的指挥官叫阿尔弗雷德·塞耶尔·马汉（Alfred Thayer Mahan），他在秘鲁观察这场战争时，形成了后来闻名于世的"海权论"。

站在 1883 年往后看，这片矿区似乎有潜力成为大国地缘政治的角逐场，就像中东的石油一样。然而，半个世纪不到，它已经被世人遗忘。

造成这个后果的关键，在于一个人——弗里茨·哈伯（Fritz Haber）。

弗里茨·哈伯，1868 年出生于德国西里西亚布雷斯劳（现为波兰的弗罗茨瓦夫）的一个犹太人家庭。在这座古老而优雅的小城中，哈伯家族算得上其中最古老的家族之一。他出生后不久，普鲁士主导统一了德意志，给当地人带来极大的发展机会。在威廉皇帝治下，布雷斯劳很快发展成为德意志帝国第六大城市和主要工业中心。

弗里茨·哈伯高中毕业后，先后在柏林、海德堡和苏黎世读大学，还在工厂中得到许多实习机会。1891年，他获得弗里德里希·威廉大学博士学位，1896年成为卡尔斯鲁厄大学化学系编外教授。1903年，弗里茨·哈伯发现，在超高温常压（后来修正为200大气压和500℃）条件下，以锇为催化剂，氢气和氮气可以化学反应生成氨，而氨是制备硝酸的重要原料。随后，哈伯与德国著名化学公司巴斯夫（BASF，成立于1865年，以收入衡量系世界最大的化工企业集团，其slogan为"我们创立了化学"）签订协议。巴斯夫公司的研究员卡尔·博施（Carl Bosch）发现，由铁、铝、钙混合而成的物质可以代替锇用作反应催化剂，大大降低了制备氨的成本。巴斯夫公司迅速将这一专利应用于工业生产，1916年，在奥堡和洛伊纳开办了两个工厂，产量占到德国氮化合物的一半左右。

哈伯法的一个重大结果，就是让人们能够以很低的成本制备氮肥，从而彻底扭转农田生态系统问题。在哈伯法发明之后，氮就不再成为问题了。在植物和土壤本身可承受的范围内，我们想要给农田输入多少氮，就输入多少氮。

这是一场伟大的科技革命，但一直以来我们对它几乎熟视无睹——我们基本不关心这种已经进入广大农民田间地头的发明，到底在多大程度上改变了人类文明。

那么，氮肥对人类文明到底产生了多大影响呢？可以用几个简单的数字来说明：公元前8000年时，人类初步进入农业文明，其时地球上的总人口大概不过500万。八千年后，这个数字增加到大约2亿。随后，人类用了一千八百年，增长到大约9亿。进入20世纪后，这个数字的增长速度如火箭一般迅猛直上：1927年，全球人口突破18亿，1960年突破30亿，1974年达到40亿，1987年

50 亿，1999 年 60 亿，2011 年突破 70 亿。在我写作本节之前不久（截至 2019 年 5 月），世界人口达到 77 亿。也就是说，从哈伯法发明到现在，全球人口大概增长了 4 倍，也就是 60 亿。当然，我们不能说这些人口的增长应当全部归功于哈伯，但如果换一种方法，按照氮循环的数量和比例来算，现存人类身体内可能超过一半的氮，是被人造氮肥所固定的，在此基础上，学者们推测，哈伯法制备的肥料可能维持了战后三分之一的地球人口。[2]

正是由于这一巨大的贡献，瑞典皇家学院把 1918 年的诺贝尔化学奖颁给了弗里茨·哈伯。

不过，关于哈伯，我还要多说几句。一战之中，弗里茨·哈伯担任德国化学兵工厂厂长，负责研制和生产氯气等化学武器。他的对手是法国诺贝尔奖得主、化学家维克多·格林尼亚（ViccorGrignard）。两位化学家制备的毒气在一战期间大概造成了近百万人伤亡。哈伯对此的辩解是："在和平时期，一个科学家是属于全世界的，但是，在战争时期，他是属于他的国家的。"不过，这种辩解并没有打动他的第一任妻子、化学家和女权主义者克拉拉·伊梅瓦尔（Clara Immerwahr）。在哈伯某次出差回家后，伊梅瓦尔与丈夫爆发了激烈争吵，随后用他的左轮手枪饮弹自尽。据说那天早上，哈伯依旧前往东部前线部署对俄国的毒气战，发现她的尸体的是他们的儿子，十三岁的赫尔曼。

哈伯的爱国主义最终没有为自己换来好下场。1933 年，纳粹上台，已经改信路德宗三十多年的弗里茨·哈伯被指控为"犹太奸商的子孙"，他不得不离开大学，在国际学界的帮助下逃亡瑞士。而他的数位亲属最终死于纳粹的毒气室，杀死他们的毒气 Zyklon B，正是哈伯实验室的研究成果之一。哈伯死后，骨灰与克拉拉一道葬于巴塞尔，而他的大儿子赫尔曼，因为对父亲的工作感到愧疚，于 1946 年自杀，二儿子路德维希成为有关化学战的著名史学家，著有《毒雾：一战中的化学战争》(*The Poisonous Cloud: Chemical Warfare in the First World War*) 一书。

　　哈伯的经历令人感慨万分。他一生都是德意志帝国坚决的拥护者，晚年却成为自己所爱国家的清除对象。他的亲人受累于科学家与伦理的冲突，满门不幸，也皆拜他所赐。他所开创的制备硝酸法，一方面杀死了数以百万计的士兵，另一方面又令世界人口暴增数倍，达到数十亿之多。同一双手一边行天使之事，一边行恶魔之事，我们该如何评价他的一生？

　　无论如何，这正佐证了我们在上一章提出的观点：人类科技已经进步到这样的地步，一两个手握关键技术的人和一小撮在此技术基础上制定政策和方略的人，足以影响整个人类文明的走向。

绿色革命

　　我们先来看看，哈伯法制备的氮肥，以及与之相关的一系列农业技术如何成了国际政治博弈中的重要武器。

　　尽管我们自以为对农业是熟悉的，但事实是，对大部分人而言，农业已经成了某种黑箱，因为我们基本不会参与，因而也不熟悉它的生产过程。试问，我们中有多少人清楚地知道粮食和水果从田间地头到我们餐桌上的整个流程呢？

　　正因为这个产业是如此基础，才有太多人把它当作自然而然、顺势发生、无足轻重的东西，从而看不见这背后到底蕴藏着怎样惊心动魄的科技革命与政治角逐？即便是专门从事农业研究的技术专家，可能也不完全清楚这背后的历史与故事。20 世纪以来，基本农作物的产量急速上升，但如果你问一个农业专家为什么会发生这种事，他大概率会把这看作理所当然：现在农民用的粮食品种比以往好了，肥料比以往多了，产量自然而然就上去了。

　　这么说当然没有错，但是它丢失了不少可以产生魔鬼的细节。比如，农民是怎么接受和学会种植新粮食品种的？谁教会了他们施肥的量？为了配合新的技术，农民是否要改变自己的耕作方法？他们又是怎么改变的？实际上，从实验室里利用哈伯法制备出的化肥，到印度某个村落里的农民都能把它施在地里以促进作物生长，这中间还有一段很漫长的路。

　　这段路的开头要从育种说起。自从人们能够通过化学工业制备廉价合成氮之后，肥料就不再成为问题，成为问题的是农作物本身，比如小麦。小麦在大约九千年前就已经被人类驯化，或者说驯化了人类，其标志是麦穗不会破碎，从而像自然生长的植物一样令种子四处播撒。麦穗不会破碎，意味着小麦知道人类一定会来收割播种，从而将自己的繁衍过程放心地交给人类。这种共生关系经历数千年之久，其间小麦的品种并没有发生显著变化。然而氮肥出现后，情况变得不同：传统的小麦秆是又细又长的，农民施加氮肥后，麦穗变得又大又重，麦秆支撑不住其重量，在收割之前就会倒下。人们现在必须进一步干预小麦品种，让麦秆能够承受麦穗的重量，以适应氮肥的增加，喂饱人类饥饿的肚肠。

　　说起来，这件事还要感谢日本开埠。1870 年，明治维新刚开始不久，北海道开拓使次官黑田清隆访问美国，邀请美国农业委员霍雷斯·卡普伦（Horace Capron）访日。卡普伦在此行中发现，一种北海道农民普遍种植的矮秆小麦，在施加氮肥之后，不仅产量增多，而且不会出现倒伏。随后，在美国农业部的努力下，这种小麦品种被传到意大利等国家。不过，当时这些传播相对来说还是缓慢、松散、自发的。

　　人类真正开始大规模推广新的小麦品种，实际上始于第二次世界大战后。当时，日本被美军占领，粮食匮乏，危机严重。美国农业部派出小麦育种专家萨缪尔·塞西尔·萨尔蒙（Samuel Cecil Salmon）赶赴日本。萨尔蒙很快在日本发现了当时被称之为"农林10号"的小麦品种，并把这种小麦的基因送回美国研究。"农林10号"随后为培育新的增产小麦品种做出了巨大贡献。比如，1961年，在"农林10号"小麦的基础上，受到农业部支持的美国普尔曼研究站推出了"盖恩斯"小麦，可以比同时期小麦品种增产5%—50%。

这里我需要岔开一下，介绍一下美国政府对小麦育种的态度。这要从一位举世闻名的英国经济学家开始说起，此人就是凯恩斯。他于1919年辞去英国财政部驻巴黎和会代表的职务，以表达他对巴黎和会谈判结果的不满。随后，他撰写了《和约的经济后果》（Economic consequences of the peace），运用马尔萨斯的理论来解释欧洲文明遭遇的真正危机。

凯恩斯说，欧洲文明的危机，源于人口爆炸。德国、奥匈帝国和俄国的总人口在1914年达到2.68亿，这样密集增长的庞大人口会造就大量展开激烈竞争的无产阶级，一旦他们忍耐不住，就要从资本家手中夺取更多产品，其结果就是比第一次世界大战更激烈的战乱和动荡。因此，巴黎和会主张单方面惩罚德国根本无益于问题的解决。如果想要解决人口问题，唯一的道路就是繁荣和工业化，而其中的枢纽就是德国。因此，欧洲和平的关键在于德国的再工业化，而不是德国的去工业化。

希特勒的上台和二战的爆发，一定程度上证明了凯恩斯的正确。从20世纪20年代到40年代，他的理论已经被很多人接受。比如，美国有位人口统计学者叫沃伦·汤普森（Warren S. Thompson），他于1929年和1946年写过两本书，分别是《世界人口的危险地带》（Danger Spots in World Population）和《太平洋地区的人口与和平》（Population and Peace in the Pacific）。在第一本书中，他认为西太平洋、印度洋和欧洲—意大利中部已经接近人口爆炸的边缘，必会引发大规模危机和战乱；在第二本书中，汤普森进一步把人口过剩、资源枯竭和威胁和平联系到一起，认为战后东亚的和平依赖于美国对中国和日本的人口对自然资源产生的压力的认识。由于在战前的预言基本得到了应验，他在第二本书中对东亚的研究很大程度上影响了美国的对外战略。

受二战和意识形态对抗影响，美国很多最顶尖的学者和决策层发展了凯恩斯的分析，提出了所谓"人口—国家安全理论"。这一理论认为，人口过剩会引发资源枯竭和饥荒，从而导致政治动荡和叛乱；而在这种政治动荡中，主张土地改革、均分财富的社会主义政党会赢得支持，如果它们上台，将会对美国利益造成重大威胁，进而引发战争。因此，美国为了自身的利益，应当把问题消灭在萌芽状态，向发展中国家输出农业生产技术，以遏制共产主义的传播。[3]

在这一思想的指导下，在发展中国家提倡"绿色革命"，通过推广新品种农作物、化肥和灌溉技术，用以遏制共产主义革命，就成为战后美国外交战略的重要组成部分。

前面提到过，美国农业部不仅在发现和推广新小麦品种方面走在世界前列，在外交方面也当仁不让，扮演了人才输出的重要角色。而具体扮演沟通渠道重要角色的，是洛克菲勒基金会。

美国政府实际上一直避免对人口统计和人口政策表现出过多的兴趣，因为总统不想让自己看起来仿佛对计划生育这类社会主义政策有兴趣。不过，同样的事由民间组织推动，就没有人好说什么了。洛克菲勒基金会的创始理事约翰·洛克菲勒三世（John D. Rockefeller III）就很重视人口增长的研究与控制，在二战爆发前，基金会已经开始大力支持人口控制和优生学研究。

二战期间，洛克菲勒基金会和"人口—国家安全理论"得到了一个很好的应用机会；这个机会发生在墨西哥。

墨西哥这片土地曾属于印第安人，但被西班牙殖民后的一百多年中，印第安人的数量从 700—2500 万降到大约 100 万。19 世纪初，墨西哥宣布从西班牙治下独立，但独立运动实际上是墨西哥白人对西班牙母国的反抗，广大民众依然生活在悲惨压迫中。19 世纪末迪亚斯（Porfirio Diaz）政府统治期间，1% 的人控制着 90% 的土地，8000 个庄园瓜分了墨西哥土地总面积的五分之三，90% 的人口无立锥之地。迪亚斯政府为了赚取外汇，土地基本都用来生产经济作物，而不愿意生产主食，结果饥荒和贫穷进一步恶化。最终，1910 年革命爆发，迪亚斯政府被推翻。但是，新政府的土地改革措施过慢，引发了人们的不满。来自军方的卡德纳斯（Lázaro Cárdenas）趁势而起，当选总统，没收了大量庄园土地和石油公司的资产，分配给民众，这其中有不少是属于洛克菲勒家族的资产。

这当然引发了墨西哥和美国的严重冲突，但罗斯福总统考虑到墨西哥社会的结构，最终采取了睦邻政策。墨西哥的确是一个非常符合"人口—国家安全理论"的地方，此地的饥荒和社会不公极有可能成为孕育共产主义政党的土壤，实际上，当时左翼共产主义党在墨西哥十分活跃，卡德纳斯甚至为托洛茨基提供了庇护。罗斯福不愿意看到墨西哥变成社会主义国家，因此愿意继续与卡德纳斯沟通，保持合作关系。

另一方面，从墨西哥的社会结构来看，卡德纳斯和他指定的温和派继承人卡马乔（Manuel Avila Camacho）也有自己的计划。在革命之前，墨西哥的经济结构是高度寡头化的，大庄园主们把控经济命脉，农民和工人阶级无家可归。革命政权是靠农民、工人和军队共同维持的，但是夺权后要发展经济，单靠农民和工人又是不行的。因此，卡德纳斯和卡马乔都意识到，重点是要在墨西哥培育大量的企业家中产阶级，因为企业家最喜欢稳定，最害怕变革，一定是维持威权政府的最有力支持者。要培育中产阶级，就要实现工业化，而要实现工业化，首先就要让农民离开土地，前往城市。而这一步的前提，又是有足够的粮食生产。

因此，尽管洛克菲勒家族本身和墨西哥新政府积有宿怨，但在共同维护资本主义的方针指导下，双方一拍即合。1943年，应卡马乔总统的请求，洛克菲勒基金会正式参与到对墨西哥的农业援助中。这场援助计划，就是后来被称为"绿色革命"的起点，它包含小麦育种、灌溉工程修建和现代农业种植技术的传播。在美国农业部和洛克菲勒基金会的帮助下，这一技术传播在墨西哥、随后也在其他不发达地区迅速展开。

单从农业增产的角度来看，墨西哥"绿色革命"至少在前期是成功的。1943年时，墨西哥还需要进口一半以上的小麦，而到了1963年，墨西哥已经成为小麦净出口国。相应地，其人口也经历了爆炸式增长：1940年，墨西哥有1976万人口，到1965年，已经增长到4534万人口，增长近三倍，同时预期寿命也由39岁增长到60岁。

但是，到60年代中期，墨西哥农业却遭遇到了困境。这是因为，单有农业技术的发展，却无社会和政治制度的革新与配合，工业化不可能顺利开展，"绿色革命"带来的增长动力也会消耗殆尽。墨西哥尽管进行了土地革命，但社会改革并不彻底，之前与跨国资本和庄园主联系紧密的农场主们，立刻利用外部资金和技术进行扩张，挤压国内小农场主的生存空间，同时继续从事跨国农业贸易，把粮食卖给国际买主。而在高速增长的陶醉下，长期执政的墨西哥革命制度党内部贪腐盛行，皇亲国戚把持石油工业等重要部门，制造业迟迟未能发展起来，整个墨西哥又回到农产品和资源外向型经济的老路。

不过，这些都是后话了。至少在50年代初，墨西哥绿色革命的成绩让美国人很兴奋。这一成功经验很快被推广到世界其他地区，这其中，最有代表性的就是印度。

彼时，印度刚刚赢得独立不久，且从某种程度上讲，印度独立运动的背后也有粮食和人口问题的阴影。数据显示，英国在印度统治的最后二十五年，粮食生产率平均每年增加 0.03%，但人口却平均每年增加 1.12%，背后是普遍存在的粮食短缺、饥荒和由营养不良引发的疾病流行。尼赫鲁后来在《印度的发现》（*The Discovery of India*）中写道，孟加拉饥荒是印度决心脱离英国统治的根本，印度需要自己独立的粮食政策：

> 饥荒之恐怖、可怕、惊人，简直不可言表。在马拉巴尔、比杰伊布尔、奥里萨邦，总之，在富庶、肥沃的孟加拉省，天天都有数千的男人、女人和孩子因为粮食不足而死亡。他们在加尔各答的宫殿前葡匐死去，他们的尸体躺在孟加拉无数村庄的泥屋里，覆盖着孟加拉农村地区的道路和田野，到处都有人奄奄一息，濒临死亡，且还在战斗中互相残杀。通常一种迅速的死亡，经常是勇敢的死亡，为了某种事业的死亡……但是，在这里死亡没有什么目的，没有理由，是慢慢溜进来的一种恐怖之物，没有什么东西可以解救，生命沉没、消退为死亡，死亡从萎缩的眼睛和身体里向外窥探，而生命还要弥留片刻。[4]

在印度独立初期，尼赫鲁的理想是把印度建设成为一个具有社会主义民主体制的世俗平等国家。他从苏联那里看到了独立和富强的希望。独立后，印度很快开始了第一个五年计划，希望通过各种计划来增加粮食产量，解决饥荒，这也就是所谓的"多产粮食计划"。但是，这个计划遇到了挫折，所带来的粮食增产还没有进口增加得快。到 1949 年，印度政府开始转向更加务实的方向，跟美国政府谈判，以矿物购买小麦。

　　同一年，中国国民党政府垮台，中国共产党赢得了解放战争的胜利。美国政府认为必须防止印度成为下一个中国，因此加大了对印度的优惠条件和援助力度。而印度也寻求美国的廉价粮食，以满足劳动阶层的需要，双方就此一拍即合。

　　1951年，福特基金会主席保罗·霍夫曼（Paul G. Hoffman）通过尼赫鲁总理的妹妹牵线拜访印度，很快就跟印度政府签署了一项协议，拨款222.5万美元（大约相当于现在的2.8亿美元）用于发展印度农业，建设农村社区。1952年，美印两国政府通过了一项新的大规模协议，双方总共拨款1.36亿美元来支持福特基金会的社区发展计划。1956年，洛克菲勒基金会签署协议，同意帮助印度政府建立相应的农业科研机构，发展全新的农业耕作和育种方法。

　　1961年，在墨西哥绿色革命中取得巨大成功的研究员诺曼·布劳格（Norman Borlaug）被邀请到印度，主持相应的育种研究计划。由于60年代与巴基斯坦的战争所造成的压力以及干旱的影响，印度政府对绿色革命的重视程度空前提升。印度人很快引入IR8型半矮株水稻，亩产量是传统水稻的十倍。到70年代，印度粮食自给率得到了很大提高，诺曼·布劳格因为在绿色革命中的突出贡献，赢得了诺贝尔和平奖。

　　但是，绿色革命在印度也产生了类似在墨西哥的问题。由于缺乏相应的社会结构改造，印度阶级高度不平等，大量农民的耕作技术依然无法得到改进，他们的劳动成果更容易被跨国公司剥夺。比如，很多印度农民购买孟山都BT棉花种子，是因为相信这种棉花本身的基因可以杀灭害虫，但事实上，他们发现自己需要购买更昂贵的配套农药和灌溉系统。其结果是，绿色革命初期取得的经济增长红利很快被耗尽，印度农村又回到高度不平等的危机四伏状态。

　　墨西哥和印度只是二战后"绿色革命"浪潮中比较有代表性的两个国家，实际上，当时美国的绿色革命计划涉及的国家还有很多，

诺曼·布劳格博士（左二）在墨西哥培训生物学家如何提高小麦产量——这是他一生反饥饿斗争的一部分。

其中甚至包括战后遭受严重粮食危机的英国、40 年代国民党控制下的中国以及 60 年代巴列维控制下的伊朗。从结果来看，尽管绿色革命在实施初期的确带来了粮食迅速增长和经济发展，但它也往往助长了这些国家执政政府的权势，从而延缓了本应进行的社会结构改革。高度不平等的社会似乎总有这样一种趋势，权势阶层把增长红利中的大部分攫为己有，而广大中下层从技术进步中偶然看到的一丝机会也很快从手中流逝，阶级跃迁的大门迅速关闭，一点点社会流动的希望之光也随即消散。

虽然由化肥和农作物育种引发的绿色革命在二战后促成了数十亿的人口增长，但在无法变革的政治结构下，它反而引发了更多的动乱和问题，使得马尔萨斯陷阱在 20 世纪以一种新的形式展现在世人面前。

白鼠社会

科学史上有一个著名的实验，发起人叫约翰·卡尔霍恩（John B.Calhoun），是一个人口生态学家和行为学家。从青年时代起，他就着迷于以老鼠繁殖实验模拟人口密度与社会运行状况的研究。1947年，卡尔霍恩在大学实验室里制造了一个小小的老鼠居住地。在为期28个月的观察期内，他发现了一个奇怪的现象：这块场地足够5000只老鼠居住，然而在此繁衍的种群却从未超过200只。这究竟是为什么？谜题始终萦绕在卡尔霍恩脑中挥之不去。此后数年，他以此为主题做了一系列实验，并发表了一系列研究成果，但始终没有触及最核心的答案。

1968年，卡尔霍恩开始了他一生中最为著名的实验。他搭建了一块长宽各2.7米、高1.4米的老鼠栖息地，每一边有四组管道，通往繁育室、食物和水源供给地。这块栖息地被命名为"老鼠宇宙"（Rat Universe），因在实验序列中排位25，因此被称为"25号宇宙"。整个实验过程中，卡尔霍恩始终保持为25号宇宙提供充足的食物和水源，并保证环境清洁。但对老鼠社群而言，最大的问题在于空间不足。卡尔霍恩计算过，25号宇宙最多能承载3840只老鼠。

1968年7月9日，25号宇宙实验的第一天，四对老鼠被放入栖息地中。它们在熟悉了环境之后，开始迅速繁衍。在起初的第100—300天内，平均每55天老鼠数量就会翻倍，随后增长速度虽然放缓，增势却不衰减。直到第560天，25号宇宙的老鼠种群达到了顶峰，共2200只，并没有达到空间允许的极限。

不过，达到这一顶峰后，实验的最高潮来临了，绝大多数老鼠竟然出现了绝育现象。

为什么会出现这种情况？这要从老鼠的生活习性说起。老鼠是一种社会性很强的动物，社会角色明确，雄鼠负责保护领地和雌性，雌鼠负责哺育后代小鼠。而一旦小鼠长成，它将离开父母，寻找另一片空间建立自己的领地，获得另一只雌鼠的青睐，建立自己的家庭。但是，25号宇宙并没有给小鼠提供足够的空间，这也就意味着，有一群雄鼠注定争夺不到领地，建立不了家庭，无从扮演自己的社会角色。

这部分雄鼠最终集中到25号宇宙的中央地带，因为这里是离食物和水最远的"穷乡僻壤"。在这里，它们由于无法扮演社会角色而陷入迷茫，进而停止了一切社交行为。这批雄鼠之间只剩下一种互动模式——暴力。通常而言，鼠类之间的斗殴也是一种社交行为，它有确定领地边界、划分强弱、确立尊卑的作用。但这些雄鼠之间的暴力却没有任何上述的意义，一只雄鼠会因为去25号宇宙边缘觅食而踩到其他雄鼠而遭受攻击，然而它不会逃避或反击，只是默默忍受，直到另一只雄鼠踩到它，它再把这只雄鼠疯狂撕咬一顿。中心地带的雄鼠就此陷入这种无意义的暴力循环。

相应地，还有一批无法找到雄性配偶的雌鼠，它们也不会聚集到中央，而是找一些高处的、那些生儿育女的雌鼠不会选择的巢穴隐居。它们不会彼此攻击，但也没有任何社交迹象，就像与世隔绝的隐士。

那么，那些在竞争中胜出的老鼠们又过得如何呢？它们的行为模式也变得诡异起来。由于25号宇宙的老鼠数量越来越多，组成家庭的雄鼠对领地的意识也越来越薄弱——反正都是要被侵犯的。这引发了雌鼠的焦虑。她们一开始出于护崽本能，攻击性越来越强，后来则干脆代替了负责保护领地的雄鼠。随着对生存空间争夺的进一步加剧，雌鼠甚至开始攻击自己的后代，因为哺育工作已经影响到她们捍卫自己领地的能力。这批幼鼠还没来得及在家庭中学会如何与父母和异性互动，就被抛弃出巢穴。25号宇宙已经是一个鼠满为患、彼此冷漠、只剩下机械性互动的大社会，幼鼠丧失了学习社

卡尔霍恩早期老鼠繁殖实验的概念设计图

交能力的机会。如此反复，直到整个种群出现大规模绝育。

　　大规模绝育来临后，越来越多的雌鼠变成隐士，而雄鼠们开始表现出新的特征：它们之间拒绝打斗，也对雌鼠毫无性趣。这些雄鼠除了吃、睡和打理毛发之外，对其他的一切都漠不关心。由于毛发打理得油光水滑，这些雄鼠被称为"美丽鼠"，而美丽外皮表面下，是对生活完全丧失信心和兴趣的冷漠。如果自然世界中为自己的小家庭孜孜奋斗的老鼠有灵魂的话，那么这些美丽鼠的灵魂已死，只剩下无聊的躯壳。

　　从一种意义上说，实验的第 560 天是鼠群数量的高峰，但从另一种意义上说，却是种群延续的天平向死亡一方倾斜的开始。从这一天起，新生鼠的数量开始少于死去鼠的数量，到第 600 天时，幼鼠降生数大幅下滑，第 920 天时，最后一只新生鼠诞生，第 1588 天时，还活着的所有老鼠因为年纪过大而丧失了生育能力，25 号宇宙中的鼠群事实上迎来了种族灭亡。

卡尔霍恩当初设计这个实验，初衷是研究过密居住会给社会带来怎样的影响，因此这一结果是他没有料想过的。25 号宇宙的结局，对人口过快增长的人类社会有什么暗示？这个问题很难回答，因为人类和老鼠间毕竟还有很大区别，至少我们自认为如此。但是，25 号宇宙的生存空间竞争压力很可能是一个寓言：老鼠社会虽然落后，但简单，生存压力只有空间一种；人类社会虽然发达，但复杂，无形的压力比比皆是。尤其在高度都市化的地区，残酷的竞争从幼儿园时代就已开始，有些孩童因为家长和社会施予自身的压力，竟导致厌恶一切群体活动，甚至宁可待在家中，以为如此便可避免与社会互动带来的麻烦。结果，因为缺乏成功的社会化经验，直到工作时也无法正常就业。这类人在日本被称为"蛰居族"，据说总量在 100 万以上。

不过，我这里暂不建议马上把 25 号宇宙中的老鼠与现代社会中的人类做比较，而是先把这个老鼠社会的模型放在心中，然后带着这个认知框架，快速略览 20 世纪后半叶过快的人口增长给文明世界带来的诸多问题，再如同人类研究员观察老鼠一样观察这个地球发生的一切，思考这些对我们到底意味着什么。

过载的世界

二战后，发展中国家相对于发达国家之所以出现更快的人口增长，主要有四个方面的原因：一是化肥、育种和灌溉技术的普及；二是初级的现代医疗技术的普及，其中主要是妇产科技术、疫苗和抗生素药品的普及，大大提升了初生婴儿的存活率，降低了死亡率；三是初级教育的普及，让孩童们脱离了容易被家长制主导婚配的社会环境；四是发展中国家相对缺乏发达国家已臻成熟的人口控制技术手段与社会机制。从1950年开始计算，到1990年，非洲的人口膨胀速度大约相当于西欧的9倍。

以上所提及的那些初步现代化设施，在非洲国家大多都是依靠国际援助才得以建立，建设速度低，发展水平差。到20世纪末，还有几乎一半非洲成年人是文盲，传染性和寄生性疾病的发病率非常高，三分之二以上的艾滋病病毒感染者生活在非洲。这就是那些快速降生却得不到妥善安置的人口所面临的悲惨处境。

卢旺达就是一个非常典型的例子。卢旺达在1890—1918年属于德国殖民地，1918—1962年为比利时殖民地。由于殖民者认为当地的图西族肤色较浅、鼻梁较高，属于高等人种，所以长久以来支持人数较少的图西族统治人数较多的胡图族。殖民地独立之后，胡图族开始报复图西族，实施种族歧视政策，国家媒体甚至把图西族人视为国家的敌人。1994年，卢旺达总统与布隆迪总统所乘的飞机被击落，两位胡图族总统均遇难。胡图族认为这是图西族游击队所为，因而对图西族展开报复性屠杀。据估计，从1994年4月6日到7月初的百余天，约有50—100万人被屠杀，200万人流离失所。7月后，图西族创立的卢旺达爱国阵线从乌干达反攻进入卢旺达，击败胡图人政府，这才结束屠杀。然而，仍有200万胡图族人因为担心受到报复而逃往邻国。

这场种族屠杀的影响到此尚未结束。被卢旺达爱国阵线驱吓跑的胡图族人中，有不少逃到邻国扎伊尔后，组织民兵部队，对卢旺达进行跨界袭击。这些袭击实际上得到了当时扎伊尔的总统、号称"非洲暴君"的蒙博托的支持。蒙博托一直仇视卢旺达人，试图支持胡图族人重夺卢旺达政权。同时，卢旺达爱国阵线则开始支持扎伊尔当地的图西族，煽动当地反叛力量。由于蒙博托在位期间高度腐败，倒行逆施，不得人心，叛乱很快升级为全国革命。最终，在卢旺达等邻国的支持下，叛军领袖卡比拉于1997年攻入扎伊尔首都金沙萨，推翻蒙博托的统治，改国名为刚果民主共和国，也即刚果（金）。动乱中，有大约 10—20 万胡图族人遭到屠杀。此役名为第一次刚果战争，又称"非洲的第一次世界大战"。

卡比拉得势之后，很快就想把卢旺达人甩开。1998 年，他要求所有卢旺达和乌干达军队离开。卢旺达很快再度支持刚果（金）的少数部族发动叛乱，作为回应，卡比拉煽动胡图人再度对图西人展开报复。

第二次刚果战争随即爆发。卢旺达和卡比拉都找来了各自的盟友：乌干达一直站在卢旺达一边，而卡比拉则争取到了南部非洲共同体成员的支持，比如纳米比亚、津巴布韦和安哥拉。南非总统曼德拉曾经推动过双方和谈，但双方打打停停，混乱持续了很长时间，直到卡比拉于 2001 年被刺杀。之后，卡比拉之子约瑟夫·卡比拉继任总统，此人在西方学习多年，擅长外交斡旋，最终在联合国特派部队的帮助下实现和谈。这场战争持续了四年，战争引发的饥荒、疾病与动荡造成大约 350—440 万平民伤亡。

种族仇怨如何能够引发这样疯狂的屠杀与战乱？我们可以换一个角度，从土地和人口的视角来理解。卢旺达总面积不过 26,000 平方公里，人口却从 1934 年的 160 万增加到 1989 年的 710 万。到 2012 年，卢旺达总人口达到 1170 万，每平方公里平均生活着 408 位居民，是非洲人口密度最高的国家之一。刚果（金）陆地面积 234.5 万平方公里，是世界第 11 大国，但是境内多雨林和高原，人口多集中于刚果河口流域，其中光首都金沙萨就聚集了超过全国十分之一的人口。刚果（金）的总人口在 1950 年还是 1218 万，到 1995 年则增加到 4407 万，2010 年更是达到 6597 万。这样的人口爆炸，十分符合"人口—国家安全理论"中的风险模型：人口虽暴增，经济却停留在原始农业阶段，没有相应的教育水平和制造业把这些人口吸纳到就业岗位上去，仅是人口压力和土地争夺，就足以造成胡图族和图西族的互相仇杀。

卢旺达和刚果（金）的人口悲剧，从某种程度上讲是畸形现代化的产物。在冷战背景下，扎伊尔时代的蒙博托以反共为由，从美国那里获得大量支持，这些支持足够让他在首都建立基本的现代化设施，农业、医院和学校机构。但是腐败的非洲暴君政府还是把大量援助物资中饱私囊，并没有将其投入全国范围内的工业建设。其结果是，初步现代化造成全国范围内人口激增，但是这些新生儿却都是缺乏劳动技能、无法融入现代社会的"过剩人口"。原始丛林中的部落无法容纳这些新增长的人口，从而引发激烈的土地争夺，大批的人口不得不逃往首都，至少首都还有联合国维和部队和西方观察员维持基本治安，有人道主义救援组织提供物资，他们还可以借此勉强维持生活。但是，他们中的大多数人依然无法真正成为现代社会中的成员，无法参与哪怕是最基本的工业生产，只能聚集在贫民窟。很容易想象，这批未受教育的人自然是暴力和种族屠杀最好的土壤，一旦稍受政权和媒体的煽动和蛊惑，他们就会把毁灭性的怒火撒到异族头上去。

卢旺达和刚果并不是这段故事中唯一的一页，甚至不是最新的一页。向后十年，不少中国人应该还对中东地区爆发的"茉莉花革命"记忆犹新。彼时自突尼斯街头小贩引发的暴动蔓延至埃及，竟导致在位三十年的强人穆巴拉克下台。后来又经历不知多少暴乱循环，埃及如今还是重归强人政治的路线。唏嘘之余，我们不妨再看看马尔萨斯遗留给凯恩斯的伟大诅咒是不是又一次应验：埃及人口在 1981 年为 3500 万，到 2011 年则达到 8100 万，而与此同时，可耕地面积与农业技术却并未显著增长，这个罗马帝国时代的粮仓，如今竟是世界上最大的粮食进口国之一。还有，"茉莉花革命"爆发前夕，首都开罗年轻人的失业率一度高达 40%，又如之奈何？

很多时候，人类也不过是一群无端挑起或被挑起暴力冲突又只能默默忍受的雄鼠们！

消费主义

那些有幸生于发达国家、不必遭受如此悲剧的平民大众又过得如何呢？

在讨论之前，我先要强调的是，他们的生活处境的基本底色，也同样是"生存空间"的进一步缩减。只是这里的"生存空间"不只是物理意义上的空间，更是"安身立命"的自由空间，包括工作机会、家庭生活、职业上升、个人选择等一系列从经济到情感、从自我到社会的复杂需求。用现代人熟悉的概念，一言以蔽之，就是"选择的自由"。然而现实是，即便在发达国家，这样的自由空间也越来越窄。其中，比较明显的一个指标是优质工作机会的缩减——毕竟，个人的选择自由，大多数时候还是建立在经济基础之上的。

以制造业而言，《金融时报》副主编马丁·沃尔夫（Martin Wolf）曾经有一个估算，1970—1994 年间，由于受技术进步等因素的影响，欧盟制造业就业人口比例从 30% 下降为 20%，美国由 28% 下降为 16%，而工业生产力则以平均每年 2.5% 的比率攀升。[5] 这里之所以把制造业工作定义为"优质工作机会"，原因有几点。首先，制造业岗位一般要求相应的知识和技术，而且岗位级别和薪酬待遇一般与技术素养成正比，这非常有助于培养一种美德式的价值观——付出就会得到相应回报，因而对社会氛围起到正向的促进作用。其次，被笼统地定义为"服务业"的各类产业类型过于驳杂，充斥着各种不定期的"弹性就业机会"，譬如，一个人可能在白天兼职送外卖，傍晚还要去餐厅打零工。这类就业充满不确定风险，也没有什么上升空间。所以，如果技术进步会逼迫一位熟练工人转而从事这些行业，我并不认为这是自由的一种进步。最后，制造业牵涉的供应链足够长，技术含量也比一般人想象的要高。譬如，今天的汽车普遍安装了 30—50 个电控设备，需要约 1000 万条指令代码，而高档豪华汽车配置的 70—100 个电控设备则需要近 1 亿条指令代码。相比之下，波音 787 航空电子设备和机上支持系统的代码却只有 650 万条，F-35 战斗机的指令代码更是只有 570 万条。

在某种意义上，制造业工作机会的萎缩实际上缩减了人们的选择自由。为此，资本主义竟做出了一个天才的改变，那就是发明了"消费主义"，它谎称，选择自由的最主要实现方式，就是消费自由。它用各式各样的电影、电视剧、畅销书、网络小说、博客、网络视频和广告中描述的生活方式，为你揭示人生所应攀爬的消费品阶梯：从可以自由购买粒大饱满、晶莹润滑的车厘子，到可以自由购买 LV 和 GUCCI 的挎包，自由体验不同层级的酒店（讽刺的是，越是高级的酒店，服务越是千篇一律的流程化），自由安排一场去巴黎、伦敦或东京的旅行，再到你可以自由购买不同类型的汽车、一线城市乃至世界各地的住房。消费主义不断潜移默化地影响你，暗示你应该改变"自由"的定义：过去，你能够选择不同的东西叫自由；而现在，你能够消费过去买不起的东西才叫自由。

实际上，在大众媒体完全资本化运作的年代，我们中的绝大多数人都很容易被洗脑，这本来就是一件自然而然的事情。《复仇者联盟 4》在全球范围内斩获 28 亿美元的票房，其制作和发行成本则达 7 亿美元。迪士尼和漫威动用 7 亿美元，召集好莱坞最擅长讲述故事的天才，以人类电影工业制作的顶峰为你呈现一部三小时的电影，只是为了戳中你内心的爽点，让你激动或流泪。你认为你的心智到底坚强到怎样的程度，才能抵御它不自觉传递出来的价值观与生活态度？同样的道理，《侠盗猎车 5》这部游戏五年花了 3 亿美金，几乎把整个洛杉矶都搬到了虚拟世界中，就是为了让你快意恩仇；你所喜爱的网络小说和网络视频主播或许没有那么高的成本投入，可他们也是在千万同行中搏杀出来的佼佼者，若没有某些足以打动人的天赋，如何能够成功？对这个世界上绝大多数普通人来说，一

"大萧条"时期摄影师玛格丽特·伯克·怀特拍摄的照片《世界最高生活水准》。"没有什么道路比得上美国道路"的标语下面，是排长队领取救济金的人群

方是巨额资本或市场搏杀中胜出的天才，另一方则是个人微不足道的头脑、经验、智慧与意志，当前者自觉或不自觉地要对后者灌输某种生活方式——有时还是带着利益目的去灌输时，长远来看，这几乎是一场结局早已注定的战争。

　　然而，这只是问题的一面。为什么这些文化消费品能够带来巨大快感？为什么虚拟世界中的异性角色会比现实中的更有吸引力？消费品的制作精良只是一方面，更根本的原因还在于现实变得愈发没有吸引力，优质工作机会逐渐萎缩。作为人类这一物种，我们每个人基因里依然刻有征服欲，依然希望能够在现实中取得成就，然而事实却是，技术进步带来愈加普遍的失业状态，而绝大多数人只能默默接受这一结果，承认自己无力改变现状，从而消费主义就成了麻痹自我的最后堡垒。

齐格蒙德·鲍曼非常犀利地指出，"无聊"是技术进步后失业者的一种普遍心理状态，消费主义则宣称自己要解决"无聊"的精神状态，事实上，它却依赖"无聊"为生。斯蒂芬·哈钦斯（Stephen Hutchens）从他的受访者（年轻的男女失业者）那里获得了他们对生活感受的报告："我觉得无聊，我很容易沮丧——大多数时间，我就待在家里看报纸。""我没有钱，或者说钱不够花。我真的是无聊。""我一般就躺着，除非去看朋友，当我们有钱的时候去泡吧——实在没什么好吹嘘的。"哈钦斯总结他的发现，得出结论："用来描述失业经历的最流行的字眼显然是'无聊'……无聊以及时间方面的问题；'无所事事'。"

正如弗洛伊德在消费者时代开始前所指出的，没有像快乐状态这样的事情，只有当一个令人烦恼的需求得到满足的时候，我们才会有短暂的快乐，但事后的无聊感立即侵入。一旦欲求的理由消失，那么欲望对象也就失去诱惑力。事实证明，消费者市场比弗洛伊德所想象的还具有创造力。消费者市场像是用魔法召唤出了弗洛伊德认为不会达到的快乐状态。之所以可以做到这一点，是其努力使欲望激发的时间快过抒发的时间，欲望对象更换的速度，快过对所拥有的物品感到厌倦和无聊的时间。永远不会无聊，正是消费者生活的准则。这是个现实的准则，是可以达成的目标，因此那些不能达成目标的人，只能责怪他们自己，并且轻易成为其他人轻视和非难的对象。[6]

不必提醒，我们也可以感同身受地意识到，如今青年的状态在多大程度上受到消费主义的控制，其心智与情感又已经在多大程度上被"无聊—取消无聊"的欲望满足模型所支配。在日本，经历泡沫破灭后的社会，竞争压力过大，年轻人从幼儿园起就受到来自父母和周边无穷无尽的压力，而成年后又看不到什么上升的机会与希望，因而诞生了所谓"蛰居"一族。日本国立精神神经医疗研究中心将其定义为"由于各种因素，参与社会活动的机会减少，长期未就学或工作接触自家以外的生活空间之状态"。他们长期不出家门，避免与外界接触，依靠日本发达的动漫与游戏产业填充自己的无聊生活。

维基百科的数据是这样说的："根据日本厚生劳动省 2006 年的调查推测，有蛰居现象出现的家庭大约有 26 万，在 20—49 岁之间曾经有过蛰居经历的人数的比例是 1.14%。内阁府于 2010 年实施的 15—39 岁人群调查显示，全国蛰居族的人数是 23.6 万，加上准蛰居族（为了兴趣才会外出），则有 69.6 万。其中，男性占 66.1%。2015 年内阁府再次调查的人数为 54.1 万人。根据日本各都道府县的地方调查结果显示，约半数的蛰居族年龄在 40 岁以上，据推算，日本蛰居族的数量将在 100 万以上。"[7]

让精神病医疗中心来解决"蛰居"族问题，实在是没有办法的尝试。原因一开始就说了，蛰居族只是消费主义的表现，而消费主义在这个时代之所以如此肆虐，更本质的原因还是技术进步带来的工作机会萎缩。以 IT 开发者举例，在普通人印象中，程序员已经是高技术行业，但即便在这一行业中，编程语言也一直经历拓展和变迁，新的互联网产品和需求的出现会产生新的更好的编程语言，而程序员们若不能及时更新自己的编程技能，很快就会被淘汰。这种技术进步带来的不确定性和压力，同样可以转化为苦闷、绝望、无力和对"无聊"的恐惧。

归根结底，这是另一种层面上的人口问题：技术进步让人口增加，寿命延长，但同时，技术进步也在把人驱赶出各种工作岗位。因此而造成的潜移默化的心理影响和社会结构改变极为重大，又难以估量。以不精准的数字打个比方：在工业时代，或许是 90% 的人工作，70% 的人消费，而随着技术的进步，渐渐可以达到 30% 的人工作，90% 的人消费。然而，人只是一种消费动物吗？每个人都希望创造新事物，改变世界，让生命有意义，从制造锅碗瓢盆到制造跨海大桥皆是如此。技术进步挤压了这种充实生命的机会，于是，越来越多的人觉得"人生不值得"。既然生活注定没有意义，那我们为什么又要繁衍后代，把他们带到这个不值得的世界上来呢？

* * *

电影《黑客帝国》中有一段极为震撼的镜头：AI 彻底控制了人类，为了利用人类身上的生物电，它建立农场，像种植作物一样种植、收割和利用人类胚胎。这是最为刺激人类自尊心的画面，因为我们自认为是一个有自主和自由意志的物种，是一个能够掌握自己命运的物种。

客观来看，人类这种动物从物质基础层面来说，也不过是由55%—67% 的水、15%—18% 的蛋白质、10%—15% 的脂肪、3%—4%的无机盐和 1%—2% 糖类组成的碳基生物，每年消耗掉 300—900公斤的食物来维系大脑——这个自认为能够掌控从自我命运到宇宙中所有奥秘的自命不凡的器官，如是而已。人摄入的能量，消耗的能量，以及为生产这些能量所需的能量，都是可以计算的，所以，人当然也是可以被"播种""施肥"和"收获"的。毕竟，技术已经进步至此，这没有什么好谈的。

问题在于，我们不能仅仅考虑"施肥"的部分，刺激"作物"收获量的增加。增加之后呢？只把人生下来是不够的，重点是让他们获得工作，让他们创造财富，并从中感到生活的意义和价值。

在那本经典的《和约的经济后果》中，凯恩斯对当时社会给出的解决方案是工业化。只有在工业化的德国，才有能力容纳如此规模巨大的过剩人口，为他们提供工作，保障欧洲的安定。二战后，欧美政府均采纳了凯恩斯的建议，这就是马歇尔计划和欧洲煤钢联营的肇始。

　　而汤普森则针对亚太地区给出了类似的建议：通过日本作为工业化的桥梁，吸纳东亚—东南亚这一链条上的新增人口。这一建议在 20 世纪 50 年代末被美国决策层接纳。1960 年美国国家安全委员会的一份报告（NSC6008/1）指出了工业化和民主化的日本在东亚的示范效应及其对美国国家利益的意义。大约同一时间，日本经济学家小岛清发扬其导师赤松要的"雁行形态理论"，后来，这一理论被用作描述 20 世纪 70 年代东亚各国产业化的转移。日本完成工业化后，把本国生产成本过高的产业转移到韩国，还有东南亚和中国的台湾地区，随后这些产业又开始向中国大陆转移，这有点像齐飞的雁群：一只头雁的后面跟随着一队大雁。

　　这个理论最大的问题是，中国事实上不是海外经济学家所想象的一只跟随的大雁。中国以其庞大的规模和体量，成为产业转移的"黑洞"：这里有全球最大规模的单一市场，有最丰富的高素质劳动力供应，以及在此基础上产生的最完整产业链。由于中国制造业的庞大规模和体量优势，供应链的成本可以降到最低，从而获得牢固的基本盘，并不断向生产链上游攀登竞争。

　　正因为有这样的条件，中国才能免于像非洲和中东一样，承受人口爆炸带来的诸多社会与政治问题。就卢旺达的例子而言，它的面积与重庆市大致相当，卢旺达发生暴乱时，人口为 710 万，而重庆市目前的人口已经达到 3000 万。然而，重庆人的生活其乐融融，热火朝天。为什么卢旺达的悲剧不会发生在中国？原因很简单，一个充分工业化的国家，其经济产业对人口的吸纳能力当然远超一个还处在农业经济的国家。从这个意义上讲，中国的发展对世界和平做出的贡献，的确功莫大焉。

　　当然，我们也需清醒地认识到，技术进步带来的人口困境一直存在。即便是中国，在增长速度放缓后，也开始面临诸多问题。在一定程度上，今天中国的"佛系"年轻人面对诸多社会压力和愈来愈激烈的工作竞争，正在向日本蛰居族靠拢。而且，老龄化的阴影也逐渐笼罩中国经济的未来。尽管人均 GDP 和收入水平还赶不上发达国家，但中国很可能会提前面临发达国家的问题与困境，这尤其值得我们关注和解决。

如果我们把自己想象为地球之外的观察者，站在太空中看待地球上的人类，也如同 25 号宇宙的观察者在笼子外面观察老鼠一样，那么，至少在目前的历史阶段，人类还没有达到物种繁衍的顶峰。因为我们依然在生产深度上不断创新，依然有机会创造出更多的就业岗位以容纳人口，直到找到可行的太空旅行和星际移民方案，跳出笼子。

站在这个角度来看，全球人口问题最有效的解决方案，也许依然是促进工业化人口的增加。20 世纪最后十年和 21 世纪最初十年，东亚成为全球经济增长的火车头，归根结底是因为在这里有数以十亿计的人口成功进入工业化社会，生产和消费能力都得到快速提高，而欧美的高科技产业和跨国金融服务也因此受益。奥秘或许在于，东亚的社会结构、政治体制和价值观，受儒家文化影响，普遍重视教育，服从权威，这有利于技术社会的治理，也极其适应追求稳定和效率的工业化拓展。

在目前所能预料的历史范围内，在高度专业化、高度复杂的技术社会中，人口困境比较可行的解决方案，也许依然是以中国为代表的这种"亚洲经验"治理秩序的传播和扩散。

注释

1 这里参考了 https://www.zhihu.com/question/50537337 中的估算，实际上，这个估算
   所采用的氮消耗量参照了经品种改良后的现代稻谷的产量，古代没有今天的高产稻谷，
   有机肥供养人口的极限要比这个估计数字低得多。

2 转引自 https://zh.wikipedia.org/wiki/%E5%93%88%E6%9F%8F%E6%B3%95.

3 以上参见约翰·H. 帕金斯《地缘政治与绿色革命》，王兆飞、郭晓兵等译，华夏出版社，
   2001 年，第 161—168 页。

4 转引自约翰·H. 帕金斯《地缘政治与绿色革命》，第 218 页。

5 转引自齐格蒙特·鲍曼《工作、消费、新穷人》，仇子明等译，吉林出版集团有限责任
   公司，2010 年，第 65 页。

6 转引自齐格蒙特·鲍曼《工作、消费、新穷人》，第 86—87 页。

7 https://zh.wikipedia.org/wiki/%E8%9F%84%E5%B1%85.

第十二章　人与机器的边界

　　今天，谈人工智能的太多，而了解人工智能的太少，于是总免不了有人要从哲学、文学和艺术的角度谈。大多时候，他们谈的其实是一种幻想出来的高级智能，这些虚拟角色往往有类人的情感、自主决策能力，甚至如同人一样会面临道德抉择和困惑。

　　从幻想高级智能的角度来谈人工智能，固然有很多奇思妙想的有趣创意，但对我们理解这项技术的本质以及对人类文明的真正影响力，并没有太大帮助。

　　我们不妨还是先从历史说起。

自动机械装置与计算机

　　在技术史上真正被实现的，而且我们可以明晰其技术原理的"机器人"，还要追溯到亚历山大港的希罗。他在《气动力学》中设计的几个装置，至少具备了"机械驱动"和"类人"这两个元素。比如，他曾设计过一个可用于花园装饰的巨大装置：将一台赫拉克勒斯的雕像和一头龙的雕像通过机械和水汽装置连接，只要有人拾起地上的苹果，就可以触发开关，赫拉克勒斯会拉弓射出箭矢，而龙则会在水汽的作用下发出嘶嘶叫声。我们可以宽容地说，这台装置既出现了机器人，也出现了机器龙，亚历山大港的希罗这次超额完成了任务。

当然，这种所谓的"机器人"，只不过是在纯机械装置之外套了一个人形外壳而已。希罗设计的许多机械装置是用于神庙来吸引信众祭祀的，一旦其中的原理被揭示出来，所有人自会恍然大悟，再也不觉得有什么神奇之处。这跟我们脑海中的"机器人"还有很大差距。

我们脑海中的"机器人"应该是什么样子的呢？首先，我们似乎希望，它能够自己动起来。这就需要解决动力源问题。最早的机械发明家们基本是靠水力和蒸汽动力来解决这个问题的。希罗就设计过不少这样的机械装置。接下来我们似乎还希望，机器人应该在接受人的指令后，自发完成某些任务，或实现某项动作。今天我们把这个指令称为"编程"，机器人在接受"编程"后，应当按照编程规定好的方式来运作，同时我们还可以修改"程序"，这样机器人就能在指令下完成更多不同的动作。

让我们再次问问希罗吧。希罗这次设计了一辆简易的小三轮车。这辆车有两个驱动轮和一个被动轮，两个驱动轮分别有独立的车轴，车轴上有好几根钉子，并绕上绳子。这个时候，车轴上的钉子就成了"编译器"，只要你预先设计好钉子的排布和绳子的缠绕方式，你甚至可以让它实现各种各样的预定行驶路线，比如前进一段，右转90度，然后再前进，诸如此类。

车轴上的钉子让我们联想起另外一样非常常见的小装置：八音盒中的滚轮。某种意义上，八音盒确实可以说是人类编程语言的前身，从八音盒装置中也最容易诞生编程思想，因为音乐是与数学直接相关的。

亚历山大图书馆是保存这些前人智慧结晶最重要的场地，但是

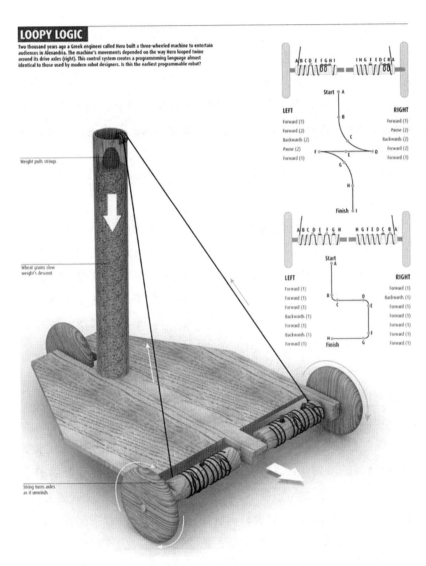

LOOPY LOGIC

Two thousand years ago a Greek engineer called Hero built a three-wheeled machine to entertain audiences in Alexandria. The machine's movements depended on the way Hero looped twine around its drive axles (right). This control system creates a programming language almost identical to those used by modern robot designers. Is this the earliest programmable robot?

Weight pulls strings

Wheat grains slow weight's descent

String turns axles as it unwinds

Start A

LEFT
Forward (1)
Forward (2)
Backwards (2)
Pause (2)
Forward (1)

RIGHT
Forward (1)
Pause (2)
Backwards (2)
Forward (2)
Forward (1)

Finish

Start A

LEFT
Forward (1)
Forward (1)
Forward (1)
Backwards (1)
Forward (1)
Backwards (1)
Forward (1)
Finish

RIGHT
Forward (1)
Backwards (1)
Forward (1)
Forward (1)
Forward (1)
Forward (1)

希罗的可编程三轮车，轮轴上的绳子缠绕方式可以决定这辆车的"自动驾驶"路径随着古典帝国的衰落，它的运营也渐渐难以为继。从恺撒年代到帝国时期，图书馆数遭劫难。公元297年，罗马皇帝戴克里先为了平定埃及发生的叛乱，围攻亚历山大城，城破之后，图书馆基本不复存在。好在，部分贵重文献已经被扩散到地中海沿岸其他比较和平稳定的地区。最初，东罗马帝国，也就是拜占庭，成为这些文献的保存者。而伊斯兰文明崛起后，新兴的阿拉伯哈里发帝国如饥似渴地吸取古希腊罗马的文明成果，古典时代的机械学智慧也就此进入阿拉伯。

到公元9世纪，也就是阿拉伯帝国的黄金时代，巴格达涌现了三位著名的发明家——巴奴·穆萨（Banū Mūsā）三兄弟。这三兄弟是伊斯兰文明的希罗，他们在阿波罗尼奥斯的基础上设计了一台能够自动演奏长笛的机器人。这台机器人利用液压泵原理将空气注入长笛，长笛的指孔上增加了许多铰接翼片，这些翼片可以在杠杆的控制下打开或关闭，操纵长笛发出不同的音符。

比穆萨兄弟再晚一些，13世纪的阿拉伯科学家加扎利描绘了一台更为精巧的自动演奏乐队。这台机器的外观是一条船，船上有一个由长笛手、铃鼓手、琵琶手和鼓手组成的四人乐队。长笛手发音的原理依然是液压泵，但值得注意的是鼓手——加扎利利用一台水车带动装有钉子的驱动机构，钉子可以拨动挂钩，挂钩驱动鼓手的手臂，按照一定的韵律产生节奏。这实际上已经是一个外表更复杂、节奏却更简单的八音盒装置。尽管加扎利没有说明钉子是否可以被替换，以便乐队演奏不同的乐曲，但它离可编程的八音盒只有一步之遥了。

不过，这一步之遥让人类等了四百年。我们下一次看到自动机械装置的进步，已经是17世纪。在这期间，阿拉伯帝国由于遭到蒙古入侵而覆灭，其保留的古典文献与阿拉伯科学家的发明创造和智慧结晶又重新传回欧洲，引发欧洲的文艺复兴。

加扎利的自动乐队游船，这项装置以水力驱动乐队人偶的手臂关节敲鼓或拨弦，演奏事先编排好的乐曲。从机械角度来讲，可以视为一种更为复杂的八音盒

1650 年，耶稣会修士阿塔纳修斯·基歇尔发表了《乐艺大全》（*Musurgia Universalis*），其中就有两台自动演奏乐器的设计。一台利用水力驱动带钉滚轮，从而控制管风琴键盘和一个会跳舞的骷髅；还有一台利用吊锤的重力驱动，控制杠杆敲击编钟。这个时代既是欧洲钟表机械工艺成熟的年代，也是近代音乐开始勃兴的年代。著名作曲家海顿就专门改编了他的 32 部作品，以便工匠们把自动演奏器加入时钟。

实际上，基歇尔的自动演奏乐器，依照一定规律排布，能够控制管风琴键盘的滚轮，已经可以被看作一个采用机械语言的编译器。机械师只需要把乐谱编译为按照不同顺序排布的钉子，然后替换不同的滚轮，就可以演奏不同的乐曲。由于机械工艺的成熟，17 世纪以降，欧洲工程师已经可以设计出非常复杂的"机器人"。比如，

1730年，法国发明家雅克·德·沃康桑（Jacques de Vaucanson）就制作过两个能够靠机械驱动舌头、胳臂和手指来演奏长笛与乐鼓的机器人。这两台机器人像钟表一样靠上发条运作，内置同八音盒一样的滚轮，启动后就可以播放事先在滚轮上编译好的音乐。沃康桑甚至为长笛演奏者设计了三套风箱，各自的吹风强度不同，可以产生不同的音域。重要的是，这两台机器人还可以用远胜人类速度的节奏表演乐器，这是人类历史上第一次在音乐领域被自动机器人超越。

从沃康桑起，机械师和钟表匠制造了各式各样能够完成特定任务的自动人偶，这类机械统称为"自动机"（automata）。乐器演奏者是其中很大一类，还有另外一类是写字或画画的自动机。比如，著名钟表匠皮埃尔·雅克—德罗（Pierre Jaquet-Droz）就曾制作过三台自动人偶机，其中一台能够演奏键盘琴，一台能够画出国王夫妇的肖像和一条可爱的小狗，还可以署名，还有一台则能够根据事先定制的内容写出40个单词长的信件。这三台机器人如今藏于瑞士纳沙泰尔艺术与历史博物馆，仍然可以正常运作。中国人也许对雅克—德罗的另外一件作品更为熟知：1793年马嘎尔尼使团访华时，进献给乾隆一座铜镀金写字人钟，就是出自雅克—德罗家族之手。上足发条后，这款机器人能够用毛笔写下"八方向化，九土来王"八个汉字，甚得乾隆皇帝的喜爱。

这些自动机的原理，都是通过类似于滚轮的"编译器"事先安排好任务内容，再经由机械原理操控运作。无论是演奏还是书写不同语言，只要这些行为可以被编译成机器语言，就没有太多的难易之分。自动机固然神妙，但背后的"编程"原理对人类文明的进步更为重要。这个原理是在沃康桑时代被归纳出来，并直接应用于产业化和技术进步的。

这就要讲到沃康桑的另外一项发明——打孔纸卡。顾名思义，就是在一片纸卡上打上不同的孔，以孔的分布来作为机器可以"解读"的语言。在自动机械的发明史上，这是第一种可以被机器理解并执行操作的"机器语言"。这个发明固然简单，却蕴含了机器语言编译、储存和加载的基本思想。也许在未来的某个时段，我们的历史教科书会将这个发明列为对人类文明影响最大的进步之一。

在沃康桑之前，打孔纸卡虽就已经被纺织工人发明出来，但纺织工人最早发明此物只是为了方便操作，沃康桑注意到这个发明后，给它增加了可编译思想，从而把"编译机器语言"原则确立下来。

为什么打孔纸卡的发明会跟纺织工人有密切关系呢？

我们之前介绍织布机时已经讲过，在纺织过程中，预先固定好的竖线是经线，而用织梭从中穿过的则是纬线。织布机只能让经纬线均匀交替排布，但要在布料上织出花纹，须根据设想中花纹的形状纹路来决定纬线从经线上方还是下方穿过。花纹繁复时，甚至还需要多种颜色的丝线。而单凭人脑来记忆几十种颜色的纬线应该如何穿过经线，无疑是不可能的任务。

早期的织匠制出了图纸——结本。作为纸上花样和织出锦缎的中间步骤，这些打了结的线条会告诉织工，每种纬线穿过时经线应当提起还是沉下。15 世纪的中国人制造出了大花楼木织机，分为上下两层，长 5.6 米，高 4 米，宽 1.4 米，由 1924 个部件组成，需要两个人配合操作，楼上的拽花工唱出口诀提升经线，楼下的织手根据提起的经线投梭、打纬、妆金、敷彩，"梭过之后，居然花现"。大花楼织机从此再没有过太大的变化，已经达到人工织锦的效率极限——然而，两位工人同时操作，一天也只能完成 7—8 厘米的蜀锦，成语"寸锦寸金"就出自这里。

沃康桑的纸卡输入装置，其原理就是把这种提起经线的口诀"编译"为纸卡上的圆孔，卡上有孔就放下经线，否则就提起经线。这相当于一种二进制编译器，而纸卡类似于计算机中的存储介质，现在提花机可以读取"存储介质"里的内容，按照程序语言进行编织。

1805年，法国发明家约瑟夫·雅卡尔（Joseph Jacquard）在此基础上，发明了真正可以利用打孔实现全自动控制花纹的提花机，效率是之前的25倍。拿破仑还曾专门观摩这台机器，并允许雅卡尔从每台卖出的提花机中收取50法郎作为专利费。仅仅过了几年，欧洲就有了一万余台雅卡尔提花机。

雅卡尔的发明，直接启发了查尔斯·巴贝奇（Charles Babbage）。1791年，巴贝奇出生于伦敦，17岁时进入剑桥大学三一学院就读。当时，各类数学表在航海、科学研究和工程领域起到极大的作用，但它们都是由人工计算的，经常出现错误。巴贝奇还在学生时期，就意识到这个过程可以用机器来替代。于是，他想办法向英国政府申请了1700英镑，用来建造一台计算多项式函数的值的机器。由于采取有限差分方法，这台机器被称为"差分机"。

差分机以蒸汽机为驱动力，纯粹运用机械齿轮机构，实现加法和减法的求值，并以此为基础不断重复运算，实现人们想要的任何计算结果。不过，由于巴贝奇不断修改自己的制作设计，以及跟负责建造机器的工程师克莱门特冲突不断，导致差分机最终没能制作完成。最后，英国政府决定于1842年终止这个项目，当时巴贝奇已经为此耗费了17,500英镑，制作出了12,000多个精密零件，但很可惜，它们都遭熔解报废了。

巴贝奇不断修改差分机的一个重要原因，是他意识到，实际上他可以制造一台更加通用的、可以实现不同种类算术运算并且储存和加载计算结果的机器。他于1837年提出设计方案，管这台机器叫"分析机"。分析机与差分机的主要区别是，它使用了雅卡尔提花机使用过的打孔纸卡输入装置。巴贝奇设计了三种不同的打孔卡和读卡器，这样，机器就可以区分算术运算、数字常量和存储的指令。这等于说，在打孔纸卡的帮助下，分析机实现了类似于今天的

雅卡尔提花机上的打孔纸带,纸带上的孔洞排列方式就相当于对花纹进行"二进制编程"

巴贝奇制造的分析机的部分试验模型,展示在伦敦科学博物馆

计算机编程语言、内存和中央处理器的功能。巴贝奇的助手是拜伦的唯一婚生女儿阿达·洛夫莱斯（Ada Lovelace），由于其母痛恨拜伦，从小便培养阿达的数学天赋。后来，她经人介绍认识了巴贝奇，为其所提出的分析机原理倾倒。阿达花了 9 个月来理解巴贝奇的分析机原理，并且提出了一种使用分析机计算伯努利数（Bernoulli Numbers）[1] 序列的方法。后来，这被公认为世界上第一个计算机程序。作为纪念，美国国防部开发的计算机编程语言 Ada 即以她的名字命名。

由于缺乏足够的资金支持，无论是巴贝奇还是阿达，在有生之年均未能得见分析机制造成型。在巴贝奇提出差分机原理一百九十年后，也就是 1991 年，伦敦科学博物馆才制成巴贝奇差分机，证实巴贝奇设想的正确性；但是，分析机迄今为止尚未复制成功。

不考虑机械加工的工艺难度，单从原理上讲，巴贝奇分析机几乎已经囊括了现代计算机的所有要素。如果不出意外，按照技术史演化的一般规律，或许在巴贝奇之后会有另外一个人理解他的天才设计，然后将这台机器制造出来——无非这台机器将采用后来更为强大的电力驱动，而非蒸汽驱动。

然而，这个技术路径被 20 世纪初的一批数学天才完全扭转了，其中最主要的几个人，分别是希尔伯特（David Hilbert）、哥德尔（Kurt Gödel）和图灵（Alan Mathison Turing）。

这批数学天才跟巴贝奇感兴趣的机械计算器毫无关系，他们感兴趣的是一些纯数学问题。这其中，希尔伯特是大家的老前辈。他于 1917 年在瑞士提出了一个极其富有创见的设想：能否为所有的数学体系寻求严格的公理系统？在数学中，这种手段被称之为"形式化"，希尔伯特要让数学完全形式化，把数学证明抽象成一堆无意义的符号转换。如此一来，人类哲学史和数学史上所有令人惊异的逻辑推理，就可以被这个无意义的符号转换系统完全取代，而所有的数学证明，都将被归纳为这个系统内的一个文字游戏。

这个计划后来被称为"希尔伯特计划"，希尔伯特自己则把这个系统称之为"元数学"。他认为，理想状态下，这个系统应该拥有四个相互关联的特性：独立性、一致性、完备性和可判定性。独立性，指的是这个系统中不存在任何冗余的公理，也即没有一个公理可由其他公理推导出来；一致性，指的是从这个系统中推导出来的任何两个定理绝不能互相矛盾；完备性，指的是能够从已有公理推导出所有为真的公式；可判定性，指的是有一个可通用的方法，能够确定这个系统里任意一个给定公式是不是可证明的。

1930 年，希尔伯特退休，被授予哥尼斯堡荣誉市民称号。在荣誉授予演讲中，希尔伯特乐观地认为，人类未来能够完成希尔伯特计划，以从根本上证明人类理性的无限性。他引用了哲学家奥古斯特·孔德的例子。孔德曾经为了说明人类的认知有局限性而声称，人类永远不可能了解遥远的恒星是由什么物质构成的。结果几年之后这个问题就被解答了。希尔伯特在演讲的最后重申了他的信念："我们必须知道，我们必将知道。"（Wirmüssenwissen,Wirwerdenwissen!）

然而，就在同一天于哥尼斯堡举行的另一个数学会议上，这个信念被打破了。时年 24 岁的数学天才哥德尔在该会议上宣称，他已经证明希尔伯特计划中的一致性和完备性是不可能同时被满足的。哥德尔使用了一个极为巧妙而简洁的数学论证，粉碎了希尔伯特的信念。希尔伯特一开始有些愤怒，但最终还是把哥德尔的发现引入自己的体系中。同时代的另一些数学家则被哥德尔的证明所打击而扭转了自己的人生轨迹：伯兰特·罗素基本上放弃了抽象数学研究，开始关心哲学、政治和社会事务的写作，并最终于 1950 年赢得诺贝尔文学奖；冯·诺依曼在读到哥德尔之后也放弃了逻辑学的研究，不过他受到相关法则的启发，将其应用到电子计算机的开发中。

又过了不久，希尔伯特提出的"可判定性"也被两个人以不同的方式证实是不可能的，其中一个人是阿隆佐·邱奇（Alonzo Church），另外一个就是图灵。邱奇采取的是数学论证方法，而图灵则采取了一种极其天才的、令人惊叹的论证方法，那就是构想"图灵机"。

图灵机的原理是这样的：图灵把人类进行数学运算的过程完全模拟为两种简单的动作：一，在纸上写上或擦除某个符号；二，把注意力从纸的一个位置移动到另一个位置。如果一台机器能够记录这两个动作的实施状态，那么理论上，它就可以模拟人类的一切运算。从图灵机的运作设想来看，它几乎就是巴贝奇打孔卡和读卡器的思想实验。[2]

图灵和巴贝奇都在剑桥求学，图灵很可能看到过巴贝奇样机的展示，但是我们没有直接证据说图灵肯定受到了巴贝奇的启发，因为图灵并没有告诉任何人这个灵感到底来自何处。我们能确认的是，图灵机实际上是对打孔纸卡存储原理的高度数学化，提炼了人类计算过程背后的"元逻辑"，是对巴贝奇分析机机械逻辑的全面超越。

尽管图灵本身从来没有研究过计算机，但图灵机涵盖了数字计算机软件的基本逻辑，也令计算机科学走上了完全不同的发展道路。这方面，即使早期探索计算机的先驱们也不能马上理解图灵的贡献。

1937 年就开始研究数字计算机的霍华德·艾肯（Howard Hathaway Aiken）直到 1956 年还认为，复杂计算机的运作机理不可能跟简单的机器，例如一台给百货店打印账单的机器相同。然而，图灵却根据自己构想机器的性质，进而宣称：

> 如果不考虑速度，那么就不需要对不同的计算过程设计不同的机器。通过对每个事件恰当编程，所有的工作可以在一台机器

上完成。在这种意义下，所有的数字计算机都是等价的。[3]

很明显，两个人的思维逻辑有巨大差异：艾肯对计算机的想象依然基于"单独处理个别问题"的机械逻辑，而图灵则是基于数学的通用逻辑。

图灵的思想深刻影响了现代计算机体系的奠基者——冯·诺依曼。诺依曼在 1945 年发布了一份报告草案，强调了一些关于计算机的基本概念，比如"计算机应该是电子的，必须使用二进制数，以及程序应该存储在内存中"。物理学家斯坦利·弗兰克尔（Stanley Frankel）就曾经回忆过，诺依曼是如何被图灵 1943—1944 年间的论文打动的：

> 冯·诺依曼向我介绍了那篇论文，在他的催促下我认真地阅读了论文。很多人都称冯·诺依曼是"计算机之父"（以现在对这个词的理解），但是我保证他自己从未犯过这样的错误。他一直和我（肯定还有别人）强调，这些基础概念都是属于图灵的（图灵达到了巴贝奇、埃达和其他人都预想不到的高度），而他只是起了助推的作用。在我看来，冯·诺依曼的本质角色就是，让世界知道图灵的这些基础概念，并在穆尔学院和地方进行了研究工作。[4]

到这里，我们基本概览了从古典时代所谓的"人形机械"，到中古和近代的"自动机"，再到机械计算机和现代计算机的技术演化历程。

这个过程中贯穿的一个设想，是我们希望创造某种可以"自动运作"的机器。尽管它也许没办法永远保持自动状态，但我们希望可以实现的是：给它设计某个任务目标，同时输入一套完成这一目

数学家约翰·冯·诺依曼于 1952 年在普林斯顿与早期的计算机 "疯子（MANIAC）" 合作

标的程序，它就可以在无需我们监管的条件下按照这套程序完成任务。我们可以称这个过程为"编程"，毫无疑问，即便到今天，"编程"依然是我们看到的所有自动化机械、机器人和计算机得以运作的一项基本前提。而回溯历史，从希罗制造出"可编程三轮车"开始，"编程"作为一套令机器自动控制自身行为的思想和方法论就已经起步了。三轮车的车轴和八音盒的滚轮尽管很简陋，却是"编程"思想在机械工程上最直观的体现。随着工程学本身的发展，这一机械逻辑逐步发展为自动机，并且以打孔纸带的形式具备了"存储"和"输入"的功能，最终在巴贝奇那里达到一个巅峰。直到图灵这样的天才横空出世，不经意地把一直以来的机械逻辑完全转化成数学逻辑，从而主导了现代计算机的运作体系。

人类还没来得及为"自动机"的神奇发展历程欢呼，问题也随之诞生了：我们惯常理解的生命体，是不是也可以被理解为按照这个程序——设定任务，然后自动完成——工作的机器呢？

控制论与人工智能

20世纪30—40年代，欧洲战事正酣。当时的飞机技术发展迅速，轰炸机的飞行速度远超人类肉眼的观测范围与反应能力。为了应对新式飞机，科学家们研制出了"无线电探测和测距系统"，简称"雷达"（Radar）。

最初的雷达设计于1937年，巨大而笨重。随后，科研人员发现，可以用多腔磁控管技术产生微波，不仅监测精度大大提高，雷达还可以小型化，装在卡车上。这大大增加了防御方的监控难度，同时还引发了另外一个技术变迁：人们现在可以采取雷达技术来设计火控系统了。

　　所谓"火控系统"，指的是控制射击武器自动实施瞄准与发射的装备的总称。其实，自从火炮发明以来，射击控制就一直是一项技术含量很高、难度也很大的工作。18 世纪左右的早期炮兵学院为了让炮兵能够更科学地计算弹道，必须教授基本的抛物线方程组。后来，随着火炮对射击精度要求的提高，火控系统变得愈发复杂和重要。例如，在"二战"早期，高射炮的观察和射击工作是被分开的：观察员首先把飞机的位置和速度等数据通过电话传输给火控人员，火控人员把数据输入一个原始计算机中，然后再打电话给炮手，炮手再利用输出数据设置炮弹引信、瞄准，最后发射。这其中，通信线路参与了超过一半的任务。这是战时贝尔电话实验室的一项重要任务。

　　1940 年 5 月，敦刻尔克战役爆发。纳粹德国击溃了法国、英国和比利时的守军，迫使他们从敦刻尔克撤离欧洲大陆。期间，贝尔电话实验室的科学家帕金森（David B. Parkinson）做了一个梦，梦见自己与战场上的高射炮手并肩作战，而高射炮上装着自己设计的一种能够自动测量并绘制电压曲线的小装置——控制电位针。醒来后，帕金森立刻意识到，如果能够自动收集信号并进行分析和调整，那么由一台计算机控制高炮射击就是可行的。这个项目很快得到美国陆军通信部的支持，不久之后，计算机就被装到了高射炮上。为了配合高炮达到最佳杀伤效果，约翰·霍普金斯大学的研究人员还研制出一种能够感应敌人轰炸机（接近时才爆炸）的炮弹引信，这实际等于发明了"智能炮弹"。

　　如果把这台高射炮看作一台机器人，我们会发现，它已经具备了自动化机器人最重要的几个要素：收集数据信息，根据信息反馈自动调整射击轨道，自动发射，炮弹根据感应条件自动爆炸。这比单纯的计算机更接近智能状态：它可以自主发现问题，自主反馈，自主完成任务。当然，它的很多关键环节还必须由人来掌控，但理论上，全自动化是可行的。

这就是"控制论"创始人诺伯特·维纳（Nobert Wiener）加入贝尔实验室的时代背景。

维纳当时接受了贝尔实验室很小的项目资助，研发资金只有2000美金多一点，研究主题是如何预测目标的飞行模式。维纳为此项目出具了一份长达124页、充满各种深奥数学术语的报告。没人读得进去这份报告，包括工程师在内。但是，维纳从这项研究中意识到了一个哲学问题：人和机器可以形成一个整体，一个系统，根据误差自动校正自己的行为，从而完成某个任务。

不过，军方负责人对维纳的项目完全不感兴趣，这份报告随之被束之高阁。但就在维纳得出这个哲学结论之后不久，1944年英吉利海峡的上空，一场人类历史上最早的"机器人对机器人"战斗爆发了：这场战斗的一方是德国人研制的V-1导弹，这是世界上第一种巡航导弹，能够自动根据目标的位置实现自主推进，直至撞上目标引发爆炸；另一方则是盟军装备的、由贝尔实验室研发的自动火控高射炮，依靠计算机实现自动瞄准，以智能炮弹来拦截并摧毁这些来袭的导弹。一名参与当时战争的炮手非常敏锐地意识到：

> 现在我们看到了第一场机器人战争的开端……人为失误正在逐渐从竞赛中消除：未来，机器将战斗到底。[5]

维纳打算将自己的哲学灵感继续推进下去，1946年，他决定写一本书，《控制论》（*Cybernetics: Or the Control and Communication in the Animal and the Machine*）。这是一种考虑自动化和人机交互的新型技术理论，它基于三个核心思想：

第一个核心思想是控制。控制论认为，机器和生物 / 有机体的目的都是控制它们的环境——不仅要观察环境，还要掌握它。你也许了解"熵"的概念，熵是描述信息无序、不确定、退化和丢失的测量方法。大自然的熵始终在增加，万物有一种逐渐退化至无序状态的倾向，而生物（或机器）则能够控制这种倾向，延缓其发生。例如，猫在花园里觅食的过程，就可以用控制论的术语描述为"环境数据通过输入过程进入系统（花园中发生的动静进入猫眼），系统通过输出系统影响周围环境（猫根据观察到的结果实施捕捉行为，捕获幼鸟）"的过程。猫自发如此，机器也可以在人的设定下如此，例如扫地机器人。维纳宣称："我的论点是，生命个体的物理机能和一些新式通信机器的操作，在他们通过反馈来控制熵等类似的尝试方面，恰恰是相似的。"[6]

第二个核心思想是反馈。维纳认为，"反馈"描述了任何一种机器使用传感器接受实际性能信息而不是预期性能信息的能力。用白话来讲，机器不是根据预先编程好的内容来行事，而是根据实时接收到的信息来行事。我们日常能见到的电梯就是一个反馈技术应用的实例：电梯通过反馈系统确认是否已经准确到达滑动门的后面，只有准确抵达后才会开门，否则就会引发危险。

第三个核心思想是人与机器的紧密关系。维纳认为，飞机与飞行员、防空高射炮与火控人员，乃至大量的机器运行系统，实际上都是人类操作员和复杂机器共同组建而成的，它们的目的都是控制熵增。维纳喜欢把机器比作人的具体器官：开关就是神经突触[7]，线路就是神经，网络就是神经系统，传感器对应眼睛和耳朵，执行器对应肌肉。或者反过来，人就是一台机器。

在《控制论》中，维纳展望未来：人的能力现在被机器大大延伸了，雷达延伸了人的眼睛，喷气发动机或轮胎延伸了人的四肢，而自动驾驶仪就是连接它们的神经系统。人、机器、社会组织，归根结底都可以被理解为控制信息的系统，以此观点来衡量，整个世界都将被通信技术的进步改变。维纳在《控制论》中断言："确切地说，信息的有效传送有多远，社区就能延伸到多远。"我们今日观察 Facebook 和精准定位广告对各国大选及公投隐微而深远的影响时，应当想起维纳在七十年前的伟大预言。

从 1947 年开始，维纳邀请很多通信、计算机研究和神经心理学的学者到麻省理工学院参加跨学科研讨会，以进一步厘清控制论的基本思想及其在各个领域的应用。然而不久之后，他却因为躁郁症发作而与这些学者全部断绝来往。对于早期计算机和人工智能的开拓者来说，这是一个不祥的巧合：哥德尔和维纳均死于精神疾病，图灵则因被迫接受"治疗"同性恋倾向而自杀。

控制论所引发的探讨和关注仍在持续。1948 年，英国医生罗斯·阿什比（Ross Ashby）受到精神病患者的启发，发明了一种古怪的机器——"同态调节器"（homeostat）。阿什比宣称，这台造价约 50 镑的装置，是"迄今为止人类所设计出的最接近人工大脑的事物"。[8]

同态调节器把 4 个前英国皇家空军的炸弹控制开关齿轮装置当作底座，上面套有 4 个立方铝盒，顶部各安装了一个小水槽，水槽内各有一个小磁针摆动。每个铝盒还有 15 个开关来控制各种参数。当启动机器时，磁针就会受到来自铝盒的电流影响而运动，四个磁针处在动态且脆弱的平衡状态中。

同态调节器的唯一作用，就是让四个磁针保持在中间位置，阿什比称其为机器的"舒适"状态。当然，让机器感到"不舒适"的办法有很多，比如颠倒电线连接的极性、翻转水槽的极性、改变机器的某些反馈、颠倒磁针、用铁条将磁针连接在一起等。但是，无论阿什比如何对待这台机器，它都能很快找到一种适应新状态的方法，"咔哒咔哒"地把磁针重新摇摆到中心位置。《每日先驱报》的一位记者报道说，"这些'咔哒'声就是'思想'……这台机器总能解决它面对的问题并调节自己回到正确的状态"。这位记者称，

阿什比的同态调节器。这个机器除了让自己保持在"平衡态"，没有任何其他功能

根据其发明者的看法，未来某天，这台机器将被发展成一颗"比任何人类智慧都要强大"的人工大脑，并最终能处理和解决世界上棘手的政治和经济问题。[9]

你也许会觉得，这台"同态调节器"的功能太单一，结构太简陋，把它看成人工智能的先驱似乎有些随便了。但这台机器的确从元逻辑上挑战了所有人对生命的理解。在 1952 年的梅西会议上，阿什比被邀请到场，在演讲中，他把有机体看作一种应对一个充满敌意和危险的世界的"机制"。这种机制的主要工作是"维持其生命状态"，包括保持其体温、血糖水平的正常和水分的充足。如果有机体的行为不当，将会因其效率低下而受到惩罚。根据这一定义，我们有什么理由说"同态调节器"与智能生命之间存在本质不同呢？

维纳尽管没有参加这次会议，但他对阿什比的机器极感兴趣。同年，他读到了阿什比的成名作《大脑设计》（*Design for a Brain*），并在随后的哲学著作里发布声明：

> 我认为，阿什比关于没有意图的随机机制通过学习过程寻找其意图的远见卓识，不仅是当今最伟大的哲学贡献之一，也会在自动化任务中引发极为有用的科技发展。[10]

维纳之所以如此支持阿什比的"同态调节器"，原因在于他对机器行为和人工智能的理解。如果把"智能"的概念抽象到一定高度，那么，"智能"不就是从环境中吸收信息，并根据反馈修正行为的一种能力吗？如果我们把问题定义为"保持平衡态"，那么，同态调节器的行为就是在解决问题。这与野狗试图觅食、家猫寻找舒服的地方睡觉有多大本质差别呢？在维纳的同代人中，一批受到控制论影响的科学家认为没有，另一批人则认为有。在 20 世纪 50 年代，大批计算机学者、工程师、社会科学研究者和科幻小说作家热情地讨论人工智能将如何改变我们的世界，如何取代人的工作，如何影响冷战的历史进程，其讨论的广度和深度，远超阿尔法围棋（AlphaGo）战胜李世石和柯洁后引发的"人工智能"浪潮时代。

人与机器的边界

"同态调节器"是生物吗？这个问题再向前进一步，就会变成：如果有一台能够自我保持在某个平衡状态，可随环境改变而自发调节返回这个状态的机器，我们可以说它是生物吗？

你或许很难接受这个结论。我们熟悉的动物中，猫和狗会迷恋主人，牛和羊会为同类哭泣，各种哺乳动物的幼崽会依恋母亲，更不用说人了。很多人都相信，人可以有思想、情感、信仰和自由意志，而机器却不可能有这些美好的东西。不过，如果我们抛去脑海中根深蒂固的人类中心主义的偏见，我们是不是应该先讨论这么一个问题：

机器为什么非得要有情感这类东西？

在生物学和地质学研究中有一个概念叫"微生物席"（microbial mat），它是微生物群及其生命活动与沉积物相互作用，在沉积物与水体界面附近形成的生物—沉积构造。你可以把它当作微生物群的某种遗迹化石。细菌虽然微小，它们留下的遗迹却可能极为巨大。比如，研究人员就在南美洲西海岸附近，发现了面积相当于希腊国土的微生物席。而且，由于微生物本身的新陈代谢、生长、破坏和腐烂，这些微生物席往往呈现出有规律的形状分布，例如网状结构、纺锤裂痕和鸟足裂痕等等。远远望去，这些形状就如同微生物们刻在砂石上的图画与文字。

想象一下，若是人类于一万年后灭亡，人类建立起的高楼大厦都已成断壁残垣，古迹石碑上的文字被风干或侵蚀，无人能再识别其中的含义，那时若有某位外星访客来到地球，他是否会把数十亿年前形成的微生物席和一万年前的人类建筑遗迹都当作某种生物活动遗留下的痕迹，与化石无异？而若站在这样的尺度上观察历史，智人400万年以来的历史不也如同一种不断分裂、繁衍、生存并延续的细菌，逐渐从非洲的某个丛林向外拓殖，直到自己的踪迹遍布地球表面？

进一步说，如果我们制造某种机器人，为它设定的目标就是复制自己，并且，我们允许这台机器人学会控制人类现有的各种机械，掌握各类技术手段，允许它利用它能找到的所有资源，从采集矿石、炼制原材料、加工制造直到制造出它自身的复制品，如果地球资源不足，我们甚至允许它驾驶宇宙飞船，到其他所能及的星球上重复同样的过程，那么，我们制造出了什么呢？——一种病毒，一种不断复制自我，直到把能填满的空间全部填满的病毒机器人。同样由这个完全不理解人类的外星人来观察这类机械和人类，他又能辨认这两者之间的根本区别吗？

你可能会说，人类能够建立金字塔、长城，创作伟大的画作，谱写激动人心的歌曲，编写宏伟的史诗，但这一切不是只对人类自身有意义吗？如果这位观察人类的外星人并不采取异性繁殖的手段延续种群，它又如何理解人类作品中反复歌颂的伟大爱情呢？如果这位外星人并不能接受和分析外界光线，或者能接受的信息范围远比可见光要大得多，它又如何欣赏人类的美学呢？或许，这位外星观察者最后得出的结论是，人类是一种比病毒机器人效率更低的物种，因而在宇宙竞争中根本无法战胜病毒机器人。病毒机器人全身心地投入"复制／繁衍自身"这一唯一的目的，而人类却总做出各种无意义的举动，比如，在不同的异性间纠缠徘徊而错过交配时机，因肾上腺素激增而将自身置于危险境地，或因荷尔蒙分泌而选择了并不适于繁衍后代的配偶，甚至，许多人类个体居然不将自己染色体的传递看作最重要的事情。在计算机无法完成人类为其设定的目标时，人类称之为 BUG（漏洞），那么，如果冲动、彷徨和迷恋这类情感也可能阻碍人类繁衍自身的实现，在这个意义上，它们也不过是 BUG。

机器人会不会是一个跟人类完全不同，同时也无法互相理解的物种？这种想法看起来像是科幻小说和电影的设定，但实际上，19 世纪就有人开始从这个角度理解机器世界。英国作家萨缪尔·巴特勒（Samuel Butler）写过一部小说叫《地无国》（*Erewhon*，nowhere 倒过来的拼写），其中有一段"机器之书"，以一位虚构的思想家之口说出了对机器意识的自我进化的担忧：

> 在机器意识的终极发展面前，我们毫无安全——尽管现在机器只有很少的意识。软体动物也没有多少意识。但是，想想机器在过去几百年间取得了多么非凡的进步，再想想动物和植物王国

的发展有多么缓慢吧……为了方便讨论，让我们假设有意识的生物已经存在了两千万年：那看看机器在过去的一千年里所取得的进步！世界难道不会再持续两千万年吗？如果这样，它们最终会进化成什么样子？如果我们把不幸扼杀在萌芽状态，禁止它们进一步发展不是更安全吗？

谁能说蒸汽机没有一种意识呢？意识从哪里开始，又到哪里结束？谁能划清边界呢？谁又能划出任何一条边界呢？难道不是所有一切都是互相联系的吗？难道机器不是以无限多的方式与动物联系在一起的吗？母鸡生蛋，蛋壳精致如白色器皿，这跟蛋杯一样是一种机器：蛋壳用于盛蛋，而蛋杯用于盛壳，两者发挥类似的功能。母鸡在体内制壳，这就是一种陶艺。它在体外制窝，但窝也如蛋壳一样是一种机器。"机器"不过就是"设备"而已。[11]

机器有没有"意识"？除非我们能定义清楚"意识"是什么，否则就得不到回答。但是，机器可不可以被看作一个"物种"呢？机器不是生物，但机器与机器之间有明确的继承、发展和进化关系，从八音盒滚轮到打孔纸带的演变就是一个很明显的例子，只不过，这里的进化过程必须有人类的参与。机器是人类创造的。但人类并不能随心所欲地制造机器，人类制造机器必须符合各种工程学规律。而且，在漫长的进化史中，人类已经干涉了许多物种的进化，例如狗。科学家猜测，远古时代，狼群开始在人类生活区停留以寻找食物残渣，后来，攻击性强的狼被人类杀死，温驯的狼却存活下来，并被驯化。今天，人类已经可以主动创造新的品种犬。类似地，人类现在可以编辑小麦、水稻和大豆的基因，这些专门的农作物种子已经不适合在自然界生长，它们的延续和进化已经必须借由人类之手完成。我们是否可以把机器视为这类物种中的一种？从一个角度看，这样的物种必须依赖人类，但从另一个角度看，人类文明离开了机器，不也难以继续维系吗？司机不敢不保养自己的汽车，程序员不敢不维护自己的电脑；精密制造仪器的工程师获得工资，是为了保养好已有的仪器，研发新的仪器，从而创造更多经济增长和促进就业的机会；风险投资和其他各色金融机构筹集数亿美金，就是为了找到机器进化的可能性。从这个角度看，机器不也驯化了人类，使之服务于自己的进化吗？

那么，机器所具备的智能比人高级吗？——如果我们把"智能"定义为解决问题的能力的话。大家普遍都同意，机器的计算速度远远超过人类，但我们究竟能不能说，它在思考、解决问题和创新上也胜过人类呢？

有人说，这当然不可能，是人类创造了机器。但如果我们把机器看作一种特殊的物种，虽然它的进化必然需要人类的参与，但谁又能说这不是这个物种独特的演化策略呢。

有人说，机器无法处理复杂的人际关系。但如果我们承认，情感是阻碍人类繁衍自身的BUG，那么机器当然没有必要进化出跟人类一样的情感，也就不必处理由情感而产生的人际关系复杂性。实际上，我们更常看到的情况是，某个制造业企业中很多部门都存在钩心斗角的人际关系，但这些人却一般不敢或不想"得罪"掌握核心技术的重要工程师。而相应的地，技术部门的人际关系也要单纯很多。从这个微观例子中，我们看到的恰恰是人际关系来适应人—机器关系：人际关系在进行不必要的内耗，而人—机器关系却在创造价值。

有人说，机器只能按照给定的程序来运作，或者按照给定的程序来解决问题，不具备自由意志，因而没有创造性解决问题的能力。但我们真的那么坚信我们自身拥有自由意志吗？1983年，加州大学旧金山分校心理系教授本杰明·李贝特（Benjamin Libet）设计了一个实验，他让被试者在第一次感知自己想要行动（按下按钮）的愿望时，记录定时器上的时间，并按下按钮。结果，平均而言，从被试者第一次产生"我要按按钮"的意识到按下按钮的行为之间经过了大约 200 毫秒（误差约为 50 毫秒）。与此同时，李贝特通过脑电装置来观测被试者的 EEG 记录（脑电波活动记录），以此观察整个决策中人的大脑的电波活动。结果，被试者在按下按钮前大约 500 毫秒时，大脑就已经开始活动。换句话说，整个决策的流程是这样的：一，大脑内部无意识的电流活动开始兴起；二，人们开始产生明显的有意识决策；三，人们开始行动。换句话说，大脑的无意识活动，而非自由意志，才是意志行为的真正发起者，自由意志实际上可能是大脑对我们无意识行为的自发辩护。当然，本杰明·李贝特并没有完全否认自由意志的可能性，他发现，人类意志的自由性往往并不体现在我们愿意去做什么，而体现在我们不愿意去做什么，也就是"自由否定"（free won't）。[12]

从这个角度来看待人脑，人脑也不过是一台更精妙的机器而已：它自发产生行为，并且欺骗我们说，这些行为是我们自愿作出的。大脑的欺骗如此成功，以至于千百年来无数思想家为自由意志撰写哲学篇章。但我们也许不过是脑内电波无意识活动的傀儡。

当然，这个结论对另外一些学者来说并不稀奇。比如，阿兰·图灵就相信，如果就计算数学而言，图灵机等价于一位执行明确定义的数学过程的人类计算者。换句话说，人脑和图灵机是等价的，图灵机不可解的算法过程，对于人类也是不可解的。这个想法后来被称为"邱奇—图灵论题"。它还有一个更广义的版本，即整个宇宙都等价于图灵机。很多科学家相信"邱奇—图灵论题"是真的，但是它不能被证明。在数学研究中，也有很多问题被证明是图灵机不可解的。计算力的限制在这里就像热力学定律一样发挥作用，它是人类理性思考能力的边界。

许多脑科学家也从图灵机中得到启示，并以此来解释大脑的工作机制。沃伦·麦卡洛克（Warren McCulloch）就是其中一位。他曾与维纳是同事，后来去耶鲁和芝加哥大学工作。当他读到图灵的论文时，意识到，大脑其实就是一台由神经元构成的图灵机。他与匹茨在 1943 年的一篇论文中展示，所有可设想的有穷计算都可以被神经网络计算出来。因此，过去哲学家们相信的"灵肉二元"实际上是个妄念。冯·诺依曼也相信这个描述。他在 1948 年曾把大脑与自动机和计算机进行对比，认为电子计算机中起到中继作用的元件跟高级动物的神经元发挥了同样的作用。而且，他还开始思考研发一种可以复制自己的自动机。总的来说，人的大脑从数学和物理上都等价于一台图灵机，并且按照与图灵机同样的逻辑来计算，这对控制论刚出现时的那一代计算机学家与脑神经学家而言，几乎是一个得到了数学验证的事实。

不过，即使人的大脑就是一台计算机，这台计算机的先进程度也远超我们当代技术所达到的水平。它的超凡之处不在于算力多强或速度多快，而在于能在缺失大量信息的条件下，找到真正的关键点，并做出决策。譬如，公元前 3 世纪，大量的文献、智者和先知都向人们宣称大地是平的，但亚历山大港的埃拉托斯特尼（Eratosthenes）不但仅凭几个关键证据就相信地圆说，而且仅凭亚历山大港和阿斯旺正午时分太阳高线的不同，就正确计算出地球的周长，而这是任何计算机都做不到的——目前的人工智能还没有能力从大量不相关数据中筛选出少数相关数据，做出正确决策。无论科技媒体把 2015 年后这一波人工智能热潮吹得有多么厉害，我们今天甚至连怎么努力能往这个方向靠近哪怕一点点都不知道。

但是，如果我们从哲学角度思考机器进化与人类进化的关系，也许我们会得出另外一些关于人类文明的见解。自达尔文系统阐释进化论以来，在接受这个概念的同时，我们似乎默认"进化"指的是生物基因层面上的进化，是漫长历史时期内环境筛选和基因突变等多种因素共同作用导致的结果。然而，基因本质上也不过是控制生物性状的蛋白质编码，它的功能在于控制生物的形态与结构特征，令其有能力实现生存所需的基本功能。但如果生物本身就可以控制和改变自身形态呢？如果人类可以创造各式各样的机器，延伸或改变自然演化形成的各类自然器官呢？我们是不是可以说，机器是人类进化的新形式，它取代了传统的基因进化，成为一种更高效地改变人类"性状"的方式？而当机器摆脱对人类的依赖性、完全实现自我再生产和自我进化的那一天到来之时，我们是否可以说，人类的使命就是进化出"机器"这个新物种，现在人类的使命已经达成，可以像古猿一样退出历史舞台了呢？

人依附于机器

也许，机器取代人的那一天并不会到来，但是我们已经很明显地看到，人类社会中的大量成员正在与机器共生，或者说，依赖机器。这不只是指我们现代生活的便利条件，而是人本身，包括我们的人生选择、职业规划和情感寄托在内，都已变得与机器密不可分。在机器面前，"人的工具化"前所未有地被凸显出来。

人类文明有一种根深蒂固的哲学思维："自然的"是一种天生的、无需证明的合理状态或正当状态，是我们最基础的评价标准的来源之一。亚里士多德假设一个国家有"自然政体"，古罗马法学家假设人类制定的法律的基础是"自然法"，哈耶克则推崇"自发秩序"。与"自然"相对的是"人为"，柏拉图相信人为的艺术模仿自然，又低于自然，人造的工具留下刀工斧凿的痕迹，所以是应当改进的，应当追求更高的自然境界。

　　然而，如果人类有能力制造一种"自然"，把"自然"也变成"人为"的呢？

　　人类社会一直有把人本身"工具化"的"优良传统"。没有古埃及劳工的赤身裸体、为仆为奴、忍饥挨饿和日夜不休，就没有金字塔；没有九万七千犹太战俘在罗马监工皮鞭的催督下任劳任怨，就没有大斗兽场。亚里士多德说，有人生来就是奴隶；瓦罗在《论农业》说，奴隶是一种会说话的农具。这就是人类文明史上被我们称为先贤的人对同胞的定义，而古典文明那些尚存于世的伟大物质遗迹，多半都是这类"工具"的杰作。

　　我们总有一种错觉，以为科技的进步缓和了底层劳工、农奴或奴隶的不人道待遇，使他们也得以过上有尊严的生活。其实，这是一种误解。科技进步的最大作用乃在于取代成本越来越高的劳动力。奴隶也是有成本的，如果军队越来越难在对外战争中获胜，而军费却越来越高；如果奴隶不堪重负起来反抗或逃跑，而豢养保卫监察奴隶的成本越来越高；如果奴隶因为无法像常人一样过家庭生活而不得繁衍生息，而购买奴隶的成本越来越高，你是不是也会像一个资本家那样感叹经济周期的下行，然后考虑是不是该用新的机械工具来代替旧的人肉工具。在这个过程中，科技投资者、发明者和应用者并没有考虑过技术进步如何为奴隶劳工带来尊严。如果奴隶劳工受惠于科技进步，那也只是因为科技进步带来的生产力发展，让过去的奢侈品变成现在的大众消费品而已。

　　事实上，工业文明本身的发展就是最好的例子。工业革命是人类历史上最重要的一次生产力飞跃，其产生的一个后果，却是将大量工人驯化为机器的附庸。一台机器的生产效率可以百倍千倍于普通人力，因而成百上千人聚集到机器所在地——工厂——集中生产，这就是物理空间意义上人向机器的妥协。他们的聚居状况、家庭生活状况和抚养后代的状况，与农耕时代相比，都因为这种集中生产

发生了翻天覆地的变化。恩格斯在《英国工人阶级状况》中列举了
工人阶级的悲惨处境：

> 大多数的织品都需要一个潮湿的工作地点，为的使纬纱不致
> 老是断掉，这样，一半由于这个原因，一半也由于工人穷，租不
> 起好房子，手织作坊中地下几乎从来都是既不铺木板，也不铺石
> 板的。我访问过不少手工织工；他们住的房子都是在最破落最肮
> 脏的大杂院和街道里，通常总是在地下室中。往往是五六个织工
> 住在一座只有一两间工作室和一间大的公用卧室的小宅子里，而
> 且他们中还有些是已经结了婚的。他们的食品几乎光是土豆，有
> 时有点燕麦粥，牛奶很少见，肉类就几乎从来看不到。
>
> ……
>
> 在机器上工作，无论是纺或者是织，主要就是接断头，而其
> 余的一切都由机器去做了；做这种工作并不需要什么力气，但手
> 指却必须高度地灵活。所以男人对这种工作不仅不必要，而且由
> 于他们手部的肌肉和骨骼比较发达，甚至还不如女人和小孩子适
> 合，因此，他们几乎完全从这个劳动部门中被排挤出去了。这样，
> 随着机器的使用，手的活动和肌肉的紧张逐渐被水力和蒸气力所
> 代替，于是就愈来愈没有必要使用男人了。
>
> ……
>
> 结果现存的社会秩序必然会颠倒过来，而这种颠倒既强加于
> 工人头上，就要使他们遭到最致命的后果。首先是女人出外工作
> 完全破坏了家庭。如果妻子一天在工厂里工作十二三个小时，而
> 丈夫又在同一个地方或别的地方工作同样长的时间，那么他们的
> 孩子的命运会怎样呢？他们像野草一样完全没有照管地生长起
> 来；或者每星期花 1 个或 1/2 先令把他们托付给旁人照管，而
> 那些人会怎样对待他们，那是不难想象的。所以在工厂区，小

孩子因缺乏照顾而酿成的不幸事件就惊人地增加起来……人们采取用麻醉药使孩子保持安静的办法，而事实上这个办法在工厂区已经传布得很广了。根据曼彻斯特区出生、死亡、婚姻登记处主任琼斯博士的意见，这种习惯是常见的痉挛致死事件的主要原因。

　　　……

　　当孩子们不像上面所说到的那样只给父母饭费而要赡养他们的失业的父母的时候，也发生同样的相互关系。霍金斯博士在关于工厂劳动的报告里证实了这种关系是很常见的，在曼彻斯特这种事情更是屡见不鲜。正如同在另一种情况下女人是一家之主一样，在这种情况下孩子就是一家之主。艾释黎勋爵在他的演说（1844 年 3 月 15 日在下院发表）中举了这样一个例子：一个人因为他的两个女儿上酒馆而责骂了她们，她们却说她们已经被训得烦死了：去你的吧，我们还得养活你！也应该享受一下自己的劳动果实了。她们丢开父母不管，从父母家里搬了出去。

　　我大段引用恩格斯的原文，主要是想让这些鲜活、生动而血淋淋的例子给我们一种熟悉的既视感。与 19 世纪相比，今日的科技水平与社会法制当然都可以说大有进步，但富士康员工在流水线旁的任劳任怨，腾讯员工在灯火通明的腾讯大厦中加班加点，一线年轻人在巨大的工作压力下恐婚恐育，却都在证明机器技术的进步并未从根本上降低机器需要驯化劳工为其服务的程度。

　　对于工业生产体系对工人生活的驯化，福柯精准抓住了边沁的一个核心概念，即"圆形监狱"。边沁在 1791 年提出"圆形监狱"设想：

　　　监狱的四周是一个环形建筑，中心是一座眺望塔，眺望塔有一座大窗户，对着环形建筑。环形建筑被分成许多小囚室，每个

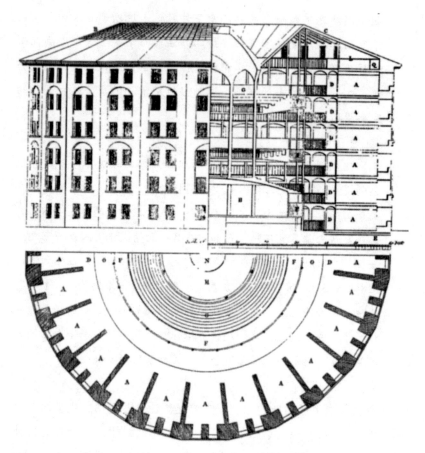

威利·雷弗利（Willey Reveley）于 1791 年绘制的边沁监狱全景图

囚室都贯穿建筑的横切面。各囚室都有两个窗户，一个对着里面，与塔的窗户相对，另一个对着外面，能使光亮从囚室的一端照到另一端。然后，所需要做的就是在中心瞭望塔安排一名监督者，在每个囚室里关进一个疯人或一个病人、一个罪犯、一个工人、一个学生。通过逆光效果，人们可以从瞭望塔的与光源恰好相反的角度，观察四周囚室里被囚禁者的小人影。

这种设计在边沁看来不失为节约成本和增进道德的手段，他曾在《全景敞视监狱》（*Panopticon, or The Inspection House*）的前言中列举这种建筑的好处：

> 道德得到革新，健康受到维持，工业增添活力，教育得到传播，公共负担被减轻，经济的基础坚实，济贫法的死结不是被切开而是被解开。

福柯则把边沁的"圆形监狱"看作一种现代社会权力运作机制的隐喻。虽然边沁的"圆形监狱"在 20 世纪之前并未得到实际运用，但是很多现代社会的组织机构确实采取了这一设计的核心智慧来实现对个人的规训——来自权力的凝视。在工厂，管理者通过摄像头和显示屏来监视每个工人的工作状况，严防懈怠；在学校，老师环视各个教室，监督学生是否一心一意扑在课业上；在科技公司，后台会监视所有人使用电脑和手机的情况，以向老板汇报是否有人怠工打游戏。福柯说，这种监视的奥秘是：权力应该是可见的但又无法确知的，它能够令"被囚禁者应该在任何时候都不知道自己是否被窥视"，这样，他就会自我审查、自我控制，自己替权力监督自己。[13] 这是现代社会权力运作有效性的巨大秘密。这数百年来，技术突飞猛进，但圆形监狱式的生产体系可有进步？——我们还不知道，因为这似乎已经成了我们与技术互动的唯一模式。

这里引用边沁和福柯的概念，是想提醒所有人：关于人工智能和大数据取代人类工作、侵犯人类尊严、全面监控人类生活的担忧，并不是什么新问题，而是长久以来的老问题。问题的关键在于，人类的部分同胞——绝对数量还不在少数——一直被当作工具来看待，为了机器生产的方便，他们被迫增加劳动强度、忍受家庭生活被破坏、尊严被践踏。而今出现的新技术，从某种程度上来说，实际是这一历史的重演。

我们有可能改变这一切吗？对那些真心相信人类普遍的尊严和平等应当得以实现的人，我们赞许他的道德勇气。但有一个现实恐怕不容我们否定：没有一种技术天然就支持那些拥有道德勇气的人。年轻人一方面在社交媒体的鼓动下，抗议各种压迫，另一方面却容许社交平台收集自己的数据，给自己推送自己愿意看到的信息，把相反的意见与更宏大的社会结构拒于头脑之外。于是，我们始终无法打破这样的循环：当人们自认为在为自由和尊严而抗争时，机器静静坐在那里，冷漠地看着这一切。它因我们永不满足的欲望而诞生，它知道不论我们如何反抗所有显性或隐形的压迫者，我们终将在它所提供的巨大生产力与普遍繁荣面前低头，回到各式各样的流水线上，重建"以机器为中心"的"圆形监狱"生产模式，让代表权力凝视的摄像头和显示屏再次密布于我们所有人头顶上。

归根结底，这是因为我们每个人都不同程度地接受了工业文明生产体系的驯化。

在我看来，人与机器之间的边界，最危险之处并不在于机器能够变得多么像人，而在于人在多大意义上已经变得像机器——像机器一样只在规范之内定义自己，接受权威灌输和社会主流观念的潜移默化以及消费主义的各种操纵，而无力反思更高层面的问题。毕竟，脑神经科学已经提醒我们，人的自由意志能力，并不体现在他们愿意做什么，而体现在他们不愿意去做什么。

* * *

为了避免有人误解我的意图，我必须再次强调，引用恩格斯关于工人状况的描述，并不是要空泛地批判资本主义生产体系或技术进步对人的压迫、奴役和监控。我的用意是，尽可能展现机器与人的共生关系已经在多大程度上改变了人本身的生活状态，以及人类是否应该自嘲和自省这种状态。毕竟，我们可以选择以何种方式与机器共处，但是机器则不能选择，或者替我们做出选择。更进一步说，是我们自己在技术进步的过程中丧失了自觉，丢失了对自由的更深刻理解，而不是机器夺走了我们的自由。

　　如果不是仅仅考虑物质生活，而是更进一步考虑人的尊严，那么一个健康的社会结构，一个好的社会，应该是让我们一直以来接受的教育成为事实：只要我努力地学习某种知识、掌握某种技能，便能过上体面生活。这种对努力生活的信任，是现代社会个人自由与生活自主的心理基础。

　　而纵观人类社会发展史，最适合实现这一目标的便是技术密集型制造业（一定意义上也包括计算机产业）。这是因为，知识和技术是一种不看出身，也不靠运气获得的生产要素优势，无论贫富贵贱，在知识面前人人平等。所以，越是鼓励知识精英获得丰厚回报的社会，越是被人们看作最公正的社会。一些国家依靠石油等资源发家致富，然而石油开采所需的技术门槛甚低，容纳的社会就业异常有限，反倒是盘踞了石油企业的关键人物吃得脑满肠肥，故而社会怨气陡生，对这种造就不公的制度充满仇恨。即便这个国家的政府愿意采取普遍福利制度讨好人民，也不过是造就整个社会不思进取、不劳而获的思想。另一些国家则由于历史、制度和政治上的某些优势，控制了全球货币与国际金融，并将相关的金融产业视作立国之本，但金融行业本身依赖于资本运作的规律，其倚仗知识与技术的程度，还比不上倚仗关系与运气的程度高一些。况且，金融业容纳就业有限，更是造成巨大的贫富差距，对健康的社会结构的形成并无裨益。

　　而人工智能、自动化制造与大数据分析等一系列技术，却在技术密集型制造业迅速压缩了就业者的从业空间。如果在这些领域掌握知识与技术的人最终也被大量排挤出制造业，如果他们也因为平均利润率的降低无法保障体面生活，我们还如何说服下一代最优秀的头脑继续投身制造技术的普遍改良？

在印度，大量"贱民"从事廉价的服务工作。在印度导演尼什塔·贾殷（Nishtha Jain）拍摄的纪录片中，钟点清洁工每天给富人服务 45 分钟，富人每月仅需支付 600 卢比，约合人民币 58 元；孟买有一处洗衣场，已经延续了一百五十多年，原因是这里洗衣工人的工资低到可以与洗衣机展开竞争；在农村，不少地主家庭都有不同的仆人分别负责清扫厕所、厨房和卧室，他们成群结队且分工明确，每个月只领取极为低廉、仅够基本生存的薪水。我将这种现象称之为"低门槛服务业充分就业"。广义而言，当今工业社会依然可以找到大量的这类"低门槛服务业"的例子，快递小哥、餐厅点餐员工、超市服务员……低门槛服务业可以创造大量就业，在经济指标数字上可以创造很好的结果，但这类工作不会提升就业者的专业技能，不会鼓励健康的劳资关系的培养，也不会使得整个社会向前进步。

2019 年，宣布参选美国总统的华裔候选人杨安泽在接受采访时称，全美现在有 350 万名卡车司机，这在 29 个州都是最常见的职业之一；美国目前最常见的五类职位是办公室文员、售货员、餐饮业、司机和制造业从业者，其中四个职位在今天这个智能化制造的浪潮中，基本都可以归为"低门槛服务业"，而且，未来会有很大一部分被人工智能取代。因此，欧美等国家自动化制造发达的后果是，大量劳动力被甩到这类"低门槛服务业"中。我们在几十年前把欧美等发达国家"第三产业占比不断上升、第一二产业占比不断下降"当作发达国家的成功经验，认为这是进步的，是值得效仿的；但今天应该看到，它们非但不是成功指标，而更是一种病症，是人与机器竞争失败的表现，也是社会结构从健康向病态转变的表现。这些被甩出去的人将不再相信民主能解决问题，不再相信技术进步能带来改善，不再相信全球化会给自己带来好处。

我想再重复一遍，人与机器的关系，关键不在于机器会变得怎样，而在于人会变得怎样，以及人类在多大程度上还相信并努力实现自由、平等、尊严——这些世代以来被我们奉为"好的生活标准"的普遍价值。

注释

1　伯努利数是 18 世纪瑞士数学家雅各布·伯努利引入的一个数。在数学上，伯努利数是一个有理数数列，在许多领域都有很大的应用。一般地，n>=1 时，有 B(2n+1)=0；n>=2 时，有公式 B(n)=∑[C(k,n)*B(k)](k:0->n) 可用来逐一计算伯努利数。伯努利数在数论中很有用。伯努利数还可用于费马大定理的论证中。
2　关于图灵机更具体的计算方式及解释，可参见佩措尔德《图灵的秘密》，杨卫东等译，人民邮电出版社，2012 年，第 5—7 章。
3　转引自《图灵的秘密》，第 10 章，第 150—151 页。
4　同前，第 152—153 页。
5　转引自托马斯·瑞德：《机器崛起》，王晓等译，机械工业出版社，2017 年，第 32 页。
6　同前，第 38 页。
7　突触是指一个神经元的冲动传到另一个神经元或传到另一细胞间的相互接触的结构。
8　托马斯·瑞德：《机器崛起》，第 42 页。
9　同前，第 44 页。
10　同前，第 50 页。
11　Samuel Butler, *Erewhon*, Chapter. 23. 中译文为笔者自译。
12　参见 https://en.wikipedia.org/wiki/Benjamin_Libet
13　参见米歇尔·福柯《规训与惩罚》，刘北成等译，三联书店，1999 年，第 226—227 页。

第十三章　中国与世界

　　到目前为止，本书已经讲了不少关于技术的故事；当然，这些也都不是只跟技术有关。我希望通过这些故事，讲述历史和生活以及人类文明的前进方向是怎样被看似不起眼的技术细节变迁所改变，讲述我们头脑中认为的进步与真实世界中的进步到底有多大的或什么样的联系与区别。

　　关于技术与文明的相互影响和碰撞，历史上已经有过如此多的精彩故事，而在今天这个时代，技术正在不断地取得一个又一个进步，也必然会对文明产生重大影响，那么，这个时代的故事，又在哪里呢？

　　其实就在我们身边。这个故事的主角，就叫中国。

新中国的建立与产业大扩散

　　就日常生活而言，我们每个人只是在为生存拼尽气力工作，但城市的面貌、家中的用具和消费品的技术含量却在飞速提升。若把视线拉远，在过去的半个多世纪，中国就几乎实现了从落后农业国到先进工业国的逆袭，工业部门增加之多，发展速度之快，覆盖人口之广大，前所未有。在我看来，这是二战后对人类文明影响最巨大的一件事情。

　　我们不妨把这段历史的视线放远一点，稍上溯到更早的阶段。在工业革命发生之前，中国依仗着巨大的人口规模和传承千年的技术积累，在手工业生产领域取得了骄人的成绩，也令异邦文明钦羡不已。1585 年成书的《中华大帝国史》(*The History of the Great and Mighty Kingdom of China*) 就称赞中国是全世界最富饶的国家：

> 他们产大宗的丝，质量优等，色彩完美，大大超过格拉纳达的丝，是该国的一项最大宗的贸易。那里生产的绒、绸、缎及别的织品，价钱那样贱，说来令人惊异。特别跟已知的在西班牙和意大利的价钱相比。

　　然而工业革命之后，以自然经济为支柱的传统手工业，其生产能力在机器面前不值一提。据学者测算，1750 年中国在世界制造业产量中所占的相对份额为 32.8%，居世界第一，英国则仅为 1.9%；到了 1800 年，中国占比 33.3%，英国提升至 4.3%；至 1830 年，中国下降到 29.8%，英国则增至 9.5%；1860 年，中国为 19.7%，英国为 19.9%，英国追赶至略反超中国的地位，成为世界第一；1880 年，中国已滑落到 12.5%，英国则占比 22.9%。[1] 当然，这仅仅是产量份额的数字对比，如果考虑到工业产品质量，双方差距显然会进一步加大。英国当时能制造全球最先进的冶炼设备、机床与铁甲舰，而中国则无此能力，自然完全无法与之抗衡。

　　中国当时的精英人物当然不会对世界大势的改变无动于衷，如曾国藩、李鸿章、左宗棠、张之洞、沈葆桢等人发起洋务运动，以求自强，然而甲午一役打掉了李鸿章的多年家底（北洋水师），也宣告了洋务运动的失败。大清国风雨飘摇，终于崩溃。而后民国成立，乱象纷纷。此时欧洲却陷入一战的泥潭，这倒为中国创造了极好的产业发展机会。例如，就棉纺业而言，据时人描述：

> 民二 [1913 年] 进口英、印及日本之棉纱共 2,685,363 担，民七 [1918 年] 则为 1,114,618 担，亦减一半。在欧美方面，棉货固随出产减少而大俏，而我国市场，骤减若大之供给，致棉纱一项，曾由百两而跃至二百两以上，其暴涨为空前所无。过去三十年所成诸厂，历久奄奄不振者，兹皆顿然起色，盈利年余百万，企业者乃踵起而营纺织厂矣。[2]

其他行业也有类似现象：1913 年，中国有面粉企业 57 家，资本额 8847 元，到 1921 年，面粉企业增至 137 家，资本额达 32,569 元，增长三倍有余。在烟草业，简氏兄弟的南洋兄弟烟草公司甚至与英美烟草公司在市场上正面交锋。1920—1921 年，国营企业江南造船厂则以来料、来图加工模式，为战时产能不足的美国承造了 4 艘万吨级运输船，美方对这些船的质量极为满意。[3]

不过，一战给中国工业带来的难得发展机遇，很快被日企挤压殆尽。20 世纪 20—30 年代，随着日本在政治上对中国加紧逼迫与渗透，日企也纷纷大举前往中国。1930 年，中国棉纺织工业中排名前五的大企业里，日本占到三家，且拔得头筹；1920—1936 年，中国的缫丝工业出口也难敌日本，被迅速超越，在国际市场上几无一战之力。客观而言，中日企业在技术与管理等方面差距甚大，本来就难以正面竞争；不过，当时日本企业面对个别在成本管理或技术方面有核心优势的中国企业，还能一定程度上按市场规则公平对待。例如，范旭东的永利纯碱公司掌握制碱核心技术，曾遭英国卜内门公司（Brunner Mond & Co.）的价格战扼杀，而永利纯碱公司借助日本三井公司进入日本市场，最终迫使卜内门为其代理在日销售事

1867 年至 1871 年间在建中的福州船政局

宜，可看作初生中国企业的巨大胜利。[4] 概言之，当时中国企业相对日本企业的最大政治劣势，在于缺乏一强有力的民族主义国家政权为本国工业发展制定合理的保护措施与产业政策，而非在具体政治环境上受到日本的压迫，这是许多发展中国家面临的真正切肤之痛。李斯特当年就曾这样嘲讽英国人之主张自由贸易，他说，他们沿着梯子爬上了高处，回头便把梯子抽走了。

　　不久之后，抗战爆发，国土沦丧。由于战争的需要，中方和日方各自控制范围内的重工制造业都有相当的发展。日本战败后，其所控制的企业为中方接管，也在一定程度上增强了中国工业的实力。不过，国民党政府为在内战中求得美方大力支持，于 1946 年签署《中美友好通商航海条约》，对美国企业和资本在中国开展商业、制造、加工等事业不加任何限制，受战争需求刺激而生的美国制造业的巨大产能得以在短时间内迅速进入中国。当时知名民族企业家刘鸿生回忆说：

> 虽然我的水泥厂装备好美国机器，仍然无法开工。即使短短的开工，也无法和市面上大量倾销的美国水泥竞争。美国水泥五十公斤一包只售一元八角。我们自己的水泥成本都达三元……我的企业在那几年中几乎全部停顿了。因为当时只要生产，必定赔钱。只有一条路，那就是投机。[5]

新中国成立后，废止了几乎全部此类条约，全面倒向苏联阵营，依靠苏联经验，采取先重后轻的道路发展工业。对此，当时的中共领导人是有清醒认识的。刘少奇就曾预判，以更大的力量建设重工业基础，才能发展轻工业，并使农业生产机器化。

这其中涉及诸多党史与意识形态方面的争论，并非我关注的主题。但从技术发展的角度，这条道路中包含两个很重要的洞见。其一，现代农业基本上是依靠重工机械发展起来的，除了农机设备和相应的生产能力外，之前在讨论绿色革命时也曾提及，氮肥化工产业是第二次产业革命中的核心部门，其涉及的重化工产业投资额很大、技术门槛很高，并不是简简单单就能发展起来的。对中国这样一个农业大国来说，如果不考虑产业基础，城乡二元结构是难以打破的。这不是意识形态或经济问题，实际上是一个技术问题。其二，农业社会中人的生活状态与城市人是有根本区别的。斯宾格勒曾在《西方的没落》中概括，从中世纪起，城市文明的时间感几乎由钟楼控制，人们精确掌控自己的作息与生活，自我规训，自我掌控——前文已经介绍过，熙笃会对此有很大影响。相对地，斯宾格勒描述说，农村生活则是封闭、混沌、不自觉的，如规模巨大但却永陷沉睡之中的苔藓植物，缺乏精神上的紧张感，缺乏自我觉醒的意志与动力。中国上古民谣《击壤歌》曰："日出而作，日入而息。凿井而饮，耕田而食。帝力于我何有哉？"这段话表面上描述的是一种无碍无涉的自由状态，但也可形容一种对一切奋发和进步都不感兴趣的"佛系状态"。不过，从技术的视角看，这与农民的道德属性和自觉性无关，而是农业本身的产业属性决定的——农作物（尤其是东亚惯于种植的水稻）种植本身消耗的人力和时间就多，植株的疏密、土壤肥力、虫害、草害以及水田的复杂生态环境，都需要农民耗费大量时间去处理。长期浸淫在这种环境里，农民的眼界自然不可能开阔。农业社会和工业社会是两种不同的技术文明形态，它们之间的切换，绝不是简简单单就能发生的事情。

要推动一个农业社会在短短几十年的时间里变成工业社会，不进行大规模的社会改造，几乎是不可能的。轻工业道路的最大问题在于，它与传统手工业的技术和生态过于接近，因而很难剪断与农业社会的复杂关系。不妨想象一下，如果在农村附近建立一所技术门槛很低的轻型加工厂，村民们会因为迷信和风水抗议工厂的选址吗？入职工厂的员工会因为亲戚和老乡关系拉帮结派搞裙带关系吗？员工是否会充分认知开拓视野和提升知识的必要？——看似简单，实则牵涉各种复杂的伦理关系和利益集团，绝非容易之事。但如果是建立重化工厂，相对严格的制造流程管理和规范制度，则能更好地改变"旧人"，塑造"新人"。技术文明形态的转变就是如此困难，牵一发而动全身，即便在工业文明的发源地西欧，这种转变也经历了数百年，其时间跨度足够我们见证数个王朝的兴衰。

不过，正常情况下，要跳过轻工业，直接建立重工业，更是难上加难。重工业涉及的生产流程复杂、供应链烦琐、技术门槛高。洋务运动时期，林则徐的女婿、曾国藩的门徒沈葆桢曾任船政总理大臣，在了解现代工业供应链后，他感叹道："（西人制造机器）每数十器合成一器，节节拆解，运载而来，如散钱未贯，殊型诡状"，若不懂其技术而"骤观之"，就会"莫悉端倪"，但实际"曲折溢突之间，皆有宛转关生之故，而非饰观见美之为"，中国工匠"若不逐件讲求，无以为学习地步"。[6] 让一个全无经验的农业国去直接建立重工业生产部门，这几乎是完全不可能的事。

然而，1949 年新中国成立后短短十几年，中国政府就实现了这个目标。这其中，在外交上的"一边倒"，从而得以在苏联援助下建设全产业部门的工业体系，起到了关键作用。

在中国的第一个五年计划中，得到苏联援助的重点工程有 156 项，最终建成的有 150 项。这些工程涉及钢铁、煤炭、冶金、发电、造船、航空、建材、机械电子、化工、纺织、通讯、机床、交通运输、兵器等，基本包括了一个国家全部的重工业部门。这些项目出口总值 94 亿卢布，约占 1959 年苏联国民收入的 7%。不过，相比起有形的物质资产，无形的知识产权价值则更加难以估量：苏联向中国提供了 31,440 套设计文件、3709 套基本建设方案、12410 套机器和设备草图、2970 套技术文件、11404 套部门技术文件，以及 4261 个教学大纲、4587 项工业制品的国家标准，还以优惠价格为中国设计制造了 221 个仪器、设施和设备样品。

根据李富春给中央的报告，苏联援建的第一批和第二批共 141 个项目建成后，中国的钢铁、煤炭、电力和石油等主要工业产品将达到苏联"一五计划"时的水平，接近或超过日本 1937 年的水平。之后，我们又以这些项目为核心，以 900 余个限额以上的大中型项目配套为重点，初步建立起了工业经济体系。[7]

客观讲，苏联人的援建也不全然出于"全世界无产阶级联合"的信仰，其扩展自身国际影响力、发展社会主义阵营拱卫苏联的现实主义思考应该是最大动机。对中国而言，引入重工业项目，增进国防能力则是最大动机。不过，无论动机如何，从技术发展的角度看，苏联的这一举动，基本上等于从零开始启动了 20 世纪后半叶人类历史上最大规模的技术产业扩散过程。这个结果或许出乎当时双方的意料，但其于中国历史和世界历史的重大意义，不可轻估。[8]

与此同时，新中国模仿苏联体制，采取"农民公社"和"单位"

苏联专家妮娜·波尔达芙车瓦指导大连铁路分厂工作

的方式将民众全面组织起来，实际上也为农业国生活形态全面转向
工业国奠定了制度基础。20 世纪 80 年代及之前生人，应该还对单
位制大家庭生活有印象。一个单位基本上是一个自给自足的小社会，
有自己的幼儿园、学校、企业和行政服务部门。单位内皆为熟人，
彼此相知，如有政治运动，所有成员也会被迅速动员起来参与。这
种机构看似是"大一统"的延续，实际上却是中国历代以来"皇权
不下县"的帝制王朝所从未达到过的集权高度。许多学者把这一时
期中国政府动用的政治运动归为全能主义，因为在他们看来，粉碎
社会自组织结构、把社会个体原子化并令其全然效忠于最高权威，
乃是全能主义最典型的特征。

　　然而，如果考虑到农业社会和工业社会技术生活形态的区别，
我们就必须承认，"打碎旧世界，建立新世界"是有道理的。正如

鞍山钢铁公司，新中国第一个恢复建设的大型钢铁联合企业，炼出了新中国第一炉钢水、生产出第一根钢轨，记录了新中国钢铁工业的起步

前文述及中古时期欧洲的政治进步时所讨论的："王国宪章"一般而言只会起负面作用，而"城市宪章"则可以起到正面作用，因为前者从属于农业社会，后者则从属于工业社会。

　　我个人认为，我们也可以同样的眼光审视新中国成立初期的社会改造。中国通过在农村设立公社和在城市设立单位，实行和推进大规模社会改造工程，将人集中起来，改变生活形态，改变作息规律，使其适应集中化的工业生产。诚然，这种管理方式与发达工业社会的管理方式差距极大，效率也未必见得高明，更使人民付出诸多代价，其中的过失和经验亦极为遗憾和惨痛。然揆诸历史，完全理想的历史方案毕竟罕见，若单以"把农业国转变为工业国"作为衡量指标，对它的打分应当是合格的。

制造业与公平

这一系列轰轰烈烈的社会改造，虽然是政治运动和意识形态路线，但实际上也是工业化和技术扩散路线，其中最关键之处在于，它通过集中化、纪律化、标准化的手段，着力于培养适应工业社会的"人"。

这在教育领域最为明显。中国的教育体制是在苏联基础上发展起来的，而苏联的教育体制其实是普鲁士教育体系的加强版，是拿破仑战争后从普鲁士传入法国，又从法国传入俄国的。在很大程度上，普鲁士教育体系就是为了适应工业化的进展应运而生的。它有这么几个主要的特点：第一，初级教育向所有国民敞开，而且免费。从产业化的角度，这当然不是提供福利，而是人力资本投资，为的是训练大量有基本技术水准的产业工人；第二，担任教职的老师必须先接受专业院校（师范院校）训练，培训合格后由国家给付薪水，把老师变成类"公务员"，背后用意是以标准化的手段保证教师水准；第三，有专门的考核机制来确保教学质量，也就是我们熟悉的教学大纲和标准化考试，而且与研究生教育不同，这一阶段的教育考核以考查学生不出错的能力为主。

仔细思考一下普鲁士教育体系，我们会发现，它是一种有严格目的、流程管控和专业化分工的教育体制，确保了学生能够成为现代社会（普鲁士国家）需要的专业人才。换句话说，它尽可能去除人为造成的水平波动，确保学生在知识和品德上成为"合格"的产品。这很明显是一种适应工业社会的教育，我这里称之为"工业化教育"，目的是培养适合工业社会生产所需的人才，尤其是流水线上的产业工人。

比照而言，当时的普鲁士也是一个需要借工业化机遇奋起直追，才能实现统一大业的"赶超型国家"。这样看来，同样有着"赶超"目标需求的中国，自新中国成立以来模仿苏联采取这种"工业化教育"，也许的确是合理的。某种意义上，我们也许不得不承认，作为一个体量远比普鲁士庞大的落后农业国，这是它所能选择的以最低成本和最小代价、在最短时间内把大量人口训练成合格产业工人的教育体系。在当时的国际形势下，它不可能自然地等待经济发展，而是必须快速建成一个具备完整工业体系的国家。作为民族中的个体，在这样的大环境下，绝大多数成长于农村和城市工人家庭的学生，为了实现经济上的自给自足，牺牲了自己的个性和梦想，去成为这个社会各行各业最需要的螺丝钉。就结果而言，这套教育体系基本上顺利完成了自己的使命：中国拥有全世界规模最庞大的、性价比最高的技术工程师人口，且劳动素质和技能与国际同侪相比并不逊色。

从另一个角度讲，正是为了压低培养工业化人才的成本，中国基本以行政手段掌控了全部教育资源，也人为压低了教育服务的价格。哈佛大学本科生一年学费和生活费大约为 5 万美元，以购买力平价计算，大约相当于 20 万元人民币，以汇率计算则为 35 万元人民币，是北京大学或清华大学本科生一年学费和生活费的 10—20 倍，但教育水准和质量以及毕业生收入的差距绝没有如此大。这便是中国教育性价比高的优势。与此类似的还有其他许多类型的公共服务，例如医疗和安全，这些在其他国家实际价格较高的公共服务，在中国都被政府之手压低了。[9]

当然，这样说，并不代表可以否认苏联模式的全能主义在新中国成立后导致的一系列错误和失败以及由此给民族造成的深重灾难。但错误是一回事，贡献是一回事。我们既不能以贡献抹杀错误，也不能因错误而无视贡献。对照当时与我们站在同一起跑线上的竞争对手，全能主义模式在改造和促进中国由农业社会进入工业社会上，肯定不能说无所贡献。

中国和印度都是人口大国，发展底子都比较薄，因此常常被拿来作对比。以同时期美元计算，1965 年中国人均 GDP 约为 98 美元，印度约为 119 美元，比中国高不少。但到 2018 年，中国人均 GDP 为 9770 美元，而印度却只有 2015 美元，相差四倍以上。其中一个重要原因，就在于中国的"社会改造"几乎摧毁了旧式宗族对社会的控制及其伦理规范影响下的等级社会，并建立起性价比相对较高的公共服务体系，使大量普通人可以接受教育而成为技术型人才，为工业化扫平了道路。反观印度，其建国以来虽也宣称要走社会主义道路，然而一直未能以较彻底的社会革命改造旧的种姓制度和族群差异，导致直到今天印度社会的阶级分裂状况仍然比较严重，教育的普惠水平也远不及中国，使民众难以普遍参与到工业化发展中，连续错过 20 世纪后半叶几个产业转移机遇。

其实不光印度，许多亚洲发展中国家都有类似的问题。例如，曾在 20 世纪 90 年代被誉为"亚洲四小虎"的马来西亚和菲律宾，其政治体制至今还有大量封建残余。马来西亚的最高元首只能由九个州的世袭苏丹选出，实际上更像是欧洲中世纪选帝侯的翻版。菲律宾，除主岛吕宋岛以外，其他群岛大多由当地种植园主的大家族控制，几乎是事实上的封建制度。这类社会机制当然无法与工业化社会生产相匹配，其发展上限更是不能与中国大陆相比。

如果非要用一个具有普世人文价值的术语来探讨这其中的中国经验，那么我以为，最合适的词恐怕就是"公平"。不过，这里的"公平"和我们熟悉的"平等"并不是一回事。传统农业条件下，农田产量很低，大部分农民仅能过维持温饱线水准的生活。从收入结果上看，他们的经济地位可以说相当平等。但传统农村公平吗？——很可能不尽然。传统政治形态下的农村，宗族大姓和大户对乡村秩序的把控力度极强，凭借家族男丁的数量优势，他们可以占据良田、灌溉水道、谷场等关键设施，而小姓小户甚或家中男丁不旺的家庭则只能敢怒不敢言。而如果遇到两家势力相当的情况，田间地头出现以宗族为单位的大规模械斗也不罕见。对此，官府也往往有心无力，只能依赖村社中所谓"乡绅"和"耆叟"的内部调解，而这些内部调解又多往往以模棱两可的伦理规范为依据，根本谈不上什么公平。这说的还是宗族之间的事情，在传统旧农村，即便是看似温情脉脉的家庭内部，也存在大量的"不公平"现象，例如男权对女性的压迫、婆婆对媳妇的压迫、父母以孝道为名对子女的压迫，比比皆是，遗毒至今。

其实，一般而言，越是普遍贫穷的地方，越缺乏"公平"：生活压力愈大，人们当然也会愈发无所不用其极地采取种种手段博取生存优势，而"公平"恰恰是需要相当社会成本才能建立起来的"高价制度"，自然不会存在于这些普遍贫穷之处，正如鲜花难以生长在沙漠之中。

"公平"的本质，在于人们内心深处的一种基本信念——德位匹配。每个人内心深处都会发自本能地相信，一个人的所得应该跟他的努力付出之间成正比。也由此，一个社会的收入分配状况，越是跟一个人所投资的劳动力资本成正比，他就越会觉得这个社会是公平的。前文也说过，最能造就这个结果的就是制造业。金融行业的技术门槛其实不高；互联网行业的周期性波动太大，从业者很容易产生听天由命的感觉；服务业更是会有一种"低声下气"感，因为从业人员的核心产品就是满足别人的需求，需要的是自我规训和约束。从这个意义上来说，最大的公平并不在于二次收入分配，因为人们天生觉得"多劳多得"就是公平的；相反，最大的公平在于以自由竞争的市场环境和适度的产业政策，鼓励（技术密集型的）制造业平稳、健康地发展，同时这些行业的工作机会对大众普遍开放，让大众通过参与劳动的方式共享产业增长红利，才能从整体上培育和维持一个社会"多学多得""多劳多得"的朴素公平感。

　　我将产业发展提供的这种朴素公平感，称之为"产业合法性"。"合法性"是政治学中由来已久的概念，它代表一个国家政府受到民众认可的程度。用洛克的话说，"合法性"，即是"同意"。传统政治学认为，政府获取"合法性"的主要途径是民主选举和依法定程序行事。但是，政府通过发展产业，创造公平的就业机会，也能创造合法性。为了区分两者，我把前者称为"政治合法性"，把后者称为"产业合法性"。二者之间不能完全互相替代，但却可以在一定范围内彼此补偿。

　　很多西方学者把中国政治的稳定状况解释为经济增长的结果，并将其称为"绩效合法性"。我认为这种说法是不甚准确的：单纯的经济增长并不能随之带来"合法性"。例如，2010 年前后广泛爆发于中东的"茉莉花革命"，实际上在某种程度上证伪了这个观点。"茉莉花革命"中先后倒下的几个中东国家，如埃及、突尼斯等，其经济增长状况在革命前很长一段时间并不疲软，相反还比较强劲 [10]，然而革命者却从这些国家中找到了突破口。对此复盘，其中一个不能忽视的重要原因是，这些国家的经济结构高度依赖石油能源与侨汇旅游，前者所能吸纳的就业人口极少，且产生的财富又只在梅斯奎塔和史密斯所谓"制胜联盟" [11] 里循环流通，而后者虽然是大多数民众的收入来源，却又高度依赖国际经济，尤其是欧美国家民众消费水准的表现，故而等到金融危机和欧债危机先后爆发，这些国家很快迎来崩盘。这些案例足以证明，那些西方政治学学者所谓"经济增长塑造合法性"的说法，实际上中间缺失（或者说忽视）了一个关键环节——只有促进普遍公平的经济增长才能塑造合法性，而这是"产业合法性"的重要特点之一。如果我们把公平与技术产业的属性相联系，便能更清晰地回答，在美国、法国和英国这些有着自由民主体制并以此提供合法性的国家,何以也会出现"华尔街运动"与"黄背心运动"等一系列民粹暴力事件。

全产业链无限细分覆盖能力

　　但是，倘若仅仅回答社会主义改造为工业化提供了社会基础，以及制造业的普遍发展能为中国政府提供合法性，能够吸纳大众广泛参与、分享工业化红利，还不足以解释中国经验。

　　自工业革命至今，全球工业化国家不少，但像中国这样以一国之力为全球提供工业产品，而且还出现了相当规模的产能过剩的现象却是极为罕见的。那么，为什么中国能够成为如此规模的世界工厂，为什么中国制造能够在 2008 年全球金融危机之后依然独占鳌头？

　　为此，我们还必须进一步观察产业属性与中国本身特质的结合，才能更深入地理解中国制造的力量所在。

　　讲到这里，要先解释"产业链"这样一个概念。产业经济学认为，产业链是各个产业部门之间基于一定的技术经济关联，并依据特定的逻辑关系和时空布局关系客观形成的链条式关系形态，它包含价值链、企业链、供需链和空间链四个维度。这个术语看起来玄之又玄，翻译成白话就很好理解：要造一台汽车，必须把很多不同的零配件整合组装起来，比如发动机、传动系统、方向盘、车身、轮胎、车壳、座位、内饰、玻璃……这些零配件构成的链条，就是产业链。从价值的角度观察它，看看哪些零配件最有技术含量、议价能力最强、最能挣钱，这就是价值链；从不同企业的角度观察它，看看哪些企业在生产什么零配件，又卖给哪些车厂，这就是企业链；从企业内部供应和采购的角度观察它，研究怎么加强供应链的管理，怎么降低采购和仓储成本，怎么增进上下游的协调，这就是供需链；从企业生产和销售基地的空间布局观察它，看看哪些厂需要建得离原材料生产中心近，哪些厂需要建得离港口近，哪些厂需要建得靠近人口密集的大城市，它们中间依靠铁路、海运和公路连接又需要多少天，中间的物流成本是怎样，这就是空间链。简言之，产业链是工业品本身的制造技术和属性决定的物质流通链条，而价值链、企业链、供需链和空间链是观察这个技术链条如何相互衔接的不同角度。

所谓"技术进步"，还原到具体的物质流通过程中，就是"产业链的再细分"。过去生产机械车，假设有一万个零部件，每个零部件又各自对应几十到几百个更细的零部件或生产环节，那么，这些生产环节就构成了机械车的产业链。现在若要生产自动驾驶电动车，实际上就等于在这个产业链里面加入了新技术产品的部分。比如，若要加入电池，那么电池的每个部分就要有专门的供应商来供给；若要加入传感器和电子元件，而这些元件需要嵌入芯片来处理，那么芯片就是其中一个很重要的供应环节；若要加入自动驾驶功能，则需要软件工程师提供算法，那么算法就成为整个产业链上的一个生产环节。这时，我们会发现，比那些机械车"高级"的技术改进，实际上都表现为产业链更进一步的细分和延长。

只有明白这一点，才能真正理解中国制造业的优势所在：中国有全世界规模最庞大的高素质工业人口和最庞大的市场，这使我们几乎能够覆盖所有产业链；不仅如此，我们还能把目前工业发展水平上的技术改进所带来的几乎每一个新细分的领域都覆盖掉，而且制造成本还比别人低。这才是中国制造业的真正厉害之处。因为中国人口规模实在太大了，再加上性价比很高的公立教育体系，其所培养出来的能够参与工业化的技术型人才的规模，也足够大。不仅如此，一俟这些技术型人才拥有稳定的工作和体面的收入，他们本身的消费能力也会得到较大提升，而由此创造出的市场规模更是难以想象的大。最终的结果是，除了其他国家拥有核心技术优势或廉价资源优势的生产环节，在空间上，其余的环节都有可能集中到中国一个国家来。

　　过去，各种经济学教科书上经常提及的一点是全球化的分工生产。例如，一台汽车由无数零部件组成，每一个零部件的背后都有一个专门化的供应商，全球各地的供应商集结起来，成就了消费者手中的汽车。这台汽车可以是美国品牌、德国发动机、意大利皮质内饰、马来西亚轮胎，但却多是在中国组装。虽然它也在各个国家贡献了 GDP 和工作机会，但是，随着技术的进步，这台汽车各个零部件的制造门槛越来越低，使得它原先在发达工业国生产的部分，现在可以在新兴工业国生产。由于中国具备庞大的国内市场和制造业能力，仅靠中国一国乃至一省（其人口可能相当于欧洲一个大国）内的制造能力，就有可能将这台汽车供应链上不同环节的零部件全部覆盖。换句话说，现在这台汽车，很可能除了最尖端精密的核心发动机环节和完全软件化的设计服务之外，其他部分都可以放在中国生产完成了。这种"全产业链无限细分覆盖"能力是极其可怕的，它为中国制造业提供了在制造业价值生产链中远超自身技术水平的议价能力。

　　道理很简单：消费性的现代工业产品，如汽车、手机等，很大一部分技术门槛并不在于纯粹的技术制造能力，而在于产品设计和供应链整合能力。就汽车而言，主要厂商的主要型号系列每年必须推出数个新品，消费者才有更新产品换代的动力，形成代际更换，因为只有这样才能保证厂商有充足利润继续研发新品和新技术。而要尽速和持续推出新品，除了要依赖优秀的设计师，对配套的供应商更是有很高的要求：供应商必须迅速为新品生产相应的零部件，比如方向盘、变速器、内饰，乃至配合这些零部件需要的更细分的零部件，从玻璃片到螺栓，不一而足。但由于"牛鞭效应（bullwhip effec）"[12] 的存在，上游供应商永远比下游供应商承担更大的压力，因此也就需要更大的议价能力。例如，某车厂假设今年新品能卖出 10 万台，且市场环境向好，那么它在采购备料时，就可能会按照

10.5—11万台的数量来额外采购备用，而它的供应商再继续向上游供应商采购时，则可能会按照11.5—12万台的数目来估计，以此类推，直到最上游一级。而一旦这款新品销售并不理想，那么供应商们就可能层层压货，风险不断积聚到上游供应商，最终结果是，越是上游的企业，承担的压力就越大。

而中国供应商的优势在于，因为中国有足够庞大的市场和需求，中国供应商能够启用的产能规模是巨大的，不仅成本可以下降，而且市场议价能力也会增强。以越南为例，人口数量有1亿，并不算小，在全世界可以排到第15位左右，但由于经济发展水平差一些，2018年全越南汽车销量大概29万台。而在中国，2014年以来全国汽车销售总量一直在2000万台以上。而且，越南2019年才开始生产本土汽车品牌，预计第一年产量只有5万台，以如此低的产量向供应商采购，边际成本是很高的——供应商要为5万台汽车的配件单独开模生产。而对中国车企而言，可能数十万乃至百万台的订单都属寻常，平摊到每一个零部件上的边际成本就会大大降低。如此一来，假设越南汽车厂只向本国供应商采购零部件，那么这家供应商可能因为5万台车卖不出去就要承担巨大风险，而中国供应商则完全不必面对这种风险。毫无疑问，这家越南供应商完全不可能与中国同行竞争。

这就是中国制造业有"终局性"[13]特征的本质原因。

长期以来，大家习惯关注美国因为技术优势、金融优势和国际秩序优势而享受的超级大国待遇，却忽略中国因为庞大体量和规模而拥有的优势。但实际上，抛开政治和军事方面的纷争不谈，仅就和平时期的市场竞争来看，巨大的产能和因此造就的低成本供应链，也是一种很强大的议价优势。

以颇具同情的眼光来看，中国制造业的这种强大议价优势，对后发国家而言，几乎是一个不可逾越的障碍。2019年以来，随着中美贸易战的持续，一些中国企业因为关税问题被迫转移到东南亚部分国家，网络上开始出现部分言论，例如"流向越南的资金相当于一个深圳的体量""中国制造业也要被迫转移""越南会成为下一个制造业中心"，等等。考虑到"纸上得来终觉浅"，我遂与外交学院的施展教授、对外经济贸易大学的刘庆彬教授、北京大学的齐群博士等学者一道去越南做实地调查，我们观察到的情况与网络上的言论实在是大相径庭，也让我们更加清醒地看到中国制造业的优势，以及中国过去数十年来真正做对的事情。

诚然，美国政府加征的 25% 关税的确给中国民营制造企业造成很大压力，也的确有许多企业来到越南建厂或正在考察建厂，但若不是本身就有兴趣开发东南亚市场的大型跨国企业的话，大部分企业在越南还是一种"隔离式"的存在。这些工厂基本只将生产环节的手工包装和配件的部分放在越南，至于研发、设计、自动化等技术含量较高的部门则依然留在中国，供应商也基本都还在中国。根据我们的观察，某项工业产品的供应链稍长一些的，或劳动力成本占到产品出厂价格 15% 以下的，即便在关税的影响下都很难成功转移到越南，因为转出去之后，这些企业无法在当地找到供应商，又只能回中国寻找，而从中国采购的运输成本足以抵消关税和劳动力价格的影响。也因为这个理由，越南本地新兴的供应商也几乎无法同中国工厂竞争。

8 字双循环

明了中国制造业的真正优势后，我们不免会问一个问题：到底是什么因素使得中国制造业炼成了这样的独门秘籍？

一开始讲过，新中国建立后，全能主义政府对中国进行了社会化改造，塑造出大量适应制造业的工业化人口，以及与制造业相关意义上的"公平"。这当然是其中一个非常重要的基础条件，但是，它只是一个必要条件，还不是充分条件。

这种在举国体制下由集中计划建立起来的工业体系，固然对中国从落后农业国转变为工业国起到了巨大作用，但这个工业体系是否足以支持大多数民众及时分享工业化红利，是否足以支持大多数中国企业及时参与全球贸易分工，进而赢得中国制造业今天的优势地位？答案是否定的。

20世纪70年代末思想刚解放时，与"真理标准"一道，还有几个大的理论问题很是激发了当时全社会的反思，其中一个是"社会主义生产目的"大讨论。当时教科书白纸黑字写着，社会主义的生产目的是最大限度满足人民群众的物质和文化生活需要，为什么还要讨论呢？因为在具体实践中，重工业占的比重大，轻工业占比小，大部分国家级大厂生产的东西都是装备，是给其他工厂用的，结果就出现了重工业内部产品循环现象。曾被爱因斯坦改过论文、作为邓小平政策研究室成员的于光远，当时对沈阳的工业有一番调查和议论，就是讲这个问题：钢厂的钢卖给机床厂，机床厂的机床卖给冶金设备厂，冶金设备厂的产品卖给矿山和钢厂。这种重工业内部循环完全与民生不发生关系，又何谈满足人民群众的物质和文化生活需要？

在计划经济体系中，整个中国社会基本是封闭的，缺乏流动性，甚至单位和单位及其个体成员之间也几乎"老死不相往来"，而信息的不通畅必然会造成大量重复浪费。孙隆基先生就曾回忆道，当时他居住在一所大陆高校中，校园中有一间外文期刊的阅览室，一般学生是不能进去的，只有教师与外国人可以进去。它的旁边刚好是某一系的办公室与图书室，内中也有相同的外文期刊。有一位两处都参观过的美国学生问，既然大陆外汇控制紧张，为何要重复订阅外文期刊？该系老师瞠目以对，称自己根本不知道这个阅览室的存在。[14]这不是个例，实际上，在改革开放前的各个公社和工厂，由于信息不畅，各种重复性建设和发明比比皆是，对中国的制造业能力造成了极大浪费。

从制造业的角度看，大量的经济增长、技术进步和就业吸纳，其本质驱动力是社会需求。国家的需求固然尖端且精密，却往往有限。航空母舰、登月火箭和粒子对撞机也许是人类工业文明最复杂、最精密、最尖端的产品，然而全球二百多个主权国家，有能力建造的也不过寥寥几个而已。而且，低频次使用的产品和高频次使用的产品，本身的技术取向路径也是不一致的：喷气式战斗机的电子火控系统也许一年都发挥不了一次实战功能，但电动汽车的智能导航却天天在用，对设备的稳定性和可靠性要求更高，这也是为什么 F35 战斗机的代码只有 570 万条，而电动车的代码却可以达到一亿条，这背后拉动的产业链、就业人数根本不是一个数量级的。

工业能力固然重要，但自由开放的、有活力的市场竞争也极为重要，而这是改革开放前三十年的中国所不具备的条件。而且，改革开放之初，中国的大批国有制造业工厂虽有一定的技术能力，但基本管理制度是与世界脱节的。因此，如何把新中国成立以来已经取得的工业体系建设成果，与改革开放提供的国际产业转移的重大机遇结合起来，通过参与自由贸易提升产业技术水准，是一个关涉经济发展的根本性的宏观战略问题。

而要谈到中国改革开放以来的宏观经济战略，必须提到一个人——王建。1987 年 11 月 1 日，国家计委经济研究所副研究员王建在新华社内部刊物《动态清样》发表了一篇文章，名为"走国际大循环经济发展战略的可能性及其要求"，为 1988 年初"沿海地区经济发展战略"的正式确立提供了依据，并得到中央领导高度重视。

该文后以"选择正确的长期发展战略——关于国际大循环经济发展战略的构想"为题，发表于1988年1月5日的《经济日报》，成为中国改革开放后数十年经济发展的指导性纲要。

在这篇文章中，王建认为，高度强化的城乡二元结构（工农业二元经济结构）使当时中国的经济发展面临"工业结构高级化与农村劳动力转移争夺资金的矛盾"。简单来说就是，中国当时没有钱，那么，有限的钱是要继续花在重工业上搞产业升级，以求实现弯道超车，还是该着力发展农业和轻工业，以补足民生安置就业，这是个两难局面。

对此，王建分析说，面对困局，中国有这样几种选择："一是优先发展农业、轻工业，补上农村劳动力转移这一课。但是国内市场有限，消费水平低下，而且仍处于高积累率的阶段；二是走借外债的道路，但以中国人口规模和人均外债水平计算，外债余额要达到一万亿美元左右，出口能力与还债规模难以适应；三是发展机电产品出口，通过国际交换为重工业自身积累资金，但机电产品基本属于发达国家之间的产业内贸易，落后国家难以涉足。"综合分析各种利弊后，他认为，最切实的方案是走第四条道路，也就是以发展劳动密集型产业为主，切入"国际大循环"，为工业发展创汇的同时，解决劳动力转移问题。

严格意义上来说，这篇文章不是一篇学术论文，而是一篇结合中国实际问题，把比较优势、产业周期和技术进步几个经典贸易理论综合起来，为高层决策提供借鉴和依据的策论。

这篇文章的逻辑是：第一，就一个发展中国家来说，一上来就集中资源走赶超路线是有问题的，像"亚洲四小龙"那样走比较优势战略，发挥本国资源禀赋的比较优势，承接国际产业转移，循序渐进发展经济才是对的。所以中国要想富强，第一步还是要老老实实用廉价劳动力成本走"两头在外"的外贸道路。第二，中国是大国，不像韩国等规模有限，纯靠外向型经济解决不了城乡二元结构带来的诸多问题，因此做外贸不单纯是为了赚钱，而是为了反哺和调整国内的产业结构秩序，使其能够按照健康、有效的顺序升级。按照这个设想，中国应该制定"劳动密集型产业—资金密集型产业—附加值高的重加工业—农业"的发展顺序，这是因为，要解决农民问题，归根结底要靠现代农业，而现代农业的强大，归根结底又要靠重工业的强大。第三，通过发展外向型经济，将农村劳动力转移到沿海城市之后，实际上可以把一大批农民变成市民，把底层阶级变成中产阶级。在这些人拥有相当的消费力后，自然会对工业产品产生极旺盛的需求，而如此巨大的需求会激活国内制造业市场，并沿生产链惠及上游企业。在这个相对中长期的历史进程中，市场自发力量形成的资金和国家的宏观引导如能恰当配合，就可以同时比较好地解决产业升级和城乡二元结构问题。

王建的这篇文章发表于1987—1988年间，也是西方主流经济学理论刚刚进入中国不久的年代。该文的理论基础不算深奥，但它强大的想象力和深入浅出的阐释，把枯燥的国际贸易理论与当时领导人"先富带动后富"的设想和倡导，以一个具体的空间运动形态连在一起，极大地刺激了时人的头脑和眼光。原先只停留在纸面上的"比较优势""产业周期"和"技术进步"等抽象理论，现在则可以由此落实为一个具体的产业循环过程：以中国沿海城市的工厂为中心轴点，对外参与国际产品和贸易循环，对内创造劳动力循环，如同一个"8"字，将中国经济这台重型卡车开动了起来。而这个8字循环路径，又可以演变为对一幅幅具体画面的想象：数以亿计的农民离开家乡，来到沿海港口城市投身劳动密集型产业，虽然辛苦，却可以赚取在当时看来不菲的经济回报。无论他们以后在新城市定居，还是回到家乡搬进县城或省城，又都可以转化为巨大的需求市场。更重要的是，他们可以把外资企业的技术和管理经验带回家乡，

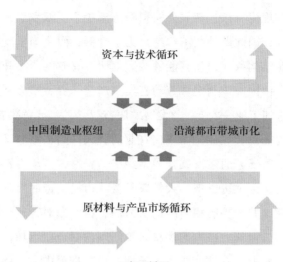

8 字双循环

改革开放以来，中国一直在全球资本—产业和全球原材
料—市场这两大循环体系中扮演枢纽性角色

在广袤的中国内陆遍地开花，共同参与全中国的产业扩散浪潮。而
与此同时，国家也可以借此获得巨额外汇，获取工业发展急需的资
源与技术，通过核心国有企业和研究机构壮大技术力量，使我们不
至于对外被"卡脖子"。

在那个年代，这样的图景足以让刚被改革开放释放出活力的中
国人热血沸腾。当然，王建的设想变成现实，也经历了漫长的道路。
应该说，20 世纪 70 年代末决定改革开放，80 年代末决定参与全球
贸易循环，都只是这个漫长道路上诸多里程碑中的一个，而这条道
路也远未达到终点。至少，还必须提及的一个关键里程碑，那就是
21 世纪初中国加入 WTO。这对于中国制造业真正获得"全产业链
无限细分覆盖能力"至关重要，因为自此，民营经济的活力才真正
被释放出来。

国有企业是很难完成这个任务的。并不是说国有企业不好或不

重要，国有企业当然有其存在的价值和必要，更是掌控核心技术和关系国计民生的核心产业的重要力量。但是，它们的数量和规模毕竟有限，发展思路也是以求稳为主，所以它们并不适合来完成"全产业链无限细分覆盖"这个任务。中国制造业的"全产业链无限细分覆盖"能力背后，有一个无名英雄群体，他们就是那些难以计数的民营企业家。如果不是这些民营企业家的拼搏干劲与灵活嗅觉，在加入 WTO 之后，谁能第一时间获知在对外加工贸易中有那么多的挣钱机会？谁又能深入到供应链的每一个环节，连一片玻璃、一根螺丝钉都能做到细致的专业化分工生产？能完成这个任务的，只有活力被自由市场竞争激发出来的民营企业。

对民营企业家来说，WTO 协议最关键的一点是，由于民营企业利润率不高，所以他们对关税非常敏感，因此只有在中国加入 WTO 且在诸多领域取得贸易优惠待遇之后，民间活力才有可能被全盘激发出来。这些源自草根的民营企业主精明灵活、吃苦耐劳，很多常人难以想象的生意，他们都肯去做。例如，全世界的假发有一半是河南许昌人生产的，全世界的小提琴有一半是江苏泰兴黄桥镇生产的，全世界的酒店用品有 40% 是扬州杭集镇生产的，全世界 25% 的泳衣是辽宁葫芦岛兴城市生产的……类似这样一个县级市或小镇掌控全球某个产品产能的例子，在中国比比皆是，中山的灯具、福安的电机、周宁的钢贸、四平的换热器……

这些不为人知的巨大产能，正是中国制造业竞争活力的真相；这些"无孔不入"的民营企业家，正是中国制造业的脊梁。

中国抓住了机会，经过 21 世纪以来中国民营企业的卓越贡献，王建当年所设想的这条 8 字循环，其规模与力量已经发生翻天覆地的变化。中国沿海加工厂也已不再是一个个简单的贸易作坊，已经从中孕育出众多的上市公司和跨国集团，而这些具体的工厂的加总，就是抽象的"世界工厂"。这一"世界工厂"所发挥的循环轴心作用，也不再仅是连接劳动力循环与产品循环，而是成为沿海经济带城市化的坚实支柱：一方面引导海外资本与技术落地，参与全球上层资本循环；另一方面购买全球能源与原材料产品，参与乃至主导全球产业循环。

这是一个升级版的巨大 8 字循环，为了与单一的"国内—国际"大循环相区别，可暂称其为"双循环"。在双循环结构中，全球资本、产品、技术的有效循环，生产要素的有效分配与利用，以及利润率的保证，归根结底都依赖于中国制造业的"枢纽"地位。那么，我们该如何理解"双循环"对中国的重要意义？

这里，我们先仿照"地缘政治"，创造一个新词——"产缘政治"（Induspolitics）。若从"产缘政治"出发，我认为，中国在全球大国政治竞争中真正的权力来源，就是中国制造的枢纽地位。我们可以用具体例子来说明：2018 年，非洲市场一共卖出了 2.15 亿台手机，这其中近 50% 来自中国深圳一家叫传音手机的公司，如果非洲的通信运营商或者如 M-Pesa 的移动支付商想跟手机终端合作，他们当然要来找市场份额最大的传音，这属于产品循环的一部分，也很好理解。那么资本和技术循环呢？现在，传音需要向自己的供应商采购零配件、算法和芯片，生产这些零配件的公司有些在中国，有些在国外，而其中的中国公司为了加工精密零配件，很可能也需要向瑞士、德国和日本的精密数控机床公司，例如宝美、哈默、巨浪和丰田工机等采购生产线。尽管机床的核心技术掌握在这些瑞、德、日公司手里，但传音的中国采购商们采购订单数量大、价值高，维护稳定，自然也会成为他们的优等客户。此外，智能手机上的软件服务商，诸如 Facebook、Instagram 和 WhatsApp 等，它们在非洲的业务增长，也必须以智能手机出货量的增长为基础。这些软件公司又会向美国的其他小软件公司采购诸如人脸识别和指纹验证等相关算法，继续养活硅谷及其他地方的程序员。如此一来，从技术到硬件再到服务的全球循环才得以完成。这里需要强调的是，这个生产链条里并没有谁决定谁的关系，因为即便是掌握核心技术的上游产业链参与者或服务提供者，也顶多不过获取一些议价权而已，更做不到随意卡住下游企业的脖子。但是，如果没有传音手机，上下游产业链的规模就会严重受限，所牵涉的商业运作机制就会发生巨大变化。而反过来，具备"全产业链无限细分覆盖"能力的中国，就是全世界最适合诞生传音手机这类工业产品的地方。[15]

不仅如此，由中国世界工厂效应进一步积累的巨量资金投入到城市化之后，引发的巨大消费市场增长，反过来刺激欧美资本与技术的成功应用。比如，移动支付、共享出行和 o2o 服务的核心技术与商业模式基本都是在发达国家诞生的，但其最大规模和最成功的商业应用却基本都发生在中国，这与中国的城市化集群程度有很大关联。以 o2o 领域的代表美团外卖来说，它脱胎于美国公司 Groupon 的商业模式，但市值和增长速度远胜 Groupon，原因就在于中国的都市带人口过分集中、办公区就餐环境过分拥挤，同时又有大量低成本劳动力聚集，因此既有大量的消费者可以支撑外卖业务的销售，又有大量的外卖员可以保证外卖业务的质量。这些条件是 Groupon 在美国市场所不能具备的。同样的道理，中国一些移动互联网巨头的成功，如阿里巴巴、腾讯、今日头条，其增长速度和用户规模都是与中国的城市化水平和基建条件分不开的。

而在中国努力成长为世界制造业枢纽地带的同时，欧美不少发达国家却在经历产业空心化。从某种程度上讲，这确实是中国制造业对欧美制造业的挤出效应。但是，纵观过去三十年历史，这个效应并不主要是由中国政府的引导或补贴造成的，它基本上是由中国庞大的人口规模和市场体量与自由竞争原则相结合造成的。很多人诟病中国企业对劳动者权利保护不足，从业者福利低下，然而造成这一局面的根本原因，主要还是中国庞大的人口规模造成的劳动力市场过剩，试想，如果你在就业市场上的竞争对手为了得到工作总是自愿加班，那你除了也自愿加班，很少有别的选择。毕竟，中国一个国家的人口比欧盟和北美自由贸易区的人口加起来还多 50%，在这样的竞争环境下，正常的劳动者权益范围是无法以欧美为标准来衡量的。

就这样，在自由市场竞争条件下，8 字国际大循环扩张为全球双循环体系，而在这个过程中，担纲了双循环枢纽地位的中国制造业规模，不仅随之扩张，而且地位也随之提升。这一良性发展，又为中国创造了基于发展机会的"公平"环境，在很大程度上提升了中国政府的治理合法性。

在我看来，这才是 2008 年国际金融危机和 2009 年欧债危机以后，中国在国内保持稳定、在国际上话语权增加的技术产业基础。

自动化危机

赫拉利在《人类简史》中说，在农业革命这件事情上，人类以为是自己驯化了植物，但其实是植物驯化了智人。就拿小麦来说，小麦的确给人类带来了丰富的淀粉，看起来促进了人口的增长和社会的进步，但从具体入微的角度而言，小麦却需要智人从早到晚的种种照料：智人得为小麦除去田里的石头、杂草，还要驱虫治病，灌溉施肥。如此一来，智人就被束缚在田地里，辛勤劳作，还出现大量疾病，例如椎间盘突出、关节炎、疝气等。智人的食物品种也因此变得单一，而且一旦小麦减产，人口大量增长之后的智人还会面临饥荒风险。为了抵御这种风险,智人们必须抢占土地、争夺粮食，暴力行为产生的致死比例大约会由游猎部落时代的 15%—20% 上升到农业部落时代的 30%—50%，因此，暴力机构必须产生，国家和阶级必须被发明，最终，培养小麦的农民，反而变成了社会的最底层，任人宰割。这是隐藏在粮食大量增产背后的诅咒，我们或可以称其为"小麦陷阱"。

其实，如果不把小麦单一地看作一个物种，而是把小麦连同其对生存环境的改造和对植株本身的照料一道看作一整套技术，我们就会意识到，"小麦陷阱"实际上就是一种"技术陷阱"：一套技术产生大量回报红利，也占用大量人力或资源，当它进入人类社会并长期演化后，人类反而会被这种技术本身驯服，并且产生诸多在这种技术自身的框架内无解的社会问题，直到下一项新技术发明，整个人类再进入新的循环阶段。这是因为，人类的天性与社会结构一道决定了，人类几乎必然会在短时间内大量耗尽新技术带来的红利。这是一个"囚徒困境"博弈：如果你发现了某种能让自己的部落人口增长50%的技术，而你克制地利用这种技术，把人口增长率控制在10%，你的部落就会被其他不控制的部落灭掉。这个道理换到其他类型的技术上也是适用的。这就会造成，任何一项新技术诞生之后，其边际效益必然会随着社会竞争的烈度而快速递减，而一旦红利耗尽，人类为了利用这种技术所发展出来的专门分工人才，就会承受巨大的代价。

这个"技术陷阱"的原理在制造业领域也是成立的，甚至表现得更为突出。在蒸汽机广泛运用的年代，蒸汽锅炉工的职责极为重要，他们必须时刻观察蒸汽机烧煤的状况来决定是否增添燃料，以保持蒸汽机产生足够的压力。如今，随着蒸汽机被大范围替代，这项工作在发达国家几已消失。法国大革命年代，法国人采取烽火台式的视觉信号通讯，通讯员通过观察前一个基站机械变换出的不同形状，将其翻译成单词（或不翻译），再操作本基站的机械变换出相应形状来传递信息。《基督山伯爵》中的爱德蒙·唐泰斯就是靠这种机器令唐格拉尔的生意受损的。当时法国建造了覆盖5000公里的通讯基站，配备了上万名通讯员，却在很短时间内就被摩斯电码取代。打字机时代的打字员、交换机时代的接线员……都属于这类职业。他们都是被技术高度"驯化"的专门人才，在技术刚出现的红利期享受丰厚的薪水，在技术红利耗尽后守着一份稳定的工作，然后被技术进步淘汰。

而且，随着制造业的加速进入自动化时代，"技术陷阱"的扩大会越来越快。过去必须要用人工来处理的流程和生产的配件，现在大部分甚至可以用机器来处理和生产；过去可能用五十到一百年才能完成的变革历程，如今只需五到十年就可能完成。

这就会带来一个严峻的问题：制造业为一国经济发展所创造的公平环境，为一国社会结构健康运行所贡献的塑造力量，为一国政权稳定所提供的"产业合法性"，反过来会被制造业自身的技术进步削弱，而且，技术进步越快，自动化程度就越深，削弱得就越严重。

实际上，对发达国家来说，这并不是新问题。只是自动化革命造成的"陷阱"被很多似是而非的理论研究遮蔽了。譬如，经济学家经过统计，认为技术进步并未带来失业率的提高，但比如，一个多年从事汽车制造业的老熟练工人，因为技术进步而被迫转去做了售货员，从数字上看，他的确没有失业，然而从薪水、发展空间和社会地位上看呢？有人说要提高再就业培训，难道我们要让他去做"码农"吗？这种"不失业"而引发的怨气、淡漠乃至绝望感，又比"失业"差多少呢？

前面说到，杨安泽把美国长期以来的社会与政治问题归结为自动化，我基本上同意他的判断。自动化革命造成的实质问题是，它可能在更大规模和更高技术层面上重演所谓的"重工业产品内部循环"。只不过，如今的这个流程，变成钢厂的钢卖给尖端设备制造厂，尖端设备制造厂的高精密车床卖给机器人厂，机器人厂生产出来的机器人再参与炼钢，中间还可能加入进来软件公司的算法产品。虽然整个循环流程套上了高科技的外套，但骨子里的问题却是一致的：这种内部循环实际上到最后变成了机器对机器的生产循环，人则完全被这个流程抛弃在外。

中国的快速工业化固然取得了巨大的成就，然而也令中国社会跑步进入自动化革命时代。随着人工智能等技术的进一步发展，中国社会受到自动化革命困扰的程度也会加剧，而这是不以人的意志或社会制度条件为转移的客观事实，我们不得不对此有清醒认识。

那么，在自动化革命的前提下，大众如何才能继续分享产业技术进步的红利呢？我们大致可以提出两条道路：其一，存量条件下的再分配；其二，增量条件下的再分配。

从发达工业国这几十年的经验来看，所谓存量条件下的再分配，实际上主要依赖制度完善的金融市场。例如，20世纪70年代以后，美国养老金等机构投资者成为股市投资主力，个人投资者逐渐淡出，这就等于说，美国民众的社会保障和福利制度，很大程度上是通过金融市场分享技术进步的红利来确保的，而不是主要依靠中央财政的转移支付和再分配。这当然造成了发达国家产业的空心化问题，但也实在是无奈之举。毕竟，由于中国制造业"覆盖无限细分产业链"的优势存在，发达国家除了少数核心技术产业之外，是无法与中国制造业竞争的，但越是核心技术产业，其自动化革命的程度就越深。在这种情况下，依靠制度和资本优势发展金融产业就成了为数不多的选择。在这个问题上，我们也不必嘲讽发达国家的产业空心化。我相信，这个世界上的主要民族并没有谁比谁聪明或谁比谁笨，只要教育机制合理，信息流通顺畅，每个国家在限定条件和动态博弈中找到的最优解都是很有限的。与其嘲讽别人的最优解不够优秀，不如老老实实找找我们自己的最优解在哪里。

我们必须对一个事实有清醒的认知，那就是过去数十年中国依靠快速工业化取得的巨大经济增长，以及依靠"公平参与工业化"机制赢得的产业合法性资源，都是与技术产业本身所处的发展阶段和所具备的属性分不开的。加入 WTO 之初，中国沿海城市不少工厂只能采购相对简陋的生产线，很多零配件还需要手工加工或调整，更不用说还有相当多的劳动密集型产业，其能吸纳的就业人口当然是巨大的，但是，这还是靠近第二次产业革命时期的技术特点的表现。随着中国工厂的资金逐步雄厚，技术逐步提升，技术生产水平也越来越接近第三次技术革命，也即自动化生产阶段，被甩出去的产业工人数量也在逐步增加。因此，依靠技术产业红利实现普惠性增长，并创造产业合法性的时代，虽说还没有完全过去，但也在加速前往终点。这个时候，如何应对自动化革命条件下的再分配，就成为我们必须面对的严峻问题。

对比欧美发达国家，我们会看到，由于中国金融市场制度不够完善，A 股市场实际上长期未能反映中国经济增长势头，无法像美股市场一样承担红利分享任务。中国普通民众之分享经济增长红利，在过去二十多年间主要是通过城市化进程来实现的，更进一步说，是通过投资与土地财政捆绑在一起的房地产市场来实现的。但是，这种存量分配方式的恶果是巨大的，因为出生在房地产市场红利期之后的民众与"早上车"的有房者，几乎已经可以说是两个阶级了，巨大的资金流动也完全被锁定在基建和房产投资者阶层手中，不参与对外循环。而这是对公平体系的巨大伤害，是对新生代创造财富热情的极大打击。举例来说，一位年轻人大学毕业后，披荆斩棘，历经重重考验，才能进入类似腾讯或华为这样的企业，然而，即便是这样优秀的年轻人，要承担本地（深圳）高企的房价，亦是不易之事。

但这些问题被过去十余年间因移动互联网革命带来的巨大红利掩盖了。流量红利是一种有利于年轻人的颠覆性革命，无需高额的资本投入，一个人也有机会获得巨大的流量，成为重要的渠道。在流量红利尚存的年代，年轻人找到机会获得成功的例子比比皆是，社会公平感依然存在，人们还相信自己成功与否主要依赖于自身的能力。自动化革命是这种类型的技术进步吗？——答案显然是否定的。自动化革命不单单需要高技术人才，而且需要高额资本投入，并挤压很多工作机遇。这种变化之下，技术进步对社会公平感的破坏，才是最值得我们担忧的问题。这意味着，自动化越是飞速发展，"产业合法性"就丧失得越快。

如果还记得我们之前讲过的"白鼠实验"，就会意识到，数字化和自动化的最大后遗症并不在经济，而在社会：自动化带来的生产力提升，可以看成白鼠实验中提供的无限资源，而白鼠们居住空间的有限性，则可以类比为（因自动化变革缩减大量低端工作机会导致的）社会竞争压力增加与教育成本上升，以及年轻人身上急剧加重的生存压力。对一个民族而言，这意味着不可挽回的生育率下降趋势和不可挽回的老龄化前景。欧美发达国家的困境，便是前车之鉴，而中国比它们压力更大之处还在于未富先老。

疫情之后的"中国制造"

在本书写作之时，中国供应链的"枢纽地位"及其"产缘政治"力量还没有为大众所熟知。然而在本书即将付梓之际，一场突如其来的疫情，却将这个结构完全揭示和呈现在世人面前。

中国虽是新冠疫情最早爆发的地区之一，但也是最早以强力手段控制住的地区。在这个过程中，中国强大的制造能力也发挥了关键作用。这一点我们从对防治新冠病毒至为关键的口罩和呼吸机上就可以看出：二月初，中国口罩企业还因封锁措施（导致缺乏原材料与工人）而无法恢复产能，但到了三月份，中国口罩日产量已经达到 1 亿只以上；3 月 15 日，德国政府向医疗设备公司德尔格紧急下单 1 万台呼吸机，而德尔格表示，生产呼吸机所必需的软管供应商在中国。

美国总统特朗普在 3 月 24 日的演讲中对美国公众说：

> 就关系到我们自身生存的手段而言，我们永远不能依赖于某个海外国家。我想我们已经学到很多了。这场危机已经证明了拥有强大的边境管控力和繁荣制造业的重要性……三年以来，我们已经开启了一项伟大的国家工程，它旨在使我们的移民系统更加安全，以及带回更多的制造业工作。我们带回来很多工作——创纪录的数量——创纪录的工作数量……而这确实展示了边境控制有多重要。没有边境，你就没有国家。我们未来的目标必须是，让美国病人用上美国的医药，让美国医院用上美国供应商，让我们伟大的美国英雄有美国制造的装备。

特朗普的这个说法，在美国政界及全世界引发了广泛反响和激烈争论。不少美国政界的关键人物都对美国医疗供应链严重依赖中国的状况表示了担忧。而在美国之外，法国经济部长勒马雷（Bruno Le Maire）新近表示，冠状病毒瘟疫凸显了法国对中国的依赖关系有着"不负责任和不理性的"一面；英国外交大臣多米尼克·拉布(Dominic Raab) 称，中英贸易关系在新冠病毒危机后不可能回归"一切照常"；日本政府日前宣布斥资 22 亿美元补贴那些从中国撤出的日本制造企业。《福布斯》甚至刊登文章称，新冠病毒为作为"世界工厂"的中国写下了一首"天鹅之歌"。那么，中国制造业真的如欧美舆论所认为的，迎来了最后时刻吗？

德国评论家泽林（Frank Sieren）认为，中国目前在世界经济中的地位与过去不可同日而语，想要摆脱对中国供应链的依赖是很困难的，人总是健忘的，买家们最终不会为商品多付钱，而只要成本重新扮演重要角色，中国就必然会再度加入游戏；而且，中国本身的生产装置和供应链是十分高效的，未来中国作为生产基地和销售市场的重要性甚至还会增加；此外，中国还在 5G 和新一代智能生产方面处在全球领先地位。就纯粹的经济考量而言，泽林的观点是正确的。人类历史上再严重的病毒，在一定区域内肆虐的时间也就是两年左右。黑死病在意大利、法国和英国各个国家流行的时间大概在一年半到两年之间，西班牙大流感在全球的流行时间也不过两年。而供应链转移却至少需要五年以上的时间跨度，这足以让中国的规模和成本优势再度发挥作用。

但是，如果把政治决策也纳入考虑范围（以特朗普为代表的为数不少的欧美政界人物就是这么做的），情形可能会大为不同。

这里我们以历史上实际发生的一次"产业战争"为例说明。1960 年 9 月，为了对抗西方石油垄断财团和维护石油收入，伊朗、伊拉克、科威特、沙特阿拉伯和委内瑞拉联合宣告成立石油输出国组织欧佩克（OPEC）。在成立之初，欧佩克主要还是一个由企业构成的托拉斯联盟，但到了 70 年代，随着英美国家对石油的依赖程度日益加深，欧佩克发现，石油有可能成为达成政治目的的武器。1967 年第三次中东战争后，欧佩克的阿拉伯成员国成立另一个重叠的组织，名为阿拉伯石油输出国家组织（OAPEC），集中向支持以色列的西方施压。随后，埃及和叙利亚亦加入 OAPEC。1973 年 10 月 6 日，埃及和叙利亚为了夺回六年前被以色列占领的西奈半岛和戈兰高地，选择在犹太人传统节日"赎罪日"对以色列宣战，所以这场战争又被称为"赎罪日战争"。除了直接的军事进攻外，阿拉伯国家在另外一个战场对以色列发动了"围剿"，这个战场，就是石油交易。

在赎罪日战争爆发前，欧佩克就已经发出威胁，如果美国和西欧继续对以色列进行军事援助，欧佩克将发起石油涨价与禁运行动。
欧洲慑于欧佩克的威胁，在 1973 年上半年就停止了对以色列的军
事援助。然而，美国并未回应欧佩克的要求。美国总统尼克松下令
展开"五分钱救援行动"（Operation Nickel Grass），把美国空军一
切空中运输力量都用于对以色列的支援。因此，埃及和叙利亚的赎
罪日战争并未取得预期战果。阿拉伯国家对此感到极为愤怒，欧佩
克遂发布声明，实施减产，并对美国进行石油禁运。在随后几个月内，
全球石油价格上升了四倍，美国汽油零售价上涨了 40%。美国消费
者哀嚎遍野的同时，地球的另一边——产油国的收入则暴涨。伊朗
国王巴列维数着口袋里的钱，开心地宣称，伊朗将成为世界第五大
工业国。两年前，他刚刚举行盛大庆典，庆祝波斯王国成立 2500 年。
现在，他的眼中泛着兴奋的光芒，认为伟大而古老的波斯民族将在
他的领导下迎来再度复兴。

在当时人看来，石油危机对西方经济的冲击也许比这次疫情
要严重得多。今天，我们都相信这场疫情不会一直持续下去，但在
1973 年，西方却不知道是不是能找到石油的替代品，也不知道缺少
了石油，现代工业还如何继续运作。自由世界正在分崩离析，中东
却猛然崛起，世界格局看似要发生天翻地覆的变化。然而，六年之后，
也就是 1979 年，在石油价格暴涨中最兴奋的巴列维国王被霍梅尼
推翻；十三年之后，也就是 1986 年，石油价格暴跌。

这中间发生了什么？

1973 年危机后，发达工业国成立了"七国集团"，讨论共同应
对美元危机、石油危机和布雷顿森林体系瓦解等问题。七国集团为
石油危机开出的药方是用政治和法律手段，逼迫企业练习"内功"，
摆脱对石油的过分依赖：日本通产省开始研究从"能源密集型"向"知
识密集型"经济转变的路径；法国颁布法律，禁止鼓励能源消费的
广告，所有企业只能告诉公众自己的节能技术有多么先进；美国则

制定了一项全新的能源计划，寻找替代能源，研究节能技术——卡特称其为"一场道德上的战争"。

政治和法律手段有用吗？有用。石油输出国的抬价，实际上恰好符合我们之前提及的一个道理：当一种生产要素的价格过高时，人们就会想方设法发展替代这种生产要素的技术。1973年危机前，国际石油价格低至每桶4美元，到80年代油价涨到了每桶34美元。即便抛去通货膨胀和汇率变动，这个差价也是巨大的，足以让新技术在经济上有利可图。1983年起，西方阵营对石油的日消费量已经比最高峰减少了600万桶。到了1985年，美国石油使用效率提高了32%，日本石油使用效率提高了51%。[16] 还有一个至关重要的原因是，自从欧佩克把石油作为政治争端的武器使用后，许多石油公司在国际投资中开始避开那些持有强烈民族主义的发展中国家，因为他们害怕自己的产业被当地政府看作一种政治博弈的武器而没收。因此，他们在世界范围内寻找新的开采地：阿拉斯加、墨西哥和北海油田。这些努力取得了显著的成效。1973年开始的G7首脑会议每年必谈石油，都会把石油作为重要的国际事务主题，但到1985年的时候，G7首脑会议对石油和能源安全已经基本不提了。在技术—社会这个古怪的生态链条里，石油输出国的抬价迫使发达国家投入更多精力研究节能技术，结果反过来葬送了自己。

当然，中国不是欧佩克，中国的供应链优势也不是石油优势，但是，我们必须对此有清醒的认识和予以足够的重视。我们必须理性地承认，在芯片行业，美国和欧洲主要国家依然牢牢掌握着70%—80%的关键知识产权和生产能力，而且在核心软件领域，一旦对中国关闭开源代码协议和服务，中国互联网企业也将遭到沉重打击。当然，就制造业整体来说，倘若真将工厂迁出中国，欧美也将蒙受很大经济损失，在常态状况下，美欧企业也不会允许这种事情的发生。但是，在疫情创造出的非常状态下，美国和欧洲主要国家完全有可能通过法案和行政手段，迫使企业将产业链迁出中国，同时给中国企业施加更多的关税限制与更严格的准入标准。而且，美欧政府还可以动员各类基金会，实现与财政补贴和产业政策类似的效果，投资新兴自动化技术，以与中国的规模优势进行竞争。4月13日，曾供职于小布什和奥巴马两任政府的罗伯特·阿特金森撰文称，为了与中国进行竞争，美国也必须像中国一样开启自己的"产业政策"，并探讨类似"美国制造2025"计划的可行性和内容范围。[17]

对于这些挑战，我们准备好了吗？

* * *

九年前，受到环球金融危机的影响，欧美发达国家经济表现不善，许多大公司濒临破产，失业率居高不下，一个位于加拿大的反消费主义组织"广告克星媒体基金会"号召对现实不满的人们举行集会，占领华尔街，抗议所谓"既得利益者"的剥削。他们喊出的口号是，"我们99%的人不能再继续容忍1%的人的贪婪与腐败"，"建立一个美好的社会，我们不需要华尔街，不需要政治家"。这场发源于美国的"占领华尔街"运动于数月之间席卷美国各个城市，随后，它还蔓延到全球各大城市。

无论是在中国还是在世界其他国家，左派与右派、官方与民间、知识分子与普通人，对这些问题都有各种各样的讨论、争吵和回应。有人认为，华尔街金融资本主义对民众的压迫已经达到了临界点，欧美国家的人民已觉醒，并意识到社会主义是唯一选择。也有人认为，中国正在成为全球最资本主义化的国家，资本与大众之间的矛盾在房价和福利等问题上愈发尖锐。

但在我看来，无论是"占领华尔街"还是新一代中国年轻人面临的境遇，其背后的真正动力，实际是技术进步，是自动化和信息化。

在美国和德国这样的国家，自动化夺走了大量低技术门槛工作。这些工人往往已人到中年，技术和知识已无法适应新环境，也无法经过短期培训变成类似"码农"。同时，交通技术的进步、基础设施的完善和信息化水平，又使得跨国公司可以把工厂和供应链安排在全球各个角落。于是，美国的这些产业工人，就需要与来自以中国为代表的国家的工人展开竞争。但就吃苦耐劳而言，他们的落败是意料中事。

中国的自动化起步虽晚，追赶速度却快。从 2013 年到 2016 年，中国制造业平均每万名员工中的机器人数量从 25 台增加到了 68 台。2017 年，中国成为工业机器人的主要购买国，销往中国的工业机器人占全球总销售额的 35.6%。[18] 2019 年，中国每万名员工中的机器人数量已经达到 140 个，与芬兰齐平，略低于瑞士（146）和法国（154）。

中国自动化的飞速发展，是 21 世纪头二十年间中国通过比较优势击败经合组织国家（OECD）的重要原因。这一点，可以通过全球产业链价值流向的比重变化反映出来。数据显示，2005 年，全球制造业每 100 元产出中，有 73 元来自 OECD 国家，9 元来自中国，6 元来自除中国外的金砖四国，5 元来自印度和东盟 5 国。而接下来十年间，OECD 国家的比重不断降低，中国的比重则不断大幅提高，金砖四国中的其他国家和东南亚几国则似乎有所停滞。[19]

然而，这背后同步发生的故事，是中国同美欧发达国家一样，有大量的产业工人被自动化技术取代。中国最受欢迎的饮料品牌之一娃哈哈已将流水线上的工人数量从两三百缩减到几个人，而富士康在 2012—2016 年间已有 40 万个工作岗位被机器人取代。麦肯锡预估，到 2030 年，自动化可以取代中国制造业五分之一的岗位，近 1 亿工人需要重新求职。[20]

1992 年，比尔·克林顿在美国总统大选中与老布什对垒，克林顿的参选助手詹姆斯·卡维尔（James Carville）替他想出一句竞选口号："笨蛋，问题是经济！"（It's the economy, stupid!）这一口号太过犀利和直接，一时间在美国脍炙人口，帮助克林顿拿下了当年的大选。而此时此刻，面对中美两国的彼此间的攻讦和纠缠，左派和右派的争论，以及反美（华）和亲美（华）的态度，我们也许可以模仿这个句式讲一句：

笨蛋，问题是技术！（It's the technology, stupid!）

问题如果是技术，那么出路在何方？在没有划时代技术突破（核聚变或强人工智能或增强智能等）的前提下，我们依然需要通过政策手段和产业发展战略来寻找解决方案，而这个解决方案，又必然要解决"做蛋糕"和"分蛋糕"两个问题。

纵观全球经济，"做蛋糕"最适合的场景是新兴市场，"分蛋糕"最需要的手段是分配改革。

先说"做蛋糕"的这一方面。

中国的人口生育率不断下降，放在中长期历史阶段，这是一个无法扭转的趋势。唯一的出路，只能是中资企业去到东南亚、南亚和非洲那些有着人口红利的新兴市场国家，去那里帮助当地国家建立工业体系。因为只有一个初步实现工业化的国家，其人民才能有稳定可持续的消费能力，才能吸收和购买。

今天的中国网络上不乏许多持有民粹主义意见的"工业党"，看到印度、越南和其他可能承接产业转移的新兴国家就如临大敌，把产业转移视为洪水猛兽。然而，问题是技术！在自动化和信息化等技术发展的大潮面前，人口老龄化和产业转移是必然趋势，正所谓"时来天地皆同力，运去英雄不自由"。在国际供应链布局中，产业工厂靠近消费市场是一个必然的发展趋势，为大势计，为长远计，中国必须"参股"新兴国家的发展，发展出一套全球供应链合

作机制，防止新兴国家将来拿产业民族主义和供应链"政治化"当
武器，跟我们打"贸易战"。

2013 年，国家开发银行研究院常务副院长姜洪在《红旗文稿》
发表题为《中国在世界经济双循环中的引擎和枢纽作用》，文中这
样概括中国在全球经贸循环中的枢纽地位及其世界性意义：

　　一方面，中国与发达国家之间形成以产业分工、贸易、投资、
资本间接流动为载体的循环体系；另一方面，中国又与亚非拉等
广大发展中国家形成以贸易、直接投资为载体的循环经济体系。
这两个循环不是封闭的，是立体的、多孔的，通过中国这一枢纽
将两个循环连接在一起。世界经济双循环体系下的双引擎机制能
够起到一个引擎失效时另外一个引擎还可以正常运转的作用，即
当以美国为引擎的一个循环发生"故障"，而另一个以中国为引
擎的循环还可以正常"运转"。这就是近年发端于美国的金融危
机引起西方发达经济体复苏乏力、经济运行危机四伏的状况，而
新兴经济体增长势头依然强劲的原因。中国成为世界双循环经济
体系中连接发达经济体与亚非拉等发展中国家之间的枢纽，并实
现了双循环经济体系下的全球经济"再平衡"：以美国为首的西
方发达国家需要中国巨大的市场和强大的生产制造能力，亚非拉
等广大发展中国家的工业化推进短期内达不到西方发达国家高新
技术投资的需求，中国成熟的工业体系很适合亚非拉等广大发展
中国家的再工业化。

　　……

　　中国与亚非拉国家的发展有很多内在一致性，这种内在一致
性决定了中国和亚非拉国家的发展是互补和相互拉动的。也就是
说，中国在推动亚非拉国家发展的过程中也可以同时实现自身的
产业升级与结构调整。中国作为世界工厂，不仅为欧美发达国家

提供产品，也在为亚非拉提供着中国制造。亚非拉等发展中国家受中国因素拉动，贸易条件大为改善，并开始推进自身城市化与工业化发展。与此同时，这也为中国提供了资源与市场，能够促进中国实现自身产业升级与结构调整，助力中国经济发展。

用一句话概括这篇文章的内容，那就是：中国帮助亚非拉实现工业化，既是帮助了世界，也是帮助了中国自己。这便是世界主义的眼光与民粹主义的眼光的区别。

下面再来说"分蛋糕"。

参加美国民主党总统初选的竞选人杨安泽打出的竞选口号是，他要为每个美国公民每月发放 1000 美元。乍听起来，这像是一个用发放福利来吸引选票的民粹领导人的做法。这在历史上多有前例：1943 年，胡安·裴隆在阿根廷通过给工人涨薪和实施最低工资，得到了劳动者的支持，并最终登上总统宝座；1970 年，萨尔瓦多·阿连德在智利开征福利税，提升工资，冻结物价。但是，这些改革都短命，因为这些左派领导人往往采取激进的公有化做法，还试图对国际债务违约。一个国家走了这条道路，基本等于宣告对国际贸易规则的否认。

但杨安泽跟他们大有区别：他不是从意识形态而是从对技术的洞见出发，认为基本福利制度势在必行。他经过调研后发现，这一次自动化和信息化浪潮到 2015 年已经摧毁了 400 万个工作岗位，而且将在未来的 12 年里随着自动驾驶汽车和其他技术的出现进一步替代三分之一的美国工人的工作岗位，与此同时，新工作的数量并不够多，出现速度也进一步下降，无法弥补岗位的损失。对此，杨安泽说，美国政府必须为最广大的美国人民提供无条件的基本收入。这笔钱从哪儿来呢？他准备对美国企业加征增值税（美国目前的税务体系不征收增值税）。杨安泽认为，随着技术进步，信息和自动化在商品和服务的生产中所占比重越来越多，而政府是不可能从机器人或软件那里征收所得税的。因此，杨安泽的计划是对这一部分企业所得征税，再将它平等地发放给全体美国公民。

支持杨安泽想法的人，包括 Facebook 创始人马克·扎克伯格、美国劳工部前部长罗伯特·莱克（Robert Reich）、曾成功预测美国次贷危机的基金经理人比尔·格罗斯（Bill Gross）、维珍航空董事长理查德·布兰森（Richard Branson）、知名作家塔-内希西·科茨（Ta-Nehisi Coates）和哲学家诺姆·乔姆斯基（Noam Chomsky），有企业家，也有政府官员，有自由派，也有左派，但他们都认可杨安泽的基本收入方案（Universal Basic Income, UBI），原因是这个模型清晰且简明。在自动化革命之前，比如 20 世纪 30 年代，罗斯福新政动用财政政策来实施公共工程，修建学校、市政建筑、水利工程、道路和军事设备，这基本等于政府专门拨出一笔钱，像国有企业一样雇佣失业的老百姓努力工作、获得收入、创造社会共有财富，从而使消费增长，使经济回到正轨。但到了今天，如果政府再实施此类政策，实际等于补贴自动化生产线和人工智能算法，即便建设的工厂再宏伟，运送工厂的道路再宽阔，生产产品的却是机器人，老百姓口袋里依然还是没有钱。正因此，再分配的方式必须发生根本变化。

在习惯传统意识形态之争的观察者看来，杨安泽的想法对一个自由主义的美国而言，简直是惊世骇俗。然而，技术进步向来跟那些议会里、媒体上和网络平台中的争论不同，它往往在不声不响中悄然发生，倏然到来，注定只有少数人能抓住它的脉动，把握转瞬即逝的机遇，进而改变自己和人类的命运。大多数人对之漠不关心，然而一旦巨变来临，他们只能瞠目结舌，跟着前进。

在这一点上，杨安泽是先行者，这既是他的伟大，却也是他的悲剧：美国如果仍然不能改革不合理的金融资本主义和分配体系，它堕落的速度也许会比我们大多数人的想象快得多。

就像是这个 2020 年，谁曾设想会是这样一种开始，剧本会是这样。然而，当一条河流转弯最急时，最引人夺目的，注定是飞溅最高的浪花，而真正重要的趋势，却往往隐藏在底部的河床之中。新冠疫情对全球化造成如此巨大的影响，这固然是所有人都始料未及的，然而，中国的"双循环"地位、"枢纽"优势和自动化危机，却由来已久，值得我们为之计深远。

为此我们不仅需要"双循环"，我们也需要"UBI"。需要"双循环"是为了解决眼下的问题，需要"UBI"则是为了防止我们在不久的将来变成美国。中国自身的问题，只有在全球问题得到解决之后，才能最终得到解决。

注释

1　参见保罗·肯尼迪《大国的兴衰：1500-2000 年的经济变迁与军事冲突》，陈景彪等译，国际文化出版公司，2006 年，第 144 页。

2　参见上海社会科学院经济研究所编《荣家企业史料》（上），上海人民出版社，1962 年，第 56 页。

3　参见严鹏《简明中国工业史》（1815-2015），电子工业出版社，第三章第一节。

4　参见赵津主编《〈永久黄〉团体档案汇编——永利化学工业公司专辑》（上），第 192 页。

5　参见上海社会科学院经济研究所编《刘鸿生企业史料》（下），上海人民出版社，1981 年，第 466 页。

6　参见林庆元、王道成考注《沈葆桢信札考注》，巴蜀书社，2014 年，第 203 页。

7　参见高粱《新中国初期社会主义工业建设的回顾（1952—1970）》，原文为作者在清华大学人文与社会科学高等研究所"二十世纪苏联和中国的社会主义理念与实践"国际研讨会（2015 年 9 月）上的发言，文稿参见 http://www.hswh.org.cn/e/DoPrint/index.php?classid=33&id=57503.

8　苏联选择以国家机器的力量全盘建设工业化，表面上看起来与普鲁士和德意志帝国时期由理性官僚推动工业化类似，实际上有本质区别：普鲁士时代的理性官僚体制与知识界和产业界互动紧密，其工业发展计划虽是国家主义推动的，但经济结构上基本是充分合理化的。而苏联模式对全面工业体系的关注，很大程度上则是政治论证的：为将要来临的全世界革命做准备，因而必须要大规模集结工人，同时也为革命之后的工业结构完整性做准备。中国引入的 156 个项目，出于国防安全和世界革命的考虑也占到相当比重。至于这些政策阴差阳错培育出了大规模产业工人，实际上当时也未必在决策者的计划考量中占主要部分。建国后的历次工业建设运动，其基本性质也大概出于安全考量，而非理性的产业政策考量。这与世界其他地区走国家主义道路推动产业发展的国家也不完全一样。为免误解，这一时代背景和条件准备必须要澄清和说明。

9　当然，这些压低价格的举措也引发了一系列不良后果，比如，青年教师和医生接受教育培训的时间极长、门槛极高，但薪资和生活水准却与付出的努力不能匹配。这一问题如果不能得到妥善解决，公共服务的性价比也会逐渐降低或出现不健康的急剧分化。

10　"茉莉花革命"爆发于 2010 年末，突尼斯自 1991—2010 年 20 年间人均 GDP 增长率在 4% 上下，埃及则接近 5%，2007—2008 年甚至达到 7% 以上。

11　参见梅斯奎塔 & 史密斯《独裁者手册》，骆伟阳译，江苏文艺出版社，2014 年，30—32 页。

12　"牛鞭效应"是经济学上的一个术语，特指供应链上的一种需求变异放大现象，是信息流从最终客户端向原始供应商端传递时，无法有效地实现信息共享，使得信息扭曲而逐级放大，从而导致需求信息出现越来越大的波动。此信息扭曲的放大作用在图形上很像一个甩起的牛鞭，因此被形象地称为"牛鞭效应"。

13　参见施展《枢纽：3000 年的中国》，广西师范大学出版社，2018 年，第七章第一节。

14　参见孙隆基《中国文化的深层结构》，广西师范大学出版社，2011 年，第 345 页。

15　需要说明的是，因涉及商业秘密，这里的"传音"为化名，只作为举例说明使用，与实际商业操作无关。

16　参见丹尼尔·耶金《石油风云》，徐荻洲等译，上海译文出版社，1992 年，第 905 页。

17　https://itif.org/publications/2020/04/13/case-national-industrial-strategy-counter-chinas-technological-rise.

18　参见 https://chinapower.csis.org/china-intelligent-automation/?lang=zh-hans.

19　参见泰康研究院相关报告，"产业脱钩无需近忧，科研教育需有远虑"，https://mp.weixin.qq.com/s/YPc75_ZUgtPHCmDhaw5paQ.

20　参见 https://chinapower.csis.org/china-intelligent-automation/?lang=zh-hans.

第十四章　瘟疫与文明

2020年，人类遭遇了一场不断蔓延至全世界各个国家的新冠病毒大瘟疫（pandemic）。WHO于2月11日给导致这场瘟疫的罪魁祸首定下了官方名称：SARS-CoV-2，中文名为"严重急性呼吸系统综合征冠状病毒2"。

不用说，每个人都知道瘟疫与技术这个主题有关——至少与医疗技术有关。但是，瘟疫所折射出来的人类社会与技术之间的关系，远不止医疗技术这么简单。就像很多人都注意到，现代技术的进步实际上也推动了瘟疫的快速扩散，比如，比起2003年SARS爆发的时刻，我们有了速度更快的高铁，有了更多更密集的飞机航线，我们与世界的经济联系也空前加深。从而，病毒传播的速度也变快了。

交通的便利和全球化的加深当然是一个方面，但背后还与一个基本变化相关：我们这个世界已经变得不再"自然"了。

被人类塑造的世界

有一个地质学的名词跟这个变化相关：人类世（Anthropocene）。这是"地球纪年史"中的一个术语。地质学家给年龄长达46亿岁的地球做纪年表时，用跨度更长的单位来划分地球不同阶段的不同地质与生物特征。整个 46 亿年大致被分为五个"代"：太古代、元古代、古生代、中生代和新生代。每个"代"可以再细分成几个"纪"，每个"纪"还可以再分为几个"世"。一个"代"可以跨越数亿到数十亿年，一个"纪"可以跨越数千万年，一个"世"可以跨越数万年到上百万年。

科学家们用这种纪年方法来划定三叶虫和恐龙的年代，并把人类自身和现在日常能见到的各种动植物划分到一个年代里：全新世。本来，这只是科学家的事，对大部分人来说，这种纪年方法离我们日常生活非常遥远。

不过从 2000 年开始，已经有人呼吁，"全新世"结束了，应该给我们现在生活的年代起一个新名字。呼吁者是保罗·克鲁岑（Paul Crutzen）。1995 年，他和另外两位科学家因致力研究人类活动对臭氧层的影响而赢得当年的诺贝尔化学奖。2000 年，他在参加一个有关地球地质和大气变化的会议时，当着满屋子的学者情绪失控，说必须要用一个新词来描述我们现在生活的年代，这个词就是"人类世"。随后，他与生物学家尤金·斯托莫（Eugene Stoermer）发表了一篇文章，名为 Have we entered the "Anthropocene"？ [1] 详细讲述了这个词的理念，用一句话来概括就是：在这个年代，能够对地球表面、地下、水体和大气造成最重要改变的，就是我们人类。

克鲁岑提出这个概念之后，得到广泛响应。虽然很多地质学家还在质疑这个术语是不是有点过于"人类中心主义"，但也有一部分学者认为，使用这个术语，让人类意识到自己的责任，这也很好。2008 年，一位叫简·扎拉斯维奇（Jan Zalasiewicz）的学者带头成立了一个工作小组，任务是确认"人类世"在地质方面的证据。如果这些证据能够通过科学家群体的认证，他们就准备给国际地层委员会（ICS）提议，正式采用这个年代分类。

简·扎拉斯维奇的团队找到了很多证据。比如，由于工业革命的影响，人类大量燃烧化石燃料，使空气中二氧化碳的浓度显著飙升，基本达到了 300 万年前上新世的水平。再比如，在地球历史上，地质时代交替的同时总是伴随着大范围的动植物灭绝。而现在，动植物的灭绝再次大规模发生。而且，这一次的物种进化还出现了一个很大的特征：所有动物都在争先恐后地向着适应人类创造的环境而进化；蝴蝶的翅膀更加接近灰霾和水泥的色彩，菜青虫对农药的抵抗力在增加，蜘蛛变得喜欢路灯，飞蛾却学会了抗拒灯光的诱惑，鸡的种群数量多年来维持在 230 亿上下，因为人类对它的食用需求相对固定，而猫狗则在培育中变异出越来越多的宠物品种……

在地质方面，证据就更多了。因为农药残留和化工厂污染，土壤中的有机物污染残留越来越多了；因为填海材料和建筑垃圾的堆砌，近海沉积物粒度的分布特征迥异于自然状态；因为钢材的残留，金属的氧化物会遗留在同沉积地层中；因为核试验而产生的放射性坠尘遍布地球表面，就像海绵蛋糕上的糖粉一样……[2]

一句话，到了 2016 年，这个工作小组中之前那些还半信半疑的人，也确定人类对地质的影响已经超过"轻量级"水平。2019 年 5 月，他们以 88% 的多数票决议支持采取"人类世"这一命名，并以 20 世纪中期作为人类世的起点，因为那是大规模核试验、一次性塑料和人口爆炸开始的年代。

这个结果将提交给 ICS 讨论，如果通过，我们将正式生活在这个以人类命名的地质年代。如果说过去的 46 亿年里，我们所熟悉的山川风月，是"自然"赐予我们、让我们栖息其中的，那么在"人类世"年代，大自然已经被我们自己之手改造。其中，人类与病毒的更密切接触，也是人类对地球表面影响变化的一部分。

按照科学家的分类，病毒并不是一种生物，因为它不能自行表现出生命现象，只能寄生在其他生物的细胞系统里，并且借此自我复制。正是因为病毒和宿主之间存在着这种共生关系，理论上来说，病毒进化的目的并不是杀死宿主。[3] 从这个角度讲，那些特别大名鼎鼎的、杀伤力巨大的病毒，例如天花、艾滋病、埃博拉病毒等，其实不能算是病毒中的 "winner"。真正成功的病毒都已经达到了与寄主共生和谐的境界，"闷声发大财"。我们身体内寄宿的绝大多数病毒都属于这一类型，有些甚至能够上溯到数亿年前，对我们的进化还有过帮助。

但是，如果一种病毒离开了它熟悉的宿主，迁移到另一种新的物种身上，之前这种 "共生和谐" 的状态就会被破坏。例如，科学家已经确认，艾滋病病毒最早是寄生在西非中部的猿猴身上，它的很多亚种传播性不是很强，也并不致命。但由于人类对野生猿猴的捕猎，艾滋病毒开始进入人类世界，并且展现出极大的破坏性。

艾滋病毒进入人类世界的开始，是在 20 世纪 20 年代的金沙萨。今天，它是刚果民主共和国的首都，但当时，它是比利时殖民地的一个城市，名字还叫利奥波德维尔。这里是冒险者和淘金者的乐园，而性工作者们又愿意给他们提供花天酒地的服务。随着金沙萨开始修建铁路，病毒也随着火车乘客，在二十年的时间里传播到 1500 公里远的各个城市。20 世纪 60 年代，比利时殖民时代结束，刚果民主共和国成立。为了发展经济，这个国家对外输出大量劳动力，也把病毒带到了世界各地。

埃博拉病毒的经历与此类似。埃博拉病毒最早寄宿在果蝠的身上，通过体液、黏膜传播以及直接接触的方式传染到其他动物身上，包括黑猩猩、大猩猩、猴子、羚羊、豪猪和人。埃博拉病毒跟果蝠基本上能够做到和谐相处，但是对后面这些动物的杀伤力却极为恐怖。在非洲几个国家，埃博拉病毒的不同变种可以达到 50%—90% 的致死率，要在人群中传播，仅仅需要几个孩子在果蝠栖息的树下玩耍。

COVID-19 并不是唯一特例——这几十年的严重病毒感染事件，有很多都跟蝙蝠有关。比如，SARS 病毒和这次的新冠病毒可能来自菊头蝠，埃博拉病毒和 MERS（中东流感）则可能来自果蝠，甚至狂犬病毒的源头也来自蝙蝠。为什么蝙蝠会携带这么多病毒呢？因为蝙蝠是地球唯一能飞的哺乳动物，飞行带来的高代谢率会招致爆发急性炎症的危险。蝙蝠进化出相对强大的免疫系统，被病毒感染后，可以快速触发基因修复，抑制病毒复制，人类却不具备这种能力。

蝙蝠的栖息地一般是洞穴与树林，这两种自然环境，本来很难在人口密集的城市区存在。但随着人类活动范围的边界不断扩张，蝙蝠的栖息地遭到挤压，它的生活圈与人类的生活圈被迫重叠了。原本两不干涉的物种现在被迫"共存"，与它们"伴生"的病毒自然也会"相互交流"。

而且，与 20 世纪 20 年代相比，我们有了更新、更快的交通工具和更紧密的全球经济联系，活动范围不断扩张，而且是加速度扩张。我们发掘非洲的矿产资源、亚马孙丛林的树木、海底的石油和印尼的野味，让地球飞速进入"人类世"，相应地，我们就要越来越多地承受不同物种"共存"的代价。从长远来看，病毒终会跟寄主达到和谐共处的状态，人类这个物种也终将存活下去，但在这个过程中，双方都会付出一定的"代价"。对病毒来说，这个代价是调整进化路线，对人类来说，这个代价就是个体的生命，可能是你，可能是我。

从长时间段的历史周期来看，流行病爆发的频率是在不断上升的。在欧洲，从公元 541 年左右的查士丁尼瘟疫之后，下一次影响全欧的就是 1347—1352 年的黑死病，然后就到了 16 世纪，欧洲人把天花、麻疹和伤寒带到了美洲，同时自己也迎来了流感大暴发。到 19 世纪，关于流行病的记载多了起来，从 1816 年到 1923 年，欧亚非和北美的一些国家都报告了大规模霍乱疫情。

　　20 世纪杀伤力最大的流行病是 1918 年开始的西班牙流感，其罪魁祸首甲型 H1N1 流感病毒造成的死亡人数，学术界估计的最低下限是 2000 万，最高上限是 9000 万。1918 年全球人口大概有 18 亿上下，如果取 9000 万来计算，这场流感造成全球总人口 5% 的死亡。[4] 而这并不是 20 世纪唯一一次大流感。

　　除了这些人类熟悉的老面孔，20 世纪还有不少新病毒出现。20 年代艾滋病在非洲出现，1981 年美国疾控中心正式通报，迄今为止它已经夺去 3200 万人的生命。1976 年，非洲出现埃博拉病毒，直到今天，也就是 2020 年，它的部分亚种还在不少非洲国家肆虐。然后，是我们比较熟悉的几个名字：2003 年的 SARS，2004 年的禽流感，2009 年的甲型 H1N1 流感，2012 年的 MERS 和 2020 年的新冠病毒。

　　我想说的是，这不是一个单纯的医学问题，也是技术进步给人类文明带来的新挑战。更要命的是，它还处在人类的认知盲区。在过去的人类历史上，瘟疫得到记载的广度与深度都太有限了。历史学家喜欢关注权力与战争这样的大事，但并不只有战争才是大事。西班牙大流感最早是在美国堪萨斯州的兵营里爆发的，当时第一次世界大战已进入后期，所有人都只关心战争，没多少人关心疾病。然而，一战造成的直接死亡人数大概是 1500 万人，比学者们估计的西班牙大流感的下限人数（2000 万）还要低。

　　20 世纪人类发明核武器之后，在恐怖威慑的阴影下，大国之间爆发全面战争的风险大幅度降低了。那么，还有什么威胁可能在短短几年内大规模地夺走人命呢？

　　只有瘟疫。

西班牙大流感 ⁵

为了对瘟疫的杀伤力有更直观的了解，让我们来看一个距离并不遥远的历史案例——发生在 1918 年的"西班牙流感"。

"西班牙流感"实际上肇始于美国堪萨斯州的哈斯克尔县，它被叫作西班牙流感，只是因为当时处在第一次世界大战期间，协约国和同盟国的新闻媒体受到政府的审查，不能报道影响士气的负面新闻。而在作为中立国的西班牙，疫情屡屡见诸报端，尤其连他们的国王阿方索十三世也感染了病毒，因此给人留下了"西班牙是策源地"这样的印象。

西班牙流感爆发的时机非常特殊，正赶上第一次世界大战的尾声，但是在当时，还没有人知道战争是不是马上就要结束。对流感爆发地美国而言，更是如此。美国在 1917 年 4 月才正式宣战，对它来说，1918 年只是参战的第二年。美国当时的总统是伍德罗·威尔逊，美国历史上唯一一个有哲学博士头衔的总统。他的行事作风也很符合人们对知识分子的想象——后来的国际关系学者称他是国际关系领域"理想主义"流派的开创者。伍德罗·威尔逊一开始是反战的，在 1916 年参加总统大选时，他打出的口号是"让我们远离战争"。这容易使很多人误解，认为理想主义者不喜欢战争。但理想主义者并不一定是和平主义者；理想主义者一旦认定了某件事是正确的，他可能会义无反顾、不惜一切代价地去实现它。

1917 年，德国秘密联合墨西哥夺取美国领土，威尔逊被激怒了，最终决定于 1917 年宣战。随后，威尔逊发动了美国历史上第一次有实际效果的大规模征兵。美国政府成立了战争工业委员会，监督工会配合国家；国会通过了史密斯－莱佛法案，监督农业和食品生产。联邦调查局召集数十万名志愿者协助政府监察民众，全面监控"不忠言论"，只要对参战征兵有质疑，就可以被归为"不忠言论"。

在当时的美国，有些人仅仅因为身为德国裔，就被揪出来当作敌特间谍打死。为了筹措战争资金，威尔逊还发起了"自由公债"运动，向民众借钱来打仗，而"自由"这个词则是为让"公债"的说法好听一点。在当时的战争动员背景下，公权力和媒体已经把买公债渲染成了爱国行为，或者更进一步说，谁不买公债，谁就是叛国贼。威尔逊的财政部长麦卡杜（William McAdoo）的原话是："任何大战都必须是一场全民运动。它是一场圣战，而且像所有圣战一样，借浪漫主义洪流冲掉一切……如果谁拒绝捐款或是保持这种态度而影响到别人捐助，他就是亲德派。除了当面告诉他这点，我想不出更好的办法。不能以 4% 的利率每周借给政府 1.25 美元的人不配当美国公民。"

就在这个时间点，一场悄无声息的流感到来了。1918 年 1 月，堪萨斯州的哈斯克尔县最早爆发了不明瘟疫。这里人烟稀少，交通不便，正常情况下，病毒应该在害死最早的受害者后，因缺乏传播路径而悄无声息地消失。每年有数以千百计的新型未知病毒就是这样与人类擦肩而过，但这一次情况有所不同，威尔逊掀起的"政治挂帅"浪潮席卷了整个国家，哈斯克尔县也不例外。当地的爱国青年受到感召，应征入伍，被编入附近的福斯顿军营接受训练，结果在军营里感染了 237 人，其中 38 人病亡。但是，在当时成千上万的美国青年应征入伍的背景下，这个数字实在不起眼。它毫无疑问地被忽略掉了。

但对病毒来说，福斯顿军营是个理想的中转站。这里与全美国的军事基地都存在军事交流，而且这些士兵即将被派往欧洲战场。所以，一个原本来自小县城的病毒很容易在这里攀上巅峰。1918 年春，全美 36 个最大的军营里有 24 个爆发了流感，55 个大城市中，毗邻这些军营的 30 个出现"超额死亡"。当时人们还不清楚发生了什么，就已经把这些士兵派上了欧洲战场。这些美军是在法国布雷斯特登陆的，4月份，那里出现了第一波流感爆发，并于当月蔓延到巴黎、意大利和英国。到了5月，仅英国第一陆军就有36,473人入院，一份英国报告记载，某支炮兵旅在48小时内就有三分之一的人员感染。不过，这些流感造成的后果并不像它起初在哈斯克尔爆发时那么致命，对军队来说，军官们也仅仅是看到了战斗力的下降，并没有让军官们产生与病毒有关的联想。英国一份报告称，在原本兵员为145人的弹药队中，目前只有15人能够继续执行日常任务。

受影响最严重的还是德国军队。1918年春天，一战接近尾声，俄国已因十月革命退出战斗，东线战事基本结束。而在西线，德军指挥官鲁登道夫已经在为德意志帝国做最后一搏。那年春天，德军的前两次攻势打得都很不错，德军阵地离巴黎已经只有120公里。然而，瘟疫袭来，德军战斗力无法继续保持，导致第三次攻势不得不一次又一次推迟。鲁登道夫后来在自己的回忆录中，把失败的主要原因，都推给了这次流感。

随着战事和全球经贸往来，流感在1918年传播到了法国、英国、德国、西班牙、丹麦、挪威、荷兰、印度、中国、阿尔及利亚、埃及和突尼斯。这只是病毒的第一波攻势，虽然势头迅猛，致死率并不高。而到当年6月份的时候，这位"西班牙女士"突然露出了狰狞面目。6月30日，英国货船"埃克塞特城市"号于美国费城靠岸，海关和领事发现船员们已经奄奄一息，不得不紧急联系宾夕法尼亚医院进行紧急救治。随后几天，船员接二连三死亡。7月，伦敦和伯明翰合计有413人死于流感性肺炎。同月，这种高死亡率流感又在美国阿肯色州派克军营爆发。这一年，从波士顿到孟买，致命病毒在全球各地几乎同时爆发。

为什么病毒的致死性突然增强了呢？大部分学者认为，可能是因为这种流感病毒传播到欧洲后，跟当地的某种病毒结合在一起，

1918 年西班牙大流感大流行期间，斯图尔特和霍姆斯药品批发公司
（Stewart and Holmes Wholesale Drug Co.）的员工在第三大道。华盛顿大
学图书馆特别收藏

1918 年西班牙流感期间，芝加哥官员们检查街道清洁工

发生了变异。死亡和恐慌出现在全球各个角落。当时参与了美国德文斯军营防疫工作的科学家沃恩（Victor Vaughan）记录说：

> 数以百计的身着各国军装、原本身强力壮的年轻人，以十人或更多人为一组的方式来到医院病房。他们被安置在帆布床上，所有的床位都被占满，但仍有病号源源不断地涌入。他们面色青紫，剧烈地咳嗽，不时吐出血痰。

德文斯军营的状况极其惨烈：基地医院本来设计的容量是1200人，现在却负荷了6000人，每个角落都塞满了帆布床。200名护士病倒了70个，其中大部分人都没能康复。医院里充满了排泄物的恶臭，被单和衣服上都是血迹，有些人的鼻子和耳朵都在往外冒血。

军营是一个基本封闭的空间，很容易成为病毒肆虐的温床。军营之外的开放空间呢？费城是个很典型的例子。1918年9月28日，费城计划安排一场销售几百万美元战争公债的大型游行。前面讲过，购买战争公债已经被威尔逊政府跟爱国主义高度挂钩。在这样的情绪煽动下，费城当局自然不会因为医生的警告而取消公债游行。当地卫生官员在报纸上公开告诉民众，流感可防可控。于是，游行如期举行，参加者达到了几千人，围观者则有几十万之众。而这样好的机会，病毒当然不会错过。游行结束后72小时，费城医院立刻爆满。游行结束后第三天，也就是10月1日，日均死亡人数已经到了117人。3日，费城被迫取消公共集会，关闭教堂、学校和剧院。但是为时已晚。10月5日有254人死亡，10月6日有289人死亡，随后两天则突破了300。这些数字和趋势，与眼下意大利遭受新冠病毒肆虐的杀伤力几乎一致。在瘟疫刚爆发的一段时间里，费城总医院有43%的医护人员也需要住院治疗，医疗资源瞬间被击穿。医院里每天死掉四分之一的病人，家家户户门口挂起暗示有人去世的绸布，阖家死于瘟疫的状况也不稀奇，人们开始觉得黑死病重现世间。[6]

有着如此致命杀伤力的西班牙大流感，如其名称的字面意思一样，就是一种流感——它仅仅是流感。但是，"流感"这个名字并不代表它不可怕。首先，它是一种呼吸道疾病，与霍乱或鼠疫不同，这种通过飞沫传播的呼吸道疾病，几乎没有办法切断传染源，有着极高的传播速度。其次，流感病毒可以破坏人体的防御机制，引发肺炎。西班牙大流感如此致命的第一个原因，就在于它对肺的破坏，几乎等同于腺鼠疫，或称肺鼠疫，这也是学者们怀疑的"黑死病"的真面目，它的致死率可以达到90%。

由于西班牙流感的病毒破坏力实在过于猛烈，人体的免疫系统不得不开启最强防御体系来防范它的入侵。这种防御体系，形象地说，就是"同归于尽"。人体内一种叫"杀伤性T细胞"的白细胞会被启动，它以被病毒感染的身体细胞为靶标，实施"细胞因子风暴"杀戮。在这个杀戮过程中，被病毒感染的肺泡内壁细胞会被摧毁，肺泡也因此会被摧毁，致使肺部充斥着各种液体和碎片，无法进行氧气交换。这就是为什么当时的医护人员在替病人翻身时，会听到类似于爆米花的声音，那是肺泡被破坏的声音。这也是为什么西班牙流感在年轻人中间造成了最高的死亡率，因为年轻人的免疫系统是最强的，倒下的速度也就特别快。当时有不少病例都是上午还活蹦乱跳，下午就突然倒地，晚上就去世了。本次新冠病毒疫情暴发之初，有一些自媒体文章渲染疫情的可怕，说年轻人的免疫系统会杀死自己的肺部。实际上，临床数据已经验证，新冠病毒的运作机制并不是这样的。那些自媒体文章引用的，其实是西班牙流感病毒的机制。

那么，当时的医学家在做些什么呢？他们能做的非常有限。当时流行病学刚刚起步，人们对病毒这种东西的认知还刚刚开始。

1862 年，巴斯德（Louis Pasteur）通过鹅颈烧瓶实验（Gooseneck Flask Experiment）证明，微生物的增长来自微生物本身，而不是自然发生的。这为细菌的来源和灭菌手段提供了解释。也只有在这个前提下，现代流行病学才能产生。1885 年，巴斯德成功研制出狂犬病疫苗。1890 年，科赫（Robert Koch）提出判定微生物与特定传染病之间是否有因果关系的科赫法则（又称证病率），直到今天，它还是所有相关专业医学生必须学习的内容。当时没有网络，电话刚刚发明，跨越大洋的交流并不像今天那么方便。当时的美国在传染病和细菌方面的研究显著落后于欧洲。20 世纪初，不少有志于从事医学专业的英才跨过大西洋，前往欧洲学习。后来在对抗西班牙大流感的过程中发挥领导作用的威廉·韦尔奇（William H. Welch）正是其中一员。美国第一代公共防疫人才，就是韦尔奇培养出来的。

　　大流感爆发前，韦尔奇已经成为美国科学学会会长，德高望重。流感爆发期间，韦尔奇通过威尔逊的私人医生格雷森提交了一封亲笔信，建议美国军方重视流感疫情，中止军队调动。然而，军方高层基本无视了这些建议。他们关注的重点是，协约国需要美国的生力军。威尔逊收到信后，把美军司令官马奇找来，询问他对流行病的看法。马奇保证说，已经做好了所有可能的防范，向欧洲派出的士兵中没有任何病人。其实，当时距离战争结束只有一个月，德国政府已经被议会接管，并发出了求和信号，但美军依然认为，在这种时刻保持盟友的高昂士气是必要的，运兵决不能终止。当然，从另外一个角度讲，我们也可以理解马奇的立场。作为后来人，我们知道第一次世界大战在 1918 年 10 月就要结束了，但作为当时时代漩涡中的个人，威尔逊和马奇都不可能事先知道答案。在战争中，他们只能把国家力量尽可能地动员起来。我们甚至不知道，是不是正是因为他们这样做了，德国才提早发出了谈和的请求。不过，大流感借此获得了最好的传播机会，并且可以很方便地肆虐欧洲大地，甚至连美国总统威尔逊本人和人类的历史进程也受到了影响。

1919 年初，战争结束之后，各国首脑汇聚巴黎，商定和平条款，其中最主要的内容就是如何处置战败的德国。德国人对这场和谈没有任何发言权，所有重大事务都是由英国、法国和美国决定的。而在谈判场上，这三个国家又是由三个人代表的：法国总理"老虎"克列孟梭、英国首相劳合·乔治和美国总统威尔逊。

法德恩怨已深，因此克列孟梭主张严惩德国，但是威尔逊坚决反对，他希望和平条款体现战败者也可以同意与接受的宽容原则。两人爆发了激烈的争执，克列孟梭甚至称威尔逊是保德派。就在争执最为激烈之际，1919 年 4 月 3 日，威尔逊突然病倒，他的私人医生格雷森判断，总统染上了流感。这个结果并不稀奇。1919 年初，流感依然在巴黎肆虐。2 月份，巴黎有 2676 人死于流感和肺炎，威尔逊的女儿玛格丽特也被感染。3 月份，又有 1517 名巴黎人死亡。与威尔逊同一天染上流感的，还有美国使团的助理弗雷里，他那年只有 25 岁，四天之后就去世了。威尔逊虽然活了下来，但中枢神经受到了损害，有几天一直在臆想家里满是法国间谍。病中的他对和平协议来了个 180 度大转弯，完全同意克列孟梭的规则，要求德国赔款并承担发起战争的全部责任……[7] 德国人看到条约时，极度不满，认为威尔逊背信弃义。德国的不满情绪一直酝酿到大萧条时期，而希特勒正是抓住这种普遍民意，借机上台，终结了魏玛共和国。

另外一个感到极度不满的，是一个代表英国财政部参与了和谈的年轻人，那年他只有 36 岁。条约公布后，他宣布辞职，并且出版了一本叫《和约的经济后果》的小册子。在这本册子里，他解释说，由于化肥的发明，中东欧人口已经达到 2.68 亿，如果过分惩罚德国，削减德国工业实力，这些剩余人口就无法被有效吸纳到产业就业中，会带来更大规模的骚乱。这个年轻人名叫约翰·凯恩斯，不幸的是，关于德国局势的预判全部被他言中。其经济思想

巴黎和会"三巨头"合照

后来成为二战后美国对欧援助的"马歇尔计划"的指导思想，被誉为"资本主义的救世主"和"战后繁荣之父"。凯恩斯在巴黎和会期间与美方谈判代表的意见经常是一致的，他们经常联手对付法国人。[8] 如果威尔逊"没有胜利者的和平"能与凯恩斯经济思想合流，在巴黎和会上解决德国问题，或许人类历史将从此变得不同。

这场瘟疫，终究改变了人类的时间线。威尔逊之后，不知道有多少国际关系学者批评他天真的理想主义，却没有多少人关心在他被感染的那几天，他的精神状态究竟如何。人们难以相信，如此重要的国家领导人，如此重大的事件，怎么会被非理性因素主导呢？然而，人就是如此脆弱的物种。一场流感可以击溃他的免疫体系，破坏他的肺泡，毁坏他的中枢神经，令他的大脑暂时停止有效运转。病毒不问贵贱，实施无差别攻击。如果此人恰巧手握大权，而现代社会发达的管制技术足以让他的决定传导到国家的每一个角落，那么，数以亿计的黎民百姓，便会因之受到影响。

这也告诉我们：比流行病更重要的，是我们面对流行病时，应该做出怎样的反应。

医学与政治学

在学术研究中，一种流行病毒引发的"疾病"（disease）和它引发的"疫情"（epidemic 或 pandemic）完全是两回事。前者对应的英文是 disease，后者是 epidemic（流行病）或 pandemic（大瘟疫）。人类以何种手段对付一种疾病，和以何种手段对付一种疫情，这完全是两个问题。

我们可以举一个历史案例来说明这一点。《鲁滨逊漂流记》的作者丹尼尔·笛福，还写过另外一本关于瘟疫的书——《瘟疫年纪事》（*A Journal of the Plague Year*），是根据他叔叔在伦敦瘟疫中的亲身经历写成的，很多学者认为，它可以被当作这场瘟疫的纪实文学来读。这本书记录了当时伦敦的一些疾控政策，列举如下：

疾病通报

各房屋的主人，一旦其屋里有人害病，或是在身体的任何部位出现疙瘩、紫斑或肿块，或是在别的方面身患恶疾，缺乏某种其他疾病的明显原因，则在所述征象出现之后，要在两小时内将此告知卫生检查员。

病人隔离

上述检查员、外科医生或搜查员一旦发现有人患上瘟疫，就要在当晚将他隔离于该房屋，万一他被这样隔离，其后却并未死亡，在其余的人都服用了正当的预防药之后，他于其间患病的房屋也要被关闭一个月。

织物通风

为了把有传染病的物品及织品隔离开来，其寝具、衣物及室内帐帘，在它们再度被使用之前，必须在被传染的屋子里用火，以及规定的那类香料妥善通风：这要由检查员的指令来完成。

关闭房屋

如果有人造访任何已知身染瘟疫的人，或是违反规定，自愿进入已知被传染的房屋：他所居住的那座房屋，则要在检查员的命令之下被关闭一定的日子。

传染病织品均不得流通使用

任何衣服、织品、寝具或寝袍均不得从被传染的屋子里携带或搬运出来，而小贩或搬夫流播寝具或旧衣物用于销售或典当，则要被厉行禁止和防范，而任何当铺里的寝具或旧衣物均不许向外展示，或挂在其售品陈列台、商店铺板或窗户前面，朝向街道、胡同、公共大道或通道，而出售任何旧寝具或衣物，则要被课以监禁。若有当铺掮客或其他人员购买被传染房屋里的寝具、衣物或其他织品，传染病在那儿存在之后的两个月内，他的房屋则因传染的缘故要被关闭起来，至少要这样持续被关闭二十天。

任何人都不得从任何被传染的屋子里搬迁出来

倘有任何受传染者由于照看不周，或通过任何其他途径，碰巧从被传染的地方来到或是被搬迁到另一个地方，则此类出走或被搬迁的当事人所在的教区，要遵照所发告示，将上述被传染并逃逸的当事人绳之以法，于夜间再度将他们运送并带回，而对此案中违法的当事人，要在该区参议员的监督下加以处罚；而接纳此类被传染者的房屋，则要被关闭二十天。

每座被造访的屋子都要标上记号

每座被造访的屋子，都要标上一英尺长的红十字，标在门户的中间，清楚醒目，然后用普通印刷字体加上这些话，即，上帝怜悯我们，位置要靠近那个十字，这样一直到法律允许打开该房屋的时候为止。

每座被造访的屋子须加看守

警察监视每一座被关闭的屋子，并由看守人照管，使他们不得出门，并帮助提供日用品，费用由他们自理（如果他们有能力自理），或者由公费开支，如果他们无力自理：一切安然无恙之后，关闭为期四周的时间。明文规定，搜查员、外科医生、看护员和下葬人要手持三英尺长红色棍子或竿子，开诚布公并且显而易见，否则不得在街上通行，除了自己的屋子，或是指定要去或是被人叫去的地方，不得进入其他屋子；但求忍耐，戒除交际，尤其是他们最近在此类事务或看护当中都在任用之时。

同住者

数名同住者处在同一间屋子里，而那间屋子又碰巧有人受到传染；此类房屋中其他家庭成员则不得将他或他们自己迁移，除非有该教区卫生检查员所开具的证明；若无此类证明，那座他或他们这样迁移出来的房子则要被关闭，以感染瘟疫的情况论处。

出租马车

出租马车夫要注意，在将传染病人送去传染病隔离所或其他地方之后，他们不得服务于（正如他们有些人已经让人看到这么做了）公共交通，直至将马车妥善通风，并在此类服务之后停止雇用五到六天方可。

街道要保持干净

首先，认为这样做很有必要，因此加以规定，每户人家务必让自家门前的街道每日做好准备，这样让它在整整一周之内始终被打扫干净。

清道夫将垃圾清除出屋

清道夫要将屋子里的垃圾和秽物每日搬走，而且清道夫要吹起号角，让人注意到他到来，像迄今为止所做的那样。

游戏

所有游戏，逗熊表演，娱乐竞赛，民谣演唱，圆盾游戏，或诸如此类的群众集会事件，都要厉行禁止，违者由各教区参议员严加惩处。

禁止大吃大喝

所有公共宴会，特别是由该城市团体所举办的宴会，还有在酒馆、啤酒店以及其他公共娱乐场所举办的晚宴，均须禁戒，直至有进一步的规定和许可为止；以此省下的金钱，留作帮助和救济患有传染病的穷人之用。

……

　　这些手段与此次疫情最严重期间，中国各地发布的关于小区封闭和禁止公共聚会的通告存在很多共性。从1665年到现在，随着医学技术的进步，人们对"疾病"能做的事多了很多，但是对防止"疫情"能做的事仍然没有那么多本质的区别。

　　其实，在现代流行病学诞生之前，古人一样可以通过观察传染病的传播现象来总结防控规律。比如，明末医生吴有性在观察过流行的鼠疫后，写出了一本《温疫论》，书中说，"伤寒与中暑"这类病是"感天地之常气"，而瘟疫则是"感天地之疠气"，这种疠气"非寒、非暑、非暖、非凉，亦非四时交错之气，乃天地别有一种戾气"，当它到来之际，"无论老少、强弱，触之者即病"。他还区别了"伏邪"与"行邪"，前者相当于我们今天说的"携带者"或"无症状感染者"，后者则相当于感染者。此外，他指出"疠气"是看不见摸不着的，"其来无时，其着无方，众人有触之者，各随其气而为诸病焉"。这与流行病的传播机制也是符合的。⁹总的来说，吴有性以"异气"来解释鼠疫的产生虽然是不准确的，但他总结出的传染病特征却符合现实，从中也能归纳出正确的应对方式。

　　再比如，黑死病和鼠疫期间，欧洲人都注意到接触传播和空气传播的重要性，因此制定了隔离和火烧净化空气的政策，应该说对防控传染病也是有帮助的。

　　我们现在应对病毒的"隔离"（quarantine）政策，本身也是在黑死病期间被发明出来的。威尼斯人最早规定，每艘进入威尼斯港停泊的船只都必须经过四十天的隔离期。"四十天隔离期"的意大利语是quarantagiorni，这便是quarantine的来源，也是当前海外媒体报道中翻译我国"封城"政策时使用的词。对熟悉西方历史的西方人来说，这个词代表着黑死病时代的惨痛记忆，"封城"也因此成了一种最绝望时刻采取的最后手段。

　　在传染病的防控和隔离方面，古人并不无知，现代人也没有那么聪明,关键在于及时和有力。与之相比,技术先进与否则是次要的。当然,我们不能否认,随着医学技术的进步,现代医学的确可以战胜很多流行病,例如天花、结核和部分肿瘤,今天已经有了防治办法,说人类已经战胜了这些病魔,也并不为过。但以医学技术战胜病毒,还需要时间。

现代医学有一个基本原则,叫作循证医学(Evidence-based medicine)[10],简单来说,就是证据说话。一种药是不是对某种疾病有效,临床医生该不该用它来治疗,理论说了不算,医书说了不算,权威说了也不算,只有证据说了算。这里的证据,还应该是经过现代统计科学严格检验过的证据,比如随机对照试验和双盲实验检验过的证据。仅仅一般意义上的病例对照研究是不足采信的,因为在临床医学中,医生是没有办法直接面对病魔的:疾病这种生理现象,必须通过病人这个载体表现出来。而医生的根本目的是为了救人,如果为了杀死病毒,反而害死了病人,那就本末倒置了。

但病人的状况是千变万化的。比如,有些人免疫力比较强,同样的病毒,他喝双黄连口服液就能好,换一个人可能就好不了。这个时候,"双黄连口服液治好病"的病例就不能说是强效证据。只有在排除其他可能的影响因素之后,双黄连口服液还确实导致了治愈率的上升,这时医生开这个药才是负责任的。这就是严格的"循证医学原则"。

当传染病大规模爆发,有可能广泛危急社会秩序时,人类是没有时间严格按照循证医学原则和精密的医学实验来确定治疗手段的,必须在确诊之前就先采取社会控制,防止疫情的扩散。

其实,传染病医学和"循证医学",在某种程度上构成了这次新冠病毒疫情中,中国与西方抗疫路线基础性的思路差异。现代医学无法很快确定新冠病毒的传播速度与致死率,必须经过大量的、客观的临床数据验证后,科学界才能对其有一个基本了解。但等到临床数据产生时，疫情可能早已扩散。

截至笔者写作本文之日（2020 年 4 月 23 日），全球已有 220 多个国家和地区累计报告超过 260 万名确诊病例，超过 18 万名患者死亡。这其中，中国作为疫情最早爆发的国家之一，累计病例有 82,000 多例，死亡数计 4632 名，暂时实现了对疫情的基本控制。相比而言，美欧各国疫情的增长率虽然在下降，但每天的绝对数字仍有相当规模的增加。感染人数最多的美国已累计有超过 85 万人确诊，47,000 人死亡，排在其后的也多为西班牙、意大利、法国、德国和英国等发达国家。这固然部分是因为这些国家的检测手段较为先进，但反过来，这些数字也确实证实，西方国家采取的防疫措施并不是十分见效，以至于一些西方媒体开始追问，新冠病毒疫情是否进一步证明了西方民主制的失败？

从传染病医学和"循证医学"的思路看，西方国家的政治与社会体制，恰恰更接近"循证"原则。西方国家的政府决策必须要有充分的依据，否则便可能受到议员的质疑、媒体的抨击或民众的反对。例如，中国采取"封城"政策后不久，《纽约时报》的作者唐纳德·麦克奈尔（Donald G. McNeil Jr.）就撰文，强烈反对特朗普政府采取类似措施。

即便西方政府决定采取此类措施，它也可能面临一系列的困难。我在德国学习生活时，留学生们常常调侃德国"城管"过得多么不易：在德国，相当于"城管"的部门叫"秩序局"（ordnungsamt），德国法律明确规定了其执法人员拥有的各种权力（投告权、身份查验权、暂扣权、搜查权和处罚权等），规定边界之外的，执法人员就不敢做。因此，经常有人会看到德国"城管"在跳蚤市场上拿着一个尺子和一个账本，边用尺子量出摊位大小，边给摊主解释所要缴纳的市场税。

德国"城管"是西方发达国家社会治理体系的一个缩影。在这些国家，法律对政府、公共部门和个人之间的权利边界的界定非常清晰，也非常复杂。我们可以把这个复杂的权利边界比喻成一棵大树的根系，法治越是发达，社会治理体系越是完善，这棵树的根系就越是发达。而疫情的爆发和随之而来的"封城"等防疫政策，却像是一把弯刀，要求暂时"斩断"这些根系。自然，根系的发达反而增加了"斩断"根系的难度。

因此，"疾病"对应的是医学问题，"疫情"对应的却是政治学问题。中国与西方的政治体系不同，这使得我们在"斩断"根系时，可以非常迅速，也是中国较快控制住疫情的一个背景和条件；相反，这在西方却难以施行。

那么，疫情是否折射出了两种体系的制度优劣？它是否证明了西式的民主制度正在逐渐"没落"？

"落后"的自由主义

在讨论这个问题时，我必须先指出一个非专业研究者往往忽视的问题："现代政治"的价值观，其诞生时间，其实比"现代社会"的诞生时间要早得多。

如果说民主、自由、法治是现代政治体制追求的基本原则与价值，那么从时间上来讲，它们不但并不现代，而且相当古老。民主制度在两千多年前的古希腊就已经出现，代议民主在中世纪的教廷中也已诞生。民主主义后来的深入人心，则是 1789 年法国大革命的产物。法治思想在古罗马时代已经盛行，中古时期的约翰·福蒂斯丘（John Fortescue）等人开始提出立宪主义的原则，到了启蒙运动时期，洛克、孟德斯鸠、麦迪逊和汉密尔顿等人基本确立现代立宪主义。这是 17—18 世纪的事情。到了 19 世纪中叶，德国法学家萨维尼建立起现代民法体系，而现代自由主义的最重要原则，则基本是由约翰·密尔和他的同时代人阐释的。这是 19 世纪 30—40 年代的事。

而现代社会，尤其是与现代工业体系相适应的社会，始于什么时间呢？第一次工业革命开始于 18 世纪 60 年代，结束于 19 世纪 40 年代。第二次工业革命始于 19 世纪 70 年代，一战前基本完成。二战之后，通信、自动化和航天产业开始引发第三次工业革命，20 世纪 80 年代以后，互联网和相关的新兴技术产业兴起，被人称为第四次工业革命的开始。

换句话说，现代政治的基本价值，基本都是启蒙运动时代得到确立的；而现代技术，则是在这一切尘埃落定之后才诞生的。所以，事实是，启蒙运动的思想家们还没有见识过技术革命的伟大力量，就已经根据人类历史上的思想财富与经验教训，想象出了人类社会应当追求的政体，并经历各种改革和革命而实现，诸如英国光荣革命、美国独立战争与制宪、法国大革命……我们不能说这些革命不伟大，然而，它们都诞生在工业革命之前，也还没有证明自己是否能够经受住技术进步的考验，这也是事实。

在今天，"自由主义"是西方政治制度共识的根基，是西方政治哲学的价值观底色。但正如我们所说的，现代自由主义的基本原则最晚也是在 19 世纪 30—40 年代就已确立的，而其中关于信仰自由、社会宽容以及用选票和法律控制政府等理念，更是可以追溯到 17—18 世纪，有些甚至可以追溯到中世纪。这其中，也有许多与这些理念在同一时期产生的社会观念，得到了"自由主义"和相伴而生的"多元主义"的宽容。比如，16 世纪马丁·路德掀起"宗教改革"的大潮后，关于魔法和超自然的研究也重新兴起，其中，阿格里帕·冯·内特斯海姆（Agrippa von Nettesheim）的《超自然哲学》（*Of Occult Philosophy or Magic*，实际上是一本研究魔法的著作）就是在那个年代崛起的畅销书；17—18 世纪，是文艺复兴的年代，但也是色情小说开始流行的年代，而从 18 世纪晚期到 19 世纪早期，大众媒体的兴起也助长了谣言小册子和低俗杂志的传播。

当然，人类文明史已经雄辩地证明，思想自由带来的进步价值远比带来的这些问题要多得多，但这不代表我们可以甚或应该对这些问题视而不见。比如，拿美国社会来说，有一个很重要的问题是，在"自由主义""多元主义"和选票政治的大旗下，美国社会的反智主义传统已经被庇护得太久了。

美国是一个制定了自由宪法的国家，但它同时也是一个有着浓厚清教徒文化传统的国家。美国社会精神史受这种宗教底色的影响巨大：从 17 世纪到今天，美国社会一共经历过四次"大觉醒运动"（基督教福音派发起的宗教复兴运动），每一次都与美国历史上的重大事件有关。例如，18 世纪末 19 世纪初的第二次大觉醒运动刺激了美国废奴运动；19 世纪末 20 世纪初的第三次大觉醒运动与美国进步主义运动交织在一起，使得美国的普及教育变得民粹化；而在 20 世纪后半叶的第四次大觉醒运动中，基督教徒们则与自由派就堕胎、同性恋、进化论等公共议题展开了大量争论。这些争论一直持续到今天，对美国政治产生了重要影响。根据皮尤研究中心的调查，美国选民中约有 25% 是福音派基督徒，其中的 80% 在 2016 年曾投票给现任美国总统特朗普。

宗教团体与现代科学之间一直存在着冲突，其中一个重要的主题就是进化论。在美国，教授进化论所涉及的法律争端持续了一百多年，直到今天也没有停止。达尔文在《物种起源》中提出，地球上的生物是由有生命微生物经过变异、遗传和自然选择逐步进化而来的，这与《圣经》中神创造一切生物的记载很明显相冲突。这给 20 世纪初的美国带来极大震撼。由于在科学上无法与生物学家进行辩论，美国的宗教团体往往试图用政治手段予以解决。20 世纪 20

年代初，美国公立学校系统刚起步的时候，许多州通过法律，禁止在公立大学教授进化论。在著名的 1925 年"田纳西州起诉斯科普斯案"（Scopes Trial）中，在课堂上教授进化论的美国教师斯科普斯被判有罪。直到 1968 年的"埃珀森起诉阿肯萨斯州案"（Epperson v. Arkansas），美国最高法院方以宪法中规定的"宗教中立"原则为由，不允许各州在公立学校禁止教授进化论。但此后，宗教团体又尝试要求公立学校把进化论和神创论放在一起教授，他们打出的旗号是"学术自由"。20 世纪晚期，路易斯安那州通过法律，要求公立学校教授进化论的同时，必须教授《圣经》的神创论。州政府声称，其目的是为学生在地球起源这个问题上提供多方面观点，教师必须把不同的思想传授给学生，让他们自己判断哪些是正确的。1987 年，这条法律被最高法院裁定为违宪。但宗教团体并未放弃努力，2008 年，受宗教保守人士的影响，佛罗里达州教育官员再度表决，公立学校教授"进化论"时，必须强调它是一种（科学）理论，而不是事实。

宗教团体与现代科学还在另外一个主题上较量日久，这个主题与今天的疫情更为相关，它就是"疫苗"。在宗教史上，像科顿·马瑟（Cotton Mather）和罗兰·希尔（Rowland Hill）这样的伟大教士本身就是早期疫苗接种的推广者，但宗教团体里仍有大量反对疫苗接种的人士。1798 年，美国波士顿的神职人员成立了反对接种疫苗协会。1931 年，一个叫"耶和华见证人"的组织禁止其成员接种疫苗，直到 1952 年才解除。1998 年，英国医生安德鲁·韦克菲尔德（Andrew Wakefield）等人伪造文章，声称儿童注射麻腮风三联疫苗后会引发自闭症，从而在美国民间掀起了反疫苗运动，大量父母以宗教信仰为由拒绝给孩子接种疫苗，结果于 2015 年前后造成美国二十多年来最严重的麻疹疫情。直到今天，美国还有 40 多个州允许民众因"信仰自由"的原因拒绝接种疫苗。

　　宗教团体与科学的冲突在此次疫情中也暴露得非常明显。2020年3月，佛罗里达州一名叫罗纳德·霍华德—布朗（Ronald Howard-Browne）的福音派牧师违反隔离令，多次举办数百人的大型聚集活动，被当地警方拘捕后，反而斥责媒体"煽动宗教仇恨"。路易斯安那州一位叫托尼·斯佩尔（Tony Spell）的牧师则要求信众把救济支票捐出来给教会，声称这场疫情背后有政治动机。此外，调查数据显示，宗教保守人士较多的共和党支持者倾向于淡化疫情的严重性，对官方公布的防疫措施重视不足，而民主党支持者则倾向于遵守科学家们的指示，严格执行隔离政策。

　　我这样说，倒不是要把美国防疫不力的责任推到教会身上。疫情期间，有大量的教会组织在为失业者、贫困人群和少数族裔进行募捐和帮助。教会是人类以信仰为纽带而结成的共同体，人类也需要教会和其他组织带来的共同生活，就像需要食物和爱情一样。而且，即便不信教的普通人也有很多会因为各种各样的原因而不听从公共卫生专业人士的呼吁，违背政府隔离令。3月中旬，一位佛罗里达的海滩游客对哥伦比亚广播公司（CBS）说："如果我得了新冠病毒，那就得了吧，我不会让它阻止我参加聚会。"

　　教会只是美国反智主义的社会土壤之一，但绝不是全部。许多学者就曾批判过美国教育体系起到的"反智作用"。托马斯·尼科尔斯在《专家之死——反智主义的盛行及其影响》中辛辣地讽刺美国教育的商品化倾向："美国大学只是提供了一种'上大学'的全方位体验……现在的大学倒像是一个多年假期套餐的商品，而不是与教育机构和教职员签订的一场求索知识教育的契约。"由此带来的结果是，大量美国学生仅仅因为上过大学，就以为自己的观点与专家同样有价值。

　　美国的选举机制也鼓励政客在公众面前显得平易近人，甚至显得"无知"或"与专家是两类人"。2000年的美国总统大选，小布什表现得像个不可理喻的愣头青，而对手戈尔只是因为叹了口气，就被指责为居高临下的精英派头。2008 年的美国总统大选，奥巴马的妻子米歇尔为丈夫拉票时，谈的不是奥巴马如何接受精英教育，职业生涯多么出色，而是奥巴马如何普通，如何家长里短，"每天早上醒来时都有口臭"。

2016 年当选的特朗普更是美国近年来反智主义最严重的总统。他在当选后大肆抨击奥巴马的医疗法案，这在相当程度上削弱了美国疾控中心（CDC）应对流行病的能力。哈佛大学公共卫生研究教授巴里·布鲁姆（Barry Bloom）回忆说，奥巴马时代，美国联邦政府中有 17 个机构负责处理疫情，白宫也有一个应对大瘟疫的办公室，能够与 17 个机构的代表定期通话，另外，国家安全委员会中也有专人负责生物恐怖主义和安全问题。但是，特朗普削减了 CDC 的预算，裁撤了白宫的办公室，甚至在 2020 年疫情相当严重的情况下，他还在公共财政预算中削减了 CDC 的开支。

2020 年，新型冠状病毒在美国爆发后，美国总统顾问凯莉安妮·康伟在电视节目中暗示世界卫生组织隐瞒病毒情报，她说，"这是 COVID-19，不是 COVID-1"。她想暗示和误导美国公众的是，WHO 的工作人员已经掌握了前 18 次病毒的情报，但是只公布了这次。但这远不是最夸张的。4 月 23 日，美国总统特朗普提出了一些"惊人"的治疗建议。他说："我注意到消毒剂在一分钟内就可以消灭病毒，仅用一分钟，那是不是可以向体内注射消毒剂，让它进入肺部，对肺部产生很大影响，我认为这很有趣。"据报道，在他说完这话后，美国消毒剂中毒事件激增 30 例。

美国总统及其高级顾问在今天这样一个技术社会所表现出的如此反智倾向，不能不说是极为严重的问题。我们也许可以合理地怀疑，这种反智倾向与美国政府应对疫情的失败有极大关系。

但是，美国的失败意味着自由主义社会的失败吗？意味着自由主义无法成功应对瘟疫吗？我认为还不能这样说。

我不认为，作为西方现代法律和政治体系基础的自由主义就此不再有意义，不再有活力。我并不认为自由主义失去了其全部活力，但我确实认为，作为一种社会观念的自由主义，作为一种与文化和思潮联系在一起的西方自由主义，确实在暴露自身存在的一个重大问题，那就是，自由主义对自身的"前现代性"意识不足，从而高估了自身与"技术进步"协调相处的能力。

自由主义价值信念诞生的年代，也是魔法研究复兴的年代，也是色情文学发迹的年代，也是宗教团体一次次宣扬宗教复兴的年代。中国有句老话，叫"一样米养百样人"，有些人就是相信魔法和占星术，有些人就是愿意为安拉、上帝和佛陀谁更值得信赖吵个你死我活，有些人就是质疑进化论，质疑大地是个球体，质疑阿波罗登月……总之，有些人就是不讲逻辑，一句"你不能干涉我的自由"就可以把所有反对意见关在门外。

但是，技术不需要争论。环球航行就是可以证明地球是个球体，手机支付就是可以证明信息社会的便捷，医学数据就是可以证明疫苗的有效性。在疫情面前更是如此：谁不相信公共卫生专家的力量，病毒就会教他做人。

回顾历史，我们不要忘记，自由主义得以胜过思想禁锢与思想控制，很大一部分原因是因为"自由"使得科学与技术这些以前被宗教团体打压的力量，后来可以自由发声了。自由主义让布鲁诺这种人不会再因火刑烧死，让信仰胡格诺教派的手工业者可以发明新的机械，让学者和商人可以凭聪明才智和勤劳能干与神职人员一道跻身上流社会。自由主义是凭着让进步的力量成为社会主流来促进社会进步的，而不是凭着让进化论、神创论或飞天意面神教齐头并进来促进社会进步的。一个社会可以把大量精力耗费在争论学校该不该教进化论、跨性别身份认同者能不能进女厕所这些问题上，但未必就真正意识到人工智能和工业 4.0 对人类文明的演进具有同等甚至更为深远的重要性。然而，正是后者决定了一个社会在今天这个时代的竞争力所在。

2011 年前后，欧洲主要政治家——萨科齐、默克尔和卡梅伦——都曾以不同方式表述过，文化多元主义已经失败了。他们当时的观点针对的是欧洲愈演愈烈的难民问题。在当时，欧洲的一些学者主张从"多元主义"退向约翰·洛克主张过的"宽容"理念，也即，作为欧洲主流价值观的自由主义可以对一些非主流价值观持宽容态度，但绝不能允许它挑战建立在自由主义基础上的法律与社会体系。简单说来，就是我可以宽容一个人在自己的生活中持有不同的信仰，但我不允许这个人将这些信条扩展到影响社会公共生活的程度。

在我看来，科技在今天的人类社会中的地位已经太过重要，已经与人类的安全紧密捆绑在一起。自由主义如果不想让自己进一步丧失活力，就应该重新围绕科技进步组织自身的价值观，而不是单方面要求科技进步适应自身的价值观。自由主义可以对反科学理念持宽容态度，但宽容不是多元，不是互相平等，相反，宽容是建立在主次之分基础上的。一个社会平时可以对教授神创论和反疫苗运动这种事情一笑置之，然而在疫情暴发时，如果还放任这类反科学言论肆意生长，就是对社会安全的极大破坏。

专家影子政府

自由主义的"落后"，并不代表自由主义对手的"先进"。我们可以看到，一些威权政府，在应对疫情时也没有表现出什么高明之处。相反，像韩国、日本和德国，在应对疫情的方面都比美国的表现要好得多。

　　一个国家的政体是威权还是民主，与它能否成功对抗疫情，并没有本质关系。病毒这种敌人看不见摸不着，不会因为行政命令就出现，也不会因为选民的投票或媒体的爆料就消失。一个国家能否成功地抑制住疫情，主要依靠的是它调动医疗资源的能力，以及说服整个社会按照防疫工作的要求来适时运作的能力。

　　为了说明这个道理，我们不妨做个架空式的思想实验：假设有某个叫 X 的病毒，有相当于此次新冠病毒的传播性，有相当高的致死率，而且由于它很容易变异，因此针对它开发的疫苗都是无效的。医学手段可以缓解其病症，帮助人们从疾病中恢复，但是无法根除它。唯一能抵抗它的人只有那些因为得病而获得抗体的人，但抗体也不是永恒有效的。这种病毒隔一段时间就会肆虐，爆发周期是不固定的，人类必须学会与之共存。那么，在这样的"病毒生态"面前，自由社会和威权国家，哪种体制能够更好地适应这一状况？

　　自由社会毫无疑问会衰落。病毒的存在会大大限制公民的集会、游行与示威自由，因为集会是最好的传播机会。此外，那些得过抗体的人会在就业等方面拥有明显的优势，这将带来隐性歧视，破坏现代社会默认的平等人格基础。最后，商业活动会锐减，贸易额会下降，资本流动会受限，而商业和贸易本身是自由社会繁荣的根基。

　　但威权国家就一定能表现好吗？诚然，威权国家在限制公民权利方面可以更方便，在集中医疗资源救治特定地区时也会有优势，但是病毒也会限制威权国家集中训练和调动军队、警察等力量，从而削弱其手中的权力。此外，一切以政治为导向，也会损害医学专业机构的研究能力，苏联遗传学在李森科时代[11]因为学术问题政治化而导致两代遗传学家的严重落伍就是前车之鉴。最后，威权国家同自由社会一样需要商业和财富的支撑，而且，由于腐败和信息隔离等结构性问题的存在，威权国家也许对商业财富的需要更为迫切。

　　X 病毒当然只是个思想实验，现实中不存在这样的病毒。但是，一个被技术进步驱动的现代社会，却可能经常性地面对很多公共安全危机，比如环境污染，网络攻击，隐私泄露，全球变暖，移民和恐怖主义危机，等等。现代社会从来不会缺少危机，我们只是不知道它将于何时在何地出现，以及影响多少人。弱化版的"X病毒"，随时随地都可能爆发。

而在X病毒肆虐的社会里，能够获得成功的体制，既不会是自由主义，也不会是威权主义，而只能是专业主义。就病毒而言，它是医学专家的专业主义；就气候变化而言，它是环境专家的专业主义，以此类推。那么，专业主义的治理体系应该是什么样子的？

柏拉图的《理想国》认为，只有当真正的哲学家成为国王，人类才能实现真正的理想政体。工业革命之后，有人仿照这一观点，提出只有让科学家和工程师来管理国家，才是一种真正的好政治。例如，1919年，一位加利福尼亚工程师威廉·亨利·史密斯（William Henry Smyth）就提出了"技术统治"（Technocracy）这个术语。他写了一篇《"技术统治"——实现工业民主的道路与方法》（"Tchnocracy"—Ways and Means to Gain Industrial Democracy）的文章，认为只有让人民从科学家和工程师中选举代表治理国家，才能有效实现民主统治。但我并不认为，"专家治国"就是专业主义的最好治理体系。

现代科学有高度复杂的学科体系，现代社会也是高度分工的社会，这决定了一位科学家或者工程师，无论他在本专业中取得多么高的成就，在其他领域都只能是个外行，只能听从其他领域专家的专业意见。而且，他在本专业取得的成就越高，就越是需要为之投入时间和精力，能够投入其他领域的时间和精力也就越少。离我们最近的"专家治国"案例，大概要数2011年前后，欧洲债务危机中的希腊和意大利。

2011年，经济学家卢卡斯·帕帕季莫斯成为希腊总理。为了应对债务危机和欧盟强力的财务纪律约束，他不得不告诉希腊工人接受大幅度减薪的措施，迫使企业和工会调整最低工资，取消假期奖金和自动加薪。可以想象，希腊民众会对他有什么反应，2012年，帕帕季莫斯就宣布辞职。另一位经济学家，曾担任过博克尼大学校长的马里奥·蒙蒂则在2011年受邀，接替对意大利政坛影响巨大的教父级人物贝卢斯科尼成为意大利总理。蒙蒂临危受命，组织了一个无党派的、纯粹由技术人才组成的专业政府，但是到第二年12月，由于失去贝卢斯科尼的自由人民党的支持，蒙蒂也宣布辞职。意大利政客评价蒙蒂的政府只不过是一个"过渡方案"。其实，这个说法还是带了太浓的欧洲绅士的虚伪色彩。套用杜月笙的名言更为直白：专家型政府就是职业政客的尿壶，必要时拿出来救急，用完了就会塞进床底下。

这也怨不得政客。人类社会的自然规律本来就是如此。有专业搞研究的人，自然也就有专业搞权力（斗争）的人。政客才是这个领域的"专家"，而学者是这个领域的外行。"专家治国"本身就是违背专业主义的一种不切实际的幻想。在柏拉图的年代，人类知识体系并不丰富，哲学家掌握其他行业的知识还是有可能的，但这在今天则完全不可能。因此我认为，真正的专业主义治理方式，应该是把专业团体变成一个国家的"影子政府"。

什么是影子政府？拿英国举例。英国是两党制，谁上台谁就是执政党，另一边就是在野党。在野党为了批评执政党所组织的内阁，会组织所谓的"影子内阁"，让在野的议员扮演相应的大臣，比如"影子"贸易与工业大臣、"影子"外交大臣，实际上就是在野党负责贸易与工业或者外交的议员。这些人在议会辩论时会指出并攻击时任内阁的问题与缺陷，而一旦在野党当选，影子内阁的成员往往会出任相应的大臣。

我这里所谓的"专家影子治国"，是指由专家们组成的团体模仿国家和政府的基本原则，以技术（或技术风险）为中心，决定公共事务如何处理、法律如何制定、公权力如何运行。这样，在和平时期，这种专家意见可以帮助国家和政府在其掌控不到，也不具备专业知识或理解能力的领域来处理事务，而在特殊时期，这种专家组织可以直接变成指挥部，处理公共危机或重大事务。

这并不是空穴来风，而是有现实的制度基础。这个制度的现实基础，在一定程度上参考了德国的科研管理体系。在这次疫情中，我们一直没怎么真正关注德国，似乎欧洲被死亡率超高的意大利、西班牙和闹出"群体免疫"笑话的英国给代表了。但是，如果我们持续关注德国数据的话，会发现德国的死亡率数字在相当长的时间内保持了神奇的极低状态：从2月开始到3月，德国死亡率一直稳定在1%以下。到4月份，死亡率虽然攀升，但是死亡病例的中位数年龄却是82岁。[12]这个数字甚至高于德国的人均预期寿命（81岁）。

截止本文写作之时（2020年4月23日），德国累计感染人数超过15万人，位居全球第五；康复人数超过11万人，位居全球第一；死亡人数5600多人，死亡率3.6%，低于美国（5.7%）、西班牙（10.2%）、意大利（13.4%）和中国（5.6%）。在疫情达到同等规模的国家里，这样的表现堪称出色。而且，考虑到德国在疫情防控期间从来没有实施类似武汉那样严格的社区封锁政策，这个数字足以令我们刮目相看。而这背后，与德国疫情防控体系的特殊制度安排是分不开的。

在德国，相当于疾控中心（CDC）的机构叫罗伯特·科赫研究所（RKI）。但是，与美国的CDC不同，这个机构没有行政权力，不能实施隔离令。美国CDC有总统授权，是有行政权力的，可以签署人身控制和隔离令，但RKI没有这种权力。根据法律规定，它只是一个研究和咨询机构，从政府那里拿钱，主要任务是研究和对抗传染病，不承接私人治疗。这与其说是一个官方机构，倒不如说是一个智库——美国大名鼎鼎的兰德公司在很长时间里就是以这种方式与美国政府合作的。但是，RKI 与德国政府的合作方式，比起英美体系里常见的类似民间智库，有一个非常独到的德国特色：按照德国法律体系的定位，RKI 是一种"依据公法而成立的法团"（Körperschaft des öffentlichenRechts, KöR）。

　　"法团"是德国法理学界的一个重要概念，任何依据一定法律原则成立的组织都可以叫"法团"，公司是法团，大学是法团，国家也是法团。"公法"和"私法"则是法学里的基本概念，前者指的是规范国家和人民之间的法律，后者是规范民众之间关系的法律。既然有"依据公法而成立的法团"，当然也有"依据私法而成立的法团"，后者就是我们熟悉的企业，以及个人成立的协会。后一种法团，一般是为了私人利益，或者是个人／小群体追求的目的；而前一种法团，则是为公共利益而成立。这种法团中最高级别的，就是国家。也就是说，在德国的法律体系里，国家也是一个为了公共利益成立的法团，大学也是，教会也是，研究机构也是。它们能力有高低，等级有上下，但并不存在性质差异。在一个法团专业领域内的事情，这个法团完全可以自行解决，无需等待政府的行政命令。

　　因此，一旦有像传染病这样的公共危机出现时，RKI 就可以从公共利益出发，自行启动应对。比如，它根本不需要等待政府的集中管控和行政命令，就可以自行地跟医院、医疗设备公司和地方政府取得联系，给出专业的咨询意见。疫情期间，德国 RKI 行动非常迅速。在 1 月底，RKI 就已经追踪到德国在华人员的感染路径，并试验了核酸检测的有效性。2 月，新冠病毒疫情由意大利传往德国时，德国医疗体系已经准备了充分的检测资源，并且 RKI 和德国社会保险公司（GKV）联合宣布，所有检测费用均可报销，这大大鼓励了人们接受检测的积极性。之后，德国政府向本土医疗公司下了 1 万台呼吸机的订单，在医疗系统的网站上，可以实时搜索任何病房提供的呼吸机和重症床位数目。网站显示，截至 4 月 23 日，德国重症病床数仍然充足。

我们也许会觉得，像"报销检测费用"这种政策，没有政府下令，靠保险公司根本不可能做到。但事实上，德国的社会保险公司（GKV）也是一种公法社团（KöR），也是从公共利益出发的。RKI和 GKV 做出这样的决定，只需这两个机构合计后出一个文件，整个德国的医疗和保险体系的巨大齿轮就可以运转起来。

对于我们而言，这种"追求共同利益，但又不是国家机构"的组织可能是很陌生的。在一般的理解中，似乎只有国家和听从于国家的组织才可能是为了公利而存在的。但是，在德国法律体系中，像 RKI 这样的机构却可以既保持独立，又在法律框架下追求公共利益。RKI 当然也不是孤立的。RKI 和自己的分支 NRZ、KL，以及医学研究机构、各级医院、医生协会等其他"依据公法而成立的法团"形成了一个交织在一起的合作网，彼此之间既独立，又有联系，平时它是沉睡的，一旦面临危机就瞬时启动，无需国家行政命令，也可以开始施行对抗措施，直接通过发布研究成果和医学建议的方式，告诉各地医院怎么做。而且，德国本来就是个联邦国家，即便是联邦卫生部也不能强迫各州做决定，而只是给出一定建议。

这就是我说的，由技术专家组成的"影子政府"。当然，说它是一个政府是不准确的。它其实并不是一个完整的政府，但是它可以在专业领域里代替政府思考，行使一定的公共权力，提供公共服务和公共物品。

德国的 RKI 是一个公共危机时的案例。那么，和平时代的"影子政府"也可以发挥作用吗？当然可以。比如，阿里巴巴和淘宝网的网购信用体系，就是一个很好的例子。今天的中国消费者尽享网购的发达，已经很少有人记得21世纪头一个十年邮购和早期网购里，诈骗的比例有多少。在当时，由于信用机制的缺乏，消费者和商家彼此都缺乏信任，要做成一笔买卖，实在过于艰难。但是，当时政府不可能对"网购"这个新生事物有多么了解，所以由政府主导提前为之立法基本上是不可能的事情。在这种情况下，2009年，淘宝网就做过大概是中国网络社会中第一次"民主立法"尝试：公开征集并制定"淘规则"。当时淘宝通过网络渠道征集来的规则都会经过征集建议、投票表决、全网公示、试用和实施五个阶段。即便实施之后，行业参与者也可以在论坛上提出建议，对不适应形势的规则进行动态调整。到2016年《电商法》草案出台时，淘宝、天猫、京东等第三方平台的很多规则，已经成为立法的重要参考，部分规则直接纳入了法规。有专家说，网络规则获得法律认可，这在法律史上并不罕见，国际商法的演变过程基本就是这样的。以淘宝为代表的机构为网购立规则，实际上就是在网购领域当了一次"影子代表"。从事后的结果来看，这个"影子代表"当得极其成功。

在我看来，"专家影子代表"甚至是比英国议会制中的"影子内阁"更好的、更适合技术型社会的治理体系。在议会政治中，"影子内阁"的存在是基于两党之间的权力争夺，影子内阁的大臣要设法批评、攻击现任大臣，但很多时候，批评的话好说，责任却难当。而专家团体组成的"影子代表"，其目的则不在于争权夺利，而在于处理技术问题，提供公共物品。它是基于对科技的理解和共识来做该做的事，这样就会减少许多无谓的争端。

不过，"专家影子代表"也会伴生一种副产品，那就是专家这个群体享有超乎寻常的特殊权力与地位。比如，这次疫情中，英国和日本等国家采取了一种"倒算"的疫情防控机制。正常情况下，我们对疫情防控的理解是：尽可能地检验，有病就收治，治愈为止。"倒算"的逻辑则是，不追求确诊和收治每一个患者，而是从重症

患者的收治能力（病床、呼吸机和医护人员）开始倒算，计算出这
个医疗系统能承受的人员极限，由此来反推一开始的检测标准。如
果医护资源本身的承载力是有限的，那么就拼着抬高检验标准，让
很多感染了轻症的人不进病房，也不能让医生和护士先倒下。这就
是日本厚生劳动省和英国 NHS 一直保持比较高检测标准的原因。
当然，这种政策也不排斥封闭边境、封锁道路、冻结社会活动或动
员医疗资源的手段。但是，它的内核是"倒算"，这种做法，乍听
起来比较残忍，却是技术社会一种必须为之的管理手段。这就好像
消防员接受的第一堂培训课：消防员的第一任务不是扑灭火灾，而
是保护好自己。只要你活着，火总会扑灭。同样的道理，只要医护
人员健康，疫情总会过去。

＊ ＊ ＊

　　福柯曾在 1976 年 3 月 17 日于法兰西科学院的一次演讲中，提
出过一个概念，叫"生物政治"（biopolitics）。[13] 福柯说，在生物政
治的时代，统治者不再像是过去的君王或大革命后的共和国，它并
不关心改变某个特殊的现象，或者惩罚某个具体的人，而是关注作
为统计数字的"人口"：调节寿命、出生率、死亡率等一系列指标，
优化生活状态。在"生物政治"思路的指引下，人命必须是要经过
准确和细致衡量的，必要时该付的代价是必须的，只是我们要尽可
能通过计算，让代价最小化。

　　在技术型社会中，人人平等，但技术专家却比其他人更"平等"，
这是进入技术社会必然发生的事。我之所以认为"专家影子政府"
比"专家治国"有更充分的合理性，一部分原因也正在于此。专家
加入国家，并无法从根本上改变国家垄断暴力的本质，甚至有滑入
"技术极权主义"的危险，毕竟民主和宪制对技术极权的控制力度

是非常有限的，简单、幼稚的自由主义很容易滑向反智主义，最终损害的是自由主义的公信力本身。

但是，"专家影子政府"则是让专家团体在"国家之外"提供公共物品，这种相互分权又相互配合的机制，本身也是一种制衡手段。无论如何，技术型社会一定会赋予专家更大的权力，这是一种无法阻挡的历史潮流，与之对抗是徒劳和没有意义的。就像政府是人类社会演进到一定阶段后的一种必要的恶，所以人类发明了立宪和民主来控制政府；"专家权力"也是人类社会进入技术型社会阶段后所产生的一种无法避免的必要的恶，我们唯一能做的，就是发明相应的机制来控制专家权力。为此，我们必须像霍布斯、洛克和卢梭一样探讨技术时代的社会契约，像启蒙时代的哲学家劝诫国王一样劝诫专家，像美国制宪会议所做的一样讨论我们该以何种方式控制谷歌、亚马逊或苹果的权力。倘若不这样做，我们就无法排除人类历史上最大也是最坏的政治危机：以进步为名，迎来完全不受控的技术极权时代。

注释

1　参见 Crutzen, P.J. & Stoermer, E.F. (2000), *The Anthropocene*, *Global Change Newsletter*, 41: 17–18.

2　参见 http://www.theguardian.com/environment/2016/aug/29/declare-anthropocene-epoch-experts-urge-geological-congress-human-impact-earth.

3　参见杰里米·布朗《致命流感：百年治疗史》，王晨瑜译，社会科学文献出版社，2020 年。

4　参见约翰·巴里《大流感——最致命瘟疫的史诗》，钟扬等译，上海科技教育出版社，2008 年，第 462—463 页。

5　本节西班牙流感的事实描述，主要参见约翰·巴里《大流感——最致命瘟疫的史诗》。

6　参见约翰·巴里《大流感——最致命瘟疫的史诗》，第 445—449 页。

7　同前。

8　参见罗伯特·斯基德尔斯基《凯恩斯传》，相蓝欣等译，三联书店，2006 年。

9　参见吴有性《瘟疫论》，"原病""《伤寒论》正例""行邪、伏邪之别""杂气论"等篇，
　　人民卫生出版社，2007 年。

10　参见 Feinstein AR,*Clinical Epidemiology: The Architecture of Clinical Research*, 1985.

11　1930—1960 年，在苏联科技史上发生的"李森科事件"实质上是科学与政治斗争、
　　政治权威取代科学权威裁决科学论争的可悲事件，历经斯大林和赫鲁晓夫两个时代，
　　将苏联的分子生物学和遗传学引向了长期停滞的末路。其始作俑者李森科虽学识浅薄、
　　无甚建树，却荣居苏联科学院、列宁全苏科学院和乌克兰科学院的三科院士，以"红
　　衣主教"、首席科学家的淫威独霸苏联科学界三四十年。

12　https://www.rki.de/DE/Content/InfAZ/N/Neuartiges_Coronavirus/Situationsberichte/
　　2020-04-23-en.pdf?__blob=publicationFile.

13　参见米歇尔·福柯：《必须保卫社会》，"生命政治的诞生"，钱翰译，上海人民出版社，
　　2010 年。笔者认为，biopolitics 译作"生物政治"更为妥当。

结语　从"铁笼状态"到"汇流模型"

韦伯的"铁笼状态"

所有人都同意，我们今天已经进入一个技术型社会，默认技术可以改变世界，默认技术有强大的力量，可以带来更好的未来。但是，我们真的学会如何与技术共存了吗？

想想看吧，作为一个普通人，我们日常与技术互动的方式是什么？如果不是行业从业人员的话，我们会在媒体和网络上读到关于某个新技术的报道，会购买智能手机、AI 音箱和 VR 眼镜这类新技术产品，甚至还可能在新技术创造的新岗位上工作，比如新媒体运营。只是，在这个过程中，我们真的在与"技术"打交道吗？

当我们使用手机时，我们不会也没有必要去思考这里面的 GPU、传感器和触摸屏技术到底是怎样交互的，又是怎样融合到一起的；刷头条和抖音时，也并不关心它背后的分发算法究竟是怎么发展的。我们知道的是，如果手机出了问题，就把它扔给售后。我们大多数人的思维模式是：产品背后的东西与我无关，那是工程师和专家的事。

这也是工业革命以来，人类社会受大规模产业分工影响后产生的自然心态。我们只关心新技术造就的产品是不是满足了我们的需求，除此之外的事情，丢给专家。人类社会不断向前，技术不断发展，由此分化的领域越来越多，需要丢给专家的事情越来越多，专家的类型也越来越多。

马克斯·韦伯把这种状态描述为现代社会中的"铁笼"。在《新教伦理与资本主义精神》的末尾，他这样描写：

> 现代经济秩序现在正在接受机器生产的技术和经济条件的深刻制约。这些条件正在以一种不可抗拒的强大力量决定着每一个降生于这一机制之中的个人的生活，甚至也决定着那些并未直接参与经济获利的个人的生活。这种决定性作用也许会一直持续到人类烧光最后一吨煤的那一刻。巴克斯特认为，对圣徒来说，身外之物只应该是"披在肩上的一件随时可以丢掉的轻飘飘的斗篷"。然而命运却注定这斗篷将变成一只钢铁的牢笼。
>
> ……
>
> 没人知道将来谁会在这样一个铁笼里生活；没人知道在这惊人发展的终点会不会再次出现全新的先知；没人知道会不会有一个旧有观念或理想的伟大复兴；如果不会，那么又会不会在某种骤然产生的妄自尊大的情绪的掩饰下，形成一种机械式的麻木与僵化呢，这同样没人知道。因为我们完全可以，而且是颇具哲理地，以这样一种方式来评说资本主义文化发展的最后阶段："专家没有灵魂，纵欲者没有心肝；这个无用的东西幻想着它已经达到了前所未有的文明高峰。"

马克斯·韦伯的"铁笼"比喻，在当下这个全人类无比快速迈入"技术型社会"的年代，完完全全地被映照出来了。每一条供应链里无数的专家所设计研发的产品，渗透到生活的方方面面。我们自以为懂得自己的生活，并按照自己对生活的理解，让新技术和新产品为我们的生活服务，但技术却早已一步步地彻底改变了我们的生活模式。

在电视和大众媒体开始普及的时代，文艺批评家君特·安德斯（Gunther Anders）就曾指出过一个人类学现象：电视诞生后，家庭内部的交流方式——无论是夫妻还是父母与子女之间——就发生了根本变化。在电视未诞生的年代，晚饭过后，一家人常常围着餐桌，就着茶饮，丈夫读报，妻子缝织，偶尔对话，讨论时事新闻或家长里短；而在电视诞生之后，"对话"变成了"宣讲"，屏幕是演讲者，我们和家人是聆听者，即便偶尔对话，也是围绕电视内容发生的。

智能手机诞生后，我们的交流模式又发生了巨大变化。现在我们不再面对统一的屏幕，而是每个人都有一块屏幕。人类家庭内部的交流方式已彻底被技术激烈地改变了：婚姻交流模式、离婚率、性别关系……

除了家庭，人类社会还有更多重大领域也因受到技术的影响，发生了令人瞠目结舌的变化。2019 年 1 月，网飞（Netflix）出品了一部纪录片，揭示剑桥数据公司曾经在 2016 年运用社交媒体和用户隐私数据，为支持英国脱欧的团体提供服务。这个公司分析人们想要脱欧或留欧的原因，制作专门的倾向性广告，只投放给他们锁定的"摇摆人群"，暗示欧盟是造成生活不顺和社会问题的根本原因。最终，英国公投脱欧，消息震惊世界。

听到新闻时，你也许会震惊：哦！小小的隐私数据居然有可能改变世界的走向，这真是个严重的问题！但接下来呢？你不会觉得你能做什么，你甚至会觉得，有那么多专业人士都注意到了这个问题，那么它一定会得到解决。这条新闻在你的脑海里只是一闪而过，不再引发你的注意。但你知道后来发生了什么吗？

为解决互联网公司对用户隐私数据的利用问题，2016 年，欧盟通过了《通用数据保护条例》（General Data Protection Regulation，

GDPR），并于 2018 年开始强制执行。这部法律要求，任何在欧洲做生意的企业，都必须用假名或完全匿名存储个人数据，并默认使用尽可能最高的隐私设置。从全球范围来看，这几乎是最严格的法律。

也许，这次我们的个人隐私能够得到保护了？2018 年底，三位经济学家对 GDPR 的短期经济影响做了一次测算，结果是，GDPR 实施以后，欧盟境内企业的融资金额下降约 26.5%，融资笔数下降约 17.6%，如果折算成岗位数量，意味着减少了 5000—30,000 个工作岗位。欧盟的互联网企业页面浏览率平均下降了 7.5%，转化率下降了 12.5%。由于流量减少，更多企业把网站部署到谷歌上，进一步加剧了行业份额的集中。

一句话，这个法案的后果是让欧盟内的小规模互联网企业增长受到打击，让它们在欧盟外的对手——像谷歌、苹果和亚马逊这样的巨头——获得了更大优势。只是，如果欧洲企业在互联网行业进一步丧失话语权，这会更有利于当地用户隐私数据保护吗？答案很明显是否定的。

在一个技术型社会里，"把问题甩给专家"未必有效。这是因为：第一，专家跟我们一样，也生活在一个个铁笼子里。那些德高望重、受人尊重的教授，未必听得懂网络技术人才在讲些什么。第二，专家组成的"影子政府"，即便比真正的政府更高效，更懂技术，但绝不可能是完全无私奉献、不追求个人或小集团利益的群体，完全有可能只从自身小集团利益出发，而不顾及大众利益。

不了解技术的人，其权利必然会受限，利益也将被剥夺。如果民众还是习惯于把一切都交给专家，习惯于当个人权利和利益的巨婴，那么技术专制就一定是必然结果。黑格尔早就在《精神现象学》里说过，主人让奴隶去掌握工具，生产财富供主人享受，最终结果一定是奴隶凭借工具变主人，而主人却反倒变奴隶。这个道理，对于今天所有宣称人民是主人的国家也同样奏效：如果你希望任何一个集团，不管是政府、资本，还是专家群体，要永远都能为自己屁股上的屎负责，那么它一定会想方设法获取解你裤腰带的权力。

5% 的人

如何不做技术的奴隶？答案是，清楚地了解技术能做什么和不能做什么。

首先，我们要学会一种思维方式：任何领域，随着技术的发展，一定会有 90% 的工作流程被技术取代。为叙述方便，这里的 90% 是约数，也是一个假设，不是实际量化水平。

在照相机刚发明的年代，人们需要通过显影液来冲洗底片。早期摄像师冲洗胶片需要几个小时，即便经历了 20 世纪的技术进步，如今冲洗胶片也要一个小时左右，若对照片效果要求更高，冲洗时间也要延长。但是，用数码相机打印照片，只需不到一分钟。如果我们把从拍摄到照片产出看作一条生产照片的"流水线"，那么，这个流水线从诞生之日起到现在，90% 的工作已经被技术进步所取代。同时被取代的还有工作岗位。过去的摄像师拍摄和冲洗需要很多助手，今天，这些助手的工作岗位早已消失。当然，过去的年代修改照片很麻烦，现在我们有 PS 软件，所以诞生了很多修图师职业。不过，最近已经有人工智能修图软件开始上线使用，预计在不久的未来，修图师也将失业。

通信也是如此。早期电话系统需要先拨到总机，通过接线员转接后才可以通话。后来，程控交换机普及了，这个职业也随之消失。与之类似的，还有电报收发员、打字员……

仔细观察一下这些消失的职业，我们会发现，他们实质上都只做一件事情：技术的辅助者。接线员是因为特定的电话技术存在的；电报收发员是因为特定的电报技术存在的；底片冲洗工是因为特定的照片冲洗技术存在的。这些工作流程，就是属于那 90% 能被技术取代的流程。

那么，剩下的 10% 是什么呢？是与人相关的工作。——要么连接技术与人，要么连接人与人。

我们不妨再粗略地假设，这两种工作的比例是一半对一半：5% 的人负责前者，5% 的人负责后者。在这个时代，后 5% 的人几乎只能靠运气才能取得成功。当然，我们不否认天才的存在。任何一个时代、任何一个领域都有可能出现天才推销家，不管他推销的是产品、技术、观念还是政策，他只靠自己的魅力，就能说服别人跟随他，这样的天才永远都会有。但整体而言，在这个信息过分泛滥、机会过分稀缺、阶层过分固化的年代，嘴皮子功夫能博得的信任整体上是下降的。社会越是发展，这 5% 的工作越是看运气。

我们能讨论的内容，就只剩下前 5%——连接技术与人。这意味着什么？意味着做技术公司的销售吗？意味着做产品经理吗？意味着做医药代表吗？

不。这 5% 的工作，意味着"跨域"。

你并不是要把一项技术卖给什么人，而是要发现，某项技术能够为什么领域带来价值。要实现这一点，既要真正了解这项技术能够实现什么，它的优缺点和发展进程大致是怎样的，又要了解它所施展的领域，它真正的需求在哪里，市场规模是怎样的，能够取得多大的替代效应。

在技术飞速更替的年代，眼光只局限在本身的专业领域是件很危险的事情。2018 年，康师傅第三季度财报显示，与去年相比营收同比下降 4.19%，引发股价大跌 17.74%。这个数字的背后是 2013 年到 2016 年中国方便面市场年销量从 462 亿包跌到 385 亿包，而让出来的市场份额，则被外卖占据了。实际上，康师傅在方便面领域的竞争优势一直在加强，然而，移动互联网让它遇到了以前做梦也想不到的对手。

在未来的竞争中获胜的人一定属于那 5%，让世界变得更好的人也一定属于那 5%。无论是在技术竞争中取得优势，还是在社会管理方面战胜疫情，都需要这样的"跨域"能力。

但是，"跨域"能力的核心又是什么？——是认识技术与社会之间互动关系的能力。

打破铁笼

《三体》里有这样一个关于物理学定律的"农场主假说"：一个农场里有一群火鸡，农场主每天中午十一点来给它们喂食，而火鸡中的一名科学家一直在观察这个现象，在观察了近一年都没有例外后，它认为自己发现了火鸡宇宙中的一条伟大定律："每天上午十一点，就有食物降临。"于是，在感恩节的早晨，它向火鸡们公布了这条定律。结果是，这天上午的十一点，食物并没有降临，反而是农场主把它们都捉去杀了。

这个假说其实最早来自罗素，是个纯粹的哲学假说，跟物理学没有太大关系，但用它来描述"铁笼"中的人的思维方式，却是很恰当的。"铁笼"中的专业人士认为，持久不变的"宇宙定律"往往来源于专业领域的固定思维。然而，纵观人类知识史，没有哪个专业领域不曾发生过知识系统的变迁。

我曾结识一位来自全球知名外企的高管，后来跳槽到数一数二的互联网公司。他私下里向我吐槽，刚进公司时，他完全看不起互联网公司自由散漫的行事风格和管理方式，觉得这帮毛头小子根本就是没有规矩，也不懂得怎么制定计划。但事实却是，这家互联网公司的业务至今仍在快速增长，远远超过了他当年所在的外企。

另一位朋友则是经济学博士，去年到某地方政府部门挂职，用他的原话说，他工作后的最大感受是"丈量了知与行之间的鸿沟"。他意识到，按照数字和图表制订的规划与政策，在实际执行过程中，会遇到数不尽的意料外障碍，而解决方式也是数字和图表无法概括的。当然，他依然对自己的"理性人"模型信心满满，只是认为，"要加入人性这个可以量化的变量"。

无论如何，他们两人都打破了原先所处的"铁笼"，这是好事。比起别的事物，人类更容易成为观念的俘虏。就像辜鸿铭先生曾经在北大课堂上说的那样，剪掉头上的辫子简单，剪掉心中的辫子困难。如何才能真正打破观念的"铁笼"？

我的建议是，如果你是技术型人才，不妨借鉴一下社会科学的视角；如果你更擅长人文社科领域，不妨试着关心一下技术上的"硬变量"。

比如，一位从事金融业的朋友前段时间发来美联储前主席耶伦的访谈，并且标红了其中关于零利率和负利率的一段。在他看来，整个金融领域的规则就是建立在正利率基础上的。欧洲实施负利率，已经让他大跌眼镜。如果美国也跟进（虽然耶伦并未主张这么做），岂不是等于全球都要进入负利率时代？如此一来，诞生了数百年的现代金融岂不是要彻底洗盘？美联储这么做，岂不是自行降低美元信用？国际关系界的民科们天天讲美国如何利用美元割全球韭菜，那他们这么做是要干什么？

我想了想，回复他说，你需要从金融和经济学的专业视域中跳出来，看看人类社会技术层面的"硬变量"。欧洲负利率的实施有一个基本的背景条件，社会的老龄化已经让一个国家和社会进入人口负增长年代。日本已经进入，而欧洲则是靠着移民才能勉强维持，但移民本身又带来了诸多问题。利率的本质是什么？是时间的贴现，是"未来"的价值。如果一个国家预计自己未来创造财富的人口数量将减少，那么正利率当然无法继续维系。耶伦这样讲，是她看到了移民收紧、大的人口趋势对美国宏观经济的整体影响，与阴谋论没有什么关系。实际上，中国、韩国、越南……很多国家的人口增长率都在加速下滑，这是个值得全人类审慎对待的问题。跟这个问题相比，几百年的现代金融史，又算得了什么呢？

社会科学领域从业者应该学习一下技术人的思考路径，反过来，技术人也要看一看社会在想什么。2012 年，谷歌发明了大名鼎鼎的谷歌眼镜，它可以通过声音和触摸控制，拍摄影片，浏览新闻，提供交通和地图服务。这款让人惊呼进入科幻大片时代的产品在 2014 年上市，2015 年即停产。它不受欢迎的原因有很多：有人担心它会侵犯隐私，有人觉得在公共场合对眼镜说话给人的感觉很奇怪，有人觉得眼镜上的显示屏幕会分散注意力，更多人则单纯地想要问一个问题：用 1500 美元买一个功能基本都可以通过智能手机实现的高科技玩具，到底图什么呢？

从消费者的需求来说，眼镜与手机的最大区别，在于解放双手。但是，在消费电子产品领域，"解放双手"真的是一个那么有价值的需求吗？市场告诉谷歌眼镜，答案并非如此。其实，在人类历史上，像谷歌眼镜这样有高科技感，却因需求不足而失败的发明比比皆是。技术人才追求科技进步的动力是可以理解的，但从根本而言，技术的发展终究是为了满足人的需要，满足不了的，自然会被淘汰。

有段时间，中国网民非常热衷于讨论理科思维和文科思维谁更重要的问题。理科生叫文科生"文傻"，文科生叫理科生"理呆"。其实，这都是陈芝麻烂谷子的老梗。80 年代传遍大江南北的口号是"学好数理化，走遍天下都不怕"，然而 90 年代市场改革深化，口号就变成了"造导弹的不如卖茶叶蛋的"。"文傻"和"理呆"有什么好争论的呢，双方都可能"被失业"，只是经济周期决定了哪一方的失业率大于另一方而已。在自身的领域学得再扎实，也不过是增强了那 90% 可以被机器替代的技能而已。真正关键的，是具备那 5% 的能力。

技术领域和社会规则，实际上互相决定了彼此"铁笼"栏杆的构成成分。谁要想在更宏观的层面上理解究竟是什么约束住了自己的思维框架，谁就该去学习一个与自己熟悉的思维框架完全不同的专业领域。当然，这里的"学习"并不意味着成为另一个领域的专家，而是学会另一个领域的思考方式。

技术型社会的"汇流模型"

任何人在试图打破自身专业领域边界、拓展知识视野的过程中，都不免会遇到一个更根本的问题：专业与专业之间的融合关系到底是怎样的？对本书的主题而言，则是：技术与社会之间的融合关系又是怎样的？

绝大部分中国人接受的是唯物主义的思维框架：物质决定意识，生产关系决定上层建筑。毫无疑问，技术更接近于生产关系的领域，社会更接近于上层建筑的领域。但问题是，"决定"又是什么意思呢？

人类历史从游猎社会进步到农业社会，农业社会继而进步到工业社会，再之后又是信息社会。技术进步了，社会制度当然也会随之发生变化。然而这些变化都是以数百年为单位的，具体到一个人一生的时间长度，这种"决定"关系就未必那么明显，更不用说短短几年的长度了。比如数字货币从诞生到现在，影响它市场前景的最大变量不就是"政策监管"因素吗？技术又怎么可能永远都在"决定"社会走向呢？

况且，技术和社会制度本身又都是十分复杂、分化、多元的领域。人类的社会制度类型之多、变化之繁，也不是一两种意识形态流派就可以概括的。像特朗普这种政治人物，在德国或法国的选举体系里，是绝对当选不了最高政治领袖的。究竟是什么因素让不同的社会选择了不同的制度呢？倒回那个做出选择的时间点，我们会发现，那些具体的影响因素也不一定都是因为具体的技术触发的。如果没有《王位继承法》引来一个不会说英语的国王，英国的"虚君共和"未必会产生；如果华盛顿想成为国王，立宪会议也未必能约束住他。

那我们该怎样去理解技术与社会之间的互动关系呢？我主张的，是采取一种"汇流"的思维模型。想象两条巨大的河流，它们各自都由不同的支流汇集而成，其中一条是"科技"，另一条是"社会"；两条河流的支流也各有其名字，例如，"科技"中可能有"基础科学"和"应用技术"等主要支流，其下还有"物理""生物""机械""制药"等支流，而"社会"之下也有各自支流，例如"政治""法律""哲学""宗教"等。

两条大河，以及各自的支流，都有各自的轨道，也就是河床。但是，也不能排除这样的现象：有些时候，两条河流的部分支流之间，河床变宽了，堤坝变窄了，最终很轻易地发生交汇。这时，谁要是把握住了这个合流的趋势，扬帆起航，就会收到事半功倍的效果。反过来，如果两条河渐行渐远，却要强行挖一条运河把它们连起来，则很可能会浪费时间和金钱，徒劳无功。

这其实是提高了判断社会大趋势的难度。在过去，一个领域的专家只需要判断清楚自己所在河流的"河床"就够了。现在，他还要时时注意另一条河流的走向。这是没有办法的事：技术型社会的飞速发展，本来就把这个判断的难度和门槛抬高了，我们只能适应新时代，而不是故步自封。

在现实社会中，两条大河是交织漫错的，河水彼此冲刷、覆盖，以至于很难判断清楚底下的河床走向。就拿这次疫情来说，疫情暴发之初，大量声音批判说这是中国的体制问题；而疫情扩散到世界之后，大量声音又说西方国家抗疫不力体现了中国的体制优势。乍看起来，一方说是体制问题的，另一方将之归为体制优势，好像双方讨论的"体制"不是同一个体制。但如果我们看清楚底层的河床走向，就会有很明确的结论：中国的优势在于我们之前说的"产业合法性"，而西方（主要是美国）的劣势在于反智主义。体制的高度集中和问责制的缺失，确实会造成早期错过疫情防控黄金期的后果，这不是优势，而是劣势。如果想不清楚这一点，我们就没办法展开任何有意义的讨论，也没有办法在正确认知的基础上解决问题。

判断清楚河床走向是基础。在这个之上的，是进一步准确判断两条河流相互交汇的点和相互影响的具体形式。可以举一个很小的例子。近些年移动互联网飞速发展，对影视内容行业产生了重大影响。但是，中美两国的版权保护力度和创作审查机制是有很大区别的，这会导致移动互联网技术对两国内容创作行业的具体影响有很大不同。在美国，用户消费能力强，有更多意愿为内容服务，因此互联网发展更多是刺激了像网飞这样的在线视频与流服务原创内容平台的快速成长。网飞其实是靠邮寄 DVD 服务起家的，后来抓住了在线视频流服务这一爆发点，推出大量原创剧集，目前已经成长为《财富》未来公司 50 强排行第八的流量巨头，成为 HBO、迪士尼和 YouTube 的强力对手。而在中国，由于版权保护力度、创作审查机制等问题，长视频原创作者很难得到正面激励，反倒是短视频创作者迎来了绝佳的流量机遇。因此，像抖音这样的短视频平台异军突起，成为全球短视频类赛道当之无愧的领跑者。这种局面，就是中美两国"社会"河床的不同，反过来影响了"技术"的河流走向。

"汇流"的思维方式可以在商业领域解决小问题,也可以在更宏观的政治社会领域解决大问题。拿中国历史来说,量化历史学有个很经典的研究。过去,中国历史上一直有所谓的"治乱循环"规律,王朝兴衰更替,是中国两千多年帝制历史上不能违背的循环规律。但是,从1973年竺可桢先生利用中国历史文献建立过去五千年中国东部地区的温度变化曲线开始,古气候学者在数十年间利用史料及树轮、冰芯、石笋、孢粉、珊瑚及岩石沉积等自然证据不断精确地修正中国古代气候变化数据,而量化历史学者则开始用数学模型建立气温与朝代更替之间的关系。结果,从1992年到现在,一系列量化历史研究发现,气候变化与历史上游牧民族的迁徙、战争的频率和王朝内经济危机的到来都有着高度关系。到今天,量化历史学家大致同意,中国王朝兴衰的基本特征是"冷抑暖扬":气候寒冷,则粮食歉收;粮食歉收,则国家财政下降;国家财政下降,则无力平定小规模的叛乱或入侵,从而令"疥癣之疾"变成心头大患,甚至导致王朝的崩溃。

原来,历史兴衰不仅仅是一种"人亡政息"的道德规律,而是与更基础的物质资源供给能力联系在一起。那么,如果物质资源的供给能力发生巨大变化,"治乱循环"的历史周期律是否也不会再如之前那样发挥作用?

这就跟宏观经济决策有极大关系了。建国初期,由于刚从旧社会时代走过来,党和政府高度重视粮食问题。然而当时绝大多数中国人对粮食问题的认知,还建立在以"兴修水利"为手段,实现"旱涝保收"的层面。我的老师曾描述过20世纪60年代"农业学大寨"时的社会氛围。大寨的主要经验,就是发动集体力量,通过开山凿坡、修建梯田、建设水利来保障亩产。在中央号召全国人民学大寨之后,全国都掀起了兴修水利的高潮。当时还有另外一系列今天已被人们遗忘的口号:上纲要、跨黄河、过长江。"上纲要"指的是

1957年制定的《全国农业发展纲要》，纲要规定，黄河以北地区亩产要从150斤增加到400斤，黄河以南淮河以北地区要从208斤增加到500斤，淮河以南地区要从400斤增加到800斤。所以，过了500斤叫"跨黄河"，过了800斤叫"过长江"。在那时，这并不是一件能够轻易达成的任务。到了70年代，日本专家援华时，讲解国际先进农业生产经验，基本是以科学的氮肥使用为基础的。这在当时国人听来，可谓天方夜谭。然而经过实验后，氮肥轻松证明了自己"跨黄河、过长江"的能力。这个实验极大震撼了当时中国人的认知。正因如此，1973年国家计委才向国务院提交了"43方案"，即利用西方经济危机，引进43亿美元的成套化工设备。当时，毛泽东和周恩来都批准了这个报告。到1977年，中国一共与西方国家谈成了222个中国工业发展最迫切的项目，其中有13个是化肥项目，总计能生产390万吨合成氮和636万吨尿素。也正是因为有这样的基础，中国才可能在改革开放时代，支持大量农民到沿海城市打工，同时保障粮食生产不出现大的问题。

技术进步就是这样影响了历史进程。

低河床在哪里？

当技术和社会两条大河交汇之时，迸发出来的力量是可怕的。谁抓住机会，谁就会成为时代的弄潮儿。但这两条河流交汇的状态，其实往往超出我们固有思维框架的边界。

在"蒸汽机"一章中讲到过，新技术往往在人均收入更高的地方付诸实践。但是，历史也往往有出乎意料之处，两条大河的交汇未必如此。这里有一个离我们很近的例子：非洲有一个基于手机的移动支付平台，比我们熟悉的支付宝开展手机支付业务还要早，是

2007 年由英国电信公司沃达丰（Vodafone）于肯尼亚设立的 M-Pesa。在当地语言中，Pesa 是货币的意思，M-Pesa 代表移动货币。到 2018 年，M-Pesa 的交易额达 230 亿美元，占肯尼亚 GDP 的 38%，用户量 2300 万，覆盖了肯尼亚 86% 的成年人口。

为什么肯尼亚的移动支付发展得如此之快？这恰恰是由于肯尼亚基础设施的不足与金融体系的落后。在肯尼亚，有 65% 的人口生活在农村，月收入在 120 美元以下。因生计所迫，这些人必须到城市或者其他国家打工，从而他们面临的一个核心问题就是：如何把打工所得的钱汇回老家。其实，直到 21 世纪初，中国人也长期被这个问题困扰。2004 年上映了一部电影《天下无贼》，主线剧情就是一位在外打工的孤儿怀揣六万现金回家过年遇到盗窃集团的故事。这个故事在今天的中国已经完全讲不通了，但在当时却是人人可以理解的一个社会问题。而肯尼亚在两个方面，条件还要恶劣得多：其一是肯尼亚治安形势差得多，没人愿意带大量现金返乡；其二是肯尼亚的银行网点建设极度落后，大部分老百姓所居住的村落是没有银行网点和自动取款机的，这使得银行转账的意义也不是很大。而手机的出现，给解决肯尼亚的这两个问题带来了重大机遇。对发展中国家来说，手机的渗透率远高于个人电脑，原因是个人电脑需要居住空间达到一定要求才能配置，手机却没有这些要求。因此，沃达丰很早就在肯尼亚规划利用手机建立一套线上支付系统。

为了满足广大肯尼亚农民工的需求，M-Pesa 为此做了大量的"下沉"工作。首先，在 2007 年，肯尼亚几乎没人使用智能手机，其实到今天，那里更加流行的也是功能机。所以，M-Pesa 不可能用 APP 来实现移动支付，它基本是依靠短信系统来做到这点的。其次，就像前面说的，肯尼亚对移动支付需求最大的是农村居民，这就需要大量网点配合做地面推广。M-Pesa 找到的代理商是村庄里的超市和加油站，民众可以在这些地方使用手机支付，也可以存取现金。最后，除了支付，M-Pesa 还做了许多匹配用户需求的服务，比如转账。在肯尼亚，跨行转账的手续费是相当高的，但是 M-Pesa 干脆用手机话费系统做了一个类似于银行的服务，从而解决了这个问题。

移动支付在非洲走对了路径，确确实实解决了底层民众的需求，也因此得到了丰厚的回报。到 2018 年，非洲已经拥有 87 个移动支付运营商，其中 13 个移动支付运营商的实力甚至大于当地银行。

在中国、非洲和东南亚等信用卡并不那么普及的国家，移动支付反而因为缺乏既得利益集团的限制，发展得更快更广泛。

所以，技术与社会的交汇并不一定是线性关系，它更接近于一种耦合关系，而耦合状态与特定条件下两河靠近处的"河床"有多低，关系更密切。所谓"河床"有多低，指的是社会具备怎样的条件让技术能够得到广泛应用，或技术通过怎样的进步可以在某个社会解决广泛存在的问题。

拿一个离我们最近的、带来巨大改变的技术进步来举例——智能手机。智能手机于 21 世纪初出现，是因为三种技术都在那个年代进步到了足够成熟的阶段：GPU、传感器和电容屏。GPU 令手机中央处理器的性能空前加强，从而能够承载复杂运算；传感器令手机可以定位，解锁更多服务；电容屏令触摸交互成为可能。然后，再由乔布斯这个天才将三者组合在一起，才有了我们这个时代的智能手机。这就是技术这一边的"低河床"。

另外的一面是，在中国和其他很多发展中国家，智能手机的渗透率比个人 PC 要高得多，这是因为，个人 PC 的联网要求比智能手机要高得多。中国 2019 年的全国居民人均可支配收入只有 30733 元，拿着这个工资的，大部分是进入工厂的工人，他们住着集体宿舍或出租屋，给自己配置台式机或者笔记本是很奢侈的选择，远没有配置手机实用。最后造成的结果是，发展中国家基于移动终端的在线服务，比基于 PC 端的在线服务要发达得多。中国是第一个通过这种方式曲线超车进入互联网时代的发展中国家，非洲和东南亚正紧随其后。

本书所讲的故事，其实大多都是为了帮助我们寻找"低河床"而选择的。当然，由于"技术"与"社会"这两条大河的支流实在过于繁多，其中互动关系也过于复杂，我不可能穷尽所有可能，也不追求建立一个囊括一切的体系。我只是从容易被传统视角忽视的角度，提示"汇流"可能在哪些地方发生，或者在哪些地方失败，我希望，所有这些故事，对我们在训练自己的思维方式和观察视角上有所帮助。

汇流模型中的个人

我来教你们超人。人是应该被超越的东西。你们做了什么来超越他呢？

一切生物至今都创造了超越自己的东西：你们要做这大潮中的落潮，宁可回到动物那里去，也不愿意超越人类？

对人类来说，猿猴是什么？一个笑柄或是一个痛苦的耻辱。对超人来说，人也一样：一个笑柄或是一个痛苦的耻辱。

你们完成了由虫到人的过程，你们身上许多东西仍然是虫。你们曾经是猿猴，现在人比任何一只猿猴更是猿猴。

但是你们当中的最聪明者，也不过是植物与幽灵的矛盾体与共同体。但是我吩咐你们变成幽灵还是植物？

瞧，我教你们超人！

超人是大地的意义。让你们的意志说：超人应是大地的意义！

……

人是一根绳索，系在动物与超人之间，——一根悬于深渊之上的绳索。

一个危险的前瞻，一个危险的中途，一个危险的后顾，一个危险的战栗和停留。

人的伟大之处在于，他是一座桥梁而非目的；人的可爱之处在于，他是一个过渡，也是一个沉沦。

……

"什么是爱？什么是创造？什么是渴望？什么是星星？"——末人发问，眼睛一眨一眨。

那时候大地变小了，末人在它上面跳跃，他把一切都变小了。他的族类像跳蚤一样消灭不尽；末人活得最长久。

"我们发明了幸福"——末人说，并眨巴着眼睛。

（尼采：《查拉图斯特拉如是说》）

1882 年到 1883 年间，弗里德里希·尼采向俄罗斯女作家露·莎乐美求婚，遭到拒绝。在失恋的痛苦下，尼采长期患有的慢性疾病暴发，他与母亲和妹妹的关系也几近破裂，更数度萌生自杀的念头。后来，他躲到意大利的利古里亚，写下了《查拉图斯特拉如是说》的开头，其中包含两个片段，一个有关超人，一个有关末人。这一年距他最终发疯还有不到七年时间。

一百四十年后，我们或许终于明白了尼采在疯癫前夕的写作到底有什么隐喻。人类已经创造出在围棋上完败人类的人工智能，那么，人工智能是超人吗？氮肥、基因编辑和生物病毒这类技术，已使我们中的某些个体掌握了影响数十亿人命运的能力，这样的人如果不是超人，还有谁是超人？还有那些沉溺于消费主义产品、虚拟娱乐和社交网络的人，对虚拟世界的狭小和偏隘一无所知，并且认为自己处在幸福之中，这样的人如果不是末人，还有谁是末人？

如果"上帝"这个词指的是那种令万事万物按照自然规律运转起来，世代轮回、生生不息的伟大力量，那种代表人类出于自身渺小和无知而生出的敬畏之心和自我约束力量，那么，的确如尼采所说，上帝已经死了——在伟大的技术面前，死了。

帕斯卡尔曾经这样颂扬人的伟大："人只不过是一根苇草，是自然界最脆弱的东西；但他是一根能思想的苇草。"在上帝还"活着"的时候，这棵会思考的芦苇会不自觉地以为自己是活在一个有秩序的宇宙空间中的，四季交替会给它适宜生长的气候，河畔的腐泥会给它充足的养料，风会协助它播种，它只要按照自然界赋予它的天性恣意生长就可以了，物种和宇宙的问题无须它来考虑。然而，当这棵芦苇能够改变季节、控制供给自身养料、自行决定何时播种的时候，它才会惊觉，自己以一棵孱弱草本之质，竟然能担当得起造物主之责？这才是最可怕的事情——当它自己就是自己行事的尺度时，它到底又该按照什么样的尺度行事呢？

铁笼子里的专家是不可能明白自身行事的尺度的。比如，人工智能领域的专业学者可以通过采取大数据算法来判断，什么样的人的面相更具备犯罪倾向；但是，如果他不具备相关的历史与社会学知识，他就不会清楚这种颅相学研究当年是如何为纳粹的种族主义辩护的。基因学领域的学者已经可以在孕妇身上直接实验针对胎儿的基因编辑；但是，如果他不具备相关的人文伦理素养，他就无法估量这种技术所产生的社会后果，并最终受到法律的制裁。

技术进步必然会把一部分人推上超人的位置，一点微小的改变，也会引发全球范围内的波动——此次疫情就恰恰说明了这种情况。在特定时刻，我们只能寄希望于，恰巧处在那个位置的人能够拥有做出决定的勇气与智慧。

"汇流"模型就是为这样的时刻准备的。它不是什么认知升级的法宝，而是人类能力增长所应伴随的责任。技术进步赋予我们前所未有的行事自由，而我们也应随之拓展自己的认知范围，并为承担责任做好准备。

我们过去的学习方式是建立在"铁笼模型"基础上的，学得越多，越会在某个领域成为专家。一个技术型社会总能找到足够多的专家，甚至人工智能算法就可以取代专家，但是，我们现在还缺乏足够多真正具备"汇流"视野的人才。这种人才应当对专业领域有一定的认知能力，否则他会误判"河床"的结构，但是，在此基础上，他还必须有了解邻近"河床"的能力，跨领域疏浚的能力，融会贯通的能力。

技术型社会越来越需要这类决策者。我们今天已经拥有为数十亿人提供粮食的能力，但也拥有毁灭数十亿人的生命，以及掌握数十亿人的数据、操控其生活与思想的能力。谷歌把"不作恶"（Don't be evil）当作座右铭，在我看来，这是因为它认识到自己一旦作恶，就有能力对人类造成不可挽回的伤害。如果大国政府、跨国企业和关键研究机构的决策者的眼界过于狭窄，只盯住一条河道不肯放松，则后果极有可能是很可悲的。即便不是这样的决策者，我们也可以自己的方式来让这个世界变得更好。

20 世纪 40 年代，芝加哥大学的一位研究生克莱尔·帕特森（Clair Cameron Patterson）从导师哈里森那里接到一个实验任务：测量锆石中的铅同位素丰度。如果这个实验获得成功，那么陨石中的铅同位素丰度也可以被测量；如果能找到一块跟地球同龄的陨石样本测量其铅同位素丰度，那么地球的年龄也可以被测量出来。

帕特森接受这个任务后，花了六年时间打扫实验室，以确保测量出来的数据是准确的。直到第七年，他终于在加州理工学院得以建立第一个超级洁净室，才具备了完成这个任务的条件。当他测量出地球年龄是 45 亿岁时，由于过分激动，心跳剧烈，还被送到医院进行抢救。但帕特森没有想到的是，这个研究给自己引来了天大的麻烦。在测量铅同位素的过程中，他不经意地发现深海中的含铅量较低，而浅水和水面上的含铅量则要高出 80 倍。为什么会出现这个差异呢？帕特森最后得出结论，因为汽油。

由于哈里森和帕特森的研究来自石油巨头的赞助，且加州理工学院董事会就有好几个巨头，所以帕特森的研究经费很快就被切断。但这位技术人员坚持认为：他必须说出事实。

被中断资金后的数年里，石油巨头买通媒体，渲染他是骗子，而帕特森则坚持不断地把自己的论文和成果投向杂志，寄给政客。1966 年，政府举行了关于铅的听证会，石油巨头们特地把时间选在帕特森去南极考察之际，然而在听证会的第五天，他依然出现在了现场。这场听证会虽改变了"他是骗子"的公众印象，但他在 1971 年依然被美国国家科学研究委员会拒绝参加大气层铅污染的座谈小组。直到 1973 年，美国国家环境保护局才宣布逐步降低美国含铅汽油的使用量，并在 1986 年全面停止使用含铅汽油。这不仅使美国人血液中的含铅量降低 75%，更让数百吨的毒气被禁止投放在我们日夜呼吸的空气中，令无数人的生命得以被间接地拯救。

1981 年，帕特森写下这样的诗句，述说自己后半生的心路历程：

> 最伟大的科学家，总是抛弃那舒适的生活，只为一丝照亮未来的光芒，去践行那看似不可能的道路。是什么使得他们前行？因为在科学的处女之地，能发掘到人生的美和意义，于是他们甘心被它奴役，守护着人类的命运。

科幻作家弗诺·文奇说过这么一句话："每个种族都会遇到这样的时刻：这个种族是备受奴役还是走向辉煌，只取决于该种族的某一个人。"用这句话形容克莱尔·帕特森的一生，似乎出奇地合适。

这本书讲述的是技术与文明的故事，克莱尔·帕特森的故事是最后一个，它似乎全然是一个关于技术的故事，但它也关乎真理、信念和自由。

我把这个故事献给你，献给我们所有人——人类的未来会走向什么样的方向，答案就在于我们每个人。

参考文献

第一章　弩与大一统

何炳棣，《何炳棣思想制度史论》，联经出版公司，2013 年

蓝永蔚，《春秋时代的步兵》，中华书局，1979 年

查尔斯·蒂利，《强制、资本和欧洲国家》，魏洪钟译，上海人民出版社，2007 年

马克思·韦伯，《经济与社会》，阎克文译，上海人民出版社，2010 年

靳生禾、谢鸿喜，《长平之战：中国古代最大战役之研究》，山西人民出版社，1998 年

吴毓江，《墨子校注》，中华书局，1993 年

赵鼎新，《东周战争与儒法国家的诞生》，华东师范大学出版社，2011 年

亚里士多德，《政治学》，吴寿彭译，商务印书馆，1997 年

Stuart Gorman, The Technological Development of the Bow and the Crossbow in the Later Middle Ages

第二章　两千年前的蒸汽机

胡小波，《希罗〈气动力学〉研究》

尤瓦尔·赫拉利，《人类简史》，林俊宏译，中信出版社，2014 年

马克斯·韦伯，《民族国家与经济政策》，甘阳译，三联书店，1997 年

薛定谔，《自然与希腊》，颜峰译，上海科学技术出版社，2001 年

Hero of Alexandria, *The Pneumatics*

第三章　信仰与工厂

米歇尔·普契卡，《本笃会规评注》，杜海龙译，上海三联书店，2002 年

查尔斯·辛格等主编，《技术史》（牛津版），潜伟等译，上海科技教育出版社，2004 年

安格斯·麦迪森，《世界经济千年史》，伍晓鹰等译，北京大学出版社，2003 年

刘易斯·芒福德，《技术与文明》，陈允明等译，中国建筑工业出版社，2009 年

哈罗德·J·伯尔曼，《法律与革命》，贺卫方译，中国大百科出版社，1993 年

Lindy Grant, David Bates, *Abbot Suger of St-Denis: Church and State in Early Twelfth-Century France*, Routledge, 1998

Andersen T B, Bentzen J, Dalgaard C J, et al. *Pre-Reformation Roots of the Protestant Ethic[J]*. Economic Journal, 2016

Stephen Broadberry, Guan Hanhui, Li Daokui, *CHINA, EUROPE AND THE GREAT DIVERGENCE: A STUDY IN HISTORICAL NATIONAL ACCOUNTING, 980-1850*

第四章　流通的力量

珍妮特·L.阿布卢格霍德，《欧洲霸权之前：1250-1350 年的世界体系》，杜宪兵等译，商务印书馆，2015 年

布罗代尔，《十五至十八世纪的物质文明、经济和资本主义》，顾良等译，商务印书馆，2017 年

马克斯·韦伯，《儒家与道教》，王容芬译，商务印书馆，2004 年

Joe Cribb, Barrie Cook, Ian Carradice，《各国铸币史》，刘森译，中华书局，2005 年

M. M. 波斯坦、D. C. 科尔曼、彼得·马赛厄斯等主编，《剑桥欧洲经济史》，王春法主译，经济科学出版社，2004 年

道格拉斯·C.诺斯，《制度、制度变迁与经济绩效》，刘守英译，上海三联书店，1994 年

塞缪尔·亨廷顿，《变化社会中的政治秩序》，王冠华、刘为等译，上海人民出版社，2014 年

第五章　知识分子与生意人

辛德勇，《中国印刷史研究》，三联书店，2016 年

罗伯特·达恩顿，《启蒙运动的生意》，顾杭等译，三联书店，2005 年

伊丽莎白·爱森斯坦，《作为变革动因的印刷机：早期近代欧洲的传播与文化变革》，何道宽译，北京大学出版社，2010 年

Andrew Pettegree: *Brand Luther*, Penguin Books, 2015

第六章　枪炮与国家

Jacob de Gheyn, *The Exercise of Armes For Calivres, Muskettes, and Pikes*

Barker, Thomas, *The Military Intellectual and Battle*. Albany, NY: State University of New York Press, 1975

Michael Mann, *The Autonomous Power of the State: Its Origins, Mechanisms and Results*

Phillippe Contamine, *War and Competition between States*, 2000

迈克尔·曼，《社会权力的来源》，刘北成等译，上海人民出版社，2007 年

亨德里克·房龙，《荷兰共和国的衰亡》，朱子仪译，北京出版社，2001 年

查尔斯·蒂利，《欧洲的抗争与民主》，陈周旺等译，上海人民出版社，2008 年

约翰·基根，《战争史》，时殷宏译，商务印书馆，2010 年

J. F. C. 富勒，《西洋世界军事史：从西班牙无敌舰队失败到滑铁卢会战》，钮先钟译，广西师范大学出版社，2004 年

第七章　蒸汽机的胜利

罗伯特·艾伦,《近代英国工业革命揭秘》,毛立坤译,浙江大学出版社,2012 年
扬·卢滕·范赞登,《通往工业革命的漫长道路:全球视野下的欧洲经济,1000-1800 年》,
　　隋福民译,浙江大学出版社,2016 年
大卫·兰德斯,《解除束缚的普罗米修斯》,谢怀筑译,华夏出版社,2007 年

第八章　铁轨上的霸权

Geoffrey L. Herrera, *Technology and International Transformation*, State University of
　　New York Press, 2006
James J. Sheehan, *German History, 1770-1866*, Clarendon Press, 1993
弗里德里希·李斯特,《政治经济学的国民体系》,陈万煦等译,商务印书馆,1961 年

第九章　枪下亡魂

Horne, A. (2007) [1962]. *The Price of Glory: Verdun 1916* (Penguin repr. ed.). London.
《英国蓝皮书有关义和团运动资料选译》,胡滨译,中华书局,1980 年
约翰·埃利斯,《机关枪的社会史》,刘艳琼、刘轶丹译,上海交通大学出版社,2013 年
恩格斯,波克罕《纪念一八〇六至一八〇七年德意志极端爱国主义者》引言
尼尔·弗格森,《世界战争与西方的衰落》,喻春兰译,广东人民出版社,2015 年

第十章　钢丝上的人类

理查德·罗兹,《原子弹秘史》,江向东等译,金城出版社,2018 年
安妮·雅各布森,《五角大楼之脑》,李文婕等译,中信出版集团,2017 年
托马斯·谢林,《冲突的战略》,赵华等译,华夏出版社,2006 年

第十一章　粮食与人口

Calhoun, John, B. (1962). "Chapter 22: A Behavioral Sink". In Bliss, Eugene L. (ed.).
　　Roots of Behavior
贾瓦哈拉尔·尼赫鲁,《印度的发现》,齐文译,世界知识出版社,1956 年
约翰·梅纳德·凯恩斯,《和约的经济后果》,张军等译,华夏出版社,2008 年
约翰·H. 帕金斯,《地缘政治与绿色革命》,王兆飞、郭晓兵等译,华夏出版社,2001 年
王立新,《印度绿色革命的政治经济学:发展、停滞和转变》,社会科学文献出版社,2011 年
齐格蒙特·鲍曼,《工作、消费、新穷人》,仇子明等译,吉林出版集团股份有限公司,
　　2010 年

第十二章　人与机器的边界

Ibn al-Razzaz al-Jazari, *The Book of Knowledge of Ingenious Mechanical Devices*

Samuel Butler, *Erewhon*

托马斯·瑞德，《机器崛起》，王晓、郑心湖、王飞跃等译，机械工业出版社，2017 年

Charles Petzold，《图灵的秘密》，杨卫东译，人民邮电出版社，2012 年

罗杰·彭罗斯，《皇帝新脑》，许明贤等译，湖南科学技术出版社，2007 年

尼克，《人工智能简史》，人民邮电出版社，2017 年

米歇尔·福柯，《规训与惩罚：监狱的诞生》，刘北成等译，三联书店，2003 年

君特·安德斯，《过时的人》，范捷平译，上海译文出版社，2009 年

第十三章　中国与世界

熊彼特，《经济发展理论》，何畏等译，商务印书馆，1990 年

刘国良，《中国工业史·现代卷》，江苏科学技术出版社，2003 年

严鹏，《简明中国工业史（1815—2015）》，电子工业出版社，2018 年

上海社会科学院经济研究所编，《荣家企业史料》（上），上海人民出版社，1962 年

上海社会科学院经济研究所编，《刘鸿生企业史料》（下），上海人民出版社，1981 年

王建，"走国际大循环经济发展战略的可能性及其要求"，《动态清样》，1987 年 11 月 1 日

温铁军，《八次危机：中国的真实经验》，东方出版社，2013 年

孙隆基，《中国文化的深层结构》，广西师范大学出版社，2011 年

施展，《枢纽：3000 年的中国》，广西师范大学出版社，2018 年

丹尼尔·耶金，《石油风云》，徐获洲等译，上海译文出版社，1992 年

瓦科拉夫·斯米尔，《美国制造：国家繁荣为什么离不开制造业》，李凤海等译，机械工业
　　出版社，2014 年

姜洪，"中国在世界经济双循环中的引擎和枢纽作用"，《红旗文稿》，2013 年

第十四章　瘟疫与文明

Crutzen, P.J. & Stoermer, E.F. (2000),*TheAnthropocene,Global Change Newsletter*

杰里米·布朗，《致命流感：百年治疗史》，王晨瑜译，社会科学文献出版社，2020 年

约翰·巴里，《大流感——最致命瘟疫的史诗》，钟扬等译，上海科技教育出版社，2008 年

罗伯特·斯基德尔斯基，《凯恩斯传》，相蓝欣等译，三联书店，2006 年

丹尼尔·笛福，《瘟疫年纪事》，许志强译，上海译文出版社，2013 年

托马斯·尼科尔斯，《专家之死——反智主义的盛行及其影响》，舒琦译，中信出版社，
　　2019 年

William Henry Smyth,*"Tchnocracy"—Ways and Means to Gain Industrial Democracy*

吴有性，《瘟疫论》，人民卫生出版社，2007 年

Feinstein AR,*Clinical Epidemiology: The Architecture of Clinical Research*, 1985

米歇尔·福柯，《必须保卫社会》，钱翰译，上海人民出版社，2010 年

结语 从"铁笼状态"到"汇流模型"

柏拉图,《理想国》

布莱恩·阿瑟,《技术的本质:技术是什么,它是如何进化的》,曹东溟等译,浙江人民出
版社,2014 年

凯文·凯利,《科技想要什么》,熊祥译,中信出版社,2011 年

杜君立,《现代的历程》,上海三联书店,2016 年